Stefani Engelstein
Geschwister-Logik

Stefani Engelstein

Geschwister-Logik

Genealogisches Denken in der Literatur und den Wissenschaften der Moderne

Aus dem Amerikanischen übersetzt
von André Hansen

DE GRUYTER

ISBN 978-3-11-124741-0
e-ISBN (PDF) 978-3-11-124807-3
e-ISBN (EPUB) 978-3-11-124837-0

Library of Congress Control Number: 2024930287

Bibliografische Information der Deutschen Nationalbibliothek
Die Deutsche Nationalbibliothek verzeichnet diese Publikation in der Deutschen Nationalbibliografie;
detaillierte bibliografische Daten sind im Internet über http://dnb.dnb.de abrufbar.

© 2024 Walter de Gruyter GmbH, Berlin/Boston. Die englische Originalausgabe erschien unter dem
Titel *Sibling Action: The Genealogical Structure of Modernity*. Copyright © 2017 Columbia University Press.
Einbandabbildung: Marie Spartali Stillman (1844–1927): *Antigone from 'Antigone' by Sophocles* (oil on
canvas). Simon Carter Gallery, Woodbridge, Suffolk, UK. Bridgeman Images.
Satz: Integra Software Services Pvt. Ltd.
Druck und Bindung: CPI books GmbH, Leck

www.degruyter.com

Für Rich, mit all meiner Liebe

Dank

In diesem Buch wird unter anderem die Behauptung aufgestellt, dass das Individuum nicht existiert, und so ist auch *Geschwister-Logik* einer Gemeinschaft von Kolleg*innen, Wissenschaftler*innen, Institutionen, Verwandten und Freund*innen zu verdanken. Bedanken möchte ich mich bei meinen Kolleg*innen und Studierenden des German Studies Department der Duke University, des German Program der University of North Carolina in Chapel Hill, des Carolina-Duke Graduate Program in German Studies, des Department of German and Russian Studies und des Life Sciences & Society Program an der University of Missouri, des Leibniz-Zentrums für Literatur- und Kulturforschung in Berlin und des Max-Planck-Instituts für Wissenschaftsgeschichte in Berlin.

Äußerst dankbar bin ich den zahlreichen Kolleg*innen, die Abschnitte dieses Buches gelesen und kommentiert oder im Gespräch meinen Horizont erweitert haben: Roger Cook, Lorraine Daston, Adrian Daub, Eric Downing, Sean Franzel, Katja Garloff, Kata Gellen, Eva Geulen, Sander Gilman, Lily Gurton-Wachter, Noah Herrigman, Jonathan Hess (in memoriam), Michaela Hohkamp, Sean Ireton, Ted Koditscheck, Kristen Kopp, Irmela Krüger-Fürhoff, Françoise Meltzer, Juliet Mitchell, Rob Mitchell, Jakob Norberg, Thomas Pfau, Henry Pickford, Chris Pires, Sarah Pourciau, Brad Prager, Marc Redfield, Helmut Schneider, Jack Schultz, Stephan Steiner, Carsten Strathausen, Georg Toepfer, Gabe Trop, Sigrid Weigel und den anonymen Leser*innen der Columbia University Press. Ihre Kommentare und Erkenntnisse haben das Buch bereichert. Mein Dank geht an die Acquisition Editors Myrto Aspioti bei De Gruyter und Wendy Lochner bei der Columbia University Press für die Begleitung des Projekts und die Zusammenarbeit sowie an das hervorragende Team des Übersetzers André Hansen und der deutschen Lektorin Gesa Steinbrink. Ich bin der fachkundigen Unterstützung durch die außerordentlichen Bibliothekar*innen in all den Institutionen, an denen ich gearbeitet habe, sehr dankbar sowie auch den Verwaltungsangestellten für ihre essenzielle Arbeit.

Ich bedanke mich weiterhin für die großzügige finanzielle Unterstützung, die mir die Zeit gab, dieses Buch zu recherchieren und zu verfassen: ein Alexander von Humboldt Research Fellowship for Experienced Researchers, zwei University of Missouri Summer Research Fellowships und ein University of Missouri Provost's Leave.

Die Familie im weiteren Sinne ist das Thema dieses Buches, und ich danke meiner eigenen Familie ganz herzlich für ihre Liebe und Unterstützung: meinen Eltern Allyn und Joel, meinen Geschwistern Brad und Courtney sowie Sheri, Delphi, Jason, Dillon, Liza, Diane, Dick (in memoriam) und Robin. Nicht zuletzt bin ich meinem Mann Rich für seine Liebe und Freundschaft von ganzem Herzen dankbar.

✱✱✱

Dieses Buch ist eine Übersetzung aus dem Englischen von *Sibling Action: The Genealogical Structure of Modernity*, erschienen bei der Columbia University Press und mit Erlaubnis in deutscher Fassung veröffentlicht. Teile dieses Buchs sind in früheren Versionen an anderer Stelle erschienen, und ich bin dankbar für die Erlaubnis, dieses Material für die ausführlichere Auseinandersetzung in der vorliegenden Studie heranziehen zu dürfen.

Eine überarbeitete Version von „Sibling Logic; or, Antigone Again" (*PMLA* 126, 1 [Jan. 2011]) wird als Kapitel 1 nachgedruckt.

Ein Teil von Kapitel 2 ist in einer früheren Fassung als „Civic Attachments & Sibling Attractions: The Shadows of Fraternity" (*The Goethe Yearbook* 18 [2011]) erschienen.

Ein Teil von Kapitel 5 ist in einer früheren Fassung erschienen als „Coining a Discipline: Lessing, Reimarus, and a Science of Religion" (*Fact and Fiction: Literary and Scientific Cultures in Germany and Britain*, herausgegeben von Christine Lehleiter, University of Toronto Press, 2016). Er wird hier mit Genehmigung des Verlags verwendet.

Die Einführung ist in Teilen in überarbeiteter Form erschienen als „Geschwister und Geschwisterlichkeit in der Epistemologie der Moderne" (*L'Homme* 28.2 [2017]). Dabei handelt es sich um eine Sonderausgabe zu Schwesternfiguren, die von Almut Höfert, Michaela Hohkamp und Claudia Ulbrich herausgegeben wurde.

Inhaltsverzeichnis

Dank —— VII

Einleitung: Geschwister-Logik und Moderne —— 1
    Allgegenwärtige Geschwister-Logik —— 3
    Das moderne Subjekt im Verhältnisfeld —— 10
    Verwandtschaft im neunzehnten Jahrhundert —— 15
    Genealogische Wissenschaften —— 20
    Geschwister-Logik in der Literatur —— 27
    Die Logik der Geschwister und die Struktur der *Geschwister-Logik* —— 30

Teil I: **Rückgewinnung der Geschwister-Logik**

1 Ismenes Begehren: Antigone unter Geschwistern —— 41
    Das Ausblenden der Geschwister —— 45
    Plurale Subjektivität und inzestuöses Begehren —— 49
    Die Verwandtschaft, das Fremde und das Kollektive —— 60

Teil II: **Brüderlichkeit und Revolution**

2 Die Schatten der Brüderlichkeit —— 73
    Politische und eheliche Zustimmung —— 77
    Schwesternliebe und das Ende der Primogenitur —— 84
    Verallgemeinerung des Begehrens —— 91
    Verbreitung der Liebe: Geschwisterinzest als Modell für eine gerechte Gesellschaft —— 96

3 Ökonomisierung des Begehrens: Geschwistergesetz oder Geschwister per Gesetz —— 105
    Handel mit Sympathie —— 107
    Geschwisternetzwerke und die moderne Ökonomie —— 114
    Ehe und Geschwister im langen neunzehnten Jahrhundert —— 128
    Durchkreuzen des Fetischs —— 132
    Die Verführung des Systems —— 145

Teil III: Genealogische Wissenschaften

4 Lebendige Sprachen: Vergleichende Philologie und Evolution —— 157
Muttersprachen —— **161**
Schwesterstimmen —— **166**
Der ikonische Baum —— **175**
Divergierende Genealogien und die wissenschaftliche Methode in der Sprachwissenschaft —— **190**
Epistemische Ungewissheit in der Evolution —— **197**
Systeme von Verbindungen —— **201**
Schwesterdisziplinen —— **205**

5 Der Osten kehrt heim: „Rasse" und Religion —— 210
Genealogie und „Rasse": Physische Anthropologie —— **212**
Genealogien von Religionen und Völkern —— **220**
Monotheistische Geschwister und Vererbungsmechanismen —— **223**
Geografische und kulturelle Grenzen des Islams —— **239**
„Arische" und semitische Brüder —— **247**
Von der Sprache zur Kunst: Reflexionen und Tiefe —— **259**

Epilog: Die Erzeugung von Disziplinen —— 271

Literaturverzeichnis —— 287

Personenregister —— 319

Einleitung: Geschwister-Logik und Moderne

Im achtzehnten und frühen neunzehnten Jahrhundert scheinen die Grundbegriffe entstanden zu sein, die unsere Welt noch heute prägen, etwa das moderne Subjekt, der moderne Staat und die moderne Methodik der Lebens- und Humanwissenschaften. Im Rückblick betrachten wir die Geschichte jedoch anachronistisch. In diesem Buch vertrete ich die Ansicht, dass wir deshalb etwas Entscheidendes übersehen haben, und zwar wie grundlegend der Begriff *Geschwister* als Bindeglied zwischen Epistemologie und Affekt, als Schlüssel zu den Wissenssystemen und der Identitätspolitik der Gegenwart ist. Wenn ich von Geschwistern spreche, meine ich nicht in erster Linie Menschen aus Fleisch und Blut mit denselben Eltern, auch wenn diese Geschwister vereinzelt vorkommen, und auch nicht nur Geschwister als literarische Figuren, die häufiger eine Rolle spielen. Vielmehr entstanden im *langen neunzehnten Jahrhundert* – von etwa 1770 bis 1915 – Theorien und Praktiken einer *Geschwister-Logik*, die als Beziehung, Struktur und Handlung zur Grundlage der epistemologischen Systeme wurde, auf denen Subjektivität, bürgerliche Gesellschaft, ökonomische Netzwerke und wissenschaftliche Methoden aufbauten. Ab dem späten achtzehnten Jahrhundert klassifizierten die Europäer*innen die kulturelle und natürliche Menschenwelt neu, und zwar mittels Genealogien, die den Verwandtschaftsgrad zwischen Zeitgenoss*innen oder vielmehr: zeitgenössischen Elementen bestimmten. Dabei wurde angenommen, dass sie auf einen gemeinsamen Vorfahren zurückzuführen seien. Diese Methodik machte zeitgenössische Elemente innerhalb historischer Entwicklungssysteme – etwa Sprachen, Religionen, „Rassen", Nationen, Arten oder Individuen – jeweils zu Geschwistern unterschiedlichen Grades. Geschwister erfüllten also in einem breiten Spektrum miteinander verbundener Disziplinen und Diskurse zu persönlicher Identität und kollektiver Klassifizierung jeweils ähnliche Funktionen. Sie waren Grenzobjekte und ermöglichten als solche eine Definition durch Differenzierung. Gleichzeitig stellten sie die Verschiedenheit von Elementen aufgrund ihrer gemeinsamen Merkmale infrage und bildeten so eine unüberwindbare Spannungslinie, die den Wissensstrukturen der Moderne innewohnt. Zwar wird die Rekonstruktion der Geschwister-Logik unser Verständnis des langen neunzehnten Jahrhunderts stark beeinflussen, doch die Rückgewinnung der Geschwister für die Theoriebildung geht über ihre historische Bedeutung hinaus. Die Funktion des Geschwisterbegriffs zutage zu fördern, ist ein erster Schritt zum Verständnis und zur Umgestaltung der modernen Epistemologie und der modernen Identitätspolitik.

In dieser Einleitung stehe ich vor einer doppelten Aufgabe: Erstens muss ich die Relevanz einer solchen Geschwister-Logik in den Diskursen der untersuchten Zeit darlegen und zweitens ihre kohäsive Funktion trotz der Breite der Disziplinen, in denen sie wirkte, veranschaulichen. Die Allgegenwart eines Begriffs ist oft ein

Zeichen für seine diffuse Bedeutung, und sicherlich bringt ein echtes Familienverhältnis wie das von Schwester oder Bruder vielfältige, divergierende persönliche Assoziationen und Bedeutungen hervor. Solche Partikularitäten stehen zwar nicht im Zentrum dieses Buchs, doch wird manchmal als partikular missverstanden, was in Wirklichkeit denselben soziologischen Mustern folgt. Die allgemeine Nähe der Geschwisterbeziehungen in dieser Zeit fällt in eine solche Kategorie. Ich vertrete die Ansicht, dass Disziplinen nicht isoliert oder losgelöst von ihrem kulturellen Kontext betrachtet werden können, weil sie durch durchlässige Grenzen, wiederholten Austausch von Informationen und Methoden sowie durch gemeinsame gelebte Praktiken verbunden sind. Während ich meinen Fokus von Kapitel zu Kapitel auf andere Diskurse lenke, werde ich akkumulierte Bedeutungen und Assoziationen weitertragen: Figuren, so behaupte ich, zirkulieren und beeinflussen einander nicht nur im Text, sondern auch in der sozialen Praxis. Die angeführten Belege deuten auf eine entscheidende Konsistenz der Geschwister-Logik in den entstehenden modernen Formationen im ganzen theoretischen, wissenschaftlichen und alltäglichen Leben, und zwar als konstituierendes Prinzip bei der Organisation von Wissen und bei der Bildung von Subjektivität in und durch Beziehungskonstellationen.

Wie wir spätestens seit Ferdinand de Saussure wissen, sind Definitionen relational, und daher wird die Definition von Begriffen in verschiedenen genealogischen Systemen durch die Unterscheidung von Ähnlichem – von Geschwistern – ermöglicht. Das Geschwister ist ambig – es ist nicht das Selbst und auch nicht ganz ein Anderes. Es markiert also die Kontingenz und Durchlässigkeit von Grenzen, zieht die Ganzheit in Zweifel und hinterfragt die Idee der Einzigartigkeit. Die Struktur von sich nach außen verzweigenden genealogischen Systemen erzeugt somit notwendigerweise einen Begriff von Identität, der auf allen Ebenen von der Unschärfe der Ränder heimgesucht wird. Wegen der prekären epistemologischen Position, die durch den Geschwisterbegriff in einer von menschlicher Klassifizierung besessenen Zeit erzeugt wurde, diente die Geschwisterfigur von der Mitte des achtzehnten Jahrhunderts und bis in das frühe zwanzigste Jahrhundert hinein bevorzugt zur Aushandlung von Identitätsgrenzen. Wenn die Geschwisterlogik die epistemologische Kontingenz von Klassifizierungen verdeutlichte und damit eine Durchlässigkeit zwischen Objekten, zwischen Subjekten und über beide hinweg aufzeigte, so führte eine solche Unsicherheit auch zu Abwehrreaktionen und dem Versuch, die natürlichen Arten wiederherzustellen. Ein Ziel dieses Buchs besteht also darin – um mit Michel Foucault zu sprechen –, eine Episteme zu rekonstruieren, die noch nicht überwunden wurde, sondern immer noch die verkannte Grundlage für unsere eigenen Klassifizierungen, kollektiven

Identitäten und die Subjektbildung darstellt.[1] Darüber hinaus bietet die Erforschung beider Seiten dieser Dynamik – nämlich die Anerkennung durchlässiger Grenzen und ihre reaktive Kontrolle – neue Erkenntnisse für die Geschichte der Humanwissenschaften wie der Anthropologie, der Rassentheorie und der vergleichenden Religionswissenschaft, für die Geschichte der Evolutionstheorie, ihre sozialen Ableitungen sowie politische und ökonomische Theorien der bürgerlichen Brüderlichkeit.

Erst allmählich blickt das einundzwanzigste Jahrhundert auf die Geschwister-Logik zurück und erkennt darin ein strukturell bestimmendes Element unserer eigenen Kultur. Solche Untersuchungen finden stets fragmentarisch in einer Disziplin nach der anderen statt. Mein zweites Ziel mit dieser Studie ist es daher, eine Geschwistertheorie zu entwickeln, die die Funktion des Begriffs über Diskurse und Disziplinen hinweg als notwendige, allerdings durchaus instabile Grundlage beleuchtet, als einen Splitter in allen genealogisch gedachten Systemen, der sie von innen heraus dekonstruiert. Die Logik des Geschwisterelements, das zugleich notwendig und für alle auf genealogischen Strukturen aufbauenden epistemologischen Systeme destabilisierend ist, steht im Zentrum dieses Buchs. Diese Logik nenne ich *Geschwister-Logik*. Die Wiedererweckung des theoretischen Potenzials der Geschwister-Logik bietet ein dringend benötigtes Werkzeug für eine gegenwärtige kritische Theorie, für die Gender Studies und die Wissenschaftsforschung und verheißt weniger konfrontative Formulierungen von Zugehörigkeit, Identität und Handlungsmacht [*agency*].[2]

Allgegenwärtige Geschwister-Logik

Die Geschwister-Logik war im langen neunzehnten Jahrhundert als Gegenstand der Theoriebildung so allgegenwärtig, dass sie für spätere Wissenschaftler*innen einen unsichtbaren Hintergrund bildete. Sieht man sie sich jedoch genauer an, erlangt sie eine verblüffende Prominenz. Aus dem achtzehnten Jahrhundert kennen

---

1 Dieses Buch wird unter anderem die drei Bereiche aus Foucaults bahnbrechendem Werk *Die Ordnung der Dinge* aufgreifen: Ökonomie, Philologie und Biologie. Wie Foucault berücksichtige ich die Besonderheit und die Unterschiede zwischen Disziplinen, wie er sie selbst verstand, führe aber auch seinen Begriff der kausalen Historizität einen Schritt weiter. Die Entwicklungsgeschichte vernachlässigt das Horizontale nicht vollständig zugunsten des Vertikalen, wie Foucault suggeriert, sondern rekonzeptualisiert das Horizontale, indem sie Ähnlichkeiten auf Vererbung gründet. Die Beziehungen zwischen Ähnlichen sind somit keine bloß analogen mehr (vgl. Foucault 1974).
2 Anm. d. Ü.: Der im Englischen breiter angelegte Begriff bzw. das Konzept *agency* wird hier durchgehend mit „Handlungsmacht" übersetzt.

wir die Geschwister-Logik wahrscheinlich am besten in Form der *fraternité*. Von den drei Schlagwörtern der Französischen Revolution ist *Brüderlichkeit* noch immer am wenigsten erforscht, handelt es sich doch um eine affektive Aufforderung, die in einem Spannungsverhältnis zu den rationalen, bürgerlichen Forderungen nach Freiheit und Gleichheit zu stehen scheint (vgl. Ozouf 2005; Black 2003, 43; Derrida 2000). Brüderlichkeit ist jedoch notwendig für die Aufrechterhaltung des bürgerlichen Systems. Die Primogenitur, die in der frühen Neuzeit die Vererbung von Titeln, Privilegien und Vermögen regelte, beruhte auf einer Logik der Substitution. Brüder standen in einem solchen System in einem existenziellen Wettbewerb um die einzige Funktion, die Kontinuität ermöglichte: das Ersetzen des Vaters. Die Französische Revolution und die Entstehung des Kapitalismus trugen zur Zerstörung dieser Substitutionslogik und der mit ihr einhergehenden Stabilität bei und ersetzten sie durch ein Modell, nach dem alle Geschwister potenziell gleich waren. In diesem neuen Wirtschaftsregime boten Geschwister einander eine neue Stabilität in Form von Partnerschaftsnetzwerken. Die Grenze zwischen Gleichheit und Gleichsein war jedoch unscharf, so dass die Brüderlichkeit weiterhin eine leicht veränderte Bedrohung darstellte. An die Stelle des Risikos der sozialen Verdrängung trat eine Herausforderung für die jüngst bedeutsam gewordenen Begriffe von Individualität, Handlungsmacht und Subjektivität. Diese bedrohliche Brüderlichkeit, die sich auf die ganze Gesellschaft erstreckte, verlangte nach einer Abhilfe, die in der erneuten Entschlossenheit gefunden wurde, die Frauen – die Schwestern – zu entrechten.

Feministische politische Theoretiker*innen in jüngster Zeit, von Carole Pateman und Juliet Flower MacCannell bis hin zu Annette Timm und Joshua Sanborn, untersuchten das Zusammenspiel von biologischem und politischem Denken, das dazu beigetragen hat, die Unterordnung der Frau in der Revolutionszeit neu zu fassen, ohne sie abzuschaffen. Während Männer von der Aufrechterhaltung ihrer privilegierten Stellung materiell profitierten, verstehe ich das neue brüderliche Regime in Kapitel 2 im Sinne einer anderen Angst, nämlich der Bedrohung eines neuen und zerbrechlichen Begriffs von Individualität durch die Idee der gleichen Brüder. Die Schwierigkeit, Begriffe von Gleichheit und Gleichsein zu trennen, wurde durch die Rhetorik der Brüderlichkeit verstärkt. Das System benötigte einen Mechanismus, um sich zu stabilisieren. Es setzte daher Schwestern und Frauen als radikal anders und verbannte sie in eine häusliche Sphäre. Da Geschlechterunterschiede als natürlich reifiziert wurden, diente das Schwester-Bruder-Verhältnis erstens als ein Modell für Geschwisteraffekte, die nicht durch absolute Verschmelzung bedroht waren. Solange die Ehefrauen außerhalb der bürgerlichen Sphäre verblieben, konnten Männer zweitens ihre Individualität durch die Wahl der Ehefrau und das damit einhergehende partikulare sexuelle Begehren öffentlich zeigen, ohne das bürgerliche Bekenntnis zur Gleichheit zu beeinträchtigen. Brüderlichkeit brachte, wie Jacques Derrida in *Politik der Freundschaft* zeigt, den Affekt in den als Grundlage für den partizipativen Staat angesehenen Verstand. Männer konnten jedoch nur, weil sie die Schwestern absonderten, als Bürger, Gleiche und affektiv verbundene Brüder neu geschaffen werden.

Die durch Frauen erzeugten Geschwisteraffekte, der männliche Akteure als Brüder verbinden sollte, strukturierte Politik und Ökonomie gleichermaßen. Nach Adam Smith wird nämlich, wie ich in Kapitel 3 erörtern werde, die gegenseitige Anpassung der Geschwister in einem Haushalt zum Vorbild für die kapitalistische Gesellschaft. Smith entfernt sich jedoch entschieden von sozialer Gleichheit und Gleichsein und spricht sich stattdessen für die Unterschiede zwischen den Personen und für die Arbeitsteilung aus. Geschwister werden als Fundament einer Tauschgesellschaft in Umlauf gebracht und bleiben dennoch durch Sympathie verbunden. Wie David Warren Sabean, Leonore Davidoff und andere in den letzten Jahrzehnten zeigten, bildeten sich verwandtschaftsähnliche Strukturen von lebenswichtiger ökonomischer Bedeutung um Allianzen von Geschwistern und ihren Ehepartner*innen. Daraus entstanden das Finanzkapital und eine bürgerliche Klasse. Die ökonomische Theorie blieb mit der Verwandtschaftsethnologie verbunden, von Smith über Lewis Henry Morgan und Friedrich Engels bis hin zu Claude Lévi-Strauss. Es gibt auch soziologische Belege für die Anerziehung von Geschwisteraffekten in der Kinderstube, in der Brüder und Schwestern sowohl auf Geschlechterdifferenzierung als auch auf familiäre Zugehörigkeit erzogen wurden, was die Formierung ökonomischer und affektiver Clans ermöglichte.[3] Diese Erziehung hinterließ jedoch Spuren, die sowohl das postulierte Angeborensein des Geschlechts als auch die Integrität des Subjekts, das dadurch gestärkt werden sollte, infrage stellten.

Mein Fokus auf das Geschwisterverhältnis ist an dieser Stelle zwar neu, doch zahlreiche vorliegende Studien beziehen sich jeweils oder umfassend auf die politische, ökonomische und soziale Theorie im Hinblick auf die Subjektbildung. Jedoch verkörperten in der Kinderstube, in der Polis und auf dem Markt nicht nur Brüder und Schwestern – die realen ebenso wie die metaphorischen – Grenzen als relationale Verhandlungen. Wie ich in den Kapiteln 4 und 5 erörtere, stellten sich die Theorien des achtzehnten Jahrhunderts und zunehmend auch des neunzehnten

---

3 Vgl. Leila Silvana Mays ausgezeichnete Einführung zu *Disorderly Sisters*, in der sie die „viktorianische Kindheit eine Art Bootcamp" nennt, „dessen Hauptzweck es war, zukünftige Geschlechterrollen einzuschärfen", und auch die produktiven Misserfolge solcher Erziehungspraktiken analysiert (May 2001, 20). Vgl. auch Davidoff 2012, insb. 109–123, die die engen Verwandtschaftsnetzwerke, die durch die Organisation von Ehen zwischen mehreren Geschwistern unterschiedlicher Familien entstanden sind, „lattice of kinship" [*Verwandtschaftsraster*] nennt (Davidoff 2012, 121). [Anm. d. Ü.: Sofern nicht anders angeben, stammen sämtliche Übersetzungen von Zitaten, für die keine deutschsprachige Quelle genannt wird, von mir, A. H.]

Jahrhunderts die globale menschliche Vielfalt, die kulturelle und körperliche gleichermaßen, als Familienbeziehungen vor, wodurch Klassifizierung und Genealogie, Epistemologie und Verwandtschaft miteinander verbunden wurden. In diesen Konstellationen spielte der Geschwisterbegriff eine entscheidende Rolle. In der vergleichenden Philologie tauchte die *Schwestersprache* als zentraler Verwandtschaftsbegriff für die Zugehörigkeit zu den gerade erst wichtig gewordenen Sprachfamilien auf.[4] In den physischen Anthropologien, die sich im späten achtzehnten und neunzehnten Jahrhundert entwickelten, wurde die Brüderlichkeit – die den einen zugeschrieben und den anderen abgesprochen wurde – zum zentralen Begriff der Rassenrhetorik. Im späten neunzehnten Jahrhundert hatten Disziplinen von der vergleichenden Religionswissenschaft bis zur Evolutionslehre Varianten der Theorie von einer Abstammung mit Modifikationen von einem gemeinsamen Vorfahren zur Grundlage ihrer eigenen Klassifizierung übernommen. Und nicht nur die Bestimmung der Abstammung, sondern auch und gleichermaßen die Isolierung der Elemente von ähnlichen Elementen, ihren Geschwistern, waren umstrittene Prozesse, die von Debatten über natürliche Arten begleitet wurden.

Viele damalige theoretische Untersuchungen sind durch eine Art Geschwister-Logik geprägt, doch sollten wir darüber nicht vergessen, dass die Fachgebiete selbst genealogisch miteinander verwandt sind und als Geschwister, Cousins und Cousinen verstanden werden können. In diesem Buch verfolge ich daher selbst einen genealogischen Ansatz, um eine Genealogie der genealogischen Methoden zu entwickeln. Dieser Ansatz verdankt sich insbesondere Friedrich Nietzsche und Michel Foucault, die auf Kontingenz und die Verflechtung von historischer Forschung mit Wertesystemen bedacht waren.[5] In Kapitel 4 werde ich mich Nietzsche und Foucault genauer widmen, allerdings unterscheidet sich meine Methode auch von ihrer. Beide interessierten sich für die historischen Kontingenzen im Zusammenhang mit der Abstammung, aber sie wollten die Geschichte in einem

---

4 Bis zum späten neunzehnten Jahrhundert bezeichnete der Begriff Philologie eine Forschungsrichtung, die sich inzwischen in unterschiedliche Fachgebiete aufgeteilt hat, darunter „die Klassische Philologie als Leitdisziplin, die Geschichte anderer Sprachen und Literaturen und die Geschichtswissenschaft im engeren Sinne" (Dehrmann 2015, 42). Ich orientiere mich an der zeitgenössischen Bedeutung, wonach unter vergleichender Philologie das Studium der historischen Entwicklung von Sprachen und ihrer Klassifizierung in Sprachfamilien verstanden wird. Später wurde diese Disziplin als Sprachwissenschaft und Linguistik bekannt. Philologie beschäftigte sich darüber hinaus auch mit dem Studium der Kultur anhand von – primär literarischen – Texte, was auch im heutigen Begriff noch enthalten ist, aber auch durch Religion. In Kapitel 4 gehe ich genauer auf die Geschichte der Philologie ein.
5 Foucault greift freilich auf Nietzsche zurück und Nietzsche wiederum auf die vergleichende Philologie, wie ich in Kapitel 4 erläutern werde. Insoweit schreibe ich mich selbst in die Genealogie der hier behandelten Methoden ein.

einzigen linearen Verlauf offenlegen. Wie alle wissen, die schon einmal einen Stammbaum gezeichnet haben, ist das Faszinierende an der Genealogie jedoch die Geschwindigkeit, mit der Äste und Zweige sprießen, und nicht zuletzt die Vielfalt der endlosen Großtanten, Stiefschwestern und Cousinen dritten Grades. Ein Stammbaum gleicht ganz und gar nicht einer Linie, sei sie gerade oder krumm, sondern verbindet an jedem Fortpflanzungsknoten komplexe Systeme, und diese Verbindungen führen zu mehreren Nachkommen, die sich ihrerseits wieder verbinden können. Ebenso verlockend ist jedoch, was in einer wiederhergestellten Genealogie verborgen und ausgeschlossen wird. Meine Genealogie ist eine, die im Idealfall feste Definitionen zugunsten unscharfer Linien, unerwarteter Verbindungen und der offenen Möglichkeit unterschiedlicher potenzieller Zukünfte ablehnt.

Mit diesem Ansatz kann ich etliche eingefahrene Meinungen über den Aufstieg der Moderne im späten achtzehnten und neunzehnten Jahrhundert hinterfragen: erst die Konsolidierung des Ideals eines individuellen, souveränen Subjekts, dann die abnehmende Bedeutung der weiteren Verwandtschaft und schließlich die Besessenheit von der Suche nach Ursprüngen. Diese drei Punkte sind miteinander verknüpft. Die historischen Standarderzählungen beginnen bei der Entstehung eines modernen Subjekts im Europa des achtzehnten Jahrhunderts. Diesem Individuum werden sowohl politische und wirtschaftliche Entscheidungsfreiheit als auch eine narrative Entwicklungsgeschichte zugeschrieben. Das Subjekt gerät seit mehr als einer Generation enorm unter Druck, aber die Geschichte seiner Entstehung bleibt weitgehend unberührt. Eine Folge der zunehmenden Selbstgenügsamkeit des Individuums war laut der Standardgeschichtsschreibung die abnehmende Bedeutung großer Verwandtschaftsformationen zugunsten ehelicher Familien, die auf persönlichen Gefühlen beruhten. Das neue selbstbewusste Individuum wurde zudem dazu verleitet, die eigene Herkunft oder die Herkunft der Kollektive zurückzuverfolgen, denen es angehörte – Nation, Sprachfamilie, „Rasse", Religion oder Art.[6] Diese verschachtelten Erzählungen der Selbstentwicklung wurden von der Geschichte und Kritik des zwanzigsten und einundzwanzigsten Jahrhunderts als primär linear dargestellt, einerseits im Hinblick auf die Abstammung und andererseits hinsichtlich der teleologischen Entwicklung zu einem autonomen Selbst oder einer zivilisierteren Kultur.

Mit diesem Buch stelle ich diese eingefahrenen Ansichten infrage, nicht weil ich das Entstehen eines Diskurses vom Subjekt oder eines Diskurses von den Ur-

---

[6] Die Überschneidungen dieser Erzählungen nehmen in Alexis Harleys jüngsten *Autobiologies* (2015) faszinierende Konturen an. Dort untersucht sie die Verschränkung von Selbst- und Artenerzählungen in den autobiografischen Schriften der Evolutionstheoretiker*innen.

sprüngen im achtzehnten Jahrhundert leugnen würde, sondern weil der Primat der Abstammungslinie und der Autonomie, der diesen Genealogien später zugewiesen wurde, nicht so eindeutig ist. Zweifellos beschäftigten sich die Menschen im achtzehnten und neunzehnten Jahrhundert mit der Erstellung von Genealogien, aber diese Genealogien zählten weder einfach Generationen auf einer Abstammungslinie rückwärts noch gaben sie dem Individuum den Weg in die vorherbestimmte Ausbildung eines einzigartigen und ganzen Subjekts vor. Vielmehr *verzweigten* sich die Geschichten ab ihrer ursprünglichen Entstehung als erklärende Kräfte, und dass die Verwandtschaftsbeziehung zwischen den Zweigen, die Nachkommen eines gemeinsamen Vorfahren waren, als *Geschwister* bezeichnet wurde, legte nicht nur den Grundstein für die phylogenetischen epistemologischen Netzwerke, deren Subjekte die modernen Europäer*innen wurden, sondern auch für die ontogenetische Entwicklung solcher Subjekte. *Geschwister-Logik* veranschaulicht, inwieweit die Figur des Geschwisters als epistemologisches Werkzeug zur Unterscheidung von Begriffen sowie als pädagogisches Werkzeug zur Steuerung von Affekt und Begehren diente. Diese beiden Zwecke waren miteinander verflochten: Der Aufbau genealogischer Systeme war mit Affekt erfüllt, sowohl auf der Makroebene von Nation, „Rasse", Religion und Art als auch auf der Mikroebene des Subjekts, auf der das Begehren an den porösen Grenzen einer noch im Entstehen begriffenen Subjektivität aufkam. Mit der Neugestaltung historischer Systeme in Familienbegriffen signalisierten und verstärkten die neuen Humanwissenschaften den Affekt, der mit dem Prozess der Identitätsfindung als Mitglied eines Kollektivs verbunden war.

Geschwister-Logik ist also ein Buch über Subjektivität und Verwandtschaft, aber auch über Klassifizierung, über epistemologische Ordnung und darüber, wie Denkfiguren zwischen Fachgebieten, Disziplinen und Registern zirkulieren. Verwandtschaft, Subjektivität und die Wissenschaft der Klassifizierung sind all die gegen- und wechselseitigen Produkte einer veränderlichen, aber miteinander verbundenen Reihe von Figuren, Methoden und heuristischen Werkzeugen, vom Stammbaum bis zur vergleichenden Methode. Die Elemente eines Stammbaums, die Subjekte einer vergleichenden Methode, müssen nach einer Art *Geschwister-Logik* funktionieren, die auf der Anerkennung differenzierter Ähnlichkeitsgrade anstelle von strengen Dichotomien besteht.[7] Während dieses nuancierte Identi-

---

7 In seinem kürzlich erschienenen Buch *The Age of Analogy* beschreibt Devin Griffiths (2016, 15) diesen Prozess, den er „vergleichenden Historizismus" nennt, als eine Methode, die „sowohl Ähnlichkeit als auch Unterschiedlichkeit umfasst" und sich „*zwischen* den Geschichten bewegt, [...] [um] die Geschichte als ein spannungsgeladenes Kompositum und nicht als ein organisches Ganzes zu artikulieren". Griffiths verfolgt die transdisziplinäre Entstehung dieses narrativen historischen Ansatzes über literarische und wissenschaftliche Unternehmungen hinweg. Griffiths' aufschlussreiche Analyse zeigt zwar die theoretischen Grundlagen historischer Vergleichsmetho-

tätsverständnis im neunzehnten Jahrhundert nicht immer vorhanden war, oft sogar schmerzlich fehlte, täten wir gut daran, das defensive Bestreben, Grenzen zu kontrollieren und zu beherrschen, als Reaktionen auf den Schrecken der epistemologischen Instabilität zu verstehen. Diese Pendelbewegung wird in jedem Kapitel dieses Buchs dokumentiert, von einer Offenheit über das Potenzial durchlässiger Grenzen bis hin zu einer konservativen Überwachung von als absolut gesetzten Grenzen.

Wir müssen auch klar benennen, was dieses Buch *nicht* leistet. Es beschwört kein utopisches Ideal einer verlorenen Ära der Geschwister-Logik herauf. Das lange neunzehnte Jahrhundert war alles andere als ein Zufluchtsort für eine friedliche, egalitäre Identitätspolitik. Ich würde auch weder das Wiederaufleben einer alten noch das Errichten einer neuen universalen *Brüderlichkeit, Schwesterlichkeit* oder *Geschwisterlichkeit* nahelegen. Vielmehr möchte ich vermitteln, dass die Erkenntnis der Wirkmacht des Geschwisterbegriffs im neunzehnten Jahrhundert uns auch die Möglichkeit bietet, uns über sie hinaus und aus ihr heraus zu bewegen. Donna Haraways unverblümte Verurteilung der Verwandtschaftspolitik gibt dabei zu bedenken:

> Es ist an der Zeit, ein „unverwandtes" Unbewusstes zu entwerfen, eine andere Urszene, in der nicht alles aus den Dramen der Identität und Reproduktion hervorgeht. Blutsbande – und dazu gehören auch neue Begriffe von Blut wie Gene und Information – waren schon blutig genug. Ich glaube, dass es keinen Frieden zwischen rassifizierten Gruppen und zwischen den Geschlechtern, keine lebenswerte Natur geben wird, bis wir lernen, Menschheit durch etwas herzustellen, was zugleich mehr und weniger ist als Verwandtschaft. (Haraway 1997, 265)

Die Blutigkeit einer Politik der Blutlinie ist zwar in der in diesem Buch zu rekonstruierenden Geschichte allgegenwärtig, doch gibt es zwei Themen, die bei Haraways Formulierung hervorgehoben werden müssen. Erstens bestimmt Haraway hier zwar das ethische Ziel der Herstellung von Menschheit, trägt an anderer Stelle jedoch, nicht zuletzt in ebendiesem Beitrag, zur Theoretisierung des Posthumanen bei. Die Produktion einer Art als *Care*-Einheit bezieht sich wieder auf eine Methodik, die im Wesentlichen der von Haraway gerade erst dekonstruierten Verwandtschaftspolitik ähnelt. Bald widmen wir uns dann auch Charles Darwins Evolutionstheorie als einer Variante der weit verbreiteten genealogischen Methoden im langen neunzehnten Jahrhundert, aus denen auch die von Haraway zerlegten Theorien von „Rasse" und Nationalität hervorgegangen sind. Wenn wir mit Haraways Zielen übereinstimmen, dass unter rassifizierten Gruppen und zwischen den Geschlechtern Frieden herrschen und es eine lebenswerte Umwelt

---

den, doch nicht alle genealogischen Bereiche oder deren Forscher*innen waren bereit, die historische Kontingenz zu akzeptieren, von der ihre Rekonstruktionen abhingen.

geben soll, müssen wir vielleicht damit aufhören, in den Strukturen unserer Klassifizierungen nach Legitimität zu suchen. Doch können wir nicht gänzlich aufhören, zu klassifizieren. Stattdessen könnten wir Begriffe erkennen und neu bewerten, die die Kontingenz von Klassifizierungen veranschaulichen, und dazu beitragen, sie von innen heraus zu dekonstruieren, indem wir die ihnen implizite kontinuierliche Deterritorialisierung und Reterritorialisierung akzeptieren. Haraway setzt hier Blut mit Blutlinie und Verwandtschaft mit Abstammung gleich und erkennt eine Konstellation, die Alys Eve Weinbaum kürzlich als „race/reproduction bind" [Verstrickung von „Rasse" und Fortpflanzung] bezeichnet hat: „Rasse" und Sex werden durch den Begriff der Genealogie untrennbar miteinander verbunden, und daher sind Fragen der „Rasse" immer auch Geschlechterfragen (vgl. Weinbaum 2004). *Geschwister-Logik* wird aufzeigen, dass Genealogien mit der Verknüpfung von Abstammung und Geschlecht nicht nur dann zu kämpfen haben, wenn sie mit Sexualität und Rassentheorie verbunden sind, sondern auch in Bereichen, die Weinbaum nicht thematisiert, in denen Genealogien parthenogenetisch funktionieren sollen, etwa in der Evolution der Sprachen. Dieses Buch erforscht die Herausforderungen der für die menschliche Fortpflanzung im Allgemeinen noch notwendigen sexuellen Verbindungen, mein Hauptaugenmerk gilt aber einem zweiten großen Bruch in der Linearität der Genealogie, nämlich der Verzweigung und, noch wichtiger, den instabilen Grenzen solcher Nachkommen als Geschwister.

Das moderne Subjekt im Verhältnisfeld

Die Idee eines Selbst oder Subjekts mit einer Entwicklungsgeschichte hin zu einer eigenwilligen oder sogar einzigartigen Persönlichkeit entstand am Knotenpunkt eines religiösen, wirtschaftlichen und sozialen Wandels im Laufe des langen achtzehnten Jahrhunderts. Ein neues Interesse an der persönlichen Identität lässt sich durch philosophische Untersuchungen des Themas ab dem späten siebzehnten Jahrhundert dokumentieren, die im Laufe des achtzehnten Jahrhunderts noch zunehmen. Die vielleicht bekannteste Geschichte dieses Phänomens erzählt Charles Taylor (1996) in *Quellen des Selbst*. Er liefert einen umfassenden Überblick über die Entstehung von Selbstbegriffen durch Konzepte von moralischer Verantwortung, die auch abseits von Spekulationen über die Existenz einer Seele bestehen. Die herkömmliche Philosophiegeschichte verortet die Ursprünge des Subjekts bei René Descartes und John Locke und verfolgt seinen Werdegang über Immanuel Kant bis zum Höhepunkt bei G W. F. Hegel. Dror Wahrman (2004, 274–278) setzt diese Forschung in jüngerer Zeit fort, indem er die neuen Selbstkonstruktionen in den sich überschneidenden Bereichen kollektiver Identitäten wie „Rasse", Geschlecht, Religion und Persönlichkeitstypen in Diskursen verortet, die zu dieser Zeit kulturell breiter zugänglich waren als die Philosophie, und er konstatiert die Verschiebung hin zu einer Idee von der individuellen Einzigartigkeit als Entwicklung des späten achtzehnten Jahrhunderts. Zu den Quellen, die Wahrman auswertet, gehört auch die Belletristik, insbesondere der Roman. Die Entwicklung fiktionaler Figuren und die aufkeimende Vorstellung der Persönlichkeitsentwicklung haben Philolog*innen lange schon eng miteinander verknüpft. In den 1950er Jahren sah Ian Watt (1957) den Aufstieg des Romans als wichtiges Indiz für die wachsende Bedeutung des Individuums, was sich in dem steigenden Potenzial für persönliche Entscheidungen in Arbeit und Konsum, in Politik, Religion und in der emotionalen Bindung zeige, die nun mit der Institution der Ehe einhergehe. Für Watt ist das Individuum selbst jedoch eine ontologische Gegebenheit, und wandelnde Normen wirken sich ihm zufolge nur auf die Bedeutsamkeit individuellen Erfahrens und Begehrens aus. Die literaturwissenschaftliche Forschung der letzten fünfunddreißig Jahre, etwa in Gestalt von Felicity Nussbaum (1989) und Nancy Armstrong (2005), untersucht Gattungsentwicklungen, um die diskursive ideologische Konstruktion des Selbst oder des Individuums abzubilden, während Anthony Cascardi (1992) die Moderne daran festmacht, dass sie das Subjekt erfunden habe, das jedoch eine instabile und historisch kontingente Kategorie bleibe.

Das neue Verständnis des Selbst, das im achtzehnten Jahrhundert entstand, wird herkömmlicherweise als Subjekt verstanden, als individueller Akteur,[8] der reziprok zu den neuen politischen und ökonomischen Systemen passt, in denen das Individuum Bürger, Konsument und Lohnarbeiter ist. Locke (1981, 419–424) verlegte den Ursprung der Identität von der Seele auf das Bewusstsein und begründete die zeitliche Fortdauer der Identität mit dem Gedächtnis. Menschen wurden so zu Wesen, die durch ihre eigene Geschichte und ihren eigenen historischen Moment bedingt waren – eine Vorstellung vom Selbst, so könnte man meinen, die für die zunehmende Bedeutung der Geschichte in der Wissensbildung des achtzehnten Jahrhunderts die Grundlage bildete. Historizität ist jedoch nicht das einzige Unterscheidungsmerkmal des modernen Subjekts. Harvie Ferguson (2000, 3–19) vertritt die Ansicht, dass die Moderne durch drei Beziehungen definiert werden könne: die Trennung des Subjekts vom Objekt, die dem Subjekt Autonomie zuschreibe, die Differenzierung des Selbst vom Anderen und die Dialektik von Ego und Welt. Während Ferguson seine ersten beiden Kriterien als eine strikte Tren-

---

[8] Anm. d. Ü.: Der im Englischen breiter angelegte Begriff *agent* wird hier, sofern nicht anders angegeben, zumeist mit „Akteur" bzw. „Akteurin" übersetzt.

nung betrachtet, ist das letzte eine Art Inklusion, in der das Ego einen Teil der Welt mit komplizierten reziproken Konsequenzen darstellt. In diesem Buch werde ich jedoch argumentieren, dass die beiden erstgenannten Beziehungen gleichermaßen umkämpfte Formen der Trennung sind, dass auch das Selbst und das Andere sowie Subjekt und Objekt im Diskurs des langen neunzehnten Jahrhunderts aneinander teilhaben. Nicht die erfolgreiche Abgrenzung des Subjekts vom Objekt oder des Selbst vom Anderen macht die Moderne aus, sondern der schwerfällige Prozess der Aushandlung ihrer Beziehungen, ein Prozess, in dem oft durchlässige Grenzen vorkommen, auch wenn diese Durchlässigkeit Ängste erzeugt. Wie wir immer wieder sehen werden, dokumentieren der ausschweifende Diskurs über den Fetisch, das *gemachte Ding*, dem Handlungsmacht zugeschrieben wird (insbesondere Kapitel 3 und 4), und die vielen Variationen von Rassentheorie und Anthropologie (Kapitel 5) nicht nur den Wunsch, feste Grenzen zwischen Subjekt und Objekt, zwischen dem Selbst und dem Anderem, zu errichten, sondern auch das Scheitern solcher Versuche.

Bei ihrer Erforschung der Grenzen des Subjekts verweisen Raymond Martin und John Barresi (2000, 44) auf die Problematik der von ihnen so genannten *fission questions* [Spaltungsfragen], die zum ersten Mal bei Locke zu beobachten sei. Wenn das Selbst nicht länger mit der Substanz eines Körpers oder einer Seele verbunden ist, sondern stattdessen, wie Locke behauptete, von Bewusstsein und Gedächtnis abhänge, warum sollte dann nicht mehr als nur eine Person in einem einzelnen Menschen stecken? Locke (1981, 424–429) selbst spricht diese Frage ausdrücklich an, wenn er über Wahnsinn, Schlaf- und Wachbewusstsein sowie darüber nachdenkt, dass ein Tagmensch und ein Nachtmensch ein und denselben Körper bewohnen könnten. Der Fortgang solcher Spaltungsängste lässt sich nicht nur in den von Martin und Barresi untersuchten philosophischen Debatten des achtzehnten Jahrhunderts nachvollziehen, sondern auch über die Disziplin und das Jahrhundert hinaus, etwa in bekannten fiktionalen Darstellungen wie Robert Louis Stevensons *Der seltsame Fall von Dr. Jekyll und Mr. Hyde* (1886). Barresi und Martin interessieren sich indes weit weniger für das, was sie als *fusion cases* [Verschmelzungsfälle] bezeichnen, die ihrer Argumentation nach auftreten, wenn sich ein einzelnes oder zusammengesetztes Selbst mehreren Körpern zuordnen lässt. Diese Grenze zwischen Spaltung und Verschmelzung ist jedoch nur dann stimmig, wenn man den Begriff eines ganzen Selbst in Übereinstimmung mit einem ganzen Körper bereits akzeptiert. Tatsächlich sind Martins und Barresis Begriffe *Spaltung* und *Verschmelzung* nur dann sinnvoll, wenn der Körper den Ausgangspunkt für die Identität darstellt.⁹ Locke (1981, 428) erwähnt seinerseits Verschmelzungs- und Spaltungspotenziale im selben Satz. Wie Hillel Schwarz (1996) in seiner Arbeit über die Kopie zeigt, besteht eine Kontinuität zwischen gespaltenen Persönlichkeiten und zusammengewachsenen Zwillingen, die auch im achtzehnten und neunzehnten Jahrhundert fest zur kulturellen Imagination gehörten.¹⁰

Die kulturelle Faszination für zusammengewachsene Zwillinge geht über das Verbundensein von Körpern hinaus: Sie sind das extremste Beispiel einer Geschwisterschaft, die die Grenzen des Selbst in all seinen Formen infrage stellt. Bei der Erforschung des aufkommenden Konzepts der Individualität bemerkt Wahrman eine Verschiebung der Überlegungen zum identischen Zwilling von den 1770er zu den 1780er Jahren. Während im früheren Jahrzehnt ein Betrugsfall mit eineiigen Zwillingsbrüdern zu einer Betonung ihrer Ununterscheidbarkeit führte, behauptete ein gewisser T. Row zehn Jahre später im Jahr 1786 im *Gentleman's Magazine* eine absolutere Individualität: „Zwei Brüder wurden als so ähnlich angesehen, dass sie kaum unterschieden werden konnten; oft wurde einer für den anderen gehalten, doch wenn sie zusammen auftraten, waren die Unterschiede, war die Variation sehr sichtbar." (Row 1786, 772)¹¹ Auch Locke erwähnt Zwillinge in seinen Überlegungen zur persönlichen Identität, um die Unterschiedlichkeit von Personen mit unterschiedlichem Bewusstsein zu betonen. Die Zwillinge Kastor und Pollux teilen sich zwar eine Seele, die sie abwechselnd nutzen, während der jeweils andere schläft, aber solange keiner von beiden eine Erinnerung daran hat, was der andere tut, führten sie laut Locke (1981, 115–116) getrennte Existenzen, die sich voneinander unterschieden wie die anderer Männer.¹² Ich möchte

---

9 Man könnte sich zwei Personen in einem Körper genauso gut als Verschmelzung vorstellen; nur wenn man von der Perspektive des primären und vollständigen Körpers ausgeht, der sich dann in zwei Personen spaltet, ist der Begriff der Spaltung von Martin und Baresi sinnvoll.
10 In einer der obszöneren Beschäftigungen mit der persönlichen Identität veröffentlichte der Scriblerus Club, zu dem unter anderem Alexander Pope, John Arbuthnot und Jonathan Swift gehörten, im Jahr 1714 die satirischen fiktiven *Memoirs of Martinus Scriblerus*, die eine Episode enthielten, in der sich Scriblerus in einen zusammengewachsenen Zwilling verliebt, der die Geschlechtsorgane mit der Schwester teilte. Die erotische Beziehung ruft die Gespenster der Vergewaltigung, der Bigamie und des Inzests auf den Plan und eröffnet gleichzeitig eine Debatte darüber, inwiefern das Wesen der weiblichen Personalität in ihren Geschlechtsorganen liegt. (vgl. Scriblerus Club 1988, 143–163).
11 Wahrman erwähnt den Betrugsfall Parrau/Rudd in den 1770er Jahren und vergleicht ihn mit der späteren Aussage, ohne jedoch den Bezug zu Brüdern besonders zu analysieren.
12 Zudem sind „zwei Zwillinge[ ]", deren „äußere Erscheinung sich so ähnelt, daß man sie nicht unterscheiden kann", für Locke (1981, 429) ein offensichtliches Beispiel dafür, warum der Körper nicht mit der Person gleichgesetzt werden könne. Er schließt aus dem Umstand, dass eineiige Zwillinge unterschiedliche Personen sind, die Notwendigkeit, einen schlafenden Sokrates und einen wachen Sokrates als getrennte Personen zu betrachten, da sie sich der Gedanken und

jedoch anmerken, dass Adam Smith bereits 1759 seine *Theorie der ethischen Gefühle* mit dem Bekenntnis eröffnet hatte:

> Mag auch unser eigener Bruder auf der Folterbank liegen – solange wir selbst uns wohl befinden, werden uns unsere Sinne niemals sagen, was er leidet. Sie konnten und können uns nie über die Schranken unserer eigenen Person hinaustragen und nur durch die Vorstellungskraft können wir uns einen Begriff von der Art seiner Empfindungen machen. (Smith 1985, 2 [Anm. d. Ü.: Übersetzung angepasst])

Lockes, Rows und Smiths Behauptungen sollen die Unterscheidung zwischen verschiedenen Personen, selbst Brüdern und sogar eineiigen Zwillingen, betonen. Und doch vermittelt das Beispiel des Bruders eine klare Erwartung, dass der Bruder ein Grenzfall ist, der die ordentlichen Grenzen zwischen Personen potenziell ins Wanken zu bringen oder zu untergraben vermag. Während sich Wahrman (2004) für eineiige Zwillinge als Doppelgänger interessiert, die im siebzehnten und frühen achtzehnten Jahrhundert das Gespenst der Austauschbarkeit heraufbeschwören, reizt mich die im langen neunzehnten Jahrhundert erforschte Implikation, dass die Geschwister-Logik die Grenzen zwischen Personen durchlässig machen könnte. Wie wir gesehen haben, beharrt Smith darauf, dass unsere Sinne die Grenzen zwischen den Menschen nicht überschreiten könnten – aber auch darauf, dass unsere Vorstellungskraft dazu in der Lage sei. Es ist daher nicht unbedeutend, dass die Literatur des späten achtzehnten Jahrhunderts bis in das frühe zwanzigste Jahrhundert reichlich mit Beispielen von Geschwistern ausgestattet ist – in der Regel Bruder-Schwester-Paare –, deren Sinne durch die Vorstellungskraft geprägt sind. Sowohl Sinne als auch Vorstellungskraft entfalten sich in der Kindheit im Bereich der gegenseitigen Kommunikation und gemeinsamen Erfahrung unter Geschwistern.

Das Subjekt machte seit dem neunzehnten Jahrhundert mehrere Krisen durch, angefangen mit Friedrich Nietzsches und Sigmund Freuds Zerlegung seiner Einheit bis hin zu seiner Auflösung in institutionellen Machtverhältnissen, die durch den Diskurs reguliert werden, etwa bei Michel Foucault, Gilles Deleuze und Félix Guattari. Feministische Theoretiker*innen von Julia Kristeva über Luce Irigaray bis hin zu Judith Butler dachten darüber nach, wie Frauen die Subjektposition einnehmen könnten. Eine derartige Relationalität in Form von familiären und gesellschaftlichen Interaktionen verfolgte das Subjekt jedoch schon von Anfang an. Im achtzehnten und neunzehnten Jahrhundert trug diese Instabilität die Namen

---

Handlungen des anderen nicht bewusst seien. Die Erfindung des Unbewussten in der Romantik macht Lockes Überlegungen zu den beiden Hälften des Sokrates etwas komplizierter, doch diese Unsicherheit geht über die Analogie zurück und steckt auch die Zwillinge an.

Schwester und *Bruder*. Im langen neunzehnten Jahrhundert wird das Subjekt in Literatur und Philosophie anhand der Geschwister-Logik hinterfragt. Gleichzeitig gewannen Geschwister in den soziologischen Praktiken der Familienbildung enorm an Bedeutung, erlebten sie doch eine gemeinsame Kindheit, die nunmehr als die affektive und erfahrungsbezogene Grundlage des Selbst wertgeschätzt wurde, wodurch die Geschwisterbeziehung zum Maßstab aller zukünftigen Bindungen geriet.

Verwandtschaft im neunzehnten Jahrhundert

Seit Jahrzehnten dreht sich die Geschichtsschreibung zur Familie im achtzehnten Jahrhundert um zwei Veränderungen: das neue Bekenntnis zu kameradschaftlichen, emotional erfüllenden Ehen und das Konzept der Kernfamilie. Lawrence Stones grundlegendes Werk *The Family, Sex, and Marriage in England, 1500–1800* (1977) legte die Konturen einer mittlerweile vertrauten Argumentation fest, wonach der zunehmende Individualismus mit ökonomischer Handlungsmacht korrelierte, persönliche Vorlieben die Wahl eines Ehepartners leiteten, in der Ehe kameradschaftliche Liebe und sexuelle Erfüllung zusammenfielen, die Kindheit als idealisierte Zeit der Unschuld und liebevollen Bindung hervortrat und eine Privatsphäre um das neu so benannte Zugehörigkeitssystem *Familie* erzeugt wurde. Stone nahm die erhöhte Investition emotionaler Energie in die Kernfamilie jedoch nicht als im Verlauf eines Lebens konstant wahr. Vielmehr stellte er ein zyklisches Muster fest: Die Ehe läutete eine neue eheliche Familie ein, die frühere Bindungen an die Geburtsfamilie verdrängte. Die Verwandtschaft verlor, so Stone, jenseits der auf Ehe beruhenden Kernfamilie mit dem Erstarken des Individuums und der Kernfamilie an Bedeutung. Historiker*innen und Theoretiker*innen von Niklas Luhmann bis Stephanie Coontz stützten sich auf Aspekte von Stones Grundlagenforschung.

Die Grundlagen für Stones Narrativ wurden meiner Einschätzung nach bereits deutlich früher mit der Verwandtschaftsethnologie in der modernen Anthropologie des späten neunzehnten Jahrhunderts gelegt (vgl. auch Davidoff 2012, 14–18). Während ethnografische Untersuchungen weit länger populär gewesen waren, entstand die Kulturanthropologie des zwanzigsten Jahrhunderts infolge dreier Studien, die von 1861 bis 1871 veröffentlicht wurden, nämlich Johann Jakob Bachofens *Das Mutterrecht*, John Ferguson McLennans *Primitive Marriage* und Lewis Henry Morgans *Systems of Consanguinity & Affinity*, die zusammen die Disziplin der Kulturanthropologie mit Untersuchungen von Verwandtschaftsbeziehungen untermauerten (vgl. Bachofen 1993; McLennan 1970; Morgan 1997).[13] Das *Oxford English Dictionary* schreibt McLennan die Autorschaft des aus dem alten englischen Wort *kin* abgeleiteten Begriffs *kinship* zu, der nicht nur die Verwandtschaft an sich, sondern die Anerkennung solcher Verwandtschaftsbeziehungen als System bezeichnet.[14] Während Verwandtschaftssysteme [*kinship*] als Schlüsselbegriff entscheidend zum Verständnis von als „primitiv" geltenden nichtwestlichen Kulturen beitrug, wurde ihre Bedeutung innerhalb der jeweiligen Kultur, der die forschenden Anthropolog*innen selbst angehörten, unterdrückt. Die Unterscheidung zwischen Zivilisationsebenen kam im Englischen in den unterschiedlichen Assoziationen von *kinship* (Verwandtschaftsbeziehungen zumeist aus einer auf „fremde" Kulturen gerichteten, westlichen, anthropologischen Perspektive) und *family* (westliche Verwandtschaftsbeziehungen) zum Tragen, war aber allgemein in Europa verbreitet.[15]

1998 stellte David Warren Sabean mit seiner akribischen Dokumentation der Entstehung moderner europäischer Klassenstrukturen durch Verwandtschaftsnetzwerke die Hegemonie von Stones Narrativ infrage (vgl. Sabean 1998 sowie sein gesamtes späteres Werk). Im Kern von Sabeans neu formulierter Geschichte der westlichen Familie im achtzehnten und neunzehnten Jahrhundert stehen Allianzen um Geschwisterbande.[16] Wenn die eigenen Geschwister heiraten und Kinder bekommen, erweitert sich die ursprüngliche Bindung und bezieht auch Schwägerinnen, Schwager, Cousinen, Cousins, Neffen, Nichten, Tanten und Onkel in wirtschaftlichen Einheiten ein. Seit Beginn der 2000er Jahre zeigen Historiker*innen und Anthropolog*innen wie Leonore Davidoff (1995, 2012), Adam Kuper (2009), Michaela Hohkamp (2011), Christopher Johnson (2015) und Margareth Lanzinger (2015) auf, wie komplizierte Geschwisterbeziehungen gepflegt wurden, um eine Reihe von Funktionen zu erfüllen, von der Einschärfung von Geschlechternormen über die

---

13 Zwar gehen die Zivilisationsgeschichten von Friedrich Engels und Claude Lévi-Strauss weit auseinander, doch sie beziehen sich in ihren Schriften *Der Ursprung der Familie, des Privateigentums und des Staats* (1884) und *Die elementaren Strukturen der Verwandtschaft* (1949), die Morgan gewidmet ist, deutlich auf Morgans Schlussfolgerungen (Engels) und Methodik (Lévi-Strauss). Auf diese Geschichte wird in Kapitel 3 näher eingegangen (vgl. Engels 1962; Lévi-Strauss 1984).
14 Das *Oxford English Dictionary* führt einige frühere Verwendungen des Wortes *kinship* an, die auf das späte achtzehnte Jahrhundert zurückgehen, allerdings wurde das Wort in diesen Fällen verwendet, um eine bestimmte „Beziehung durch Abstammung" zwischen Menschen zu beschreiben und nicht ein System zur Bezeichnung solcher Beziehungen. *OED online*, [Art.] „kinship", https://www.oed.com/dictionary/kinship_n?tab=factsheet#40207340, 30.09.2023.
15 Vgl. Lettow 2019, 261–263, zu Hegels Unterscheidung zwischen der modernen europäischen Familie und vergangenen oder „primitiven" Formen der Verwandtschaft.
16 Vgl. auch Sabean 2023, der die Rolle der Geschwister in Verwandtschaftsnetzwerken von der Renaissance bis ins zwanzigste Jahrhundert ausführlich untersucht.

Festigung von Partnerschaften durch die Ehe bis hin zur Aufrechterhaltung familiärer Bindungen über Zeit und Raum durch das Briefeschreiben.[17] Neuere Untersuchungen rütteln damit an den Grundfesten des bisherigen Paradigmas und stellen das gerade erst durch Liebe in der Ehe verbundene Paar in den Kontext eines erweiterten Verwandtschaftsnetzwerks, mit dessen Aufrechterhaltung im langen neunzehnten Jahrhundert größtenteils Frauen beschäftigt waren und das für die Entstehung eines Bürgertums in der kapitalistisch gewordenen Wirtschaftsweise grundlegend war.[18] Die Folgen dieser neuen Forschung dringen gerade erst zu Disziplinen jenseits der Geschichtswissenschaft vor.

Zu den größten Veränderungen in den Familiendynamiken des langen neunzehnten Jahrhunderts gehört die Popularität von Ehen zwischen Cousins und Cousinen. Mit neuen Gesetzen wurden die rechtlichen Beschränkungen der Verwandtenehe in den deutschsprachigen Gebieten Mitte des achtzehnten Jahrhunderts deutlich reduziert. Inzestverbote galten nur mehr für Geschwister oder Personen einer direkten Abstammungslinie.[19] Die rechtlichen Änderungen spiegelten den sozialen Druck wider, Ehen innerhalb einer anerkannten Familie, aber über die Kernfamilie hinaus zuzulassen. Mit anderen Worten änderte sich die Definition von Inzest je nach Tabuisierung von Verwandtschaftsgraden zwischen Ehepartner*innen. Während nirgendwo im modernen Europa die Ehe zwischen Geschwistern oder Halbgeschwistern erlaubt war, bezeichneten Cousins und Cousinen einander in ihrer Korrespondenz oft als „Bruder" oder „Schwester", und es war üblich, Ehen zwischen einer Schwester und einem Freund oder zwischen der Schwester und dem Bruder der eigenen Ehepartnerin zu fördern (vgl. Davidoff 2012, 60–61). Die Wahl der Ehepartner*innen drehte sich also darum, Geschwisterbeziehungen aufrechtzuerhalten und zu vertiefen. Bruder-Schwester-Beziehungen in der Kinderstube wurden oft idealisiert und als Modelle für späteres Eheglück gesehen. In England und auf dem Kontinent kam es im

---

17 Eine weitere Kritik an der traditionellen Sichtweise entstand aus der Analyse bedeutender gleichgeschlechtlicher Bindungen in der Zeit; vgl. etwa Marcus 2007. Alan Bray (2003) liefert nachträglich eine Analyse der politischen Aspekte früherer historischer Argumente.
18 Davidoff (2012, 229–230) spekuliert, dass die verzögerte Herausbildung einer Mittelschicht in Osteuropa und die längere Dauer des Feudalismus die Folge des anhaltenden Verbots der Ehen zwischen Cousins und Cousinen in den orthodoxen Kirchen sein könnte, die den Aufbau eines Verwandtschaftsrasters behindert hatten. Vgl. auch Johnson 2015.
19 Zum deutschen Kontext vgl. Jarzebowski 2006, 11–12; vgl. auch Lanzinger 2015, 281–342. Lanzinger dokumentiert die Anträge auf päpstlichen Dispens für Ehen zwischen Cousins und Cousinen, die meist erfolgreich waren, wenn die Gefahr bestand, dass die Antragstellenden sonst die Religion wechselten oder eine standesamtliche Eheschließung vorzogen; vgl. Lanzinger 2015, 318–319. Vgl. außerdem Sabean 2023, 248–262. Zur Verbreitung dieser modernisierten und reduzierten Beschränkungen bei Zivilehen durch den Code Napoléon vgl. Kuper 2009, 83.

neunzehnten Jahrhundert zu einer langen, hitzigen Debatte über die Rechtmäßigkeit und Sittlichkeit der Ehe zwischen einem Witwer und der Schwester seiner verstorbenen Frau. In England, wo die Klassifizierung von Inzest im Allgemeinen durch kirchliche Verbote und Bräuche und nicht durch das Rechtssystem geregelt war, galt von 1835 bis 1907 eine Ausnahme insofern, als diese Ehen auch gesetzlich untersagt wurden. Eine ähnliche Debatte lässt sich in Teilen Europas anhand der an die katholische Kirche gerichteten Dispensanträge nachvollziehen, die im neunzehnten Jahrhundert generell nur dann bewilligt wurden, wenn zu befürchten stand, dass die Antragsteller*innen konvertieren könnten (vgl. Lanzinger 2015, 223–280). Unverheiratete jüngere Schwestern schlossen sich oft den Haushalten ihrer frisch verheirateten älteren Schwestern an, um bis zu ihrer eigenen Hochzeit bei der Erziehung der Kinder zu helfen und den Haushalt zu führen (vgl. Davidoff 2012, 79–85; Lanzinger 2015, 254–264). In einer Zeit der Kameradschaftsehe waren diese Schwägerinnen im Falle des Todes einer Ehefrau wegen ihrer Vertrautheit mit dem Haushalt und ihrer engen Beziehung zu den Kindern wünschenswerte Ehepartnerinnen (vgl. Corbett 2008, 6–9, 57–85; Lanzinger 2015, 254–280). Die Schwägerin als potenzielle Ehepartnerin hätte jedoch auch die Sexualisierung einer nichtehelichen Beziehung zwischen häufig im selben Haushalt lebenden Erwachsenen bedeutet. Während in Schriften des achtzehnten Jahrhunderts darüber spekuliert wurde, dass Gott den Menschen eine Aversion gegen Inzest verliehen habe, um in den Haushalten für Keuschheit zu sorgen, sehen wir hier, wie der Inzestbegriff manipuliert wurde, um mit demselben Ziel Kategorien tabuisierter Beziehungen zu schaffen.[20] Angesichts des wechselseitigen Einflusses zwischen Geschwistern und ehelichen Beziehungen ist es kein Wunder, dass der Geschwisterinzest das imaginäre neunzehnte Jahrhundert in Literatur, Philosophie, Politikwissenschaft und Biologie heimsuchte.

Lawrence Stone (1977, 115–116) merkt an, dass die Bruder-Schwester-Verhältnisse in der frühen Neuzeit oft sehr herzlich und liebevoll waren. Solche Bindungen standen im Gegensatz zu denen zwischen Brüdern, da die Primogenitur dafür sorgte, dass Brüder Rivalen in einem Erbschaftssystem waren, in dem es um viel ging. Laut Stone ist die Qualität des Bruder-Schwester-Verhältnisses im achtzehnten Jahrhundert zwar herzlich geblieben, er spekuliert jedoch nicht darüber, wie das Ende der Primogenitur und der Aufstieg des Kapitalismus die Beziehung zwischen Brüdern verändert haben. Eine solche Überlegung ist für die vorliegende Studie allerdings von entscheidender Bedeutung. Aus ökonomischer Sicht verwandelten sich Brüder

---

20 Vgl. Zedlers Darstellung der Gründe für das Inzestverbot in seinem *Universal-Lexicon* unter „Blutschande". Theorien des Inzestverbots und der Inzestaversionen werden im Epilog ausführlicher thematisiert (Zedler 1731–1754, Bd. 4, 254; https://www.zedler-lexikon.de/index.html?c=blaettern&seitenzahl=142&bandnummer=04&view=100&l=de, 13.10.2023.

im Laufe des neunzehnten Jahrhunderts von Rivalen zu potenziellen Partnern. Es ist auch bemerkenswert, dass Stone die Beziehung zwischen den Schwestern überhaupt nicht erwähnt. Während das Geschlecht einen starken Einfluss darauf hatte, wie Geschwisterbande funktionierten, brachte die moderne politische Ökonomie *Brüder und Schwestern* als Kollaborateur*innen und Partner*innen vor. Innerhalb solcher Gruppen wurden Schwestern als Vermittlerinnen von Beziehungen angesehen. Schwester-Schwester- und Schwester-Bruder-Bande festigten die Zugehörigkeit von Bruder-Bruder- und Bruder-Schwager-Konstellationen. So wird leicht nachvollziehbar, warum gerade die Brüderlichkeit für die Verbundenheit einer Nation steht. Von Frauen, die gleichzeitig als Schwestern und Ehefrauen fungierten, wurde erwartet, dass sie die altruistische Zuneigung generierten, die die Bürger miteinander verband und ein Funktionieren des Staates ermöglichte. Die Notwendigkeit dieser Doppelrolle verlieh der brüderlichen Nation jedoch einen inzestuösen Beigeschmack.

Im Laufe des achtzehnten Jahrhunderts gewann der standardsprachlich bis heute überwiegend nur im Plural verwendete deutsche Begriff *Geschwister* an Bedeutung; Adelung nahm ihn in sein *Wörterbuch* von 1811 auf, während Zedler ihn in seinem *Universal-Lexicon* von 1740 noch nicht kannte (vgl. Hohkamp 2011, 68–71).[21] Das englische Wort *sibling* ist hingegen viel jünger. Es stammt aus der Anthropologie des frühen zwanzigsten Jahrhunderts, in der gerade die Disziplin der Verwandtschaftsethnologie begründet worden war.[22] Diese Ableitung erklärt, warum das Wort *sibling* eine deutlich klinischere Konnotation hat als die deutsche Entsprechung. Wie *kinship* diente *sibling* ursprünglich dazu, die Beziehungen unter den von Europäer*innen untersuchten Völkern von den Beobachtenden selbst zu distanzieren. Der Bedeutungsunterschied ist noch nicht ganz verschwunden. So ist es etwa bezeichnend, dass im allgemeinen englischen Sprachgebrauch alle Tiere auch *siblings* haben, aber nur Haustiere auch *brothers* und *sisters*. Dabei ist die ältere Wendung „brothers and sisters" im Englischen nie außer Gebrauch gekommen. Wärme wird immer noch deutlich stärker durch die älteren Verwandtschaftsbegriffe ausgedrückt, die sich daher immer noch für eher rhetorische Zwecke eignen und ethisches oder affektives Verhalten einfordern, von Bürgerrechten bis hin zum Nationalismus.

---

21 Das Wort *Geschwister* bedeutete ursprünglich „Schwestern", schloss aber seit dem vierzehnten Jahrhundert beide Geschlechter ein; vgl. Grimm 1854–1971, Bd. V, Sp. 4007.
22 Etwa zur gleichen Zeit begannen Genetiker*innen, das Wort *sib* zu verwenden, mit derselben Bedeutung. Genetiker*innen verwenden *sib* bisweilen austauschbar mit *sibling*, und manchmal bezeichnen sie damit ein Geschwisterkind mit zwei gleichen Elternteilen, das aber kein eineiiger Zwilling ist (vgl. Lynch und Walsh 1998, 553). Beide Begriffe wurden aus der früheren Verwendung von *sib* im Englischen abgeleitet, um alle Verwandten zu bezeichnen. Das Wort ist etymologisch mit dem deutschen Wort *Sippe* verwandt. *OED online*, [Art.] „Sibling", http://www.oed.com/view/Entry/179145?redirectedFrom=Sibling, 30.09.2023.

In der englischen Fassung dieses Buchs habe ich den Ausdruck *sibling* verwendet, weil er eher abstrakt ist und auf ein Ideenfeld verweist, das von Brüdern und Schwestern über die rhetorische Verwendung von Geschwisterbegriffen (etwa *fraternity*) bis zu dem genauen Knoten auf einer genealogischen Veranschaulichung von historischen Elementen, der eine Abstammung von einem gemeinsamen Vorfahren anzeigt. In der deutschen Fassung werde ich unterschiedliche Begriffe in diesem Wortfeld gebrauchen, unter anderem die standardsprachlich eher seltene Singularform *das Geschwister* als Hinweis auf die verfremdende Dimension und den geläufigeren Plural *die Geschwister* sowie *Geschwisterfiguren*, *Geschwisterrhetorik* oder, wiederum in bewusster Getrenntschreibung, *Geschwister-Logik*. Diese Begriffe werden auf der Geschwisterlichkeit abseits der konkreten Personen der Brüder und Schwestern und abseits von Personen überhaupt auf alle genealogischen Strukturen angewandt. Es ist mir zudem wichtig, mit diesen Geschwisterbegriffen die rhetorische Verwendung von *fraternité* und *brotherhood* mit ihrer genealogischen Bedeutung in Verbindung zu bringen. Wenn ich das Wort *Geschwister* verwende, geht es mir nicht darum, Geschlechterunterschiede zu verneinen, die sehr wohl eine Rolle spielen, sondern ich möchte mich jenen Anthropolog*innen anschließen, die erst seit relativ kurzer Zeit die aus einer kolonialen Perspektive entstandene Verwandtschaftsethnologie auch auf europäische Verhältnisse anwenden und damit an Vorannahmen über unsere eigene Kultur rütteln.

Genealogische Wissenschaften

Zwar hatten Stammbäume wichtige wirtschaftliche und politische Korrelate, doch war der Begriff der Genealogie nicht weniger zentral für die Human- und Lebenswissenschaften, die im langen neunzehnten Jahrhundert entstanden.[23] Bereits im frühen modernen Europa beruhte das Verständnis der menschlichen Vielfalt auf der biblischen Geschichte von der Zerstreuung der Söhne Noahs nach der Sintflut, wodurch Völker und Sprachen genealogisch klassifiziert wurden, indem sie auf drei Brüder zurückgeführt wurden.[24] Unterschiede zwischen mehreren Bevölkerungsgruppen ergaben sich aus der göttlichen Markierung, und

---

[23] Lorraine Daston und Glenn Most haben zudem methodische Ähnlichkeiten zwischen Disziplinen festgestellt, die wir oft ganz unterschiedlichen Wissensbereichen zuordnen. Ihnen zufolge muss die „die Geschichte der Naturwissenschaften zumindest einen Teil der Geschichte der Geisteswissenschaften einbeziehen", damit beide verstanden werden können (Daston und Most 2015, 383).
[24] Einen aufschlussreichen Überblick über die wechselnden Ethnien, denen die genealogische Abstammung der Söhne Noahs von verschiedenen biblischen Völkern über zweitausend Jahre hinweg zugeordnet wurde, bietet Evans (1980). Die Bedeutung der Genealogie nach Noah wird

ihre Fortsetzung über Generationen hinweg wurde als Hinweis auf die Präsenz Gottes in der Welt gelesen und nicht als das Wirken von Naturgesetzen. Dieses Paradigma verband Debatten über physische, sprachliche und kulturelle Vielfalt. Die Zerstreuung von Noahs Söhnen in drei Strömungen beeinflusste Sir William Jones, auch bekannt als Oriental Jones, der 1786 die moderne Sprachwissenschaft begründete, indem er eine verlorene Muttersprache als den Vorläufer des Griechischen, Lateinischen und des Sanskrit postulierte und das Indoeuropäische als eine von drei eigenständigen Sprachfamilien. Die Auswirkungen dieses dreiteiligen Schemas fanden im ganzen neunzehnten Jahrhundert ihren Widerhall.

Im späten achtzehnten Jahrhundert erfuhr die Genealogie selbst eine Transformation, bei der Vererbung als das Ergebnis eines Naturgesetzen unterliegenden physikalischen Prozesses verstanden wurde. Die frühneuzeitliche Präformationslehre hatte vereinzelte Familienähnlichkeiten mit zwei Mechanismen erklärt. Die Präformationist*innen gingen davon aus, dass alle Menschengenerationen in einem einzigen Schöpfungsakt entstanden seien, seriell zusammengefügt wie Matroschkas, sodass alle zukünftigen Menschengenerationen bereits in Evas Eierstöcken vorhanden gewesen seien.[25] Ähnlichkeiten innerhalb einer mütterlichen Linie mochten nach einer solchen Theorie nicht erforderlich gewesen sein, schienen sich jedoch plausibel aus einem konservativen Schöpfungsprinzip heraus zu entwickeln. Ähnlichkeiten der väterlichen Linie wurden als Abdruck der mütterlichen Vorstellungskraft während der Schwangerschaft oder im Moment der Empfängnis erklärt. Die neuen Theorien zur Epigenese des späten achtzehnten Jahrhunderts postulierten hingegen, dass sich mütterliche und väterliche Züge im Zeitpunkt der Empfängnis verbänden und die Entwicklung einer wirklich neuen Organisation, eines neuen Organismus auslösten.[26] Während Epigenetiker konkurrierende Theorien postulierten, von denen die populärste der von Johann Friedrich Blumenbach 1781 vorgelegte „Bildungstrieb" war, führten sie in die Vorstellungen von Verwandtschaft eine gewisse Regelhaftigkeit ein, und zwar lange vor Gregor Mendels Erbsenexperimenten Mitte des neunzehnten Jahrhunderts oder der Entwicklung der Genetik im zwanzigsten Jahrhundert (vgl. Blumenbach 1781). Diese neuen Theorien der Vererbung

---

auch in den philologischen Theorien von William Jones und Friedrich Max Müller in Kapitel 4 und in Bezug auf die Rassentheorie in Kapitel 5 behandelt.
25 Zur Geschichte der Fortpflanzung vgl. Pinto-Correia 1997 und Roe 1981.
26 Das Wort *Epigenese* leitet sich aus dem griechischen Ausdruck für „nach dem Anfang" ab und bezieht sich auf die Entwicklung von Merkmalen nach der Empfängnis. *Epi* kann auch „außerhalb" bedeuten. Conrad Waddington war sich der früheren Verwendung des Begriffs Epigenese im Gegensatz zum Präformationismus bewusst, als er 1942 das Wort *epigenetics* neu prägte, um das außerhalb der Genetik Liegende zu bezeichnen. Aus dieser Wortschöpfung leitet sich der heutige Gebrauch des Begriffs ab (vgl. Willer 2010, 19).

wurden sowohl auf einzelne Familien als auch auf Bevölkerungsgruppen angewendet. Tatsächlich waren die frühen Epigenetiker wie Blumenbach und Kant auch für die Entstehung des Konzepts der „Rasse" ausschlaggebend, und die Rassentheorie war mit der Reproduktionsforschung verflochten. Die Beobachtung einer signifikanten Anzahl von Kindern gemischter Herkunft unter Populationen von Versklavten und in kolonialen Umgebungen führten zu Nachforschungen nach mütterlichem und väterlichem Erbgut, nährten aber bei den herrschenden Mächten auch den Wunsch, den Bevölkerungsgruppen theoretische Grenzen zu ziehen, die sich in der Praxis als unkontrollierbar erwiesen. In der Rassentheorie selbst fand eine Auseinandersetzung zwischen einem monogenetischen Modell, das von einem einzigen Ursprung aller Menschen ausgeht, und einem polygenetischen Modell, das für verschiedene rassifizierte Gruppen unterschiedliche Ursprünge voraussetzte, statt. Als Josiah Wedgwood 1787 das herausragende Symbol der abolitionistischen Bewegung entwarf – den keramischen Abdruck eines knienden Schwarzen Mannes in Ketten unter den Worten „Am I Not a Man and a Brother?" („Bin ich nicht ein Mensch und ein Bruder?", vgl. Abb. 5.1) –, war die Frage daher keineswegs rhetorisch. Tatsächlich wurde die Polygenese bald als die wissenschaftlichere Theorie akzeptiert, und sie behielt ihre Vorherrschaft, bis Darwins Theorie den biologischen Diskurs über die Klassifizierung von „Rassen" verschob. In dieser Debatte, wie auch in ihrer vergleichenden Methode, spiegelte die Rassentheorie die vergleichende Philologie dieser Zeit wider, die auch eine Methode zur Katalogisierung der menschlichen Vielfalt war. Monogenetiker*innen und Polygenetiker*innen von „Rasse" und Sprache postulierten jeweils genealogische Systeme, von denen angenommen wurde, dass sie sich durch Diversifizierung und Streuung vom Ursprung – oder von den Ursprüngen – her entwickelten. Darwin entwickelte seine genealogische Evolutionstheorie im vollen Bewusstsein dieser Vorläufer und erkannte an, dass er in *Der Ursprung der Arten* (1859) sowohl sprachlichen als auch familiären Modellen der Genealogie Rechnung trug. In allen drei Feldern wurde die vergleichende Analyse zur Erstellung von Stammbäumen eingesetzt.

Eine vergleichende Methode war sowohl bei der Erforschung von Organismen als auch beim Studium der Sprachen bereits im siebzehnten und achtzehnten Jahrhundert verbreitet. Bei der Auseinandersetzung mit Anatomie einerseits und Vokabular andererseits konnten Affinitäten und Ähnlichkeiten beobachtet werden. Bereits im siebzehnten Jahrhundert wurden Sprachzugehörigkeiten nicht nur morphologisch, sondern auch genetisch nach der ursprünglichen Verwendung eines Worts aufgezeichnet, das heißt als das Ergebnis der Abstammung. Eine Ausdifferenzierung im Zeitablauf wurde anerkannt und die Beziehungen in Begriffen wie *Muttersprache*, *Schwestersprache* und *Tochtersprache* abgebildet. In dem bereits erwähnten Vortrag von 1786 erklärte William Jones (1824, Bd. 2, 36–37), dass philosophische oder wissenschaftliche Präzision davon abhänge, „Ideen durch die mühsamen Anstrengungen des Intellekts zu trennen und zu vergleichen". Die vergleichende Anatomie gruppierte die Arten ursprünglich morphologisch und nicht genetisch. Affinität wurde erst mit der wachsenden Akzeptanz der Evolution nach Darwin als mit der Abstammung kausal verbunden anerkannt. Zu diesem Zeitpunkt gehörte zur *vergleichenden Methode* die Darstellung der historischen Entwicklung durch gemeinsame Vorfahren. Ende des neunzehnten Jahrhunderts konnte Friedrich Max Müller (1874, 29) in seiner *Einleitung in die vergleichende Religionswissenschaft* erklären: „Ist nicht all unser höchstes Wissen durch Vergleichen erworben, und auf Vergleichen basirt! [...] [D]er Geist der Wissenschaft in unserm Jahrhundert [ist] ein vergleichender [...]."[27]

In der Rückschau beschrieb Henry Hoenigswald (1963, 2) die vergleichende Methode, die das neunzehnte Jahrhundert dominierte, als eine Art „genealogische Rekonstruktion" und erläuterte wie Darwin, dass durch den Vergleich „ursprüngliche Eigenschaften von neueren gelöst werden können". Beziehungen zwischen bestehenden Elementen wurden so durch die Annahme eines in der Regel ausgestorbenen gemeinsamen Vorfahren hergestellt. Hoenigswald macht jedoch einen Fehler, der in Auseinandersetzungen des zwanzigsten mit dem neunzehnten Jahrhundert häufig auftritt, wenn er behauptet, dass in der vergleichenden Methode „das Ziel der Klassifizierung dem Ziel der Rekonstruktion untergeordnet ist" (Hoenigswald 1963, 2). Er hält an einer traditionellen Sicht auf die Viktorianer*innen fest, die sich demnach in erster Linie für die Abstammung interessierten, für die Ergründung von Erblinien und Ursprüngen. Und doch ist es schwer, bei dieser Überzeugung zu bleiben, wenn man bei Darwin liest, dass durch Vergleichen herauszufinden sei, „dass sich alle lebenden und ausgestorbenen Formen in einem großen System zusammenfassen lassen und wie die diversen Angehörigen einer Klasse durch höchst komplexe und strahlenförmig auseinandergehende Verwandtschaftslinien miteinander verbunden sind" (Darwin 2018, 509, [Anm. d. Ü.: Übersetzung angepasst]). Diese komplexen und strahlenförmig verlaufenden Netzwerke sind große Abbildungen von Verwandtschaftsverhältnissen die Identität nur in und durch – aktuelle und vergangene – Verwandtschaft herstellen.

Die beiden genealogischen Systeme von „Rasse" und Sprache standen in einem mehr als nur analogen Verhältnis zueinander. Wie Siraj Ahmed (2018) feststellt, führte die Bildung von Sprachfamilien „im weiteren Sinne zu einer neuen Rassentheorie, in der jede Sprache ein einzigartiges, auf Rasse bezogenes Erbe verkör-

---

27 Natalie Melas (2007, insb. 1–26) untersucht den direkten Zusammenhang zwischen dieser Methode und Europas kolonialem Projekt, beginnend mit sprachwissenschaftlichen Arbeiten wie der von Jones, der als britischer Richter in Indien tätig war.

pert".²⁸ Genealogisch gesehen haben also Sprachwissenschaft und Rassentheorie sowie alle vergleichenden Kulturbereiche von der vergleichenden Religionswissenschaft und Kulturanthropologie bis hin zur vergleichenden Literaturwissenschaft neben der breiteren, aber strukturell ähnlichen Evolutionstheorie ein gemeinsames Erbe.²⁹ Darüber hinaus teilen sie alle die Sorge um die Möglichkeit und den Einfluss von Hybridität sowie um die Schwierigkeit, ein individuelles Element zu definieren. Diese beiden Sorgen waren miteinander verwandt. In jedem genealogischen System wurden Einzelelemente durch die Differenzierung ähnlicher Elemente geschaffen, die daraufhin Geschwisterelemente wurden. Die Existenz von Geschwisterelementen setzt die Grenzen der Begriffe unter Druck. Diese Dynamik nenne ich Geschwister-Logik. Leugnet man Hybridität, ließe sich die Gefahr solcher unscharfen Ursprünge teilweise begrenzen, indem Individualität als eine neu entstehende Eigenschaft verstanden würde – auch wenn die Anfänge eines Elements unklar wären, würde es in einem parthenogenetischen System seine Identität im Laufe der Zeit individualisieren und konsolidieren, um zwischen sich und den ursprünglich ähnlichen Elementen immer mehr Raum zu lassen. Das Ideal der Parthenogenese konnte jedoch nur durch verschiedene Methoden zur Unterdrückung der Erkennung von Verbindungen erzeugt werden. Dieses Bestreben erwies sich in einigen Bereichen als schwieriger als in anderen.

Wie wir in Kapitel 4 sehen werden, hat sich der Bereich der Sprachwissenschaft strengstens an eine rein diversifizierende Struktur gehalten. Um die Wende des neunzehnten Jahrhunderts bevorzugte die vergleichende Philologie für die Identifizierung von Verwandtschaftsbeziehungen allmählich die hartnäckige innere Struktur der Grammatik gegenüber dem leicht veränderlichen Vokabular, was ein ideologisches Bekenntnis zur Abstammung und gegen den Umwelteinfluss darstellte. Durch diese Verschiebung konnten Sprachen als reine Träger von Kultur dargestellt werden, frei von einer Vermischung, die eindeutig als Makel angesehen wurde. Die Sprachwissenschaft hing bis in die zweite Hälfte des zwanzigsten Jahrhunderts weitgehend einer Art Parthenogenese an, wenn auch Pidgins, Kreolspra-

---

28 Ich möchte nur ergänzen, dass die beiden Theorien gleichzeitig entstanden sind, auch wenn der Begriff „Rasse" in der Philologie erst auftaucht, nachdem die an körperlichen Unterschieden Interessierten das Wort mit Macht ausgestattet hatten. Vgl. auch Ricardo Brown (2010, 18) zu den methodischen und inhaltlichen Verbindungen zwischen den Disziplinen, die die „Geschichte der Sprache und die Geschichte der Natur" mittels „Philologie, Taxonomie und Ethnologie" erforschen, „mit der allgemeinen Erwartung, dass Fortschritte in einem Bereich den anderen zugutekommen würden".
29 Ich schlage jedoch kein striktes Zerstreuungsmodell der Abstammung vor, das den hier behandelten ähnlich wäre. Diese Disziplinen haben vielleicht eine gemeinsame Wurzel, aber sie haben jeweils mehr als nur eine; jedes Feld entsteht aus einer Vielzahl von sich überschneidenden Einflüssen.

chen und andere Sprachbeeinflussungen im späten neunzehnten Jahrhundert ein wenig wissenschaftliche Aufmerksamkeit erlangten. Während die vergleichende Philologie im Verlauf ihrer Geschichte auf der Idee der Diffusion beharrte, werden wir in Kapitel 5 sehen, dass sowohl monogenetische als auch polygenetische Rassentheoretiker*innen Verbindungen anerkannten.[30] Denn die Rassentheorie entstand auch zum Teil, meiner Ansicht nach, aus einer voyeuristischen Besessenheit vom weit verbreiteten Phänomen des sexuellen Kontakts europäischer Männer mit außereuropäischen Frauen, über die sie Macht ausübten, und aus einer Faszination für das Aussehen ihrer Nachkommen. Dass sie die zwischen Anziehung und Abstoßung schwankenden europäischen Haltungen gegenüber diesen Kontakten in den Mittelpunkt der Konstruktion der „Rasse" stellten, erklärt die andernfalls rätselhafte Verbreitung eines ästhetischen Elements im „Rassen"-Diskurs.[31] In einer Kultur, die die Welt mittels Genealogie strukturierte, muss die überwältigende Bedeutung der weitverbreiteten sexuellen Vermischung von Menschen verschiedener Herkunft anerkannt werden – für die Politik von Geschlecht und „Rasse". Die nebulösen Grenzen der „Rasse" zeigten sich als dauerhafte Provokation in Form von engen Verwandtschaftsbeziehungen, die gleichzeitig anerkannt und nicht anerkannt wurden. Inzest und „Rassenmischung" waren im neunzehnten Jahrhundert zwei miteinander verwobene Ängste, nicht weil sie die inneren und äußeren Grenzen des Bestands an akzeptablen Sexualpartner*innen bildeten, sondern weil sie so oft zusammenfielen. In sklavenhaltenden und kolonialen Zusammenhängen trennte die „Rassenlinie" Geschwister, Cousins und Cousinen voneinander, während sie gleichzeitig die eine Gruppe für die andere sexuell verfügbar machte, und zwar entlang einer Grenze, die ständig untermauert werden musste.

Wenn wir uns der genealogischen Form zuwenden, wie sie in der Evolutionstheorie kodifiziert ist, könnten wir erwarten, dass sie den sexuellen Konturen einer Familie oder eines „Rassenbaums" folgt. Artenhybride wurden schließlich zu Darwins Zeiten intensiv diskutiert, und Darwin selbst nahm ein ganzes Kapitel zur Frage der Hybridität in der domestizierten Zucht in *Der Ursprung der Arten* auf.[32] Während Darwin im Gegensatz zu vielen anderen Biolog*innen die Mög-

---

[30] In den Kapiteln 4 und 5 wird auch die frühe Auseinandersetzung der vergleichenden Religionswissenschaft mit der Hybridität diskutiert, da nordeuropäische christliche Gelehrte sich der Tatsache nicht verschließen konnten, dass sich Religionen häufig durch Konversion und Synkretismus verbreiten.
[31] Das Wort *ästhetisch* kommt in diesem Zusammenhang der Erkenntnis gleich, dass Kant bei seinem Versuch, Ästhetik und sexuelles Begehren zu trennen, grundlegend gescheitert ist. Zur zentralen Bedeutung des sexuellen Begehrens in Rassentheorien vgl. Young 1995; Stoler 1995.
[32] Naturforscher*innen wie der Comte de Buffon hatten hybride Lebensformen aus dem Existierenden herausdefiniert, indem sie die Grenze einer Art anhand der Fähigkeit zur Hervorbringung fruchtbarer Nachkommen definierten. Darwin stellt jedoch im Gegenteil fest, dass sich

lichkeit der Paarung über Artengrenzen hinweg akzeptierte, ließ er den Einfluss einer solchen Hybridität als Anpassungsmechanismus außer Acht und legte nie nahe, dass Hybridisierung in der Wildnis stattfinde, sodass sein Evolutionsbaum im großen Maßstab der Artenentwicklung wie ein Sprachenbaum aussah, Diffusion ohne Verbindungen. Diese Struktur ist erklärungsbedürftig und lässt sich wohl durch die extremen Ängste erklären, die sich aus Darwins Ablehnung natürlicher Arten ergeben. Darwin hielt die Definition der Artengrenzen für kontingent und akzeptierte die hier thematisierte Geschwister-Logik. Für viele Zeitgenoss*innen schien diese Kontingenz die Möglichkeit eines festen Wissens überhaupt zu untergraben, was, wie ich in Kapitel 4 zeigen werde, Darwin zu etlichen rhetorischen Verteidigungsstrategien veranlasste, um die Konsequenzen unklarer Grenzen zwischen den Arten herunterzuspielen. 1940 entwickelte Ernst Mayr, einer der Chefarchitekten der modernen Synthese von Genetik und Evolutionstheorie, eine Bezeichnung für jene lästigen Unbestimmtheiten, „wonach Paare oder größere Gruppen verwandter Arten einander so ähnlich sind, dass sie im Allgemeinen als eine Art angesehen werden oder zumindest in der Vergangenheit für eine lange Zeit miteinander verwechselt wurden" – nämlich *Geschwisterarten* (Mayr 1940, 258).[33]

Heute ist es an der Zeit, insbesondere die Geschichte des Evolutionsbaums zu erforschen, denn er steht derzeit sehr unter Druck. Mit Verweis auf den Umfang des lateralen Gentransfers und die Hybridisierung bei der Anpassung erklären immer mehr Biolog*innen den Baum zu einem unzureichenden und ungenauen Modell. Am deutlichsten wird das Problem bei der Evolution von Prokaryoten, sehr einfachen Organismen wie Bakterien, die keinen Zellkern haben und regelmäßig am „lateralen Gentransfer" nicht nur von einem „Individuum" zum anderen, sondern auch über Artengrenzen hinweg beteiligt sind (vgl. McInerney et al. 2011). Ihr Anpassungsprozess beruht somit nicht nur oder auch nur primär auf Abstammung. Solche Probleme sind nicht auf einfache Organismen beschränkt. Es gibt Artengruppen wie die von Darwin so sehr geschätzten Finke, die durch Hybridisierung regelmäßig neue Arten hervorbringen. Zudem fehlt es an einer direkten Übereinstimmung zwischen der phylogenetischen Abbildung einer Spe-

---

einige Populationsgruppen, die er als Unterart einstuft, nicht vermehren können, während andere Populationen, die er jedoch als getrennte Arten einstuft, sich vermehren können. Damit wird Hybridität für ihn zu einem besonders heiklen Thema (vgl. Darwin 2018, 324–361).

33 Der Ausdruck *sibling species* (Geschwister- bzw. Zwillingsart) wird aktuell noch verwendet. Darwin konnte den Begriff *sibling* noch nicht verwenden, weil es ihn zu seiner Zeit noch nicht gab. Er hätte jedoch selbst einen Begriff für das Verhältnis zwischen nachkommenden Arten einer gemeinsamen Vorfahrenart schöpfen können, unterließ dies aber. Auf Darwins Strategien und seine Gründe dafür werde ich in Kapitel 4 zurückkommen.

zies und der aller ihrer Gene (vgl. Degnan und Rosenberg 2009). Es ist mithin nicht ungewöhnlich, dass es zwei verschiedene Bäume gibt, wenn Analysen von zwei verschiedenen Genen in einer Art dazu dienen, Genealogien zu konstruieren. Schließlich gibt es die Komplikation durch symbiotische Assoziationen, bei denen zwei Arten mit unterschiedlichen genealogischen Geschichten so sehr voneinander abhängig werden, dass die Grenze zwischen Individuen infrage gestellt wird (vgl. Bouchard 2010).

Diese Fragen der Verbindung und des lateralen Transfers, der häufigen Wiederverflechtung von Verzweigungen, machen es erheblich komplizierter, das Bild der gemeinsamen Wurzel als Hauptfigur für die Verwandtschaft von Lebewesen beizubehalten. Rhetorische und bildliche Figuren zeigen auf, worum sich die Kulturen sorgen, in denen sie auftauchen. Die Stammbäume des neunzehnten Jahrhunderts bezeugen die Wünsche der Europäer*innen, sich in bestimmten Familiengeschichten und Familiengegenwarten zu positionieren, sowohl im Dienst der Kontrolle der Verwandtschaftskonturen als auch der Naturalisierung – und damit Legitimierung – von Klassifizierungs- und Wissenssystemen.[34]

Geschwister-Logik in der Literatur

Die Abspaltung der Literatur in eine eigene Kategorie ist in dieser Einleitung künstlich, denn die Literatur ist ein experimenteller Bereich zur Hinterfragung jedes der bereits betrachteten Themen.[35] Andererseits scheint die Literatur gerade deshalb nach einer getrennten Behandlung zu verlangen, weil sie einen theoretischen Schauplatz bietet, in dem jeder große epistemologische Bereich, der an der Geschwisterbezeichnung beteiligt ist, im Verhältnis zu den anderen angesprochen wird. Literatur liefert keine soziologischen Beweise dafür, was in einer Kultur *geschieht*, sie bietet jedoch eine Reihe von Gedankenexperimenten, die Annahmen

---

[34] Die geläufigste Alternative für den Baum war in den letzten Jahren nicht zufällig das Netzwerk, das derzeit Musterformationen von der Soziologie über die Ökonomie bis hin zur Universitätsverwaltung dominiert. Natürlich mache auch ich mich des Gebrauchs der Netzwerkstruktur in diesem Buch gewissermaßen schuldig. Zu zeitgenössischen Ausprägungen des Netzwerkmodells in der Evolutionstheorie vgl. Bapteste et al. 2013. Zur längeren Geschichte der Netzwerkmetapher, die jedoch gegenüber der Baummetapher weniger einflussreich war, insbesondere wegen der dem Wachstum innewohnenden Zeitlichkeit, vgl. Ragan 2009; vgl. auch Beiko 2010.

[35] Ich stimme hier Michael Gamper (2010, 11) zu, dass sich „das Experiment gleichursprünglich in Literatur und Wissenschaft formiert habe und davon ausgehend verschiedene, sich aber immer wieder kreuzende Geschichten des Versuchs zu beobachten seien; [...] [ja beide] doch mit genuinen Verfahrensrepertoires und Artikulationspotentialen am Wissen der jeweiligen historischen Konstellationen beteiligt seien [...]."

und Beziehungen ausführen, die die soziale und psychische Welt strukturieren. Literatur nimmt in dieser Studie einen besonderen Platz ein, da sie sich nicht nur mit ihrem eigenen intellektuellen und historischen Kontext und ihrer eigenen Methodik befasst, sondern auch mit der Struktur und den Auswirkungen etlicher anderer Diskurse. Literatur ist also eine eigenständige Form der kritischen Analyse, deren erzählerische und fantasievolle Methode für ihr Funktionieren unerlässlich ist. Das Lesen von Literatur im wechselseitigen Dialog mit anderen Disziplinen und mit den sie prägenden kulturellen, sozialen, wissenschaftlichen und politischen Registern gewährt Einblick in die Logik ihrer Beziehungen, die durch eine historische Analyse allein nicht gewonnen werden könnte.

Das Thema des Geschwisterinzests – ob vollzogen oder nicht, als Bedrohung oder Ideal – nährt die europäische Literatur um 1800 und setzt sich in einer anhaltenden Präsenz intensiver Geschwisterbeziehungen im Laufe des neunzehnten Jahrhunderts fort. Der am weitesten verbreitete literarische Prüfstein des Jahrhunderts war Sophokles' *Antigone*. Antigone, die vollendete Schwester, die, um ihren Bruder Polyneikes zu begraben, sich nichts anderem widmen würde, tauchte wiederholt überall auf – in Literatur, Kunst, Philosophie und Politik (vgl. Steiner 2014). Aber Antigone war nicht allein. Mignon, das aus einem Geschwisterinzest in Johann Wolfgang von Goethes *Wilhelm Meisters Lehrjahre* hervorgegangene Kind, hatte mit ihren künstlerischen und literarischen Echos in ganz Europa ein Nachleben. Gotthold Ephraim Lessings Recha und Tempelherr, Goethes Iphigenie und Orest, Emily Brontës Catherine und Heathcliff, Ludwig Tiecks Eckbert und Bertha, François-René de Chateaubriands René and Amélie, Lord Byrons Manfred und Astarte, Mary Shelleys Frankenstein und Elizabeth, George Eliots Tom und Maggie Tulliver und Richard Wagners Siegmund und Sieglinde sind nur eine kleine Auswahl der fiktiven (bisweilen Zieh-)Geschwisterpaare, deren intensive Beziehungen europaweite Resonanz fanden.

Frühe Analysen des Geschwisterinzests in der Literatur tendierten zu einem psychoanalytischen Ansatz. Otto Rank, ein zeitgenössischer Anhänger Freuds, veröffentlichte 1912 eine umfassende Studie über *Das Inzest-Motiv in Dichtung und Sage*, die zur Hälfte dem sogenannten „Geschwisterkomplex" gewidmet war (vgl. Rank 1926). Ranks Analyse folgt zwei Prinzipien, die zu Gemeinplätzen der psychoanalytischen Interpretationen literarischer Texte wurden. Erstens stufte er die Geschwisterbeziehung auf eine sekundäre Manifestation des primären, intergenerationalen Ödipuskomplexes ab, und zweitens wechselte er unmittelbar vom Text zur Diagnose seines Autors. Die Tendenz, vom Text auf den Autor zu schließen, wurde durch die engen Beziehungen vieler Autor*innen des langen neunzehnten Jahrhunderts zu ihren Geschwistern begünstigt, darunter die von William Wordsworth zu seiner Schwester Dorothy Wordsworth, Johann Wolfgang von Goethe zu seiner Schwester Cornelia Friederica Christiana Goethe und Jane Austen insbesondere zu ihrer Schwester Cassandra Austen, aber auch zu ihren anderen Geschwistern. Man könnte hier auch an die Inzestvorwürfe gegen Lord Byron und seine Halbschwester Augusta Leigh denken. Und wir könnten abseits literarischer Autor*innen auch noch Jacob und Wilhelm Grimm in ihrer engen Zusammenarbeit berücksichtigen,[36] genauso Friedrich und August Wilhelm von Schlegel oder, etwas weniger intensiv, Wilhelm und Alexander von Humboldt, während Ernest Renan die Idee für sein populärstes Buch, *Das Leben Jesu*, seiner Schwester Henriette Renan zuschrieb, deren Briefe er nach ihrem Tod veröffentlichte. Andere ebenso bedeutende Geschwisterbeziehungen der Zeit verliefen weniger harmonisch, etwa die zwischen George Eliot und ihrem Bruder Isaac Evans oder zwischen Friedrich Nietzsche und seiner Schwester Elisabeth Förster-Nietzsche. Die Biografien dieser Schriftsteller*innen würden zwar ihre Arbeit beleuchten, doch allein die Menge der Beispiele disqualifiziert Ansätze, die in diesen Berichten bloße Einzelfälle zur psychoanalytischen Diagnose sehen. Stattdessen scheint ein epochales Phänomen vorzuliegen. Neuere psychoanalytische Ansätze waren kreativer und auch fruchtbarer. Lynn Hunt (1992) begreift etwa die Französische Revolution als eine Nachstellung des ursprünglichen Vatermordes aus *Totem und Tabu* und setzt die schwindende Autorität des Vaters mit einer unsicheren Vaterschaft gleich, von der sie allzu absolut behauptet, dass sie für das Auftreten von Inzest in der Literatur notwendig sei.

Der Plot des unwissentlichen Inzests – eine Anziehung zwischen jungen Erwachsenen, die sich ihrer Geschwisterbeziehung nicht bewusst sind – stellte in der Literatur des achtzehnten Jahrhunderts in Deutschland, Frankreich und England die Norm dar (vgl. neben Hunt außerdem Wilson 1984b; Richardson 1985, 2000). Alan Richardson konstatiert, dass diese Plots in der britischen Romantik Erzählungen von Paaren wichen, die gemeinsam als Geschwister aufgezogen wurden, seien es Geschwister, Ziehgeschwister oder Cousins und Cousinen. In der französischen Literatur findet sich ein frühes Beispiel für bewussten Geschwisterinzest als Nebenhandlung in Baron Montesquieus *Persischen Briefen* von 1721, auf die 1802 Vicomte Chateaubriands *René* zurückgreift. In Deutschland hingegen blieb der Plot des unwissentlichen Inzests im ganzen neunzehnten Jahrhundert dominant.[37] Während

---

36 Jakob Norberg (2022, 129) merkt an, dass Jacob und Wilhelm sich „sehr bewusst und wirksam als die Gebrüder Grimm bekannt gemacht haben", und zwar im Kontext eines Vaterlandes, das eine Bruderschaft erzeuge.
37 Es gibt einige Ausnahmen und Grenzfälle: Augustin weigert sich in Goethes *Wilhelm Meisters Lehrjahre* (1795) zunächst, seine Geliebte aufzugeben, nachdem er erfahren hat, dass sie seine Schwester ist; zwei Verliebte in „Die drei Nüsse" (1817) von Clemens Brentano glauben, dass sie Geschwister sind; Siegmund und Sieglinde in Wagners *Walküre* (1870) werden Liebhaber, obwohl sie wissen, dass sie Geschwister sind, hatten aber einen Großteil ihrer Kindheit getrennt verbracht. Erst Thomas Manns Novelle *Wälsungenblut* (1906) zeigt unmissverständlich den vollzoge-

ich mich mit dem Naturgesetz, dem politischen Republikanismus und der Sympathie auseinandersetze, die in Wilsons, Hunts und Richardsons Interpretationen entscheidend sind, machen nationale Unterschiede in der Handlungsstruktur diese Strategien zur Erklärung der Prävalenz der Trope im achtzehnten und frühen neunzehnten Jahrhundert komplizierter. In den British Studies haben Ellen Pollak (2003), Leila Silvana May (2001) und Mary Jean Corbett (2008) in ihren Arbeiten erste Zusammenhänge zwischen dem Inzestparadigma und der Naturalisierung von Geschlecht und „Rasse" produktiv analysiert und aufgedeckt, inwiefern derartige Literatur den Kolonialismus und die Trennung von Öffentlichem und Privatem begleitete.[38] Auf der Grundlage dieser Erkenntnisse werde ich in der vorliegenden Studie den Blick über das Feld der British Studies und die Literatur hinaus werfen, um zu veranschaulichen, wie die Geschwister-Logik solche Konstruktionen und Spaltungen organisiert und durcheinanderbringt.[39]

Die Logik der Geschwister und die Struktur der *Geschwister-Logik*

Bereits in dieser Einleitung sind wir auf die Beobachtung gestoßen, dass Klassifizierung und Identität im achtzehnten Jahrhundert zu historischen Konzepten wurden, die Systeme als beweglich ansahen, aber auch zu Konzepten, die selbst in Bewegung waren. Foucault illustrierte in *Die Ordnung der Dinge* eindrücklich die Einführung der Zeit in Wissenssysteme und beschrieb die Verschiebung von der Repräsentation zur Flexion, aus der die Sprachwissenschaft hervorging, die Verschiebung von Struktur zu Funktion, aus der die Biologie hervorging, und die Verschiebung von Wohlstand zu Produktion, aus der die Ökonomie hervorging. Die Wissenschaftler*innen selbst waren sich der Wendung zu Tätigkeit, Chronologie und Veränderlichkeit als einer neuen Entwicklung bewusst. Noch wichtiger ist es aber, wie wir sehen werden, dass viele Denker*innen selbst erkannten, dass Klassifizierungen aktiv er-

---

nen Inzest zwischen Geschwistern, die zusammen aufgewachsen sind. Zu einer typologischen Aufschlüsselung von Inzesthandlungen in der Literatur vgl. Titzmann 1991.

38 In zwei Werken denkt Marc Shell (1993, 1988) über die Konsequenzen eines christlichen Aufrufs zur universellen Brüderlichkeit nach. Jedes System, das in großem Maßstab Verwandtschaft herstellt, macht erotische Beziehungen inzestuös und radikalisiert die Ausgrenzung – und dabei werden diejenigen, die außerhalb des Systems bleiben, eher nichtmenschlich als nur nichtverwandt. Shells Arbeit historisiert diese Trends nicht, aber seine Erkenntnisse spiegeln sich in den hier erwähnten neueren Untersuchungen und auch in meiner Arbeit wider.

39 Der Geschwisterinzest ist im deutschen Kulturraum auf weit weniger wissenschaftliche Aufmerksamkeit gestoßen als im britischen. Ausnahmen sind Gilman (1998) und Titzmann (1991). Studien über Inzest bei einzelnen Autor*innen kommen häufiger vor.

folgten und somit die Identität von Objekten und die Struktur von Systemen kontingent waren, von einer Interpretation abhingen und sich im Laufe der Zeit verändern konnten. In seiner Definition des Menschen stimmt Johann Gottfried Herder (2005, 56) etwa mit Aristoteles' Bezeichnung des Menschen als soziales Tier überein, findet es aber noch grundlegender, dass der „Mensch [...] ein freidenkendes, tätiges Wesen [ist], dessen Kräfte in Progression fortwirken". Lessing geht noch weiter und liefert ein Metaargument für die Rolle von Überlieferung und Vertrauen bei der Konstituierung der Wahrheit als Prozess, wie wir in Kapitel 5 sehen werden. Goethe hat die Metamorphose in lebendigen Systemen nicht nur als Kennzeichen seiner Naturgeschichte etabliert, sondern auch veranschaulicht, dass unterschiedliche Formen von wissenschaftlichen Disziplinen zu unterschiedlichem Wissen führten. Er begründete und benannte eine Disziplin, die nicht nur „die Lehre von der Gestalt", sondern auch „der Bildung und Umbildung der organischen Körper" sein sollte, und sah in der *Morphologie* eine neue Wissenschaft, die in der Lage sei, neues Wissen zu generieren, „zwar nicht dem Gegenstande nach, denn derselbe ist bekannt, sondern der Ansicht und der Methode nach" (Goethe 1964, 140). Darwin erweiterte Goethes Einsicht, wie wir gesehen haben, indem er die Kontingenz der klassifizierenden Kategorien, die sich auf das Leben beziehen, von den biologischen Reichen bis hin zu den Arten erklärte. In dieser gründlichen Historisierung der Klassifizierung wurde nicht nur die menschliche Interpretation, sondern auch die menschliche Intention bei der Bestimmung von Klassifizierungszielen als handlungsleitend anerkannt.[40] Elizabeth Grosz (2011, 27) hat diese *Philosophie des Werdens* bei Darwin beleuchtet, nicht nur auf der Ebene des Lebens, sondern auch als „Folge von Handlungen und Leidenschaften" und auf der Ebene der Wissenskonstruktion.[41] In Anlehnung an Darwin definiert Grosz (2011, 80) Begriffe selbst als das, „was wir hervorbringen, wenn wir die Kräfte der Gegenwart angehen und sie in neue und andere Kräfte verwandeln müssen, die in der Zukunft wirken". Die Vorteile, die Grosz für die feministische Theorie vorschlägt, nämlich die Form als Handlung zu denken, werden auch in diesem Buch zutage treten.

Wenn die Klassifizierung als ein bewegliches System erkannt wurde, das durch einen kontinuierlichen wertebehafteten Prozess konstruiert wurde, und nicht als eine passive Struktur, die durch unveränderliche Tatsachen bestimmt wird, dann wird die Rolle der Geschwisterelemente in genealogischen Systemen besser verständlich. Als ein Faktor, der für die Schaffung eines jeden Elements notwendig ist, und gleichzeitig als Hort seiner Alternativen, erzeugt das Geschwister-

---

[40] Mehr zu Herder und Darwin in Kapitel 4.
[41] Grosz sieht jedoch Darwins Idee von Aktivität am Anfang eines Prozesses, den sie bis ins späte neunzehnte und frühe zwanzigste Jahrhundert zurückverfolgt, während ich hier die Entwicklung des Prozesses ein Jahrhundert zuvor untersuche.

element mehr als nur Ungewissheit. Vielmehr ist es ein Störfaktor innerhalb des Systems, das von ihm erst garantiert wird. Zu den durch die Geschwister-Logik durcheinandergebrachten Wissenssystemen gehören nicht nur die genealogischen Wissenschaften, sondern auch die Familie und das Subjekt. Auf der Suche nach queeren Identifikationsmodellen wandte sich Eve Sedgwick einmal dem Avunkulat zu, ein Begriff, der vom lateinischen Wort für Onkel abgeleitet ist. Die Position der Tante und des Onkels wurde durch die freudsche Triade verdeckt, die die Erzählungen der kindlichen Entwicklung und der modernen Familie immer noch dominiert und breitere Verwandtschaftsnetzwerke an den Rand rückt. Da Tante und Onkel diese Position durch ihre Geschwisterbeziehung zu den Eltern erreichen, enthält Sedgwicks Avunkulatstheorie auch eine Geschwistertheorie:

> Tanten und Onkel, und zwar selbst die konventionellsten Tanten und Onkel, zeigen dir, dass deine Eltern auch Geschwister sind – keine mal abstoßenden, mal allmächtigen Glieder in einer Kette von Zwang und Wiederholung, die unweigerlich zu *dir* führen, sondern Elemente in einer vielfältigen, kontingenten, widerspenstigen, aber sich immer neu formierenden Serialität, Menschen, die sich nachweislich sehr unterschiedlich hätten entwickeln können –, Menschen, die das in den unterschiedlichen, refraktiven Beziehungen innerhalb ihrer eigenen Generation bereits getan haben. (Sedgwick 1993, 63)

Das Geschwister ist also immer ein Zeichen für alternative Geschichten und potenzielle alternative Zukünfte, ein Splitter in der Abstammungslinie, der die ödipale Erzählung bricht und die Offenheit des Subjekts für seine eigenen Varianten offenbart. Sie liefern nicht nur eine differenzielle Logik, sondern verkörpern die historische Handlung, die solche Differenzen hervorgebracht hat, und regen fortlaufendes Handeln und Interaktion an.

✳✳✳

In diesem Buch werde ich die *Geschwister-Logik* als Voraussetzung für die Klassifizierung und gleichzeitig als Splitter der Instabilität erforschen, indem ich beim Subjekt beginne und über die Familie und den Staat zur Klassifizierung der menschlichen Vielfalt durch Sprache, „Rasse", Religion und Art gelange. Diese Entwicklung ließe sich als eine immer breiter werdende Spirale beschreiben, doch jedes Kapitel wird aufzeigen, wie sehr diese Systeme und Definitionen einander konstituieren, sodass die Bezeichnungen Innen und Außen nicht mehr greifen.

Am Anfang der vorliegenden Studie steht eine Auseinandersetzung mit der Bedeutung einer Rückgewinnung der Geschwister-Logik für die kritische Theorie. Die vernachlässigten Geschwisterstrukturen bieten ein Modell, mit dem wir die Dichotomien von Selbst und Anderem sowie der Geschlechter dekonstruieren können, um die Mutter-Kind-Dyade zu überwinden, die in den zeitgenössischen Diskussionen die Hauptgrundlage für Intersubjektivität bilden. Die Geschwister-

Logik hingegen sieht das Subjekt als Teil eines transsubjektiven Netzwerks *partiell Anderer*, mit denen wir auch Gemeinsamkeiten haben. Ab dem späten achtzehnten Jahrhundert wurde Sophokles' *Antigone* zum Prüfstein für Theorie und Literatur, weil das Stück die wieder relevant gewordenen Wechselbeziehungen zwischen Subjekt, Familie, Gemeinschaft, Ort, den Verwandtschaftsverhältnissen einer Bevölkerung, der Definition des Fremden und den Auswirkungen der Kolonialisierung in den Blick rückt. Das erste Kapitel, „Ismenes Begehren: Antigone unter Geschwistern", behandelt die entscheidende Vernachlässigung von Antigones Geschwistern und ihrer Beziehung zu ihnen als kennzeichnend für das problematische Ausblenden der Geschwister-Logik aus den theoretischen Diskursen des zwanzigsten Jahrhunderts im Allgemeinen. Insbesondere Ismenes inzestuöse Leidenschaft für Antigone, die diejenige von Antigone für Polyneikes widerspiegelt, wurde durch Vorannahmen über Geschlecht und Sexualität verschleiert.

Die Erkenntnis, dass die Grenzen der Subjektivität und der Handlungsmacht durchlässig sind, brachte im späten achtzehnten und im neunzehnten Jahrhundert auch soziale und politische Konstrukte hervor, denen ich mich in den beiden Kapiteln von Teil 2, „Brüderlichkeit und Revolution", zuwende. Wie die Schillers Ode „An die Freude" zeigt, die zur Hymne der Europäischen Union geworden ist, prägte Brüderlichkeit im späten achtzehnten Jahrhundert das Nachdenken über die problematische Überschneidung von Politik und Affekt in ganz Europa. Mit der Diskreditierung traditioneller Autoritäten geriet zunehmend das Spannungsverhältnis zwischen zwei alternativen Grundlagen für Loyalität ins Blickfeld: rationale Zustimmung und affektive Bindung. Während die Vernunft nach Universalität verlangt, sorgt die Leidenschaft für Selektion und Exklusivität, wobei die Brüderlichkeit zweideutig zwischen diesen beiden notwendigen Elementen einer partizipativen nationalen Einheit liegt. Die Schwester brachte eine egalitäre Variante des Affekts ein, aber erst als erotisches Objekt erzeugt sie maskuline Handlungsmacht im politischen Bereich. Die politischen und ästhetischen Theorien von Locke und Rousseau bis zu Schiller und Moses Mendelssohn versuchen, mittels Geschwisterlichkeit eine abgeklärte affektive Gemeinsamkeit zu etablieren, ein Konstrukt, dessen Prekarität in Marquis de Sades *Die Philosophie im Boudoir*, Schillers *Die Braut von Messina* und Percy Shelleys „Laon and Cythna" benannt und erforscht wird.

Während die in Kapitel 2, „Die Schatten der Brüderlichkeit", untersuchten ästhetischen Politikmodelle das Erotische zu überwinden suchen, sollen die in Kapitel 3, „Ökonomisierung des Begehrens", untersuchten ökonomischen Modelle es regulieren, indem sie Geschwister in Umlauf bringen, was jedoch mit Kosten verbunden ist. Friedrich Engels und Claude Lévi-Strauss entwickelten konkurrierende Familiengeschichten des Geschwisterverhältnisses, die sich an unterschiedlichen ökonomischen Theorien orientierten. Während Engels nach Lewis Henry Morgans Grundlagenwerk der Verwandtschaftsethnologie behauptete, dass am Anfang der

Kultur alle Geschwister auch Ehepartner*innen in gemeinschaftlichen Ehen gewesen seien, begründete Lévi-Strauss, der Adam Smiths ökonomischen Lehren folgte, die Kultur mit dem Inzestverbot, das den gleichberechtigten Wettbewerb der Männer um Frauen einführte: freier Zugang versus freier Markt. Eine auf Geschwisterbeziehungen beruhende Erziehung des Begehrens förderte im neunzehnten Jahrhundert de facto die Endogamie in Form von Ehen zwischen Cousins und Cousinen sowie Ehen zwischen den Geschwistern der Ehepartner*innen und den eigenen Geschwistern. Historiker*innen wie David Warren Sabean (2007) und Leonore Davidoff (2012) haben in ihren Studien gezeigt, dass geschwisterliche Loyalitäten in den hundertfünfzig Jahren zwischen Smith und Lévi-Strauss die Herausbildung der bürgerlichen Klasse vorantrieben. In der Literatur wurde die Hervorbringung des Wirtschaftssubjekts im Zeitalter des Fratriarchats oft hinterfragt. Während Goethes Roman *Wilhelm Meisters Lehrjahre* damit ringt, das Subjekt in einer neuen brüderlichen Ordnung zu verankern, verzichtet George Eliots *Die Mühle am Floss* auf die Forderung nach ganzheitlichen und diskreten Subjekten mit Handlungsmacht über passive Objekte. Die im neunzehnten Jahrhundert dominanten Genealogien prägten das Denken über Klassifizierungen in einer Großzahl von Disziplinen und Diskursen, von Familienbeziehungen bis zu den Strömungen, die sich mit der Gestaltung der menschlichen Vielfalt befassten, was wir jetzt als Natur-, Sozial- und Geisteswissenschaften bezeichnen würden. Auf diese Wissenschaften oder Wisssenssysteme werde ich im letzten Teil, „Genealogische Wissenschaften", zurückkommen. In Kapitel 4, „Lebendige Sprachen", werde ich die vergleichende Sprachwissenschaft und auch die Evolution untersuchen, zwei Disziplinen, die immer noch stark auf die Errichtung von Stammbäumen oder das Denken in solchen Bäumen setzen. Im späten achtzehnten Jahrhundert wurde die menschliche Sprachfähigkeit als Geschenk der Mutter betrachtet; die Sprachpraxis war jedoch die Domäne der Geschwister. Die *Muttersprache* erhielt die doppelte Bedeutung von Herkunftssprache und Protosprache, sodass beim Sprechen zwei Genealogien zusammenwirkten: eine ontogenetische Lebensgeschichte und eine phylogenetische Sprachgeschichte. Der Stammbaum als eine durch gemeinsame Abstammung kausal bedingte Klassifizierungsform entwickelte sich gleichzeitig in der vergleichenden Philologie und in der Biologie, wobei sich die beiden Disziplinen gegenseitig beeinflussten. Der Geschwisterbegriff stellt in solchen Bäumen die Eigenständigkeit von Sprachen und Arten infrage. Derweil zeigen die im vorherigen Kapitel behandelten Texte von Goethe und Eliot, wie sehr die politischen und ökonomischen Probleme aus Teil 2 mit diesen epistemologischen Fragen zusammenhängen. Die Figur des sprechenden Geschwisters in Begegnungserzählungen verhandelt sowohl Subjektivität als auch kulturelle Identität. Zur Festigung der klassifikatorischen Grenzen lehnten die genealogischen Wissenschaften die Möglichkeit der Vereinigung ab und gingen von einer gleichgerichteten Diversifizierung aus, eine ideologische Entscheidung mit Auswirkungen auf die florierende und problematische Rassentheorie.

Wenn versucht wurde, Genealogien von „Rasse" und Religion zu bilden, sah man sich von Anfang an mit einer sexuellen oder konzeptionellen Vermischung konfrontiert und musste sich fragen, ob Brüderlichkeit geerbt oder aktiv gebildet wurde. In Kapitel 5, „Der Osten kehrt heim", untersuche ich das Zusammenfließen, die Überschneidungen und Konflikte der Verwandtschaftskonstellationen in Ethnologie, Philologie, vergleichender Religionswissenschaft und Rassentheorie. Auch als sich die Rassentheorie um 1800 auf Hautfarbe und kontinentale Geografien richtete, stimmte die Literatur in Deutschland und Großbritannien mit der Philologie in ihrer Fixierung auf die muslimischen Bevölkerungen am Rande Europas überein, die als die zentralen Objekte für den Kulturkontakt gesehen wurden, etwa bei Autoren wie Lessing und Byron. Zu Beginn des neunzehnten Jahrhunderts schuf nicht nur die Sprachwissenschaft, sondern auch die Ethnografie und die vergleichende Religionswissenschaft, die mit ihr eng zusammenhing, einen primären Kontrast zwischen dem Indoeuropäischen (oder „*Arischen*") und dem *Semitischen*. Nach eigener Wahrnehmung steckte das christliche Europa in einer Identitätskrise und war zwischen seinem „arischen" sprachlichen und „semitischen" religiösen Erbe gespalten. Zunehmend versuchten Gelehrte und die Laienöffentlichkeit, diese Geschichte durch eine „Arisierung" des Christentums zu uniformieren. Die kulturellen Genealogien der Ethnografie und Philologie von Friedrich Max Müller, Ernest Renan und anderen stützten sich auf die Rassentheorie, um privilegierte Identitäten zu stärken, auch wenn sie erkannten, dass sprachliche Verwandtschaft nicht unbedingt mit biologischer Abstammung korreliert. Während Großbritannien sich weiterhin mit Muslim*innen beschäftigte, zunehmend als koloniale Untertan*innen und nicht als „arische Brüder" (Max Müller 1848, 349), verlagerte sich der Schwerpunkt in Deutschland vom östlichen Muslim als religiöses und geografisches Grenzobjekt auf den östlichen Juden als Eindringling in die „Rasse" und zugleich als Angehörigen einer nicht assimilierbaren inzestuösen Bruderschaft. Dieser Wandel wird ausgehend von Lessing über Wagner bis zu Thomas Mann sichtbar. In beiden Fällen stellte die genealogische Fantasie sicher, dass Grenzen zwischen Gruppen in sexuellen Begriffen verstanden wurden und sich diesbezügliche Ängste in der Sexualpolitik niederschlugen. Dieses Kapitel befasst sich mit jenen besonders vergifteten Reaktionen auf die Geschwister-Logik.

Das Gespenst des Inzests, das in den genealogischen Disziplinen spukte, zeigte sich nicht nur in den fiktionalen Werken, die in diesem Buch erforscht werden. Wie wir im Epilog sehen werden, ist Inzest ein konstitutiver Bestandteil von Klassifizierungsschemata, ein Gespenst, das aus dem Wunsch nach bestimmten Arten epistemologischer Reinheit entsteht. Vom Inzesttabu wird seit langem behauptet, es erzeuge Schrecken, Abscheu und Ekel. Es bringt aber auch Disziplinen hervor;

die Wende des neunzehnten Jahrhunderts sah mit der Rassentheorie, der Sprachwissenschaft und der vergleichenden Religionswissenschaft eine Explosion von Disziplinen, die die Identität mit Familienbegriffen einhegten. Im zwanzigsten Jahrhundert definierten sich die Psychoanalyse, die strukturale Anthropologie und die Soziobiologie durch ihr jeweiliges Verständnis des Inzesttabus. Diese Disziplinen versuchen, den Inzest für sich *einzufordern*, ihre Zuständigkeit zu begründen und den Umfang des von ihnen untersuchten Überlieferungsmechanismus abzugrenzen, unabhängig davon, ob dieser Mechanismus in Naturgesetzen oder in menschlichen Institutionen verankert ist. Wir beobachten derzeit ein wachsendes akademisches und öffentliches Interesse an der Evolutionspsychologie. Dabei wird Freud abgelehnt und sich stattdessen auf Edvard Westermarck berufen. Die Plausibilität der Behauptung, dass geistige Haltungen angeborene und erbliche Anpassungen seien, beruht auf der Stichhaltigkeit der evolutionspsychologischen Erklärung der Inzestaversion. Die Evolutionspsychologie bietet eine Art umgekehrte Geschwister-Logik. Sie sieht in den Geschwistern den zentralen Fokus des Inzesttabus und in den weiteren Verwandtschaftsbanden die entscheidende Motivation für das Verhalten. Sie löst das Subjekt dabei auf, aber nur, indem sie einen zugrunde liegenden angeborenen Determinismus aufstellt, der letztlich Geschlecht und Selbst reifiziert, statt sie zu aufzulösen.

In *Geschwister-Logik* werde ich also den Horizont der Familienstruktur als Modell für Wissenssysteme und Wissenssysteme als Grundlage für ein Verständnis von Verwandtschaft untersuchen. Die Beleuchtung der Geschwisterelemente als ambivalente Subjektgeneratoren in einem Beziehungsgeflecht und als dessen Teil sowie ein prozessuales Verständnis von Klassifizierung erfordert eine Auseinandersetzung mit der Flüchtigkeit, die allen strukturellen Quellen der Identität inhärent ist. Geschwister zeigen, animieren und realisieren gemeinsame Handlungsmacht und geben uns Instrumente an die Hand, um uns neu zu erfinden.

Teil I: **Rückgewinnung der Geschwister-Logik**

Das unvermischte Verhältnis aber findet zwischen Bruder und Schwester statt. Sie sind dasselbe Blut, das aber in ihnen in seine Ruhe und Gleichgewicht gekommen ist. Sie begehren daher einander nicht, noch haben sie dies Fürsichsein eines dem anderen gegeben noch empfangen, sondern sie sind freie Individualität gegeneinander.
Georg Wilhelm Friedrich Hegel, *Phänomenologie des Geistes* (1986a, 336)

[Eckermann:] „[...] Auch scheint er [Hegels Schüler H. F. W. Hinrichs] bloß den Charakter und die Handlungsweise dieser Heldin [Antigone] vor Augen gehabt zu haben, als er die Behauptung hinstellte, daß die Familienpietät am reinsten im Weibe erscheine und am allerreinsten in der Schwester, und daß die Schwester nur den Bruder ganz rein und geschlechtslos lieben könne."

„Ich dächte", erwiderte Goethe, „daß die Liebe von Schwester zur Schwester noch reiner und geschlechtsloser wäre! Wir müßten denn nicht wissen, daß unzählige Fälle vorgekommen sind, wo zwischen Schwester und Bruder, bekannter- und unbekannterweise, die sinnlichste Neigung stattgefunden. [...]"
Johann Peter Eckermann, *Goethes Gespräche mit Eckermann* (1955, 293)

Ich erspare Ihnen also die Einzelheiten ihres [Antigones] Dialogs mit Ismene.
Jacques Lacan, *Die Ethik der Psychoanalyse* (2016, 319)

1 Ismenes Begehren: Antigone unter Geschwistern

Die Bedeutung der Geschwister-Logik in der europäischen Kultur des neunzehnten Jahrhunderts kann kaum überbewertet werden. Geschwisterlichkeit, sowohl in Form von Brüderlichkeit als auch von Schwesterlichkeit, war eng mit dem Politischen verbunden. Der Geschwisterbegriff stand im langen neunzehnten Jahrhundert auch im Zentrum des Verwandtschaftsverständnisses, indem er die Bedeutung der Blutsverwandtschaft auf den Punkt brachte, Heiratsentscheidungen prägte, aber zugleich auch die Grenzen der Gruppenidentität verunsicherte. Kollektive wie „Rasse" und Nation und die ihnen zugrundeliegenden epistemologischen Strukturen entstanden aus dem Zusammenspiel von politischer Theorie und Verwandtschaft. Die Entstehung der modernen Subjektivität selbst kann ohne die Berücksichtigung des Geschwisters nicht verstanden werden. Ein Indiz für diese Besessenheit findet sich in der Breite der damaligen Reflexionen über Sophokles' Stück *Antigone* und ihre Hauptfigur. Über den substanziellen Korpus der *Antigone*-Rezeption hinaus beherrschten im gesamten Jahrhundert allgegenwärtige Inszenierungen der Geschwisterlichkeit die Literatur, Philosophie und bildende Kunst (vgl. etwa den Umschlag dieses Buchs). In diesem Kapitel widmen wir uns einer *Antigone*, die im Dialog mit der Moderne steht, um eine Theorie der Subjektivität in Bezug auf Geschwisterlichkeit zu entwerfen, die diese Inszenierungen miteinander verwebt und vernäht. Alle theoretischen Fragen, die in *Geschwister-Logik* zutage treten werden, machen sich somit in dieser kritischen Auseinandersetzung mit modernen Lesarten der *Antigone* bemerkbar.

George Steiner (2014, 33) stellte die „große Tragweite" der Verschiebung zu Beginn des zwanzigsten Jahrhunderts fest, als „Ödipus an die Stelle Antigones" trat und Freud eine Ära der vertikalen Verwandtschaftsmodelle einleitete, die eine komplexere Mischung aus horizontalen und vertikalen Zugehörigkeiten verdrängte. Es gibt keinen Zweifel daran, dass die Psychoanalyse weiterhin vertikale Abstammungen auf Kosten des Verständnisses von Geschwisterbeziehungen berücksichtigte und diese Auslassung in andere Zweige der kritischen Theorie übertragen wurde.[42]

Doch in anderer Hinsicht irrte Steiner: *Antigone* und Antigone hatten ihre Popularität nie eingebüßt, weder in Adaptionen des zwanzigsten Jahrhunderts, die Stei-

---

[42] Juliet Mitchell (2003) und Prophecy Coles (2003) bauen auf frühen Arbeiten von Melanie Klein auf und haben kürzlich damit begonnen, Geschwisterbeziehungen innerhalb der psychoanalytischen Theorie zu thematisieren.

ner selbst dokumentiert, noch in der Theorie, von Martin Heidegger und Jacques Lacan bis hin zu Luce Irigaray und Jacques Derrida. Wenn Paul Allen Miller (1998) im späten zwanzigsten Jahrhundert die Wurzeln des Poststrukturalismus in klassischen Texten verorten konnte, einschließlich Sophokles' *Antigone*, so liegt das daran, dass der Poststrukturalismus sein Erbe auf die romantische und klassische Theorie zurückführt, die von Übersetzungen und Kommentaren zu *Antigone* von Friedrich Hölderlin, G. W. F. Hegel, August Wilhelm Schlegel und Johann Wolfgang von Goethe genährt wurde, um nur einige zu nennen.[43] Als das zwanzigste Jahrhundert endete, rief Jean Bethke Elshtain Antigone als feministische Heldin aus, sah in den argentinischen Madres de Plaza de Mayo ihre Standartenträgerinnen und brachte Antigone in die Geschlechterdebatten der politischen Theorie ein (vgl. Elshtain 1989, 1982). Judith Butlers *Antigones Verlangen* läutete dann eine neue Welle intensiver Auseinandersetzung mit *Antigone* in der literaturwissenschaftlichen und kritischen Theorie des neuen Jahrhunderts ein. Elissa Marder (2021, 13) behauptet, dass „Antigone mit einer scheinbar unaufhaltsamen Macht ausgestattet ist, neue Versionen ihrer selbst zu erzeugen". Der anhaltende Zwang, zu *Antigone* zurückzukehren, rührt von den fesselnden Fragen nach Subjektivität, Begehren und kollektivem politischen Leben, die das Drama aufwirft. Auch der Widerstand des Stücks gegen etwas Gemeinsames in diesen vielfältigen Lesarten spornt zur Auseinandersetzung damit an, insbesondere der Widerstand gegen eine verkürzte Interpretation, die die Grenzen der Möglichkeitsbedingungen für Subjektivität verstärkt. Diese verengte Lesart beginnt bei Hegel und gipfelt bei Sigmund Freud und in späteren freudschen Auseinandersetzungen. Freuds Ausblenden dieses Dramas zugunsten von *König Ödipus* könnte jedoch als stillschweigende Anerkennung der Unmöglichkeit gesehen werden, *Antigone* im ödipalen Projekt zu fassen.

Butler (2001, 93) fand in Steiner eine Provokation zu einem produktiven Gedankenexperiment: „Was wäre geschehen, wäre die Psychoanalyse statt von Ödipus von Antigone ausgegangen?" Doch schon die Art und Weise, wie Butler die Frage stellt, wiederholt den Ausschluss, dem nach *Antigone* regelmäßig auf Antigone reduziert wird.[44] Lacans lakonische Aussage „Was gibt es in *Antigone*? Es gibt da zuallererst Antigone" (Lacan 2016, 301) gibt diesen übergeordneten Trend wieder. Einige Kritiker*innen schauten über die Protagonistin hinaus, bezogen allerdings nur den Herrscher Kreon ein und folgten damit der doppelten Logik von Hegels

---

43 Während Percy Shelley (1964, Bd. 2, 363) 1821 in einem Brief an John Gisborne erklärte, dass „einige von uns in einem früheren Leben in eine Antigone verliebt waren", war die Antigone-Verehrung in Großbritannien stärker in der viktorianischen Zeit ausgeprägt als in der Romantik (vgl. etwa de Quincey 1890 und die Erörterungen zu George Eliot in Kapitel 3 sowie Steiner 2014 zu einem Überblick über die *Antigone*-Rezeption).
44 Butler bereitet jedoch, wie wir sehen werden, den Weg für eine relationale Lesart der *Antigone*.

grundlegender dialektischer Lesart des Stücks als Inszenierung eines Konflikts zwischen männlich und weiblich, Öffentlichkeit und Familie (vgl. Hegel 1986a, 1986b). Die Konsequenzen dieser Scheuklappen reichen weit über Fragen der literaturwissenschaftlichen Interpretation hinaus, da sich Kritiker*innen mit *Antigone* beschäftigen, um die Wurzeln ebenjener Subjektivitätstheorien freizulegen, die das Stück infrage stellt. Um die Anziehungskraft und das Potenzial von Sophokles' Drama wirklich zu verstehen, müssen wir darauf achtgeben, keinen Antigone-Komplex einzuführen, sondern stattdessen einen *Antigone*-Komplex zu erkennen[45] – einen Komplex, der dem Netzwerk der Beziehungen um Antigone nachempfunden ist, angefangen bei ihren Geschwistern Ödipus (der sowohl Bruder als auch Vater ist), Polyneikes, Eteokles und insbesondere Ismene.[46]

Am Anfang dieses Kapitels steht die Einsicht, die ich schon in der Einleitung formuliert habe, dass es nämlich unmöglich ist, in besagtem Text ein *Individuum* auszumachen, und zwar nicht nur innerhalb der inzestuösen Familie der Labdakiden. Der vielschichtige Tenor der Verwandtschaft, die Unfähigkeit der Figuren, sich aus dem Sein der anderen herauszulösen, konfrontiert uns mit der Komplexität dieses Komplexes. Bracha Ettinger (2000) argumentiert in diese Richtung und bezieht sich auf die Transsubjektivität, die Antigone und Polyneikes verkörpern: Die Schwester gibt ihr Leben, um den Bruder zu begraben. Lacan (2016), Steiner (2014) und Simon Goldhill (2006) haben auf die intimen Formen der Ansprache hingewiesen, die Antigone und ihre Schwester Ismene zu Beginn des Stücks verbinden. Und wir sollten nicht die verblüffende Vision der pluralen Subjektivität des Tragödienchors aus dem Blick verlieren, in dem Stimmen im Einklang sprechen und damit die kompliziert verflochtene Polis darstellen. Die Polis unterscheidet sich zwar radikal vom modernen Staat, doch teilt sie einige entscheidende Anliegen mit dem aufkeimenden Begriff der Nation im späten achtzehnten Jahrhundert, der sich zu dem unseren entwickeln sollte; *Antigone* untersucht die Verflechtungen von Subjekt, Familie, Gemeinschaft, Ort, die Verwandtschaft einer Bevölkerung, die Definition des Fremden und die Auswirkungen der Kolonialisierung auf die Identität. *Antigone* drängt uns mehr, als es im neunzehnten Jahrhundert nötig war, dazu, jegliches Verständnis von Subjektivität mit dem Verständnis von Verwandtschaft und politischer Gemeinschaft zu verknüpfen. Wir werden auf diese Ideen zurückkommen.

---

[45] Trotz des Titels ihrer Publikation widersetzt sich Cecilia Sjöholm in *The Antigone Complex* (2004) nuanciert einer Parallelisierung mit dem Ödipalen. Indem sie sich jedoch auf die Figur der Antigone beschränkt, insbesondere in der modernen Kritik, gelingt es Sjöholm nicht, über die weit verbreiteten fehlerhaften Interpretationen hinauszugehen.
[46] Es gibt kein alles bestimmendes Verhältnis in diesem Stück. Ich werde mich jedoch mit der zu wenig theoretisierten Beziehung von Antigone und Ismene befassen, um Lesarten und Theorien entgegenzuwirken, die Geschwisterbeziehungen in Eltern-Kind-Beziehungen auflösen.

Es ist kein Zufall, dass sich führende Theoretiker*innen des Subjekts in seiner nach außen gerichteten Relationalität zu *Antigone* hingezogen fühlten. Auf unterschiedliche Weise haben Lacan und später Butler die intersubjektiven Operationen der Psyche erweitert, die durch Hegels dyadische Dialektik der Anerkennung eingeführt und von Freud erweitert wurden. Lacan öffnete das Subjekt zwar für eine gemeinsame, konstitutive Sprachsphäre, das psychoanalytische Modell der primären Relationalität bleibt jedoch weiterhin durch die Interaktion mit einem Elternpaar geprägt, das im Imaginären gegensätzlich wirkt. Das zunächst auf eine familiäre Dreierkonstellation eingeengte psychoanalytische soziale Feld löst sich somit weiter in das Eine und sein Anderes auf. Butler versucht, das Subjekt stärker in einer intersubjektiven Dynamik zu verorten, indem sie das Zusammenspiel zwischen der diskursiven soziopolitischen Sphäre und inneren psychischen Prozessen analysiert. Ihre Arbeit setzt sich jedoch weiter mit dem Zusammenbruch des Intersubjektiven in einen imaginären Dualismus auseinander, der eine gegensätzliche Geschlechtertrennung impliziert, in der nach Eve Kosofsky Sedgwick (1993, 63) „die Begehrens-/Identifikationspfade für ein Kind im Wesentlichen auf zwei reduziert sind". Diese binäre Logik schließt Potenziale einer Theoriebildung aus, die sich mit differenziellen Beziehungen und kollektiven Identitäten nicht nur im Imaginären, sondern auch im Symbolischen beschäftigen. Juliet Mitchell (2003, 12–13) argumentierte zu Beginn des einundzwanzigsten Jahrhunderts, dass „einer der Gründe, warum die Theorien der Gruppenpsychologie nicht weiter fortgeschritten sind, darin bestehen könnte, dass zunächst die Geschwister weggelassen wurden". Ich vertrete die Ansicht, dass uns das Geschwistermodell hilft, sowohl die Selbst-Andere-Dualismen als auch die Mutter-Kind-Dyade als einzige Grundlagen für Intersubjektivität zu überwinden und das Subjekt stattdessen als Teil eines Netzwerks *partiell* Anderer zu verstehen, deren Subjektivitäten partiell, wenn auch differenziell, geteilt werden. Ein solches Modell bezieht sich auf Barbara Staffords (2001, 10, 86, 10) Plädoyer, dass wir in diesem „Zeitalter der Andersheit, der affirmativen Identität" einen „relationalen Weg" finden sollten, der eine „Vermeidung der Selbstgleichheit und auch der völligen Entfremdung" ermöglicht. Eine Logik differenzieller Ähnlichkeitsgrade bildet die Grundlage für weniger konfrontative Formulierungen von Zugehörigkeit, Identität und Handlungsmacht. Wenn wir die paradigmatischen (Fehl-)Interpretationen von Sophokles' Stück seitens Lacans und Hegels sowie die Richtigstellungen von Butler, Ettinger und anderen nachlesen, kehren wir wiederholt zu *Antigone* als Leitfaden für das Potenzial der Geschwister-Logik zurück.

Das Ausblenden der Geschwister

Antigones Verbrechen besteht darin, das Gesetz ihres Onkels Kreon verletzt zu haben, der verfügt hatte, dass der Leichnam ihres Bruders Polyneikes nicht begraben werden solle. So verliert Antigone wissentlich ihr Leben und damit ihre zukünftige Rolle als Ehefrau und Mutter.[47] Lacan liefert in *Die Ethik der Psychoanalyse* eine problematische Lesart der Antigone im Kontext der Schönheit, die der kompromisslosen Hingabe an das Gesetz des eigenen Begehrens innewohnt. In Antigones Wahl des toten Bruders als Objekt des Begehrens sieht er eine Offenlegung der normalerweise abgeschirmten Leerstelle im Realen, die sich dem Diskurs widersetzt und die metaphorische Substitution initiiert, welche die symbolische Ordnung prägt. Antigones Begehren manifestiert sich daher als Todestrieb; es ist das Begehren nach dem reinen Signifikanten, dem *großen Anderen*. Polyneikes besetzt nach Lacan diese Stelle, weil er außerhalb jeder Substitutionskette bleibt; er ist unersetzlich. Wie Antigone selbst in einer Passage sagt, die seit Jahrhunderten Rätsel aufgibt und beunruhigt, würde sie nur für einen Bruder Kreons Gesetz brechen und ihr eigenes Leben opfern, nicht für einen Ehemann oder ein Kind:

> Starb mir der Gatte, könnte mir ein andrer werden,
> Und auch ein Sohn von einem andern Manne,
> Wenn ich ihn eingebüßt. Wenn aber Mutter
> Und Vater ruhn geborgen in dem Totenreich,
> Nie kann ein Bruder dann erwachsen mehr.
> (*Antigone*, Zeilen 909–912)[48]

---

47 Antigones Brüder Polyneikes und Eteokles, haben einander im Kampf um den Thron umgebracht und damit Kreon (den Bruder ihrer Mutter/Großmutter und den Onkel und Schwager ihres Vaters/Halbbruders) die Herrschaft über Theben überlassen. Polyneikes hatte Theben zwar mit einer fremden Armee angegriffen, doch wird Kreons Deutung von Polyneikes als dem bösen Feind der Stadt und Eteokles als ihrem ehrenwerten Verteidiger dadurch erschwert, dass Polyneikes der ältere Sohn ist. [Anm. d. Ü.: Sofern nicht anders angegeben, stammen alle deutschsprachigen Zitate von *Ödipus auf Kolonos* aus der Übersetzung von Wolfgang Schadewaldt: Sophokles 2002b. Verweise auf das Griechische stammen aus Sophocles 1994. Es wird stets nach der griechischen Zeilennummer zitiert.]

48 [Anm. d. Ü.: Sofern nicht anders angegeben, stammen alle deutschsprachigen Zitate der *Antigone* aus der Übersetzung von Wolfgang Schadewaldt: Sophokles 2002a. Zitate in griechischer Sprache stammen aus Sophocles 1999. Es wird stets nach den griechischen Zeilennummern zitiert.] Diese merkwürdigen Zeilen haben einige Kommentator*innen zu der Hoffnung veranlasst, dass es sich um einen späteren Einschub handele. Goethe fand den Ton der Passage für ein Mädchen, das kurz vor dem Tod stand, unpassend, „gar zu sehr als ein dialektisches Kalkül" (Eckermann 1955, 295). Andere erhoben Einwände gegen die Erhebung des Bruders über Ehemann und Kinder. Die gegenwärtige Philologie stützt die Echtheit der Passage. Eine Geschichte der Kontroverse und eine Rechtfertigung der Legitimität der Zeilen ist zu finden in Griffith 1999, 277–278.

Lacan nutzt diese Passage, um einen Gedankensprung zu etwas zu legitimieren, was er als unersetzlich postuliert: Wo Antigone *Bruder* sagt, liest Lacan *Begehren der Mutter*. Er dringt über den Bruder zu den Eltern vor: zu Ödipus als Komplex und zu Iokaste und ihrer inzestuösen Beziehung zu ihrem Sohn. In ihrer Erhebung des Bruders verwirkliche Antigone mithin das Begehren der Mutter nach dem Sohn und wiederhole ein „verbrecherisches Begehren" der Mutter am „Ursprung von allem" (Lacan 2016, 339).

Ettinger kritisiert Lacan an dieser Stelle für die Rückkehr zu Ödipus, als Figur und auch als Komplex, über Iokaste und lehnt die „Einverleibung der Gebärmutter in die Phallus-/Kastrationsschicht" ab. Sie schlägt einen weiblichen Unterschied vor, der „physisch, imaginär und symbolisch" aus der spezifisch weiblichen Körperlichkeit entstehe (Ettinger 2006, 193, 195). Außerhalb der symbolischen Kastrationslogik ermöglicht die Gebärmutter die andere symbolische Ordnung einer matrixialen transsubjektiven Verknüpfung zwischen Mutter und Kind und zwischen Geschwistern, die diesen Raum teilen, sei es gleichzeitig oder nacheinander. Die so hervorgerufene „Trennung-in-Verbundenheit" ist keine New-Age-Harmonie; sie beinhaltet in erster Linie die Vererbung von Traumata von einer Generation zur nächsten.[49] Die Wirkung des durch das Matrixiale initiierten Verknüpfungspotenzials reicht jedoch über die Mutter-Kind-Einheit und die Familie hinaus; dieses „matrixiale Gewahrsein erzeugt ein verstörendes Verlangen nach Gemeinsamkeit *mit* einer fremden Welt" (Ettinger 2006, 197). Das ettingersche Matrixiale öffnet in der Psychoanalyse einen Raum für weibliche Partikularitäten, nicht Andersheit, sondern Hybridität – und damit gemeinsame Transformation in der Relationalität.

Ettingers Deutung befasst sich mit Antigones eigener Betonung der mit dem Bruder geteilten Gebärmutter.[50] Indem Sophokles in *Antigone* den Körper der

---

[49] Ettinger beschäftigt sich insbesondere mit der Übertragung von Traumata von Holocaust-Überlebenden auf spätere Generationen (vgl. Ettinger 2006, insbesondere 123–157, 162–169).
[50] Ettinger ist nicht die Einzige, die dies betont. Lacan (2016, 334) weist auf die Verwendung des Wortes *adelphos* hin, was so viel heißt wie *Gefährte der Gebärmutter*. Luce Irigaray (1980, 269) bezieht auch ihre „ko-uterine Anziehung" auf die Macht des gemeinsamen Blutes, die jedoch dem Patronymischen, dem Symbolischen untergeordnet ist, sodass bei Lacan wie bei Hegel die Schwester ein Medium ist, durch das der Bruder zu seinem individualisierenden Selbst gelangt, ohne dass sie etwas davon hat (vgl. Irigaray 1980, 274). Carol Jacobs (1996, 910) rehabilitiert Antigone als Bedrohung für die Patronymie und sieht in ihrem Beharren auf dem Mutterleib eine Nachstellung der Mutterschaft, die „keinen Raum für einen klaren gegnerischen Kampf lässt, denn sie, die Polyneikes begraben und ihm Bedeutung und Form geben wird, bringt auch die Zerstreuung dieses Formgebens hervor bzw. hat sie bereits hervorgebracht". Zwar gibt Jacobs' Interpretation der Antigone ein Unangepasstsein zurück, ich denke jedoch, dass noch Potenzial besteht, die Rolle der Schwester genauer zu untersuchen, ohne auf die Rolle der Mutter zurückzukommen.

Mutter als Ort der Beziehungsbildung betont, entfernt er sich radikal von Aischylos' *Orestie*, die etwa fünfzehn Jahre zuvor geschrieben und häufig als Gründungsmoment für alle zukünftigen Abstammungen auf der väterlichen Linie (Patrilinearität) angeführt wurde. In Aischylos' Trilogie werden die Ordnung des Rechts und der Polis durch eine Entrechtung der Mutter gegenüber ihren Kindern etabliert und aufrechterhalten, als Apollon ein Gerichtssystem einführt und entscheidet, dass die Mutter einen heranwachsenden Fötus nur in sich trägt, mit ihm aber nicht verwandt ist. Das Kind gehört also allein dem Vater, und nur ihm ist es zu Treue verpflichtet (vgl. Aischylos 1987).[51] Sophokles' *Antigone* begründet einen ganz anderen Verwandtschaftsbegriff in der Familie. Nicht nur Antigone kehrt zur Mutter zurück: Der Chor betont, dass Eteokles und Polyneikes „von Einem Vater / Und Einer Mutter gezeugt" wurden (*Antigone*, Zeilen 144–145). Antigone hebt ausdrücklich die Rolle der Mutter hervor und bezeichnet in ihren Selbstrechtfertigungen den Polyneikes als „meiner Mutter Sohn" (*Antigone*, Zeilen 466–467) und Eteokles wie auch Polyneikes als „aus denselben Innereien" (ὁμοσπλάγχνους) geboren (*Antigone*, Zeile 511).[52] Als Kreon sie herausfordert, indem er fragt, ob Eteokles nicht auch „deines Blutes" (ὅμαιμος) sei (*Antigone*, Zeile 512), ersinnt Antigone diese eindringliche Aussage: „Des gleichen Bluts: von Einer Mutter und dem gleichen Vater" (ὅμαιμος ἐκ μιᾶς τε καὶ ταὐτοῦ πατρός; *Antigone*, Zeile 513). Im Gegensatz zu Aischylos konzentriert sich Sophokles auf die Gebärmutter als das Gemeinsame der Geschwister, allerdings nicht auf Kosten der gemeinsamen Beziehung zum Vater.

Während Ettinger sich dem Matrixialen als der Logik der Verwandtschaft zuwendet, die Geschwister verbindet und ein auf Verschmelzung und nicht Spaltung beruhendes Verhältnis zur Welt aufbaut, errichtet sie immer noch eine Struktur, die wie bei Lacan Geschwisterschaft in eine Position bringt, die in erster Linie von einem einzigen Elternteil vermittelt wird. Indem Sophokles jedoch beide Eltern als Quelle der Geschwisterbande betont, stellt er eine Verbindung zwischen den Geschwistern her, die immer über die Mutter-Kind-Beziehung oder die Vater-Kind-Beziehung hinausgeht. Diese Beziehung wiederholt keine frühere und kommt keiner anderen gleich. Die Geschwisterbeziehung wird durch eine Reihe nuancierter Differenzen vielfältig vermittelt: Ähnlichkeit zwischen Geschwistern, differenzielle Ähnlichkeit mit jedem gemeinsamen Elternteil (biologisch oder anderweitig) und eine nicht ganz doppelte Positionalität. Die Beziehung zu Geschwistern wiederum vermittelt und zeigt Beziehungen innerhalb und außerhalb der Familie aus einer

---

51 An dieser Stelle kann die umfangreiche Geschichte der *Orestie*-Kritik nicht näher diskutiert werden. Zu kurzen Erörterungen der Aischylos-Trilogie im Kontext der *Antigone* vgl. Goldhill 2006, 149–152; Sjöholm 2004, 31–34.
52 Meine Übersetzung aus dem Griechischen.

nicht ganz gleichen und nicht ganz anderen Perspektive auf. Diese Vielzahl von Vektoren macht Geschwisterlichkeit zum Paradigma für die überbestimmte Einbindung des Subjekts in die vernetzte Welt und markiert die Unzulänglichkeit von Identifikationstheorien, die auf einer Linguistik der Substitution beruhen.[53] Die Geschwister-Logik widersetzt sich der metaphorischen Ökonomie der Kastration, stattdessen folgt sie dem Modell der Synekdoche, einem Verhältnis des Teils zum Ganzen, in dem das Objekt, von dem es sich entfernt, nicht vollständig verschwindet. Irigaray (1979, 1980) hat Lacans phallische, metaphorische Logik in ihrem gesamten Werk stark kritisiert und für eine metonymische Fluidität des Weiblichen geworben, für zwei sich berührende Lippen, für Mutter-Kind-Nähe. Naomi Schor (1987) hat sowohl Lacans als auch Irigarays Interpretationen weitergeführt, um die oppositionelle Binarität von Metapher und Metonymie zugunsten des Details, des Teils, der Klitoris und damit des Synekdochischen zu untergraben. Wenn wir nun die Grenzen des Ganzen hinterfragen, auf das sich der Teil beziehen kann, offenbart das Synekdochische jedoch ein noch größeres Potenzial. Ein Detail ist meines Erachtens immer eine gemeinsame Komponente, während ein Subjekt in seiner Zusammensetzung einzigartig ist. Die Synekdoche ist somit Bindeglied. Da das Detail nicht nur oder immer das Geschlechtsorgan ist, können wir mittels Synekdoche die Sackgasse von Irigarays Sexuation überwinden, jene „irreduzible Differenz, die den Menschen selbst trennt, ohne diese Trennung überwinden zu können" (Irigaray 2002, 10). Diese synekdochische Logik der Geschwister setzt einen langsamen, vorwärts gerichteten Antrieb in eine transsubjektive Welt in Gang. Noch eindrücklicher als Ettingers Matrixiale fördert die Logik der Geschwister die „Verbundenheit *mit* einer fremden Welt", eine paradoxe Spaltung von Einheit und Differenz (Ettinger 2000, 197).

Die Geschwisterliebe beschwört also den ihr so häufig unterstellten Narzissmus herauf und widerruft ihn gleichermaßen. In einem frühen Werk interpretiert Lacan (1986, 56) die anfängliche Beziehung zum Geschwisterkind so, dass „sich in diesem Objekt zwei affektive Beziehungen – Liebe und Identifikation – verbinden".[54] Steiner (2014, 32) bemerkt ähnlich: „Hier, und zwar nur hier, tritt die Seele in und durch den Spiegel, um ein perfekt übereinstimmendes, aber au-

---

[53] Die Begriffe „Identität" und „Identitätspolitik" sind in Bezug auf solche Identifikationen heute zentrale Streitpunkte, insbesondere in den Gender und Queer Studies. Diese Debatte liegt nicht im Fokus dieses Buchs. Eine Auswahl von Standpunkten bieten die folgenden Publikationen: Rose 1986, insb. 49–83; Benjamin 1988; vor allem aber Benjamin 1998, 35–78; Butler 1991; Wier 1996; Dean 2000.

[54] Bezeichnenderweise ist die Überbrückung der Polarität von Identifikation und Objektwahl für Freuds Auseinandersetzung mit der Gruppenpsychologie von zentraler Bedeutung, die im nächsten Kapitel wieder auftauchen wird.

tonomes Gegenstück zu finden. Die Qual des Narziß hat ein Ende: Das Bild ist Stoff, es ist das unversehrte Selbst in der Zwillingsgegenwart eines anderen." Und doch verdeutlicht etwa diese Formulierung, dass Selbstliebende, wenn sie von der narzisstischen zur Geschwisterliebe wechseln, nur ein Dilemma gegen ein anderes tauschen – die Wasserspiegelung lässt sich niemals umarmen, und das Geschwisterkind wird jedem Druck widerstehen, eine Manifestation des Selbst zu sein. Geschwister sind längst kein ganzheitliches Selbst, mit dem man sich identifizieren könnte, sondern behindern die Illusionen der Autonomie und Integrität. Die Struktur der Geschwisterbeziehungen ist in *Antigone* viel näher an Ettingers Transsubjektivität als an der Spiegelung. Lacan selbst bemerkt in einem seiner wenigen Verweise auf Antigones Schwester: „Der griechische Term, der die *Bindung* eines Selbst an den Bruder oder an die Schwester meint, durchzieht das ganze Stück und taucht auf vom ersten Vers an, wo Antigone zu Ismene spricht." (Lacan 2016, 307, meine Hervorhebung)

Plurale Subjektivität und inzestuöses Begehren

Mark Griffith (1999, 211–212) führt einige dieser verbindenden Ausdrücke in seiner philologischen Randbemerkung zu *Antigone* zu Zeile 523 auf: „Antigone findet besondere Begriffe für ihre eigene φύσις [‚Natur'] und ihre unlösbare Verflechtung mit der ‚Familie': συνέχθω [‚im den Hass verbinden, gemeinsam hassen'] und συνφιλέω [‚in Liebe verbinden, gemeinsam lieben'] sind nirgendwo sonst im klassischen Griechischen zu finden."[55] Darüber hinaus werden Variationen des Wortes *philia* in der *Antigone* oft verwendet. Mary Whitlock Blundell (1989, 40–42) definiert eine Spannungsachse im Begriff der *philia* als den breiten Verlauf von der engsten Stelle – der Selbstliebe, von der Aristoteles sie ableitet – über Eltern-Kind- und brüderliche Beziehungen bis hin zu den weitesten Extremen – „breite Bindungen auf der Grundlage der Rasse".[56] Die andere Spannungsachse liegt in seinem affektiven Tenor. *Philia* kann die Bindung durch Pflicht bezeichnen, die Emotion der Liebe und sogar die erotische Leidenschaft. Einige Kommentator*innen konnten in Antigones Besessenheit zwar eine gewisse Kälte feststellen, doch führt sie mit der folgenden Erklärung die unverwechselbare Aura des Inzests ein, der die Familie heimsucht: „Lieb werd ich bei ihm liegen dann, dem Lieben" („φίλη μετ'

---

[55] Schadewaldt übersetzt die fragliche Zeile mit: „Aber nicht mithassen, mitlieben muß ich!" (*Antigone*, Zeile 523). Grene übersetzt ins Englische: „My nature is to join in love, not hate." (Sophocles 1991a, Zeile 523).
[56] Diese Liste ist mit Coleridges Kette der Liebe von der Schwester bis zu allen „Countrymen" zu vergleichen, die im Epilog behandelt wird (Coleridge 1957, 1637).

αὐτοῦ κείσομαι, φίλου μέτα") (*Antigone*, Zeile 73; Sophocles 1999, Zeile 73).[57] Die Erklärung des Begehrens ist jedoch auch eine Erklärung der Identifikation, da der Satz ein Polyptoton ist, eine Trope, in der verschiedene Formen desselben Wortes in einem Satz wiederkehren. Der Satz könnte mit „Ich werde bei ihm liegen, ein geliebter Mensch mit einem geliebten Menschen" übersetzt werden, sodass sich das gleiche Wort (*geliebt* oder *philos*) in verschiedenen grammatikalischen Fällen und Geschlechtern sowohl auf Antigone als auch auf Polyneikes bezieht.[58] Antigone besetzt also ihr ganzes Leben lang den Raum, in dem Liebe und Identifikation zusammentreffen, den wir aber nun als den gemeinsamen Raum der Transsubjektivität rekonzeptualisieren können. Antigones Handlungen drücken gleichzeitig ihr Begehren aus und verwirklichen ihre Zugehörigkeit zu einer Familie aus vorzeitig und tragisch Verstorbenen. Mit Butler (2001, 94) gesprochen:

> Wenn sie ihren Bruder begräbt, dann handelt sie nicht aus schlichter verwandtschaftlicher Bindung, als ob Verwandtschaft ihr ein Prinzip des Handelns vorgäbe, sondern ihr Handeln ist das Handeln der Verwandtschaft, die performative Wiederholung, die die Verwandtschaft als öffentlichen Skandal wieder herstellt.

Und doch zeichnet nicht nur das Rituelle der familiären Fürsorge in ihrer Tat, sondern auch die Tatsache, dass sie dadurch zu einem frühen Tod verurteilt wird, Antigone in ihren eigenen Augen als ein wahres Mitglied ihrer Familie aus. Mit anderen Worten wird in der unerlaubten Beerdigung und auch in ihrem Tod selbst der öffentliche Skandal ihrer inzestuösen Zugehörigkeit enthüllt und gleichzeitig inszeniert.

Lacan (2016, 339) geht sogar so weit, Antigone als Verkörperung des „reine[n] und einfache[n] Todesbegehren[s] als solches" zu lesen. Darin folgt er Hegel (1986a, 332, 333), für den der Bruder das *„reine Sein"* und die „leere Einzelheit" darstellt, und verwandelt Polyneikes in den Bruder schlechthin, eine strukturelle Position, die aller kontingenten Züge entledigt ist (vgl. Lacan 2016, 334). Für Hegel liegt dieses strukturelle Verständnis dem sittlichen Bewusstsein zugrunde. Während die Familie im Allgemeinen eine natürliche Beziehung ist, kann sie zur Sittlichkeit gelangen, indem sie sich der affektiven Bindung an die Person entledigt: „[D]ie sittliche Beziehung der Familienglieder [ist] nicht die Beziehung der Empfindung oder das Verhältnis der Liebe." (Hegel 1986a, 331) Hegels Interpretation

---

57 Nussbaum (1986, 65) bestreitet insbesondere, dass Antigone „ein liebevolles oder leidenschaftliches Wesen im üblichen Sinne" wäre. Blundell (1989, 108) überzeugt jedoch in ihrer Argumentation, dass Antigones Wiederholung von *phil*-Wörtern bei der Rede von Polyneikes „den besonderen Charakter ihrer Hingabe" zeigt.
58 Häufige Polyptota, in denen sich Formen desselben Wortes auf zwei verschiedene Familienmitglieder beziehen, verstärken die Verflechtung der Familienmitglieder in diesem Drama.

der Antigone als Verteidigerin der Sittlichkeit der Familie schließt daher das Begehren aus Antigones Motivation aus. Eine solche Emotion – und damit das Recht auf eine „Einzelheit der Begierde" (Hegel 1986a, 337) – ist Männern vorbehalten, die ihr sittliches Bewusstsein im politischen Bereich verwirklichen können und daher innerhalb der Familie darauf verzichten dürfen. Für Hegel, wie im Epigraf dieses Kapitels zu sehen, verkörpert die Geschwisterbeziehung *reine* und unerotische sittliche Pflichten. Lacan adaptiert diese *Reinheit* als Bezeichnung für Antigones unerschütterliches Festhalten am Gesetz ihres eigenen Begehrens.[59] Und doch ist dieses sogenannte Begehren nicht weit von Hegels Verständnis der sittlichen Pflicht entfernt. Lacans Antigone stellt auch das Sittliche dar, und Polyneikes ist immer noch eher eine strukturelle Position als eine für seine Partikularität geliebte Person; er wird aller kontingenten Merkmale, aller Geschichte entledigt. Er verschmilzt mit dem reinen Signifikanten, dem Phallus selbst.

Diese Interpretation von Polyneikes als leerer Signifikant lässt sich durch Sophokles' Text jedoch nicht rechtfertigen. Lacan und Hegel haben *Antigone* in einer entscheidenden Hinsicht fehlinterpretiert, um das Begehren, insbesondere das weibliche Begehren, von der partikularistischen Bindung zu distanzieren. Ebendiese Partikularität demonstriert Antigone, und Ismene demonstriert sie nicht nur, sondern verteidigt sie auch explizit. Lacan (2016, 334) beschreibt die Bedeutung von Polyneikes für Antigone in der Gemeinsamkeit, „aus demselben Schoß geboren zu sein", und darin, dass er „an denselben [verbrecherischen] Vater gebunden ist [...] – dieser Bruder ist ein Einzigartiges". Dieser Anspruch auf strukturelle Einzigartigkeit ist offenkundig falsch. Antigone ist eines von vier Geschwistern, die aus derselben Gebärmutter mit demselben Vater geboren wurden – zwei Brüder, beide tot, und zwei Schwestern, beide zu Beginn des Dramas noch am Leben –, ganz zu schweigen vom Halbbruder, der derselben Gebärmutter entstammt und ihr Vater *ist*. Butler (2001, 95–99) macht anschaulich, dass Antigones Fürsorge für Polyneikes bereits eine Wiederholung ihrer Fürsorge für ihren Vater-Bruder Ödipus ist, dem sie in *Ödipus auf Kolonos* auch zu seiner letzten Ruhestätte verhilft, nachdem sie ihm im Alter als Führerin gedient hatte. Außerdem werden Polyneikes und Eteokles in den thebanischen Dramen insgesamt

---

[59] Dass Antigone nach ihrem eigenen Gesetz handelt, wird vom Chor mit dem Wort „autonomos / αὐτόνομος" beschrieben (Sophocles 1999, Zeile 821). Während Grene (Sophocles 1991a) dieses Wort in den Satz „it was your own choice" bringt, übersetzt Griffith (1999, 268) es direkt als „observing your own law". Bei Schadewaldt (*Antigone*, Zeile 821) heißt es: „nach eigenem Gesetz". Auch Butler (2001, 50) und Gourgouris (2003, 146–147) behandeln diese Autonomie.

häufig als austauschbar dargestellt.⁶⁰ Ödipus beschreibt sie sogar als ersetzt; nachdem sie ihre Sohnespflicht gegenüber dem Vater vernachlässigt hatten, wurden sie gegen ihre Schwestern Antigone und Ismene in der Fürsorgepflicht für den Vater ausgetauscht, die Ödipus daher „Männer" nennt (*Kolonos*, Zeile 1368, vgl. auch Zeilen 337–356). In einer eklatanten Übertretung der Geschlechternormen, nach denen Frauen ausschließlich den Haushalt zu verrichten hatten, hatte Antigone ihren Vater öffentlich auf den Straßen Griechenlands herumgeführt, „jedem, der daherkommt / Zur Beute preisgegeben" (*Kolonos*, Zeile 752), wie Kreon deutlich macht, während Ismene, allein zu Pferde, die beiden aufspürte, um sie vor Kreons Plänen zu warnen.

Dass beide Frauen als Ersatz für beide Männer dienen können, unterstreicht den Umstand, dass Antigones Entscheidung, sich für Polyneikes zu opfern, nicht als ekstatische Bindung an die reine Form der Geschwisterlichkeit gesehen werden kann, sondern im Laufe des Stücks zur Erhebung eines Geschwisters über ein anderes wird; Polyneikes wird Ismene vorgezogen, und darin drückt sich eine besondere Wahl aus. Das Stück beginnt mit Antigones Aufforderung an ihre Schwester, mit ihr den Bruder zu beerdigen. Ihr Gespräch bedient sich häufig des Duals, einer altgriechischen Numerusform, die zwei Personen oder Objekte bezeichnet, und wird von einer Rhetorik der Verbindung dominiert (vgl. Steiner 2014, 261; Goldhill 2006, 145–146, 151–153, 2012, 240–241; Roisman 64–65). Als Ismene sich jedoch weigert, sich an Antigones Plan zu beteiligen, ändert diese ihre Redeweise und bezeichnet Ismene als „[v]erhaßt" (*Antigone*, Zeile 94). Als Ismene später versucht, sich Antigone in Schande und Bestrafung für die Beerdigung anzuschließen, weist Antigone sie ab. An der dramatischsten Stelle bezeichnet sich Antigone in der Klagerede vor ihrem Tod als die „letzte" ihrer Linie (*Antigone*, Zeile 895) und „tilgt" Ismene damit effektiv (Steiner 2014, 346).⁶¹ Die Ergebnisse

---

60 Diese Stücke sind eher eine lose zusammenhängende Sammlung als eine Trilogie, aber die gemeinsame Lektüre ist dennoch eine nützliche Übung. So ist besonders aufschlussreich, wie dieselben Worte, die in einem Fall von Antigone und im anderen von Ismene geäußert werden, von der Kritik unterschiedlich aufgegriffen werden (vgl. Engelstein 2015).

61 Antigones Abweisung der Ismene rettet auch Ismenes Leben, und es gibt eindeutige Momente der Versöhnung in ihrer letzten gemeinsamen Szene. Die interessanteste Interpretation ihres Dialogs stammt von Bonnie Honig (2013), die darlegt, dass Ismene die erste nächtliche Beerdigung und Antigone die zweite zu Tageszeiten durchgeführt habe. Vor Kreon führten sie demnach ein mehrdeutiges Gespräch, das füreinander eine andere Bedeutung habe als für Kreon, während sie jeweils versuchten, zu verstehen, was die andere getan habe, und die Schuld von der anderen Schwester abzulenken. Honigs Interpretation von den Schwestern als agonistische und zugleich schwesterlich gesinnte Verschwörerinnen entlastet Antigone vom Vorwurf der Grausamkeit gegen ihre Schwester. Honig weicht jedoch nicht stark von den traditionellen Lesarten der Ismene ab, der keine eigenen Motivationen oder unabhängigen Entscheidungen zugestanden wer-

scheinen von Dauer zu sein: Ismene verschwindet nicht nur aus der Handlung des Stücks, sondern ist auch dem Blick und der Aufmerksamkeit der Leser*innen und Kritiker*innen verborgen geblieben.[62] Antigones Verleugnung Ismenes infolge von Ismenes Entscheidungen und Handlungen widerspricht unmittelbar Lacans Beschreibung der Entleerung des „historischen Dramas" (Lacan 2016, 335) – von allem, was man hätte tun oder durchleben können – aus Antigones Überlegungen zur Familienzugehörigkeit.[63] Die Diskrepanz in Lacans Theorie zwischen der symbolischen Funktion des Phallus als einem leeren Signifikanten und der fortgesetzten sexuellen Referenz auf ein Geschlecht hat ihn dazu veranlasst, Ismene zu missachten. Das sollte allerdings kein Problem sein, solange die Liebe zweier Schwestern füreinander doch offensichtlich, wie uns Goethe in seinem im Epigraf zitierten Gespräch mit Eckermann darlegt, unerotisch, *geschlechtslos* ist. Nur ist dem hier nicht so.

Ismenes Leidenschaft für Antigone in Sophokles' Drama sollte die Partikularität des weiblichen Begehrens sichtbar machen, ihres eigenen und des Begehrens der Antigone für Polyneikes. Ismenes Zuneigung zu ihrer Schwester erreicht die gleichen transgressiven Höhen wie Antigones Leidenschaft für ihren Bruder Polyneikes. Diese Leidenschaft drückt sich in Worten aus, die fast genau denjenigen Antigones an Polyneikes gerichteten und über ihn gesprochenen Worten in *Ödipus auf Kolonos* und *Antigone* entsprechen. Die Handlung von *Antigone* ist zwar chronologisch die letzte der drei thebanischen Tragödien, allerdings wurde das Stück zuerst geschrieben. Etwa fünfzehn Jahre später folgte *König Ödipus*, woraufhin schließlich nach weiteren zwanzig Jahren kurz vor Sophokles' Tod *Ödipus auf Kolonos* entstand (vgl. Grene 1991, 1–2). Da Polyneikes' Tod beim Angriff auf Theben in *Ödipus auf Kolonos* vorhergesagt wird, ist Antigones Versuch, ihn davon zu überzeugen,

---

den und die immer noch als ängstlich und wankelmütig dargestellt wird. Eine längere Antwort auf Honig ist zu finden in Engelstein 2015.
62 Das ändert sich allmählich. Neben meiner eigenen Arbeit und der von Goldhill und Honig vgl. Lot Vekemans' eindrucksvolles Stück *Schwester*, aufgeführt in Berlin im März 2014 mit dem Titel *Ismene, Schwester von* (Vekemans 2014).
63 Peggy Phelan (1997, 15) erkennt diesen Fehler, wenn sie *Antigone* im Kontext der Queer Theory liest. Sie verortet ihn jedoch nicht nur bei Lacan, sondern auch bei Sophokles und behauptet, dass die beiden Schwestern einen ödipalen Raum bewohnen, in dem kein Begehren zwischen Frauen anerkannt werden kann (vgl. Phelan 1997, 15–16). Phelan missversteht wie so viele Kritiker*innen vor ihr die Dynamik des Eröffnungsdialogs zwischen Ismene und Antigone und meint, dass Ismenes Weigerung, für Polyneikes zu sterben, auch eine Weigerung sei, für Antigone zu sterben und die Liebe über den Tod hinaus auszudehnen (vgl. Phelan 1997, 13–14). Diese Interpretation vernachlässigt den Umstand, dass Ismene in den Zeilen 97–100, 548 und 568 ausdrücklich ihre Hingabe an Antigone über den Tod hinaus betont und ihren Tod zu teilen versucht.

von einem Kampf abzusehen, zugleich eine Wiederholung und eine Vorahnung von Ismenes gleichgerichtetem Versuch, Antigone in *Antigone* von ihren verhängnisvollen Handlungen abzubringen. Als Antigone Polyneikes zuruft: „Ich Unglückselige, / Verliere ich dich" (*Kolonos*, Zeilen 1442–1443), wiederholt sie Ismenes gequälte Frage bzw. nimmt sie vorweg: „Welch Leben, ohne dich, wär mir noch lieb!" (*Antigone*, Zeile 548) Antigone in *Ödipus auf Kolonos* und Ismene in *Antigone* werden von einem geliebten und zum Sterben entschlossenen Geschwister zurückgelassen und beschreiben sich selbst als „Arme" oder „Ärmste" (τάλαινα), was so viel bedeutet wie „Elende" (Sophocles 1994, Zeilen 1427, 1438; Sophocles 1999, Zeile 554). Ismenes Verzweiflung über das Verlassenwerden mündet in den eifersüchtigen Vorwurf gegenüber Antigone, dass sie den toten Bruder der lebendigen Schwester vorziehe: „Du hast ein heißes Herz bei eisigen Dingen." (*Antigone*, Zeile 88) Sogar Antigones bereits erwähnte Liebeserklärung an Polyneikes („Lieb werd ich bei ihm liegen dann, dem Lieben", *Antigone*, Zeilen 73–74) wird fast unmittelbar von Ismenes Zusicherung gespiegelt: So irrational Antigones Handlungen auch sein mögen, „deinen Lieben bleibst du zu Recht eine Liebe" (τοῖς φίλοις δ' ὀρθῶς φίλη; Sophocles 1999, Zeilen 98–99).[64] Hier liegt abermals ein Polyptoton vor, spiegelbildlich zum ersten, da „Lieben" und „Liebe" wieder durch verschiedene Kasus von *philos* angezeigt werden, sodass die Bezeichnungen eine Kette bildet, die mehrere bezeichnete Personen verbindet. Ismene verwendet hier den Plural für Antigones geliebte Menschen und vermittelt damit den Eindruck einer weiteren lebendigen und liebevollen Gemeinschaft, die mit Antigones Singularformen in Kontrast steht. Schließlich drückt Antigones Ausruf „Und wer sollte, da du gehst / In den sichtbaren Tod, nicht um dich klagen, Bruder?" (*Kolonos*, Zeilen 1439–1440) paradoxerweise eine Trauer aus, die auch im früher verfassten, aber zeitlich später angesiedelten Stück für sie gelten wird.

Indem Butler (2001, 96) diese letzte Zeile als geeignete Vorwegnahme von Antigones eigenem Weg in den Tod kommentiert, übersieht sie ironischerweise die reiterative Struktur der Beziehung zwischen Antigone und Polyneikes einerseits und zwischen Ismene und Antigone andererseits. Dass Butler Ismene übersieht, ist eine Folge jahrhundertelanger Missachtung.[65] Luce Irigaray (1980, 270) fasst

---

64 Meine Übersetzung aus dem Griechischen. Griffith (1999, 138–139) weist darauf hin, dass Ismene hier Antigones Position der Loyalität zur Familie vor allem anderem billigt. Ich verlagere den Schwerpunkt und behaupte, dass Ismene gegenüber Antigone die Haltung der Antigone gegenüber Polyneikes wiederholt.
65 Die Missachtung der Ismene kann als Teil einer größeren Blindheit für Beziehungen zwischen Frauen betrachtet werden, die paradigmatisch von Virginia Woolf (2019, 117–121) festgestellt wurden. In Bezug auf die Antike haben Wissenschaftler*innen begonnen, diesen Fehler zu beheben; vgl. Rabinowitz und Auanger 2002; Goldhill 2006, 2012.

die gängige Meinung über Ismenes stereotype Weiblichkeit zusammen, indem sie von ihr „Schwäche, ihrer Angst, ihrem unterwürfigen Gehorsam, ihren Tränen, ihrem Wahnsinn, ihrer Hysterie" berichtet.[66] Die Überlegungen zu Ismene konzentrieren sich auf zwei Handlungen, die widersprüchlich erscheinen – da ist zum einen ihr lange als Feigheit missverstandener Versuch, Antigone von der Beerdigung abzubringen, und ihr oft als hysterisch bezeichneter Versuch, sich Antigone im Tod anzuschließen. Die beiden Momente sind jedoch komplementäre Folgen ihrer Hingabe an die Schwester, denn zuerst versucht sie, Antigone vor dem Tod zu bewahren, und dann will sie mit ihr diesen Tod teilen, womit sie Antigones Verhalten gegenüber Polyneikes in den beiden Stücken nachahmt. Sobald wir Hysterie und Unterwürfigkeit als Fehlinterpretationen erkennen, bleiben Ismenes Äußerungen der intensiven Partikularität der Liebe und der Akzeptanz des Unterschieds innerhalb der Liebe. Ismene versichert Antigone nicht nur, dass die Liebe zu Recht über Meinungsverschiedenheiten hinweg fortbesteht (*Antigone*, Zeilen 98–99), sie stellt sich auch Kreons strukturellem Familienverständnis in den Weg, indem sie versucht, Kreon davon abzuhalten, Antigone, die Verlobte seines Sohnes Haimon, hinzurichten. Kreon befürwortet in hegelscher Vorwegnahme eine strenge Ersetzbarkeit: „Noch andre Äcker gibt es [für Haimon] zu bepflügen!" (*Antigone*, Zeile 569) Ismenes Antwort „Nicht so, wie es bei ihm und ihr sich hat gefügt!" (*Antigone*, Zeile 570) stellt das Persönliche über das Universelle.[67]

---

[66] Während viele Kritiker*innen Ismene stillschweigend übergehen, betrachtete Goethe sie explizit als „schönes Maß des Gewöhnlichen", wogegen Antigones Größe eindrucksvoller erscheine (Eckermann 1955, 304). Ähnlich hat Griselda Pollock (2006, 100) Ismene als „die unbeeindruckende Chiffre für Antigones tragische Schönheit" bezeichnet. Nussbaum (1986, 64) verändert die Bedeutung von Ismenes Weinen, indem sie es als den Ausdruck einer „gefühlten Liebe" anerkennt. Hanna Roisman (2021, 76) betont den für sie bedeutsamen Kontrast zwischen den Schwestern und hält ihn für wichtig, um Antigones Heldentum zu beleuchten, ohne jedoch Ismene als ein Stereotyp der Selbstgefälligkeit zu behandeln. Sie merkt an, dass Ismenes Nuancenreichtum und Überzeugungskraft Antigones „beängstigende Einfachheit" (Roisman 2021, 70) ausglichen und verweist auf Ismenes Mut beim strategischen, aber erfolglosen Versuch, Antigone auf Kosten ihres eigenen Lebens zu retten (vgl. Roisman 2021, 74–75).

[67] Jonathan Strauss (2013) vertritt die Ansicht, dass *Antigone* einen entscheidenden Weg zu einer Idee der Individualität gebnet habe, die durch persönliche und besondere Zuneigung ermöglicht werde. Sein Buch erwähnt Ismene kaum und sieht das Potenzial für eine solche Zuneigung zuerst in Antigones Haltung gegenüber Polyneikes und etwas geschlossener in Haimons Haltung gegenüber Antigone. Strauss' Interpretation bringt die Zuneigung durch unersetzliche Partikularität mit der Individualität in Verbindung, ich vertrete hier jedoch den Standpunkt, dass weder die Partikularität noch die Persönlichkeit eine hegelsche Version des ganzen Individuums erfordert. Strauss' Interpretation zufolge wird Antigone durch Haimons Liebe domestiziert und wächst in eine reproduktive, heterosexuelle Familie hinein. Er schreibt somit Antigone die von ihr abgelehnt Rolle der Ehefrau und Mutter zu.

Indem Ismene Antigone wiederholt in einer liebevollen Gemeinschaft situiert, zieht sie auch Lacan in Zweifel, der Antigone eher als isoliert am Rande der Menschheit verortet, eine Tendenz, die Antigone auch selbst aufgreift. Letztlich ist Ismene jedoch nicht in der Lage, diese Neuverortung an sich selbst vorzunehmen. So wie Antigone den Tod mit Polyneikes über das Leben mit ihrem Verlobten Haimon und mit Ismene stellt, willigt Ismene selbst in ihren Tod ein, weil sie sich ein Leben ohne Antigone oder darüber hinaus nicht vorstellen kann. „Was wäre *einsam*, ohne diese, mir das Leben!" (*Antigone*, Zeile 566, meine Hervorhebung), ruft sie Kreon zu und verstärkt mit der Ergänzung des Wortes *einsam* ihre frühere Klage an Antigone (*Antigone*, Zeile 548).

Ismene wiederholt somit Antigones Begehren als selbstkonstituierend und alles verzehrend. Dennoch hat Ismenes Begehren den Kritiker*innen nicht dabei geholfen, Antigones Begehren zu verstehen, weil es selbst völlig unsichtbar war. Auch wenn Butler die Implikationen von *Antigone* für queere Lesarten erforscht, übernimmt sie gerade durch diese Auslassung seltsamerweise die strukturelle Grenze des Begehrens, an deren Destabilisierung Butler selbst arbeitet. Diese Grenze ist eine heteronormative, aber sie macht darüber hinaus auch Weiblichkeit kontingent und Männlichkeit normativ. Dabei festigt sie zugleich das Verständnis eines als unpersönlich und als strukturell sittlich begriffenen weiblichen Begehrens. Bei diesem Begehren geht es um die Abgrenzung des Subjekts, den imaginären Status, das „Ich" als völlig verschieden vom „Du" zu begreifen. Françoise Meltzer hat Antigone als Verkörperung einer Fremdheit gelesen, die über all diese Grenzziehungen hinausgeht, sei es die Grenze um das Subjekt, zwischen den Geschlechtern oder zwischen Leben und Tod. Das Begehren ist dann vielleicht die „Flucht vor dem Selbstbewusstsein", die Flucht vor der begrenzten Subjektivität (2011, 186). Das Begehren zwischen Ismene, Antigone und Polyneikes macht meines Erachtens die Konstruktion einer gemeinsamen Subjektivität durch vielfache Differenzen sichtbar. Ihre Beziehungen offenbaren einen Splitter im Imaginären – eine ständige pointierte Erinnerung an die notwendige Unvollständigkeit des Spiegelstadiums und eine immerwährende Verbindung mit anderen. Der Drang, den Splitter zu entfernen und eine Art isolierende Hornhaut wachsen zu lassen, kann als Motivation für den theoretischen Übergang von Antigone zu Ödipus verstanden werden, zu dem wir im Epilog zurückkehren werden. In einer milderen Form war er jedoch bereits in den Analysen der *Antigone* und den vielfachen Wiederholungen der Geschwisterbindung im langen neunzehnten Jahrhundert vorhanden, die ausschließlich Bruder-Schwester-Beziehungen thematisierten und die wir hier untersuchen werden. Die Theorie der Geschlechterkomplementarität bot ein Mittel zur Wiederherstellung der Ganzheit durch den Übergang von einer Singularität zu einer Dyade.[68]

Butler arbeitete gegen diese Isolation an, indem sie die innere und äußere Relationalität der Psyche verknüpfte. Sie hat den Teil des Selbst ausgemacht, für den wir keine Rechenschaft ablegen können, der das Selbst aufgrund unserer Herkunft aus der Intersubjektivität nichtselbstidentisch. Daher sei in Betracht zu ziehen, so Butler (2007, 89) „dass unsere ‚Inkohärenz' uns als in Relationalität gründende Wesen ausweist, die von einer sozialen Welt, die jenseits und vor uns liegt, impliziert, angesehen, hergeleitet und gestützt werden". Diese frühe und prägende Relationalität ist der undurchsichtige Kern, der durch den Eintritt in das Symbolische für das Selbstverständnis unzugänglich gemacht wird. Und dennoch dürfen wir nicht vergessen, dass das Relationale mit diesem Eintritt nicht endet; das Symbolische selbst wird durch Verhältnisse angenommen, vermittelt und konstituiert, es bleibt ein gemeinsam besetztes relationales Netz. Die von Butler diagnostizierten Grenzen der Selbsterkenntnis sind daher nicht nur Auswirkungen einer vergangenen, ursprünglichen Relationalität, sondern auch der andauernden Offenheit der Subjekte.

Antigone selbst wurde häufig als Heldin der Selbsterkenntnis gepriesen, im Gegensatz zu Ödipus, dessen Geschichte, so Hegel in seiner *Ästhetik*, hauptsächlich mit Schicksal und unbewusstem Handeln zu tun habe (vgl. Hegel 1986d, 545). Es sind natürlich gerade die Besonderheiten seiner grundlegenden Relationalität – seiner Abstammung –, die Ödipus verborgen bleiben. Doch Ödipus verfügt durchaus über Wissen, schließlich löst er das Rätsel der Sphinx. August Wilhelm Schlegel (1966, 92) erkannte die Ironie, dass „es eben der Ödipus ist, welcher das von der Sphinx aufgegebene Rätsel, das menschliche Dasein betreffend, gelöst hat, dem sein eigenes Leben ein unentwirrbares Rätsel blieb". Schlegel verkennt jedoch die Quelle dieser Ironie, wenn er sie im häufigen menschlichen Versagen verortet, allgemeine Prinzipien auf sich selbst anzuwenden. Das Leben des Ödipus entspricht nämlich definitiv nicht dem allgemeinen Prinzip des Rätsels. Wenn es der Mensch ist, um das Rätsel gemeinsam mit Ödipus zu beantworten, der morgens auf vier Beinen geht, mittags auf zwei Beinen und abends auf drei Beinen, dann ist die Menschlichkeit des Ödipus zweifelhaft. Ödipus wurde als Säugling von seinen Eltern auf einem Berg ausgesetzt. Ihm wurden die Füße durchbohrt, um ihn am Krabbeln zu hindern. Er reagiert auf die Entdeckung seines Vergehens, indem er sich blendet und schon in der Blüte seines Lebens auf

---

[68] Weitere Informationen zur sexuellen Komplementarität und Ganzheit in diesem Zusammenhang sind zu finden bei Schiebinger 1989 und Engelstein 2013. Ich werde in den folgenden beiden Kapiteln erneut auf die Komplementarität zu sprechen kommen.

einen Gehstock angewiesen ist, ein drittes Bein. Das Problem des Ödipus ist nicht die Unfähigkeit, allgemeines Wissen auf den besonderen Fall seiner selbst anzuwenden, sondern dass er sich die Normverletzung, die er verkörpert, nicht vorstellen kann, dass er nicht erkennen kann, dass ein Teil des Menschlichen jenseits der Grenzen sich wiederholender normativer Strukturen liegen könnte.

Stellt Antigone dazu wirklich einen Kontrast hinsichtlich der Selbsterkenntnis dar oder ähnelt sie Ödipus in diesem Versagen? Hegel (1986a, 348) führt Antigone als ein Beispiel für einen vorsätzlichen Sittenverstoß an. Lacan (2016, 327) geht noch weiter, indem er uns daran erinnert: „Die Bedeutung dieser Art vollständiger Erkenntnis ihrer selbst, die ihr zugeschrieben wird, ist nicht zu unterschätzen." Möglicherweise wurden Lacan und Hegel von Hölderlins eigenwilliger Übersetzung der *Antigone* beeinflusst, in der der Chor sagt: „Dich hat verderbt [d]as zornige Selbsterkennen" (Hölderlin 1994, 905).[69] Schadewaldts Standardübersetzung des Griechischen ins Deutsche lautet hier: „Dich aber hat vernichtet Dein eigenwilliges Streben", während Grene die Stelle mit dem ähnlichen „It is your own self-willed temper that has destroyed you" ins Englische überträgt (σὲ δ' αὐτόγνωτος ὤλεσ' ὀργά; Sophocles 2002a, Zeile 875; Sophocles 1999, Zeile 875).[70] Kathrin Rosenfield (1999, 120) weist zwar auf die philologische Berechtigung von Grenes Formulierung hin, ist jedoch der Ansicht, dass Hölderlin (und damit Hegel und Lacan) in seiner Übersetzung einen entscheidenden Charakterzug der Antigone erfasst hat. Zweifellos kennt Antigone das Gesetz des Kreon, gegen das sie verstößt, aber kennt sie damit auch ihr Verbrechen? Sollten wir ihre statische, selbstsichere und todesgerichtete Selbstdeutung als Selbsterkenntnis beurteilen? In Anlehnung an Butler könnten wir fragen, ob Antigone mit ihrem Beharren auf Familienzugehörigkeit eine einzigartige Position des Zugangs zu ihrer eigenen konstitutiven Relationalität einnimmt und damit die normalen Grenzen der Selbsterkenntnis überschreitet. Ich möchte einer solchen Lesart widersprechen; Antigones Rechtfertigung ihres Verbrechens als notwendige Verteidigung der Familie und des göttlichen Rechts ist eine Interpretation der Anforderungen der Relationalität und kein direkter Zugang dazu. Darüber hinaus kann sie sich genauso wenig wie Ödipus vorstellen, wie sie von einem vorgegebenen Muster abweichen sollte, obwohl in ihrem Fall das Muster selbst ein abwei-

---

69 Hölderlins Übersetzung der *Antigone* wurde im Zeitpunkt der Veröffentlichung verspottet, gilt aber seither als eine außerordentliche Interpretation des Originals (vgl. dazu auch Schadewaldt 1989, 1996; Rosenfield 1999).
70 Dirk Setton (2021, 192–223) stellt diese Zeile neben die Erklärung des Chors in Zeile 821, dass Antigone nach ihrem eigenen Gesetz handle und in diesem Drama die erste dokumentierte Verwendung des Worts „autonom" zu finden sei, um eine notwendige Zweideutigkeit des Freiheitsbegriffs zwischen Wille und Willkür zu beleuchten (vgl. *Antigone*, Zeilen 192–223). Antigone verkörpere jedoch eine strukturelle Verbindung der beiden (vgl. *Antigone*, Zeile 206).

chendes ist. Antigones Interpretation wird nicht nur von Kreon bestritten, sondern auch von der so sehr in der Kritik verunglimpften Figur ihrer Schwester Ismene. Und Ismenes Name bedeutet tatsächlich „die Wissende". Aber was weiß sie?

Ismenes Antwort auf Antigones Forderung, ihren Bruder zu beerdigen, ist kein Rückgriff auf eine normative weibliche Rolle, die ihnen mit ihrem Geschlecht gemein wäre, wie oft behauptet wird, sondern folgt stattdessen aus einer alternativen Interpretation ihrer Familiengeschichte, einer Geschichte, die die Schwestern von anderen Frauen trennt.

> O mir! Bedenke, Schwester, wie der Vater uns
> Verrufen und verhaßt zugrunde ging,
> Nachdem er selbstentdeckter Fehle wegen
> Die beiden Augen selber sich zerstieß mit eigener Hand,
> Wie dann die Mutter und die Frau – ein doppelt Wort! –
> Sich an geflochtenem Strick das Leben nahm,
> Und wie zum dritten dann die Brüder beide
> Einander tötend an dem gleichen Tag,
> Die Unglückseligen! Sich ein gemeinsam
> Verhängnis schufen, einer von des andern Hand.
> Und nun wir zwei, die einzig noch geblieben: sieh,
> Wie wir aufs schrecklichste zugrunde gehen,
> Wenn wir gewaltsam, gegen das Gesetz,
> Entscheid und Machtgebot des Herrschers übertreten.
> Nein, einsehn gilt es, einmal: Frauen sind wir
> Und können so nicht gegen Männer streiten.
> Und dann: beherrscht sind wir von Stärkeren,
> So müssen wir dies hören und noch Härteres.
> (*Antigone*, Zeilen 49–64)

Die Passage endet zwar mit einem Verweis auf das Geschlecht der beiden Frauen, die Behauptung bekräftigt jedoch nicht die Angemessenheit der Geschlechternormierung, sondern prognostiziert vielmehr die gewaltsamen Folgen des Widerstands gegen Gewalt. Der bedeutendere und weniger häufig zitierte Teil des Streits steht vor diesen Zeilen. Antigone glaubt, dass sie in eine verfluchte Familie hineingeboren wurde, der es vorherbestimmt ist, in einem tragischen Tod zu enden, der ihre Identität bestätigen und manifestieren wird. Ismene führt eine andere Interpretation an und betont in jeder Zeile die selbstbestimmten Handlungen, die die Katastrophen auslösten und begleiteten. Die Familienmitglieder richten sich mit ihren eigenen Händen. Außerdem vernichtet jede destruktive Handlung eher eine multiple als eine singuläre Existenz. Goldhill (2006, 152) führt zu dieser Passage aus: „Substantive, Verben und Adjektive stehen alle im Dual. [D]as macht die Brüder zu einem natürlichen Paar, wie Hände oder Augen". Diese dualen Einheiten sind jedoch nicht für weitere Verknüpfungen verschlossen; Ismene liest die beiden Brüder als eine doppelte Einheit und die beiden Schwestern als eine andere, sodass sich die Einheiten gegenseitig verdoppeln. Ismene konstruiert damit eine komplizierte Leugnung des Fatalismus. Wissen bedeutet hier auch die Anerkennung und Akzeptanz der Tatsache, dass Selbsterzählungen immer auch Erzählungen von vielen sind. Es gibt Handlungsmacht, und dennoch führt kein Einzelner sie aus oder leidet allein unter ihren Folgen.[71] Antigone handelt in Gemeinschaft mit einem toten Bruder, und ihre Handlungen werden einen ähnlichen Druck auf ihre verbleibende Schwester ausüben.

Die Schwestern sind jedoch keineswegs identisch. Während Antigone kompromisslos auf der Universalität ihres Handlungsprinzips besteht, erkennt Ismene die Differenzen, die Partikularität erzeugen, eine Erkenntnis, die ihre Betonung der unterschiedlichen Interpretationen und auch ihre Liebesbekundung gegenüber Antigone auch angesichts von Meinungsverschiedenheiten durchdringt, ebenso wie ihr Beharren gegenüber Kreon, dass Antigone in Haimons Wertschätzung nicht ersetzt werden könne. Die Schwestern bilden zwei nichtidentische, aber transsubjektive Verbindungen in einem nichtlinearen, synekdochischen Netzwerk. Ismenes Bitte macht deutlich, dass in dieser Familie kein Einzelgänger existieren kann, dass *niemand* zurückgelassen werden kann – ob Kreon sie verurteilt oder nicht, Ismene wird ihre Schwester nicht überleben.[72] Ihre Verbundenheit ist keineswegs naiv feierlich, sondern betont die Verletzlichkeit. Und so liegt Antigone nicht völlig falsch, wenn sie sich als die letzte Überlebende der Familie des Ödipus bezeichnet – ihr Tod schließt auch Ismenes Ende ein.

Die Verwandtschaft, das Fremde und das Kollektive

Die synekdochische Verschränkung, die diese Geschwister verkörpern, erweitert die Subjektivität über die unmittelbare Familie in die Polis und das Politische. Rosenfield

---

71 Froma Zeitlin (1990, 162, Anm. 44) betont die „doppelte Entschlossenheit, wodurch das Handeln sowohl auf innerer als auch äußerer Handlungsmacht beruht". Rosenfield (1999, 112) stellt Antigones „Erkenntnis, dass ihr bewusstes Begehren [...] untrennbar mit einem noch tieferen Impuls verknüpft ist, der auf die Ahnen zurückgeht". Rosenfields Formulierung scheint ein gemeinsames Schicksal anzudeuten, doch keine von beiden spricht über die Möglichkeit eines gemeinsamen Handelns.
72 Bonnie Honig (2013, 177–181) analysiert einfühlsam das Grauen von Ismenes Lage, dass sie nämlich ein Leben in Empfang nimmt, das jegliche Bedeutung verloren hat. Seltsamerweise akzeptiert Honig jedoch nicht den von Ismene wiederholt genannten Grund, warum sie nicht mehr leben will: Ein Leben ohne Antigone ist für sie völlig undenkbar. Stattdessen spricht sie von der Schwierigkeit, weiter im Haushalt des Mörders ihrer Schwester leben, eine psychische Belastung, die im Text nicht erwähnt wird (vgl. Honig 2013, 167, 180). Antigone ist jedoch für Ismene eine ausreichend motivierende Kraft, um über Leben und Tod zu entscheiden, genauso wie Polyneikes für Antigone.

(1999, 114) konstatiert ein Inzeststigma, das die gesamte thebanische Polis wegen der autochthonen und vaterlosen Ursprünge ihrer ersten Generation durchzieht. Theben kombinierte die beiden gängigen griechischen Mythen zur Entstehung der Städte: Autochthonie und Kolonisation.[73] Kadmos, der aus der königlichen Familie von Phönizien stammte, gründete die Stadt mithilfe der Spartoi, eines Kriegergeschlechts, das aus den ausgesäten Zähnen eines von Kadmos getöteten Drachen entsprang (*Spartoi* bedeutet „Ausgesäte"). Während die familiären Elemente der griechischen Polis damit offenkundig sind, ist die thebanische Autochthonie höchst ambivalent. Die erste Handlung der Spartoi besteht darin, sich gegenseitig in einem Massenbrudermord anzugreifen. Nach der Schlacht bleiben nur noch fünf übrig, um die Stadt mit Kadmos und seiner Frau Harmonia aufzubauen. Statt jedoch die herrschenden Leidenschaften von Harmonias Eltern Aphrodite und Ares harmonisch zu vereinen, schwankt die Stadt zwischen verbotenen Extremen von Liebe und Streit.

Die Geschwisterbindung, so belastet sie auch sein mag, ist nicht nur das Fundament der Polis, sondern auch ihre Rechtfertigung. Kadmos verließ Phönizien ursprünglich auf der Suche nach seiner entführten Schwester Europa. Da er sie nicht finden konnte, wandte er sich an das Orakel von Delphi, um ein neues Ziel zu finden, und gründete Theben auf Anweisung des Orakels.[74] Theben ist daher ein Ersatz für eine Schwester, wenn auch keine saubere Metapher; Theben lässt seinen Vorläufer – das Geschwister – nicht zurück, sondern verwandelt es und trägt es in sich. Im Schatten von Theben muss Geschwisterlichkeit gleichzeitig als Bindung an ein Zuhause gelesen werden und als Antrieb, es zu verlassen. Um Hegel aus dem Epigraf zu paraphrasieren, lässt sich das Geschwister als Spiegel verstehen, in dem man sich seiner selbst bewusst wird, indem man sich eines anderen bewusst wird, mit dem man nicht durch Ursache oder Wirkung als Elternteil oder Kind verbunden ist. Dieser Spiegel wirft jedoch nicht das Bild eines einheitlichen Ich-Ideals zurück, sondern ein hybrides Bild nach vorn in eine unsichere, in sich verschlungene Welt. Die so offenbarte Geschwisterbeziehung wird nicht nur für die Subjektbildung konstitutiv, sondern auch für die menschliche Fähigkeit, Territorien zu erkunden, Städte zu bauen und sich mit dem Fremden zu arrangieren. Die gleiche Konstellation theoretischer Ängste brachte die Geschwisterbeziehung und damit Sophokles' *Antigone* im neunzehnten Jahrhundert, einem Zeitalter der kulturellen Begegnung, in eine zentrale Position der europäischen Vorstellungswelt, wie wir in diesem Buch sehen werden. Juliet Mitchell

---

73 Zu den beiden konkurrierenden Mythen und Theben als deren Kombination vgl. Loraux 2000, 13–14.
74 Kadmos wurde angewiesen, einer markierten Kuh zu der Stelle zu folgen, wo er sich niederlassen sollte. Europa war von Zeus in der Gestalt eines Stieres entführt worden, sodass die Kuh symbolisch auf das Ende von Kadmos' Suche verweist.

(2003, 12) verortet die Geschwistererfahrung im Zentrum aller Gruppenpsychologie und spekuliert:

> Liegt nicht in der frühen Geschwistererfahrung, ‚Andersheit' aus Gleichheit zu erzeugen, der Grund für die unmittelbare ‚Andersheit' von Rasse, Klasse und Ethnie, eine Andersheit, die die Gleichheit unsichtbar macht, die dann auf einer anspruchsvolleren Ebene wiederentdeckt werden muss? (Mitchell 2003, 48)

Wir können diese Formulierung aber auch umkehren und in der Geschwistererfahrung eine Anerkennung der Koexistenz von Graden des Gleichseins und Andersseins sehen. In Kapitel 5 werde ich mich mit den Auswirkungen auf „Rasse" und Ethnie befassen, die in der Konstruktion von Unterschieden und der Anerkennung von differenziellen Unterschieden in der Geschwister-Logik begründet liegen.

„Wenn die Psychoanalyse statt Ödipus Antigone als Ausgangspunkt gewählt hätte", so Miriam Leonard (2006, 122) im Sinne des in den letzten zwanzig Jahren geläufig gewordenen Motivs, „hätte sie zu einem eindeutig politisierten Verständnis des psychoanalytischen sexuellen Subjekts geführt." Im Wort *politisiert* schwingt natürlich die alte *polis* mit, und doch gehen die Konnotationen dieser politischen Form verloren, wenn wir die Gemeinschaft, in der Antigone lebt, nur als eine *Stadt* oder einen *Staat* bezeichnen, die beiden häufigsten Übersetzungen von *polis*. Hegel las Antigone als Teilnehmerin einer sittlichen Erzählung mit politischer Bedeutung, aber in einer Weise, die sie als Frau ausschloss und Frauen insgesamt aus der universell gedachten öffentlichen Sphäre verbannte. Für Hegel dient die Schwester als Brücke, die dem Bruder den Übergang vom göttlichen zum menschlichen Gesetz ermöglicht – wozu sie nicht in der Lage ist –, von der Natur zum Geist, von der Familie zum Politischen.[75] In der *Phänomenologie* bezeichnet Hegel (1986a, 328–342) den

---

[75] Indem Hegel (1986a, 352) eine weibliche familiäre einer männlichen öffentlichen Sphäre gegenüberstellt, macht er die Frau bekanntermaßen zur „ewige[n] Ironie des Gemeinwesens". Es wurden viele Einwände gegen Hegels Interpretation vorgebracht. Insbesondere könne Antigone wegen der Verworrenheit ihrer inzestuösen Beziehungen nicht für Verwandtschaft stehen. Zudem sei es unangemessen, Antigone in ein Weiblichkeitsmodell zu zwingen, wenn das Stück ihr Geschlecht uneindeutig und transgressiv behandele. Butler (2001, 52 Anm. 1) schreibt: „Meiner Ansicht nach gibt es gar keine unkontaminierte Stimme, mit der Antigone sprechen könnte." Marder (2021, 14) weist darauf hin, dass Antigone in der westlichen philosophischen Tradition „fast immer gleichzeitig – und auf unmögliche Weise – sowohl als Beispiel als auch als Ausnahme für die allgemeinen Kategorien dient, die sie repräsentieren soll, sei es die Familie, der Mensch oder das Gesetz". Ähnliche Einwände bestehen auch gegenüber Hegels Setzung des Kreon als Vertreter der bürgerlichen Sphäre (vgl. auch Gourgouris, 2003, 26; Taxidou 2004, 25–26).

öffentlichen Raum gelegentlich als *Regierung* und häufiger als *Gemeinwesen*.[76] Hegels Begriff weist auf das gemeinsame Wesen und nicht auf das chaotische Beisammensein einzelner Wesen hin.[77] In seiner Analyse wiederholt Hegel so die gescheiterten Versuche des Kreon, das Politische vom Persönlichen zu trennen und die Polis als Gruppe kollektivierter Subjekte der Regierung neu zu interpretieren. Hegel irrt, denn die Polis ist kein Bereich des Gemeinwesens mit einer universellen, gemeinsamen Stimme, sondern ein Beisammensein von Mitgliedern, die unter anderem als Familie miteinander verwandt sind, durch die gleichen Bande der *philia*. Hegel war dieser Gedanke, dessen Wiederaufleben er im benachbarten revolutionären und nachrevolutionären Frankreich genau beobachtete, durchaus bekannt.

Einer legendär gewordenen Geschichte nach schickte Hegel wenige Tage vor dem Einmarsch der napoleonischen Truppen 1806 in Jena den größten Teil seines Manuskripts der *Phänomenologie des Geistes* aus der Stadt an seinen Verleger und nahm die letzten Seiten bei seiner Flucht vor den anrückenden Truppen in seiner Tasche mit (vgl. Pinkard 2000, 229–231). Hegels Beeinflussung durch, aber auch seine Abneigung gegen die Vertragstheorien, die die Revolution prägten, sind hier bereits offenkundig und kommen in der späteren *Rechtsphilosophie* zum Tragen.[78] Hegels *Gemeinwesen* entwickelt bestimmte Elemente der bürgerlichen Sphäre weiter, die der Vertragstheorie von Locke bis Rousseau geläufig sind und die auch im Werk Johann Gottlieb Fichtes ihren Platz haben. Doch während diese früheren Theorien Wege ebnen, um Familiengefühle in die bürgerliche Gesellschaft zu lenken, errichtet Hegel (1986a, 338) eine Grenze um die Familie, die sich durch das Geschwister manifestiert, „die Grenze, an der sich die in sich beschlossene Familie auflöst und außer sich geht", die aber das Geschwisterkind als solches nicht überschreiten könne. Vielmehr biete die Schwester dem Bruder eine Möglichkeit, durch ihre Anerkennung die Familie zu verlassen und außerhalb ihres Bereichs mehr als nur ein Bruder zu werden, sowie eine Möglichkeit, zur Familie zurückzukehren, indem sie seinen nicht mehr bürgerlichen Leichnam zurückfordere. Es ist kein Zufall, dass Hegel den Konflikt in Sophokles' Stück aufgreift, um die Familie, in der Person der Antigone, gegen den Staat, in der Person des Kreon, gegeneinander auszuspielen; *fraternité* dürfe nicht in das Gemeinwe-

---

76 In *Grundlinien der Philosophie des Rechts* greift Hegel (1986b, 309–323) kurz seine Interpretation der *Antigone* auf und verwendet hier das Wort *Staat*.
77 Steiner (1984, 33) übersetzt Hegels Begriff als „communal totality" [*gemeinschaftliche Gesamtheit*]. Stuart Elden (2005) liefert einen detailreichen Kommentar zur Unzulänglichkeit von Millers Begriff der *community* für Hegels *Gemeinwesen* in seiner englischen Standardübersetzung und von Hegels und Butlers Fokus auf den *Staat* als Übersetzung für *polis*.
78 Zu Hegels Verhältnis zur Französischen Revolution und zur Vertragstheorie vgl. Ritter 1957; Riedel 1982.

sen dringen, sondern müsse sicher in einer separaten Sphäre verbleiben. Indem Hegel Kreon gegen Antigone als Staat gegen die Familie und als das Männliche gegen das Weibliche in Stellung bringt, errichtet er eine eigene Barrikade – gegen das Erbe der Französischen Revolution. Die Reduzierung der Polis auf die Regierung schneidet die alten Resonanzen der Verwandtschaft innerhalb der Gemeinschaft ab, die im aufkeimenden nationalistischen Diskurs seiner Zeit zunehmend an Bedeutung gewannen.[79] Wie Stuart Elden (2005, 2) ausführt, fungiert die „*polis* als Ort, als Stätte und als Verkörperung der Menschen darin, nahe an unserem modernen Gemeinschaftsbegriff". Zudem war „die griechische *polis* auf Verwandtschaft gegründet" (Elden 2005, 30) und durch einen Ursprungsmythos vereint, der gleichermaßen auf Verwandtschaft beruhte, sei es auf Autochthonie oder Kolonisation.

Ein dualer Ursprung in Autochthonie und Kolonisation unterscheidet Theben von Athen, der Stadt des Sophokles und dem Aufführungsort seiner Dramen. Froma Zeitlin identifiziert das Theben der Tragödie als ein unheimliches Anderes von Athen, als einen Ort, an dem die Heimatpolis des Autors und der Zuschauer*innen „Fragen verhandel[n], die für die *polis*, das Selbst, die Familie und die Gesellschaft entscheidend sind", „ohne Risiko für das eigene Selbstbild" (Zeitlin 1990, 144, 145). Wie Nicole Loraux (2000, 53) feststellt, habe sich Athen im Gegensatz zu Theben als vollständig autochthone Stadt betrachtet und den Mythos der brüderlichen Autochthonie genutzt, um daraus seine Demokratie abzuleiten. Die Athener hätten geglaubt, dass die daraus resultierende Gleichheit der Bürger in ihrer Polis sie „vor den großen Familienverbrechen schützt, die in der Tragödie dargestellt werden", genauso wie vor „Oligarchien und Tyranneien" (Loraux 2000, 22). Die Gleichheit demokratischer Bürger sei nicht in abstrakten Begriffen von Rechten vor dem Gesetz konzipiert worden, sondern in Bezug auf die Homogenität der Verwandtschaft (vgl. Loraux 2000, 52).[80] Theben mag in diesem Punkt einen dunklen Kontrast zu Athen darstellen, doch Zeitlins Prämisse, dass der Kontrast Theben zu einem *sicheren* Ort für Experimente mache, ist nur schwerlich zuzustimmen.

---

[79] Hegel (1986c, § 392–395) sah die Nationalität als eine Untergruppe der „Rasse" an, für ihn gehörte sie zum gleichen natürlichen und familiären Erbe. Allerdings konnten alle diese natürlichen Neigungen durch den Geist überwunden werden.

[80] Die Schwierigkeiten bei der Bestimmung, wer in diesem Text Fremder und wer Einheimischer ist, sowie der Tausch von Frauenkörpern wegen ihres reproduktiven Potenzials entstehen durch ein System strenger Unterscheidungen zwischen den Rollen von Bürgern, ansässigen Fremden und Versklavten in der athenischen Gesellschaft. Sowohl Antigone als auch Kreon stützen sich auf diese Positionierungen, wenn sie ihr Verständnis der eigenen Identitäten und der Identitäten der anderen formulieren. Vgl. insbesondere Tina Chanter (2011) und Andrés Fabián Henao Castro (2021) zu *Antigone* als Prüfstein für die Critical Race Theory und Postcolonial Studies.

Vielmehr enthüllt Theben das Latente und Bedrohliche im Gemeinschaftsgefüge: das gespannte Verhältnis von Gemeinschaft und Ort, die Zerbrechlichkeit des Zugehörigkeitsgefühls und das Übermaß an Begehren und Hass, das dem pflichtvollen Verbundensein innewohnt und es sogar erst erforderlich macht.

Diese Fragen werden in der berühmten Passage des Chors in *Antigone* deutlich, die als „Ode an den Menschen" bekannt ist. Der Chor verortet das Wesen der Menschheit in einem doppelten Ursprung – beim Reisen und bei der Bearbeitung des Bodens.

> Viel Ungeheures ist, doch nichts
> So Ungeheures wie der Mensch.
> Der fährt auch über das graue Meer
> [...]
> Und der Götter Heiligste, die Erde,
> Die unerschöpfliche, unermüdliche,
> Plagt er ab,
> Mit wendenden Pflügen Jahr um Jahr
> [...]
> Und schirrt das rauhnackige Pferd
> An dem Hals unters Joch
> Und den unermüdlichen Bergstier.
> Auch die Sprache und den windschnellen
> Gedanken und städteordnenden Sinn
> Bracht er sich bei [...]
>   (*Antigone*, Zeilen 332–341 und 350–356)

Diese Ode vollbringt ein heikles Kunststück, indem sie ein Wesen des Menschen identifiziert und zugleich die menschliche Fähigkeit, zu lernen, sich zu verändern und gemeinschaftlich wie politisch, das heißt in der Geschichte, zu existieren, als grundlegend anerkennt. In seiner Interpretation der *Antigone* konzentriert sich Heidegger (1993, 1983) auf diese Ode, um eine kritische Konstellation vom Eigenen und Fremden, von Wanderschaft und Wohnen in der Mitte des Stücks zu beleuchten. Seine Lektüre führt jedoch, wie Cornelius Castoriadis (2001) und Stathis Gourgouris (2003) unabhängig voneinander erörtern, zu einer gewaltigen Fehlinterpretation der Tragödie, indem sie die politischen und historischen Anliegen ausblendet, die diesen Begriffen für Sophokles zugrunde liegen. Heidegger stellt den isolierten, von sich selbst, der Heimat und der Gemeinschaft entfremdeten Menschen als universell dar, während die Ode dieses Gespenst als die alptraumhafte Grenze der menschlichen Erfahrung entwirft, eine Grenze, die Antigone und Kreon durch die Katastrophe erreichen, der aber die Selbstschöpfung des Menschen als kommunikatives und gemeinschaftliches Wesen entgegensteht.[81] In der obsessiven Einhaltung ihres jeweils eigenen Gesetzes verletzen Kreon und Antigone, was Gourgouris (2003, 141) „eine differenzielle autonome Pluralität" nennt, die „nicht nur in sich selbst ein politisches Subjekt darstellt, sondern [...] auch das Subjekt einer besonderen Politik verkörpert, einer Politik, die ein kollektives Wissen erfordert, das aus einem gemeinsamen Bekenntnis zur Selbstbefragung hervorgeht."[82] Für eine sittliche und erfolgreiche politische Gemeinschaft ist also die Anerkennung und Achtung von Unterschieden erforderlich, verbunden mit einer Selbstanalyse. Ich neige Gourgouris' Argumentation zu, doch möchte ich insofern widersprechen, als Antigones Fehler nicht in der Einzigartigkeit ihres Gesetzes liegt, weil ihr Gesetz tatsächlich aus einer geteilten Subjektivität erwächst. Ihr Fehler besteht vielmehr darin, dass sie ihre letztendliche Zugehörigkeit zur lebendigen Gemeinschaft nicht erkennt, als Folge des von ihm diagnostizierten Mangels an Selbstbefragung.

Heidegger weitet seine Fehlinterpretation der Menschen bei Sophokles als wesentlich isolierte Individuen auf die Größenordnung ganzer Völker aus. 1942 gelangt er inmitten des nationalsozialistischen Völkermordes zu der falschen, aber auch schuldhaften Schlussfolgerung einer grundsätzlichen Unvereinbarkeit der Völker bei Sophokles und in der Welt. In der Tat untergraben Sophokles' thebanische Dramen mit ihrer Betonung des Wanderns und Wohnens nicht nur die Grenzen des Subjekts in der Gemeinschaft, sondern auch die Grenzen der Gemeinschaft selbst, sie untergraben mithin die Möglichkeit, eine Zugehörigkeit zu bilden, die sich dem Fremden entzieht. Der Fremde Ödipus, der nach Theben reist und die Hand der dortigen Königin gewinnt, entdeckt zu spät, dass er zu seinem intimsten Ausgangspunkt zurückgekehrt ist; Polyneikes, der Theben mit einer Armee angreift, mit der er durch Heirat verwandt ist, bleibt dennoch ein gebürtiger Sohn der Stadt; und Kreon, der Antigone, seine Nichte und die Verlobte seines Sohns, verstößt und verurteilt, hat seiner unmittelbaren Familie Ruin und Zerstörung gebracht. Vielleicht könnte man behaupten, dass Theben durch seinen Mangel an Reinheit verflucht ist – durch seine Vermischung des fremden phönizischen mit dem einheimischen Boden –, doch stattdessen behauptet der Chor, dass es allen Menschen eigen ist, zu reisen und den Boden zu bearbeiten, und verortet Theben damit im Herzen des Menschen.

∗∗∗

Eine Litanei verlorener Geschwister: Europa ging ihrem Bruder Kadmos verloren; Ödipus, Polyneikes und Eteokles gingen Antigone und Ismene verloren; Antigone

---

81 Zur Selbsterschaffung vgl. Castoriadis 2001, insb. 150–151.
82 Wie bereits erwähnt, taucht das Wort „autonom", in Schadewaldts Übersetzung „nach eigenem Gesetz" (*Antigone*, Zeile 821) bei Sophokles das erste Mal nachweislich auf (vgl. Setton 2021, 1).

und Ismene gingen einander verloren; Ismene blieb der kritischen Tradition verloren; und die Geschwister an sich blieben der psychoanalytischen und kritischen Theorie verloren. Mit ihnen haben wir eine Vorstellung von geteilter Subjektivität verloren, von Verbundenheit, Ähnlichkeit in der Differenz und von Gruppenzugehörigkeit außerhalb der strengen Begriffe von Anderssein oder Introjektion. Wenn wir die Geschwister-Logik akzeptierten, wäre eine Politik möglich, die Dichotomien zugunsten von Differenzen verwirft, das Subjekt in Netzwerken erkennt und umgekehrt. In den folgenden Kapiteln plädiert *Geschwister-Logik* dafür, die mangelnde Integrität der Begriffe in kollektiven Systemen nicht zu unterdrücken, sondern wertzuschätzen.

Antigone und Ismene sind die letzten Nachkommen von Kadmos und Harmonia auf der männlichen Linie, die die Griechen als direkte Abstammung betrachteten. Ihre Auslöschung kann jedoch nicht als Ausmerzung eines katastrophalen Fremdkörpers aus einer ansonsten indigenen Bevölkerung gelesen werden. Die heilige Quelle, an der Kadmos nach seinen Wanderungen ankam, war der *Ismenos*, und der Drache, den er tötete und dessen Zähne die thebanische Bevölkerung erzeugten, war der ismenianische Drache (vgl. *Antigone*, Zeilen 1123–1125). In einer für Theben charakteristischen Möbiusschleife osziliert *Ismene* von der Urquelle der autochthonen Spartoi zum kinderlosen Endpunkt der kolonisierenden Abstammung und fasst die gesamte Geschichte der Tragödie Thebens zusammen.[83] Ismene mag für ein gewisses Versagen stehen, in der Welt ein eigenes Zeichen zu hinterlassen, aber von allen Familienmitgliedern gelingt es ihr allein, ihre Hände als Werkzeug für Mord oder Suizid einzusetzen. Stattdessen hinterlässt sie eine Haltung, über die es sich nachzudenken lohnt. Der Held der griechischen Tragödie, wie Gourgouris (2003, 129) es so eloquent ausdrückt, „ist wohl eher kein Vorbild, sondern ein Problem, ein Akteur der Ambiguität und Unsicherheit seiner selbst und aller anderen". In einer Welt, die Handlungsmacht anerkennt, aber mehr noch in einer Welt der geteilten Handlungsmacht und der pluralen Subjektivität bietet ein gut veranschaulichtes Problem das Potenzial, zu lernen und sich zu verändern, Wiederholungszyklen zu durchbrechen, ohne auf eine partikulare Leidenschaft zu verzichten. Das zumindest wusste Ismene, und das versuchte sie, ihrer Schwester zu vermitteln. Dieses Buch ist ein Versuch, ihr zuzuhören.

---

83 Zur Zirkularität und Wiederholung in Theben vgl. Zeitlin 1990, 153–156.

Teil II: **Brüderlichkeit und Revolution**

Mag auch unser eigener Bruder auf der Folterbank liegen – solange wir selbst uns wohl befinden, werden uns unsere Sinne niemals sagen, was er leidet. Sie konnten und können uns nie über die Schranken unserer eigenen Person hinaustragen und nur durch Vorstellungskraft können wir uns einen Begriff von seinen Empfindungen machen.
Adam Smith, *Theorie der ethischen Gefühle* (1985, 2 [Übersetzung angepasst])

[Natalie:] „Mein Dasein ist mit dem Dasein meines Bruders so innig verbunden und verwurzelt, daß er keine Schmerzen fühlen kann, die ich nicht empfinde, keine Freude, die nicht auch mein Glück macht. Ja ich kann wohl sagen, daß ich allein durch ihn empfunden habe, daß das Herz gerührt und erhoben, daß auf der Welt Freude, Liebe und ein Gefühl sein kann, das über alles Bedürfnis hinaus befriedigt."
Johann Wolfgang von Goethe, *Wilhelm Meisters Lehrjahre* (2002b, 538)

... Das Gesicht ihres Bruders –
Es mag ihr ähneln – war einst
Der Spiegel ihrer Gedanken, und die Anmut
Ihres Geistes Schattens hinterließ dort noch eine bleibende Spur.
Laon über sein eigenes Gesicht in Percy Bysshe Shelley, „Laon und Cythna" (2000, 1680–1683)

In Einem Fall verstrickt, drei liebende
Geschwister, gehen wir vereinigt unter
Friedrich Schiller, *Die Braut von Messina* (NA 10, Zeilen 2529–2530)

Ich wage zu behaupten, daß, kurz gesagt, der Inzest in jedem Staate Gesetz werden müßte, dessen Grundlage die Brüderlichkeit ist.
Marquis de Sade, *Die Philosophie im Boudoir* (2013, 248)

Die Blutsverwandtschaftsfamilie: Sie beruhte auf der Gruppenehe von Brüdern, leiblichen und kollateralen, mit ihren Schwestern.
Lewis Henry Morgan, *Die Urgesellschaft* (1987, 323)

2 Die Schatten der Brüderlichkeit

Auf einer offiziellen Website der Europäischen Union wird erklärt, dass der Schlusssatz von Beethovens Neunter Sinfonie, der eine Vertonung von Friedrich Schillers „Ode an die Freude" darstellt, aufgrund seiner Universalität als EU-Hymne ausgewählt wurde: „Mit seiner ‚Ode an die Freude' brachte Schiller seine idealistische Vision zum Ausdruck, dass alle Menschen zu Brüdern werden – eine Vision, die Beethoven teilte. [...] Ohne Worte, nur in der universellen Sprache der Musik, bringt sie die europäischen Werte Freiheit, Frieden und Solidarität zum Ausdruck."[84] Diese Auslegung beruft sich zwar auf die Universalität der Sprache der Musik, sie erkennt jedoch auch den Einfluss des schillerschen Textes auf die Auswahl der Hymne an. Die Verbindung von Brüderlichkeit und Freiheit erscheint als selbstverständlich, da sie auch in die bekannte Parole der Französischen Revolution eingeschrieben ist: *Liberté, Egalité, Fraternité*. Ganz wie die Ode und die französische Parole offenbart der Onlinetext der EU jedoch ein reichlich paradoxes Verständnis von Brüderlichkeit. Europa, so scheint es, wird hier, obwohl es eine separate politische Einheit ist, zum Symbol des Universellen. Tatsächlich führt die Website aus, dass die Hymne „nicht nur die Europäische Union, sondern auch Europa im weiteren Sinne" symbolisiere. Zudem bezieht sich *Brüderlichkeit* – ob auf Deutsch oder auf Französisch – allein auf das männliche Geschlecht. Liest man diese Passage als Interpretation der schillerschen Ode und nicht als politische Rhetorik, lässt sie einiges zu wünschen übrig. Der eigentliche Gedichttext wirft ernsthafte Zweifel daran auf, wie universell die gefeierte „Brüderlichkeit" überhaupt sein sollte. In der ersten Strophe wird Brüderlichkeit als universell gepriesen, doch später stellt sie sich als ein „Bund" heraus, ein privilegierter Zirkel: „Schließt den heilgen Zirkel dichter", heißt es in der neunten Strophe (Schiller 1992, 251). Zuerst werden wenig überraschend mögliche Schwestern ausgeschlossen: „Wer ein holdes Weib errungen" (Schiller 1992, 248), qualifiziert sich für die Mitgliedschaft.[85] Die

---

[84] Europäische Union. „Die Europäische Hymne". https://european-union.europa.eu/principles-countries-history/symbols/european-anthem_de, 24.07.2023. Auf der Website steht zwar, dass Beethoven „Friedrich Schillers 1785 verfasste[ ]" Ode vertonte, doch die erinnerungswürdige Zeile „Alle Menschen werden Brüder" wurde von Schiller erst in der Bearbeitung von 1805 eingeführt (vgl. Schiller 1992, 248).
[85] Wenn wir annehmen, dass hier ein Begehren zwischen Frauen nicht in Betracht kam.

Frauen selbst lauern daher eher am Rande des Clubs und der von ihm gebildeten politischen Gemeinschaft, hinter seinen Grenzen, und doch sind sie in ihrer Unterordnung unter einen siegreichen Freier konstitutiv für dessen Zugehörigkeit.[86]

Dieses Paradox mag erwartbar, vertraut, vielleicht sogar ermüdend erscheinen: Brüderlichkeit kann nicht das Symbol einer inklusiven Politik sein, wenn sie so offensichtlich die halbe Bevölkerung ausschließt. Die Lösung eines solchen Problems mag auf der Hand liegen: Man könnte schlicht geschlechtsneutral von der universellen Geschwisterlichkeit sprechen. Tatsächlich aber weist das überladene Ideal der Brüderlichkeit eine Reihe ideologischer Kämpfe innerhalb der drei Begriffe des revolutionären Mottos auf.[87] Die Vorstellung von der liberalen Demokratie, einer politischen Organisation, die auf Freiheit und Gleichheit beruht, entstand auf einem Fundament neu verstandener Subjekte. Als *freie* Individuen, so ließe sich vermuten, könnten solche eigennützigen Subjekte in der Polis miteinander konkurrieren und Unfrieden stiften. Die Rhetorik der *Gleichheit* hingegen lenkt die Subjekte eher in Richtung Ähnlichkeit und stellt die zunehmende Anerkennung des Individuums infrage. Das Schlagwort der universellen Brüderlichkeit soll diese gegensätzlichen Kräfte ausgleichen. Einerseits mäßigt Brüderlichkeit das Eigeninteresse, indem sie die affektive Beteiligung des Einzelnen anspricht und sie dem Gemeinwohl zuleitet; andererseits mildert sie die abstrakte Gleichheit der Gleichen

---

[86] Der Gedanke, dass die *Frau* oder Weiblichkeit aus einem privilegierten Raum ausgeschlossen sei, für den sie konstitutiv sei, stammt nicht von mir. Julia Kristevas (1980, 1982) Diagnose der Abjektion des Mütterlichen bei der Aufrichtung des männlichen Subjekts folgt demselben Prinzip. Carole Pateman (1988, 1989) und Zillah Eisenstein (1981) zeigten auf, wie sehr die der Arbeitsteilung, die der Trennung der öffentlicher von der privaten Sphäre innewohne und die männlich dominierte Öffentlichkeit möglich mache. Joan Landes (1988) argumentierte ähnlich, als sie die gefühlte Bedrohung untersuchte, die darin bestand, dass Frauen die symbolische politische Sprache selbst verwendeten, statt nur ihre Objekte zu sein. Angesichts dieses strukturellen Problems verlagerte sich die feministische politische Theorie weitgehend von der auf Zustimmung beruhenden Vertragstheorie zu einer *Care*-Ethik nach dem Vorbild der Mutterschaft, was die komplizierte Verflechtung des Willens mit der emotionalen Bindung berücksichtigt. Zu den einflussreichsten Denker*innen in diesem großen Bereich gehören Gilligan 1982; Noddings 1984; Tronto 1993; Held 2006; Slote 2007. Wie Sibyl Schwarzenbach (2009, xiii, 210–230) jedoch betont, hat *Care* als ein Modell für feministische gesellschaftliche Beziehungen den Nachteil, dass es darin an Gegenseitigkeit und Gleichheit mangelt. In diesem Kapitel will ich zeigen, dass der Einfluss der Emotionen auf politische Entscheidungen bereits im achtzehnten Jahrhundert thematisiert, aber in brüderlichen, schwesterlichen und mütterlichen Konfigurationen gedacht wurde.

[87] Zu einer faszinierenden historischen Rekonstruktion der einzelnen Begriffe des Mottos, ihren konkurrierenden Interpretationen und ihrem Spannungsverhältnis untereinander vgl. Ozouf 2005. Anthony Black (2003, 43) wies darauf hin, dass Brüderlichkeit meist als kollektivistische Alternative zur bürgerlichen Gesellschaft vorkommt, „ein eng verbundener, warmer, charismatischer Zusammenschluss, eine Gemeinschaft oder Brüderlichkeit". Black übersieht allerdings die Geschlechterfragen dieser Vorstellung von Gemeinschaft.

durch eine Dynamik, die partikularistisches Begehren und dessen Objekte sicher aufbewahrt und in einen außerpolitischen Bereich verlagert. Die Brüderlichkeit erschafft zunächst die häusliche Sphäre und bewacht ihre Grenzen, indem sie die exklusiven Bande der Leidenschaft und Verwandtschaft auf die Nation als Ganze richtet, eine Sublimierung des Eros, die Sigmund Freud 1930 in *Das Unbehagen in der Kultur* konstatierte. Und doch leitet sich die eigentliche rhetorische Kraft der nationalen Brüderlichkeit aus der Anerkennung der partikularistischen, familiären Leidenschaft ab, die aus der bürgerlichen Sphäre ausgeschlossen wird. Die metaphorische Struktur, die Männer als Gleiche aufgrund der Erfahrung des gemeinsamen bürgerlichen Raums und einer ähnlichen Disposition erotischer Energien auf unterschiedliche Objekte verbindet, verwirklicht sich auf einer anderen Ebene: der Genealogie. Mit der Institution des Schwagers, des Bruders per Gesetz, entsteht mit Blick auf mehrere Generationen in die Zukunft eine familiär miteinander verbundene Nation. Das universale Moment in der Rhetorik der Brüderlichkeit stützt sowohl die Exklusivität der Familie als auch die einer Nation, die sich auf einen „Rassen"-Begriff zubewegt.

Annette Timm und Joshua Sanborn stellten 2007 fest, dass „Brüderlichkeit [...] das am wenigsten erforschte der drei großen Prinzipien der Französischen Revolution" sei (Timm und Sanborn 2007, 4). Diese Leerstelle ist trotz der hervorragenden Arbeiten seit den 1980er Jahren von Carole Pateman (1989, 1988), Juliet Flower MacCannell (1991), Lynn Hunt (1992), Jacques Derrida (2000) sowie Timm und Sanborn selbst noch immer vorhanden. Die vorliegenden Studien beziehen sich überwiegend auf Frankreich. Wie jedoch Schillers Ode zeigt, fassten nicht nur in Frankreich *fraternité, fraternity, brotherhood* oder *Brüderlichkeit* als Idealprinzip Fuß. Tatsächlich prägte Brüderlichkeit in ganz Europa die Überlegungen zum problematischen Verhältnis von Politik und Familie. Wie ich in diesem Kapitel darlegen werde, erfüllt die Schwester in der brüderlichen Nation zwei entscheidende Zwecke: Erstens erzeugt sie *als* Schwester eine egalitäre Liebe, die als Modell für eine allgemeine affektive Pflicht ohne Partikularität herhält, und zweitens dient sie als das erotische Objekt einer partikularen Präferenz und verleiht so dem männlichen Subjekt Individualität. Eine solche individuelle Wahl bleibt für die Republik nur insoweit sicher, als ihr Gegenstand aus der politischen Sphäre entfernt und abgesondert wird. Diese Struktur schließt sowohl die subjektive Leidenschaft der Frauen als auch ihre bürgerliche Teilhabe aus. Mit anderen Worten kann der Ausschluss der Frauen weder als unwesentliche Unachtsamkeit in der Geschichte der bürgerlichen Gesellschaft weggewünscht werden noch lässt er sich allein durch sprachliche Anpassungen korrigieren. Wie Derrida dazu bemerkt, muss der Begriff der Brüderlichkeit selbst gefügig gemacht werden, weil Frauen ihre Widersprüche aufzeigen:

> Die Fratriarchie mag die Cousins oder Cousinen und die Schwestern *einbegreifen*. Aber, wir werden es sehen, etwas einzuschließen und zu begreifen, das kann auch heißen, es zu neutralisieren. Es kann uns befehlen, „mit den allerbesten Absichten" zum Beispiel zu vergessen, daß die Schwester nie ein gefügiges Beispiel für den Begriff der Brüderlichkeit abgeben wird. Darum will man es *gefügig* und *gelehrig* machen, und darin besteht die politische Erziehung. Was geschieht, um bei der Schwester zu bleiben, wenn man die Frau zur Schwester macht? Und die Schwester zu einem Fall des Bruders? So könnte eine der Fragen lauten, die wir beharrlich wiederholen werden, auch wenn wir hier vermeiden, was wir andernorts zur Genüge getan haben: einmal mehr Antigone aufzurufen, mehr als eine Antigone, die Geschichte ist voll von ihnen, ob sie sich nun in die Geschichte der Brüder, die man uns seit Jahrtausenden erzählt, fügen oder nicht. (Derrida 2000, 11–12)

Auch ich werde in diesem Kapitel mehr als eine bloße Andeutung von Antigone vermeiden, obwohl die im vorangegangenen Kapitel aufgeworfenen Fragen hier wieder zur Geltung kommen. Mit welcher politischen Erziehung lässt sich also der Begriff der Brüderlichkeit gefügig machen? Meines Erachtens gab die Epoche zwei Antworten auf diese Frage: eine ästhetische Bildung, die ich in diesem Kapitel behandeln werde, und eine ökonomische Bildung, die im folgenden Kapitel thematisiert wird. Die ästhetische Bildung kommt einer Erziehung des Begehrens gleich, am deutlichsten bei Jean-Jacques Rousseau und Schiller, aber auch bei Immanuel Kants Ausschluss des Erotischen aus den Schönheitsbegriffen. In den ästhetischen und politischen Fällen bildet die Bruder-Schwester-Beziehung die überladene Grenze des Zweisphärensystems und markiert sowohl seine Durchlässigkeit als auch seine Fragilität.

In diesem Kapitel skizziere ich die für die Moderne symptomatische Trennung der Sphären aus einer neuen Perspektive, indem ich die Geschwisterbeziehung als Bruchlinie betrachte. Wenn die Geschwisterbindung das Ende der Primogenitur und des Patriarchats darstellt, ist ihre Funktion in der brüderlichen Nation in egalitäre und partikularistische Affekte gespalten. Friedrich Schiller behandelte diese Konstellation nicht nur in seiner berühmten Ode, sondern tiefgreifender auch in seinem wenig gelesenen Drama *Die Braut von Messina* und in seiner Abhandlung *Über die ästhetische Erziehung des Menschen*. Die Erziehung, die Ästhetik über Begehren stellt, macht die Schwesternliebe zur paradigmatischen affektiven Beziehung der Polis, löst aber das Erotische nicht vollständig auf. Universelle Geschwisterlichkeit führt, wie Marc Shell (1993, 1988) feststellte, zu zwei sexuellen Alternativen: Zölibat oder Inzest.[88] Der Marquis de Sade (2013, 248) macht in einem prorepublikanischen Pamphlet, das Teil der *Philosophie im Boudoir* ist, den gewagten Vorschlag, „daß,

---

[88] Marc Shells faszinierende Überlegungen zu Inzest und Verwandtschaft gelangen an ihre Grenzen, wo sie nicht zwischen universeller Brüderlichkeit und universeller Geschwisterlichkeit differenzieren und ahistorisch bleiben (vgl. Shell 1993, 1988).

kurz gesagt, der Inzest in jedem Staate Gesetz werden müßte, dessen Grundlage die Brüderlichkeit ist". Wie wir am Ende dieses Kapitels sehen werden, wird Percy Shelley eine Generation nach Schillers und Hegels Versuch, das Erotische aus dem Bürgerlichen zu verbannen, vielmehr die Leidenschaft als Grundlage demokratischer, brüderlicher Politik verstehen und damit die bürgerliche Teilhabe, das Begehren und die Familie radikal neu fassen.

Politische und eheliche Zustimmung

Die Integration von Familienmodellen in die Staatspolitik und umgekehrt ist kaum verwunderlich. Lynn Hunt (1992, xiv) stellt fest, dass „die meisten Europäer*innen im achtzehnten Jahrhundert ihre Herrscher für Väter und ihre Nationen für idealtypische Familien hielten". Diese Entsprechung war das Ergebnis aus Jahrhunderten der politischen Theoriebildung, die eine analoge Beziehung zwischen dem *pater familias* und dem Staatsoberhaupt, dem „Vater des Volkes", herstellte (Filmer 2019, 14).[89] In *Patriarcha* (1680) legte Sir Robert Filmer das naturrechtliche Argument für die souveräne Monarchie auf der Grundlage der biblisch autorisierten natürlichen Autorität der Väter über ihre Kinder dar. Es ist recht schwierig, die Bibel als Stütze der Monarchie anzuführen – Filmer beruft sich auf nur zwei göttliche Gebote, die er kreativ kombinieren muss: Erstens unterwerfe Gott Eva der Herrschaft Adams als Strafe für den Sündenfall, was weniger die väterliche Sphäre betrifft als die eheliche,[90] und zweitens gebe es den „Dekalog, das Gesetz, welches Gehorsam gegen den König vorschreibt, in die Worte gefasst [...]: ‚Ehre deinen Vater'" (Filmer 2019, 15). Nicht erst modernen Leser*innen fällt die Kürzung des zitierten Gebots auf. Achtzehn Jahre nach der Veröffentlichung erwidert John Locke:

> Ich hoffe, es ist keine Beleidigung, wenn ich von einem halben Zitat auf einen halben Verstand schließe. Denn Gott sagt: *Ehre Deinen Vater und Deine Mutter!* Unser Autor aber begnügt sich mit der Hälfte und läßt *Deine Mutter* als wenig brauchbar für seine Zwecke einfach unter den Tisch fallen. (Locke 1989, 70)

Locke interessiert sich für diese Aussparung nicht in erster Linie, weil er meint, dass die Mütter zu Unrecht vernachlässigt würden, sondern weil er die Ableitung der politischen Macht aus dem biblischen Gebot untergraben möchte, indem er das Argument ad absurdum führt. Indem Locke Filmers Naturrechtslehre bestrei-

---

[89] Vgl. auch Silke-Maria Weinecks (2014) beeindruckende Studie zur Vaterfigur, die die Politik durchdringt.
[90] Als Filmer (1991, 139) in *The Anarchy of a Limited or Mixed Monarchy* die Erschaffung Evas aus Adams Rippe erwähnt, nennt er Adam „den Vater allen Fleisches".

tet und auf der Zustimmung als Grundlage des Staates besteht, sieht er sich auch mit dem Status der Frauen konfrontiert.

Locke trennt daher, anders als Filmer, streng zwischen der politischen und häuslichen, der sogenannten ehelichen Macht. Diese Trennung ist jedoch nicht so klar, wie er es gern hätte.[91] Locke behauptet zwar eine vertragliche Grundlage für das politische Leben, doch er lehnt die Bedeutung des Naturrechts nicht vollständig ab. Das Naturrecht legt vielmehr das Fundament für den Vertrag. Bekanntermaßen beginnt Locke mit dem Eigentum am eigenen Körper und der von ihm geleisteten Arbeit, um daraus Eigentumsrechte und Arbeitsverträge abzuleiten. Die Bearbeitung von Rohstoffen, etwa das Bewirtschaften des Landes, erweitert diese Rechte auf die produzierten Produkte und, was weniger intuitiv erscheinen mag, auf das Land selbst, das ebenfalls durch die Kultivierung verbessert wird (vgl. Locke 1989, 216–220). Lockes Eigentumsargument ließe sich leicht auf die längst etablierte Analogie von Land und Frauen oder Erzeugnissen und Nachkommen anwenden, um zur Unterwerfung der Kinder als Erzeugnisse und der Frauen als fruchtbare Böden zu gelangen. Sophokles' Kreon wiederholte diesen Gemeinplatz bereits, wenn auch auf grobe Weise, als er in *Antigone* die Frauen als „Äcker" bezeichnete, die „zu bepflügen" seien (*Antigone*, Zeile 569). Locke lehnt eine solche Analogie jedoch entschieden ab. Stattdessen wendet er das Naturrecht innerhalb der Familie nur auf die Kinderaufzucht an. Die Pflicht der Kinder gegenüber den Eltern, die gleichermaßen gegenüber Mutter und Vater gelte, leitet Locke (1989, 231–235) aus den gemeinsamen Pflichten der Eltern ab, ihre Kinder zu erziehen und zu beschützen, bis sie das Erwachsenenalter erreichten und die Ausnahme von der Gleichheit der Individuen ende. Noch bemerkenswerter ist, dass Locke (1989, 251) die Logik seines Arguments auf die Ehe selbst erweitert, die „in jenem Vertrag, der Mann und Frau zu dieser Gesellschaft vereinigt, so weit geändert und geregelt [wird], wie es sich mit der Zeugung und Erziehung ihrer Kinder verträgt". Mit anderen Worten erkennt er das Eherecht als ein kulturelles an und gesteht ihm eine gewisse Flexibilität zu. Wie das Zivilrecht insgesamt jedoch beruht auch das Eherecht auf einem natürlichen Fundament, nicht nur auf dem der Fortpflanzung, sondern auch auf dem der männlichen Überlegenheit – in Fällen von Meinungsverschiedenheiten zwischen den Ehepartnern falle die

---

[91] Carole Patemans Analyse von Filmer und Locke hat meine eigenen Überlegungen beeinflusst (vgl. Pateman 1989, insb. 35–40, 1988, insb. 21–25). Während Pateman Lockes Trennung einer natürlichen ehelichen von einer politischen Sphäre der Zustimmung betont und damit die Einbeziehung der Zustimmung in das häusliche Verhältnis als Heuchelei deutet, lese ich Lockes Sphären als strukturell analog: Zustimmung überlagert in beiden Fällen eine naturrechtliche Basis. Ich stimme jedoch mit Pateman überein, dass die Trennung selbst eine fadenscheinige politische Entscheidung ist, deren Spuren verwischt werden sollen.

Entscheidung „naturgemäß dem Manne als dem fähigeren und stärkeren Teil zu" (Locke 1989, 250). Während Locke also Filmers Vermischung von ehelicher und politischer Macht einerseits entschieden widerspricht, etabliert er andererseits analoge Systeme in den beiden Sphären – das Politische dringt in erheblichem Maße in die ehelichen Beziehungen ein und beherrscht sie zu einem großen Teil, genau wie das Natürliche die Grundlage für die Politik bietet. Und die Zustimmung ist der Dreh- und Angelpunkt beider Beziehungen.

Carole Pateman vertritt die Ansicht, dass die Idee der Zustimmung der Vertragsparteien im Eherecht ein Anzeichen von Heuchelei sei und in diesem Fall zugleich einen Vorwand für die Verletzung der eigenen Grundsätze darstelle (vgl. insb. Pateman 1989, 1988). Während die öffentliche Sphäre als politisch bezeichnet werde und einem politischen Diskurs unterliege, befinde sich die häusliche Sphäre aufgrund eines Taschenspielertricks, dessen politische Natur verschleiert werde, außerhalb der Politik und sei somit gegen politische Rechte immun (vgl. insb. Pateman 1988, 10–11, 93–94). Pateman diagnostiziert diese Trennung als einen notwendigen Schritt, um die Gleichheit unter Männern mit der Beibehaltung des männlichen Sexualprivilegs zu vereinbaren. Indem vertragliche Zustimmung auch auf die Ehe übertragen werde, werde die Gewalt der ehelichen Machtverhältnisse verschleiert. Ich möchte jedoch eine weitere Motivation für die Trennung im Kern der liberalen Zivilpolitik einführen. Wenn Frauen als weniger rational konstruiert werden, als weniger moralisch und als unfähig, die Verpflichtungen der bürgerlichen Beteiligung auf genau die Weise zu übernehmen, wie Pateman (insb. 1989, 1–29) es veranschaulicht, beruht diese Konstruktion weder auf der von den Vertragstheoretiker*innen selbst behaupteten Beschaffenheit weiblicher Körper oder weiblicher Vernunft noch allein auf dem Wunsch, das von Pateman diagnostizierte männliche Sexualprivileg beizubehalten, sondern ist auch eine Reaktion auf die zweischneidige Herausforderung, die sich aus der Ungleichheit des Begehrens einerseits und dem Assimilationsdruck der sozialen Ordnung andererseits ergibt.

Die Betonung der Brüderlichkeit im achtzehnten Jahrhundert wirft die Frage auf, inwiefern der Affekt in eine Vertragsbeziehung passt, gerade in einer Zeit, als die emotionale Neigung zur Norm für die Grundlage der Ehe wurde und die gleiche Konstellation von Affekt und Wille auch in der Familie galt. Obwohl Rousseau derjenige Vertragstheoretiker ist, der einer Gleichheit der Geschlechter besonders wenig abgewinnen kann, fordert er für eine gültige Ehe die Zustimmung beider Parteien. Und doch scheint die Ehe die Grenzen eines Vertrags zu überschreiten. Verträge beruhten auf Vernunft, während die Leidenschaften einer inneren Sklaverei gleichkämen. Rousseau (1995b, 67) betont im Hinblick auf Sklaverei und Tyrannei: „Wenn man sagt, ein Mensch verschenke sich umsonst, so sagt man etwas Widersinniges und Unbegreifliches. Das ist ungesetzlich und nichtig, schon allein dadurch, weil derjenige, der das tut, nicht zurechnungsfähig ist." Es wird jedoch viel komplizierter, wenn es um die Liebe geht. Rousseaus fiktionale Texte drehen sich um die Liebe, weil sie sowohl für das Individuum als auch für die Gesellschaftsordnung mutmaßlich ein Risiko darstellt. In der Liebe wird der offene, herzliche und unabhängige Émile, wozu ihn kein Tyrann rechtmäßig machen könnte – zu einem Sklaven (vgl. Rousseau 1978, 466). Rousseau ist überzeugt davon, dass die bürgerliche Ordnung vor den Launen und Tyranneien der Sklaverei nur zu schützen sei, wenn dieser sklavische Teil des Lebens von der bürgerlichen Ordnung getrennt werde.[92] Obwohl sowohl Männer als auch Frauen in der Leidenschaft einer Form der Sklaverei erlägen, sei ihre Unterwerfung nicht als gleichwertig anzusehen.

> [G]ab er dem Mann Neigungen ohne Maß, gibt er ihm zur gleichen Zeit das Gesetz, das sie zügelt, damit er frei sei und sich beherrsche! Lieferte er ihn maßlosen Leidenschaften aus, so verbindet er sie mit der Vernunft, um sie zu beherrschen. Lieferte er die Frau unbegrenzten Begierden aus, so verbindet er sie mit der Scham, um sie in Schranken zu halten. (Rousseau 1978, 387)

Männer verfügten demnach über Gesetz, Vernunft und Selbstbeherrschung. Daher könne ihnen die gemeinschaftliche Herrschaft des Staates anvertraut werden. Frauen hätten nur zwei natürliche und entgegengesetzte Neigungen – Begehren und Sittsamkeit. Wie Frauen diese Triebe ins Gleichgewicht bekämen, könne durch Bildung beeinflusst werden, das Niveau der vernünftigen Selbstbeherrschung werde jedoch nie erreicht. Da sie sich selbst nicht beherrschen könnten, sei ihnen wohl kaum zuzutrauen, sich an der kollektiven Selbstbeherrschung des Staates zu beteiligen. Tatsächlich sei fraglich, ob sie ohne Vernunft überhaupt die Fähigkeit besäßen, dem Gesellschaftsvertrag wirksam zuzustimmen. Gerade Émiles Fähigkeit, den Vorrang seiner kollektiven Pflichten vor seiner Leidenschaft für Sophie zu verstehen, bewegt diese dazu, dem Heiratsantrag zuzustimmen, und zwar als Anerkennung ihrer Unterordnung. Im Vorgriff auf die Trennung zwischen universeller (männlicher) Menschheit und der Partikularität der Frau in Schillers Ode erklärt Émile gegenüber Sophie:

---

92 Rousseau beschrieb zwar die Geschlechterunterschiede als naturgegeben, doch sein Werk kann auch als ein Versuch gelesen werden, die gefährlich durchlässigen Geschlechterrollen zu stützen. Linda Zerilli (1994), Sarah Kofman (2002) und Elizabeth Wingrove (2002) haben genauer untersucht, wie „offensichtlich Rousseau in seiner Darstellung von Weiblichkeit und Männlichkeit sozial und politisch opportun ist, auch wenn er diesen Umstand dann wieder verschleiert" (Wingrove 2002, 319).

> Sophie, mein Schicksal liegt in ihrer [sic] Hand, Sie wissen es genau. Sie können mich vor Schmerzen sterben lassen, aber Sie können nicht erwarten, daß ich die Pflichten der Menschlichkeit vergesse: sie sind mir heiliger als die Ihren. Ich werde Ihretwegen nie darauf verzichten." Darauf antwortet Sophie: „Sei, wann du willst, mein Gatte und mein Herr. (Rousseau 1978, 486)

Die Untergrabung der weiblichen Vernunft hat jedoch nicht nur Konsequenzen im bürgerlichen Bereich, der Frauen verwehrt bleibt, sondern auch auf sexuellem Gebiet. Rousseau erkennt ausdrücklich an, welche Folgen auftreten, wenn Frauen die Fähigkeit zur Zustimmung und damit auch zur Ablehnung genommen werde. Er erklärt Vergewaltigung zu einer Fiktion, zu einer Funktion der männlichen Leichtgläubigkeit (vgl. Rousseau 1978, 388–389). „Der freieste und süßeste aller Akte läßt keine wirkliche Gewalt zu", versichert uns Rousseau (1978, 388).[93] Da die ideale Frau in Rousseaus Vorstellung zwei Trieben genügen müsse, könne sie der Befriedigung ihres Begehrens nur explizit zustimmen, wenn sie mit der Sittsamkeit breche, und müsse sich daher in Worten und Taten auch dann weigern, wenn sie begehre, selbst wenn sie willens sei, fortzufahren. Statt gegen die Sittsamkeit einer Frau Gewalt zu begehen, indem man sie zur ausdrücklichen Zustimmung dränge, müssten Männer die Zustimmung der Frauen aus den subtilsten Zeichen herauslesen. Eine solche Zustimmung entspreche einer gebilligten Versklavung, also genau dem, was nach Rousseau politisch unmöglich sei.[94]

> Diese stillschweigende Einwilligung erzwingen heißt alle Gewalt brauchen, die in der Liebe erlaubt ist: sie in den Augen zu lesen, sie im Verhalten trotz der abschlägigen Antwort des Mundes zu erkennen [...]. Wird er dann vollkommen glücklich, so handelt er nicht tierisch, sondern ehrenhaft, er verletzt die Scham nicht, sondern achtet sie und dient ihr; er läßt ihr die Ehre, das noch zu verteidigen, was sie vielleicht lieber nicht verteidigt hätte. (Rousseau 1981, 420, Anm.)

Pateman (1989, 75–77) wendet zu Recht ein, dass eine Theorie, nach der die Frau im Sexuellen nicht zur Zustimmung fähig sei, jedes Potenzial von weiblicher politischer Teilhabe untergrabe, während eine Theorie, nach der die Frau unfähig sei, in den politischen Vertrag einzuwilligen, sie sexuell verletzlich und passiv

---

93 Eigentümlicherweise ist laut Rousseau das Vergewaltigungsopfer weder die vergewaltigte Frau noch eine anderweitig beteiligte Partei wie der Ehemann oder der Vater, sondern der Vergewaltiger selbst, der mangels Kontrolle über die anderen Sexualpartner der Frau nicht in der Lage sei, Vaterschaft zu begründen. Diese Neufassung der Vergewaltigung als kontraproduktiv für den Täter stärkt Rousseaus Haltung, dass es Vergewaltigung nicht gebe.
94 Linda Zerilli (1994, 50–55) konzentriert sich stattdessen auf die gegenteilige Behauptung, die nicht weniger beunruhigend ist. Die Abwesenheit von Frauen aus dem „Gesellschaftsvertrag" verweise demnach auf ihre Unfähigkeit, „legitime Ketten" anzunehmen und sich den Bedingungen des Gemeinschaftsvertrags willfährig zu unterwerfen.

mache. Hegel (1986a, 332), seinerseits Gegner der Vertragstheorie, erklärt ganz im Sinne Rousseaus: „Weil er nur als Bürger *wirklich* und *substantiell* ist, so ist der Einzelne, wie er nicht Bürger ist und der Familie angehört, nur der *unwirkliche* marklose Schatten." Dieser marklose Schatten ist paradigmatisch die Frau.

Die inneren Widersprüche eines solchen Systems in einer Rhetorik der Gleichheit wurden schon zu Rousseaus Zeiten festgestellt, nicht nur von Feministinnen wie Mary Wollstonecraft, sondern auch von Marquis de Sade, jenem spöttischen Kritiker der Aufklärung.[95] In *Die Philosophie im Boudoir* geht Sade (in jeglicher Hinsicht) unverhohlen auf die sexuellen Sitten ein, die mit einer Demokratie im Einklang stünden. Sades Figur Dolmancé stimmt Rousseaus Darstellung der Liebe als Sklaverei zu (Sade 2013, 178–179), bietet jedoch eine ganz andere Lösung für das Problem. In der politischen Abhandlung, die er in einer kurzen Pause zwischen seinen Orgien liest, heißt es, „eine Frau ausschließlich zu besitzen" sei vergleichbar damit, „Sklaven zu besitzen" (Sade 2013, 237). Das Pamphlet spricht sich nicht nur für die Abschaffung der Ehe und die Einrichtung öffentlicher Häuser für Orgien aus, sondern auch für ein Gesetz der allgemeinen Unterwerfung unter jede Aufforderung zum Sex. „[A]lle Menschen sind frei geboren, alle sind vor dem Gesetz gleich" (Sade 2013, 237), heißt es im Traktat, und an erster Stelle stehe das Recht auf den sexuellen Genuss eines anderen. Das Traktat bemüht sich, diese Forderung auf beide Geschlechter gleichermaßen zu beziehen: Es verurteilt die Kontrolle der Ehemänner über ihre Frauen und umfasst auch Bordelle, die die Lust des weiblichen Geschlechts befriedigen sollen, welche „doch viel heftiger als die *unsrigen*" seien (Sade 2013, 236, meine Hervorhebung). Schließlich bleibt die Idee der Gleichheit jedoch auf der Strecke.[96] Während Rousseau die Möglichkeit der Vergewaltigung ablehnt, indem er behauptet, dass Frauen stark genug seien, sie zu verhindern, leugnet der Verfasser von Sades Pamphlet die Strafbarkeit von Vergewaltigungen, indem er behauptet, dass die *Unfähigkeit* der Frauen, sie zu verhindern, die Gewaltanwendung durch Männer beim Erlangen sexueller Befriedigung natürlicherweise legitimiere (Sade 2013, 237–238).

---

95 Max Horkheimer und Theodor W. Adorno (1987, 139–143) machten als Erste auf Sade als Kritiker der Aufklärung aufmerksam und konzentrierten sich auf den analogen Aufbau der moralischen Argumentation bei Sade und Kant. Sie stellen auch fest, dass Sade den hier thematisierten Wettstreit zwischen bürgerlicher Gesellschaft und familiärer Liebe aufdeckt.

96 Schon die Ausdrucksweise der politischen Abhandlung gibt eindeutig eine männliche Leserschaft vor. Jane Gallop (2005) bemerkt zum Beispiel die vordergründige Geschlechtergleichstellung bei der Wahl eines Lehrmeisters und einer Lehrmeisterin für die Rolle der*des ‚jugendlichen Naiven' im Roman, was dann jedoch durch eine fundamentale Ungleichheit von Zugang und Privilegien unterlaufen wird.

Wenig überraschend bezieht sich Sade in seiner Vision des Republikanismus nicht auf die Zustimmung, und tatsächlich gilt sein „ganzer Hohn […] dem Vertragsprinzip überhaupt", um mit Deleuze (1980, 227) zu sprechen. Er bringt jedoch eine Art von Freiheit, Gleichheit und Brüderlichkeit in seine Vision des sexuellen Libertinismus.[97] Sades Pamphlet spricht sich im Gegensatz zu Rousseau, der die Sicherstellung der Vaterschaft betont, für eine ungewisse Vaterschaft und eine gänzlich öffentliche und gemeinschaftliche Erziehung aus, die ideal wäre für „eine[…] Republik, wo niemand eine andere Mutter haben darf als das Vaterland [frz. fem. *la patrie*], wo alle, die geboren werden, Kinder des Vaterlandes sind" (Sade 2013, 242). Noch wichtiger als die Verschleierung des Vaters ist die Beseitigung der Mutter, die zum Gegenstand von Sades heftigsten Angriffen wird.[98] Kinder, die allein dem Vaterland angehören, würden wirklich mit der brüderlichen Zuneigung, die die Revolution preist, großgezogen.

> Bildet euch doch nicht ein, ihr könntet gute Republikaner heranbilden, solange ihr die Kinder, die nur der Republik gehören dürfen, in ihren Familien absondert. Wenn sie nur einigen Individuen das Maß an Zuneigung zukommen lassen, das sie für alle ihre Brüder empfinden müßten, werden sie notwendigerweise auch die häufig gefährlichen Vorurteile dieser Individuen annehmen […]. (Sade 2013, 242)[99]

---

[97] Sade versteht, wie Deleuze (1980, insb. 227–228, 229–230) betont, Verträge und das von ihnen geschaffene Recht als Mystifikationen der Macht, die eine Komplizenschaft von Herren und Knechten aufrechterhalten und verdunkeln.

[98] Sade beweist, dass man das Mütterliche nicht über das Gesetz des Vaters erheben muss, um Inzest zu befürworten. Er greift nicht nur die Mutter als normative Erzieherin an, sondern, wie Angela Carter (1978, 36) feststellt, „die Mutterfunktion". Laut Carter spricht sich Sade sogar für den Spermatismus aus, der besagt, dass der Vater allein für die Gestalt des Kindes verantwortlich sei und die Mutter es lediglich nähre (vgl. Sade 2013, 40; Carter 1978, 120). Carter irrt sich jedoch in der Annahme, dass dies 1795 eine verbreitete Ansicht wäre. Ende des achtzehnten Jahrhunderts gewann die epigenetische Sichtweise einer Vereinigung von mütterlichen und väterlichen Merkmalen bei der Bildung eines Kindes an Boden. Selbst in der Blütezeit des Präformationismus wiesen die meisten Menschen die Verantwortung für den Fötus jedoch der Mutter zu (Ovismus), nicht dem Vater (Spermatismus) (vgl. Pinto-Correia 1997, 85–104). Sade verbündet sich mit Aischylos, um die Mutterschaft überhaupt als ein Verwandtschaftsverhältnis zu leugnen. Zu Sades Hass auf Mütter vgl. auch Deleuze 1980, insb. 210–211; Gallop 2005, insb. 96.

[99] Rousseau weist dem Mütterlichen einen anderen Affekt zu, und man könnte sagen, dass Sade nur Rousseaus fast identische Argumentation für eine öffentliche Bildung zu ihren logischen Schlussfolgerungen fortführt und die „Vorurteile[…] der Väter" durch die Treue zu einem Mutterstaat ersetzt: „Wenn die Kinder gemeinsam im Schoß der Gleichheit erzogen werden, wenn sie von den Gesetzen des Staates und den Maximen des Gemeinwillens durchdrungen sind, wenn sie gelernt haben, sie über allem anderem zu beachten, wenn sie von Beispielen und Dingen umgeben sind, die ihnen ständig von der zarten Mutter sprechen, die sie ernährt, von der Liebe, die sie für sie hegt, von den unschätzbaren Gütern, die sie von ihr erhalten, und von der Gegenleistung, die sie ihr schulden, dann sollten wir nicht zweifeln, daß sie auf diese Art lernen, sich ge-

Das Paradox der Brüderlichkeit als nationales Ideal zeigt sich hier, denn Sades Pamphletautor steht für die Übertragung der Zuneigung von der „Familie" zu den „Brüdern" ein, indem er diesen familiären Begriff als Universalbegriff verwendet und gleichzeitig die Bedeutung des Partikularen bewahrt.

Wo kommen dann Schwestern ins Spiel? Sind sie Teil der zu verwerfenden „Familie" oder sind auch sie begrüßenswerte „Brüder"? Wenn es für die ideale Republik problematisch ist, (potenziellen) Sexualpartnerinnen die Macht zu geben, Gesetze oder Liebhaber zu befürworten oder auch abzulehnen, dann erhält die Schwester vielleicht einen unerwarteten paradigmatischen Status. Schließlich werden Schwestern als solche geboren und nicht ausgewählt. Obwohl ihre emotionale Bindung innerhalb der problematisch exklusiven Gruppe der Familie erfolgt, führt der Mangel an Selektivität zu einer universalisierenden Qualität, die den Begriff einer sicheren, egalitären Liebe zu verstärken scheint. Wie wir im vorherigen Kapitel gesehen haben, hat sich Hegel die Schwester genau so vorgestellt. Die Erhebung der Bruder-Schwester-Beziehung als Modell für Liebesbeziehungen in einer Republik fällt jedoch unweigerlich auf das Geschwistermodell selbst zurück, das dann das Kernproblem der dem Eros innewohnenden unfreiwilligen Leidenschaft aufnehmen muss.

Schwesternliebe und das Ende der Primogenitur

Jacques Rancière (2006) ist einer unter vielen Theoretiker*innen, der die These, dass das Ästhetische politisch sei, unlängst noch einmal als Pleonasmus entlarvte. Das Regime des Ästhetischen entstehe, wenn Kunst politisch und doch autonom werde, wenn künstlerische Objekte einen Raum schüfen, in dem und um den herum die Gemeinschaft teilnehme, sodass, wie Marc Redfield (2003, 59) anmerkt, seine „Interesselosigkeit […] nicht zufällig etwa in die Zeit des Nationalstaats fällt". So ist verständlich, warum Schillers Briefe *Über die ästhetische Erziehung des Menschen* ein wichtiges Beispiel für Rancière und Redfield sind, wie auch zuvor bereits für Paul de Man. Wir dürfen allerdings nicht vergessen, dass *Geschmack* bei britischen Autor*innen wie Bernard Mandeville, Anthony Ashley Cooper, dem ersten Earl of Shaftesbury, und Francis Hutcheson zu den Angelegenheiten von öffentlichem Belang gehörte, bevor die *Kunst* ästhetisch wurde. In Rancières Terminologie könnten wir sagen, dass Geschmack bereits mit der Polizei [*police*], Aufteilung und Institutionalisierung von gesellschaftlichen Rollen

---

genseitig als Brüder zu lieben, immer nur zu wollen, was die Gesellschaft will […]." (Rousseau 1995a, 35–36).

übereinstimmte. Rancière zufolge wurde die Ästhetik im späten achtzehnten Jahrhundert wirklich politisch, als sie in die vielfachen Neukonfigurationen der Rechte unter den öffentlichen Akteuren einbezogen wurde. Diese Aussage ließe sich so umformulieren, dass das *Ästhetische* die politisch gesäuberte Form des Geschmacks ist, losgelöst von seinen erotischen Komponenten, seinem Interesse am Körper. Nicht zufällig tritt die Kunst als geeigneter Gegenstand der Geschmacksurteile in philosophischen Betrachtungen zum Thema erst mit Schiller vollständig an die Stelle der Natur.[100] Was im Bereich des Geschmacks geschieht, entspricht daher direkt dem, was sich in der liberalen Theorie ereignet: Das Politische wird durch eine politisch opportune Ausgrenzung des Erotischen geformt und definiert. Durch diese Ausgrenzung wird dann das Verhältnis zwischen Männern in der bürgerlichen, ästhetischen Sphäre und zwischen Männern und Frauen in einer neu erfundenen Sphäre prägt, der weder bürgerlich noch ästhetisch sein soll. Meines Erachtens entsteht der Grenzbereich – zum Politischen wie zum Ästhetischen – durch die Schwester und die mit ihr verbundene Hoffnung, dass Liebe und Schönheit mit Universalität zusammenfallen und somit gereinigt in die öffentliche Sphäre zurückkehren können. Während sich der Geschmack also in das Ästhetische und das Erotische aufspaltet, zerfällt die Frau in Schwester und Ehefrau. Doch keine dieser Aufspaltungen hat Bestand; die Schwester, die in einer brüderlichen Nation immer auch Ehefrau ist, entrinnt dem Erotischen nicht; sie verkörpert das Paradox des Ästhetischen, das durch und für das konstitutive politische Bedürfnis nach einem das Ästhetische transzendierenden Subjekt entsteht.[101]

Während sich Rancière hier auf eine Schönheit bezieht, die sinnlichen Genuss mit Vernunft versöhnen kann, interessiert sich Schiller auch für eine Erhabenheit, die natürliche Imperative überwindet. In seinem Aufsatz „Über das Erhabene" (1801) erkennt er ein wesentliches menschliches Dilemma im Konflikt zwischen der Willensfreiheit, unserer einzigartigen Eigenschaft, und der Notwendigkeit des Todes: „Gegen alles, sagt das Sprichwort, gibt es Mittel, nur nicht gegen den Tod." (Schiller 1962, 793) Die Erhabenheit liegt im Erfassen dieses Ge-

---

[100] Tatsächlich blieb Schönheit außerhalb einer sehr spezifischen philosophischen Tradition fest im Diskurs der weiblichen sexuellen Attraktivität verankert. So etwa in der Rassenlehre und der Evolutionstheorie, die in Kapitel 5 behandelt werden.
[101] Jonathan Hess hat im deutschen Diskurs der Spätaufklärung die „ästhetische Autonomie und die öffentliche Sphäre als funktional voneinander abhängig" dargestellt (Hess 1999, 26), da sich beide wechselseitig verstärkend als Organisches neu erfinden, um ihre mechanistischen Grundlagen zu verbergen (vgl. Hess 1999, insb. 137–148, 215–222 und 243–246). Vgl. auch Redfield (2003, 9–22) zum Paradox des Ästhetischen als „Diskurs der Rahmung, der gegen seinen eigenen Rahmen verstößt" (Redfield 2003, 10).

gensatzes; nicht zufällig kreisen so viele von Schillers Stücken um die epiphanische Akzeptanz des Todes einer Titelfigur. Der von Schiller zitierte Spruch mag Sprichwort geworden sein, er hat jedoch eine bestimmte Quelle, den berühmten Chor „Ode an den Menschen" in Sophokles' *Antigone*: „Unerfahren / Geht er in nichts dem Kommenden entgegen. / Vor dem Tod allein / Wird er sich kein Entrinnen schaffen." (*Antigone*, Zeilen 358–362) Auch *Antigone* dreht sich um einen selbstgewählten Tod. Die Entscheidung für den Tod ist aber nicht Antigones einzige erhabene Überwindung der Natur. Sie gibt auch ihre Rolle als Ehefrau und Mutter auf und akzeptiert den gemeinsamen Tod mit einem Bruder.

Erst ein Jahr nach „Über das Erhabene" veröffentlichte Schiller das Drama *Die Braut von Messina*, in dem beide Wege zur Erhabenheit zueinander in Beziehung stehen, allerdings nicht im selben Individuum: Darin wählt ein Bruder den Tod, und eine Schwester überwindet das erotische Begehren. Das unterschätzte Drama *Die Braut von Messina* offenbart meines Erachtens, dass Ästhetik und Erotik einem ständigen Prozess der Trennung unterzogen werden mussten, nicht nur zu Bildungszwecken, sondern auch zur Unterwerfung der Letzteren unter Erstere, um eine akzeptable Politik zu schaffen. Das Stück inszeniert eine radikale ästhetische Bildung, die durch den Willen zweier Geschwister eine Monarchie zu Fall bringt. Während Kritiker wie Peter Uwe Hohendahl (2002, 82–83) und Gerhard Kaiser (2007, 12) längst erkannt haben, dass Schiller mit der patrilinearen Ordnung experimentiert, bin ich der Ansicht, dass er einen viel ernsthafteren Versuch unternimmt, sich eine *Bruderordnung* vorzustellen, als beide anerkennen wollen, nicht zuletzt weil die Vorstellung eines eigenen Gesetzes des Geschwisterverhältnisses im psychoanalytischen Diskurs nicht glaubwürdig genug ist.[102]

Die Braut von Messina war Schillers deutlichster Versuch, ein Drama für die moderne Bühne zu schaffen, das die gleiche Wirkung wie die antike Tragödie erzeugte. Schiller schrieb bereits 1797 an Goethe, dass er hoffe, ein Thema für eine Tragödie des gleichen Typs wie *König Ödipus* zu finden. Deshalb haben Kritiker*innen Sophokles' *König Ödipus* als den wichtigsten Intertext für *Die Braut von Messina* gelesen (vgl. NA 29, 141; vgl. dazu Prater 1954; Oesterle 2008).[103] Diese Kritiker*innen weisen zu Recht darauf hin, dass die Entführung Isabellas. der Braut seines Vaters, durch den zukünftigen König dem Mutter-Sohn-Inzest der griechischen Tragödie so nahe-

---

[102] Juliet Mitchell (2003) postuliert einen psychoanalytischen Geschwisterkomplex, der auf Rivalität und der Angst vor Verdrängung beruht. Eine solche Angst würde immer noch davon ausgehen, Identität aus einer stabile Positionalität aufzufassen. Ich glaube jedoch, dass Geschwister das Potenzial für eine nuanciertere Auseinandersetzung mit Versionen gemeinsamer oder partieller Identität haben. Das Defizit von Geschwisterformen in der Psychoanalyse habe ich in Kapitel 1 näher behandelt.
[103] Im Hinblick auf Euripides' *Phönikerinnen* folge ich Schadewaldt (1989).

kommt, wie es das moderne Empfinden erlaubt. Die Diskrepanz zwischen *König Ödipus*, der die Mutter-Sohn-Ehe in den Mittelpunkt der Handlung stellt, und der *Braut von Messina*, in der diese Ehe die Vorgeschichte, das Verbrechen der vorherigen Generation darstellt, blieb jedoch unkommentiert. Tatsächlich sind die Protagonist*innen in Schillers Drama die brudermörderischen und inzestuösen Nachkommen der Vereinigung von (Stief-)Mutter und Sohn, was die Handlung näher an Sophokles' *Antigone*, Aischylos' *Sieben gegen Theben* und Euripides' *Phönikerinnen* rückt als an *König Ödipus* (vgl. auch Krause 2014, 244–245).[104]

In *Die Braut von Messina* verliebt sich nicht nur ein, sondern verlieben sich gleich zwei Brüder in die Schwester, die sie gerade erst als Fremde kennengelernt haben (vgl. NA 10).[105] Die Brüder in Schillers Drama, Don Manuel und Don Cesar, sind die Söhne der Isabella und des mittlerweile verstorbenen Königs von Messina, dessen Tod die schwelende Rivalität der beiden in einen Bürgerkrieg umschlagen ließ. Nach einer kurzweiligen Versöhnung durch ihre Mutter sieht Don Cesar die geliebte Beatrice in den Armen von Don Manuel und ermordet ihn. Erst später erfahren Beatrice und Cesar, dass alle drei Geschwister sind. Der Versuch von Cesar und Beatrice, ihre Beziehung zueinander und zu ihrer Mutter nach dem Mord und der Entdeckung ihrer Verwandtschaft neu zu verhandeln, verweist auf eine strukturelle Bedeutung, die nicht unter das Elterliche zu subsumieren ist.

Die Konnotationen der Brüderlichkeit werden nicht nur wegen des Aspekts der Gefühlsregung zur Parole der Französischen Revolution, sondern auch weil sie eine neue nivellierende Logik einführen, die im fundamentalen Widerspruch zur

---

104 Schillers Beschäftigung mit diesen Stücken zur Zeit des Verfassens seines Dramas ist dokumentiert. All diese Tragödien begleiten das Schicksal der Kinder des Ödipus und der Iokaste: die Brudermörder Polyneikes und Eteokles sowie ihre Schwestern Ismene und Antigone, die für den verbotenen Versuch, ihren innig geliebten Bruder Polyneikes zu beerdigen, hingerichtet wird. Es ist erwiesen, dass Schiller Sophokles' *Antigone* kennt. Er erwähnt sie in einem Brief an Goethe vom 4. April 1797 (vgl. NA 29, 56). Er hat zwei Akte von Euripides' *Phönikerinnen* übersetzt (vgl. Schadewaldt 1989, 290) und Euripides' *Sieben gegen Theben* in Bezug auf seine Komposition der *Braut von Messina* in einem Brief an Humboldt erwähnt (vgl. NA 32, 11).
105 Zitate aus dem Stück werden mit NA 10 und den jeweiligen Zeilennummern angegeben. Schiller schrieb *Die Braut von Messina* im Jahr zwischen der *Jungfrau von Orleans* und *Wilhelm Tell*, die sich beide mit politischen Umwälzungen und den Spannungen zwischen einer indigenen Bevölkerung und unverantwortlichen ausländischen Herrschern befassten, *Tell* besonders auch mit der Brüderlichkeit (vgl. Koschorke et al. 2010). Während seiner Arbeit an dem Stück betätigte sich Schiller auch an Adaptionen von Gotthold Ephraim Lessings *Nathan der Weise* für das Weimarer Theater. Auch dieses Stück weist eine unwissentliche inzestuöse Anziehungskraft zwischen Geschwistern und verborgene Familienidentitäten auf (vgl. Endres 2000, 410; Lamport 2006, 172). Auf Lessing komme ich in Kapitel 5 zurück.

Monarchie steht. Der Bruderstreit wird in Schillers Drama nie explizit mit dem Herrschaftswunsch in Verbindung gebracht; vielmehr ist die Rivalität existenzieller Natur und kreist meist um den Wettstreit um die mütterliche Liebe, die im gesamten Stück in eine inhärent ungleiche Rhetorik der politischen Genealogie und natürlichen Hierarchie verstrickt ist. Thomas Paine (1969, 163) beleuchtete das Problem, das der Primogenitur innewohnt, mit folgender Frage an die Aristokratie kurz nach der Französischen Revolution: „Mit welchen elterlichen Überlegungen können Vater oder Mutter ihre jüngeren Nachkommen bedenken? Von Natur aus sind sie Kinder, und durch die Heirat sind sie Erben; aber durch die Aristokratie sind sie Bastarde und Waisen."[106] Isabellas Appelle an ihre Söhne, den Kampf einzustellen, stützen sich darauf, dass die Familie eine ererbte Überlegenheit gegenüber der fremden, von ihr beherrschten Bevölkerung und eine natürliche Zugehörigkeit zueinander hat.[107] Hinter Isabellas Bekräftigungen ihrer Liebe für die Söhne steht ein Ideal der gleichmäßigen Mutterliebe, doch dieses gerät mit der politischen Realität der Erbherrschaft in Konflikt, die Isabella darstellt und verteidigt. Und tatsächlich wird sie diesem Ideal nicht gerecht. Zwar kann die Anziehung der Brüder zu Beatrice nicht von ihrer Ähnlichkeit mit der Mutter losgelöst werden, doch die Geschwisterliebe ist in dem Drama strukturell von der Elternliebe zu unterscheiden.[108] Cesar erkennt diesen Unterschied, als er sein Bedürfnis nach Liebe und Bestätigung von seiner Mutter auf Beatrice verlagert und sagt: „Bleib, Schwester! [...] Mag mir

---

106 Vgl. Ulrike Vedders (2007) Auseinandersetzung mit dem Majorat als Mittel zur Erhaltung einer Familie durch die Weitergabe von Besitz und Namen über den ältesten Sohn und die Umwandlung dieser Form der Kontinuität in ein tödliches Erbe in der Literatur.
107 Iokaste versucht auch in den *Phönikerinnen*, die kriegführenden Söhne, die sie Ödipus gebärt, zu versöhnen. Die beiden Reden weichen jedoch erheblich voneinander ab. Während Isabella eine strukturelle Hierarchie aufrechterhält und erfolglos versucht, beide Söhne gleichzeitig an die Spitze zu stellen, stimmt Iokaste ein Loblied auf die Gleichheit an, die „ihr sanftes Band / Um Freunde, Städte und um Bündner schlingt" (Euripides 1979, Zeilen 536–537). Es ist nicht ungewöhnlich, dass von und für die auf ihre demokratische Regierungsform stolzen Athener in den Tragödien über Monarchien die Demokratie verdeckt auch gerechtfertigt wird.
108 Frank Fowler (1986, 135) stellt fest, dass Cesar „etwas an der Haltung und Statur des Mädchens unbewusst an seine Mutter erinnert", jedoch wurde der Frage der Familienähnlichkeit im Stück nicht ausreichend Beachtung geschenkt. Don Cesar beschreibt seinen ersten Blick auf Beatrice, indem er sie mit seiner Mutter vergleicht (NA 10, Zeile 1485), während Don Manuel eine Ähnlichkeit zwischen Beatrice und seinem Bruder Cesar erkennt (NA 10, Zeile 504). Manuel bringt seine erste Begegnung mit ihr auch als „ein Traumbild [...] / Aus früher Kindheit dämmerhellen Tagen" (NA 10, Zeilen 710–711) in Verbindung und beschreibt das Sichverlieben in sie folgendermaßen: „Wenn sich Verwandtes zum Verwandten findet" (NA 10, Zeile 1544). Horst Daemmrich (1967, 192) führt einige dieser Zeilen auf, liest sie jedoch nur als Hinweis auf mögliche frühe Kindheitserinnerungen der Geschwister.

die Mutter fluchen [...] Mich alle Welt verdammen! Aber *du* / Fluche mir nicht! Von dir kann ichs nicht tragen!" (NA 10, Zeilen 2509–2513)

Wenn sich der jüngere Sohn vergeblich gleich verteilte Mutterliebe wünscht, gilt die gleich verteilte Liebe der Schwester als ein Recht im Zeitalter der unveräußerlichen Rechte. Die Erfüllung dieser Erwartung bewirkt eine grundlegende Veränderung in der politischen Landschaft. Cesar ruft, als er von Manuel spricht, den Beatrice als Verlobten liebte und von dem sie gerade erst erfahren hat, dass er ihr Bruder war:

> Weine um den Bruder, ich will mit dir weinen,
> Und noch mehr – rächen will ich ihn! Doch nicht
> Um den Geliebten weine! Diesen Vorzug,
> Den du dem Todten giebst, ertrag ich nicht.
> *Den* einzgen Trost, den letzten, laß mich schöpfen
> Aus unsers Jammers bodenloser Tiefe,
> Daß *er* dir näher nicht gehört als ich –
> Denn unser furchtbar aufgelößtes Schicksal
> Macht unsre Rechte gleich, wie unser Unglück
> In Einem Fall verstrickt, drei liebende
> Geschwister, gehen wir vereinigt unter
> Und theilen gleich der Thränen traurig Recht.
> Doch wenn ich denken muß, daß deine Trauer
> Mehr dem Geliebten als dem Bruder gilt,
> Dann mischt sich Wuth und Neid in meinen Schmerz,
> Und mich verläßt der Wehmuth letzter Trost.
> (NA 10, Zeilen 2520–2535)

Die Erwartung der Gleichheit bildet nicht nur einen scharfen Kontrast zur hierarchischen, genealogischen Liebe, sondern auch zur anerkannten Parteilichkeit der erotischen Leidenschaft. Cesars Forderung nach einer Erwiderung seiner Liebe und sein Beharren auf einem entsprechenden Zeichen von ihr unterscheiden sein Handeln als Bruder vom gebieterischen Handeln als Liebhaber. Als Cesar zum ersten Mal mit Beatrice spricht, bittet er sie ganz im Einklang mit seinen Vorrechten als Prinz weder um ein Zeichen der Liebe noch scheint es ihn übermäßig zu stören, dass sie keines von sich gibt. Ihr Schweigen als Schwester hingegen treibt ihn dazu, verzweifelt um ein Zeichen ihrer Liebe zu bitten. Als es Beatrice unter großen Anstrengungen gelingt, das egalitäre Prinzip anzuwenden, indem sie in ihrer einzigen Ansprache an ihn während des gesamten Stücks Schwesterliebe walten lässt oder zumindest ausdrückt, bewirkt dies eine Neuordnung des Politischen. Cesar bleibt bei seinem Entschluss, sich nach Beatrices Umarmung umzubringen. Sein Suizid als Rache an sich selbst, als Blutrache, wird allerdings zur

Hinrichtung durch das Staatsoberhaupt (ihn selbst).¹⁰⁹ Cesar führt hier eine „Verteilungsgerechtigkeit" ein, die Thomas Paine (1969, 164) als unvereinbar mit der Primogenitur diagnostiziert hatte, wonach Subjekte „in das Leben einsteigen, indem sie auf allen ihren jüngeren Geschwistern und Beziehungen aller Art herumtrampeln und dazu erzogen werden". Cesars Übergang von der Aristokratie zur Verteilungsgerechtigkeit der Brüderlichkeit erfordert seine Selbstunterwerfung unter das Gesetz und zerstört die Legitimität einer Politik genealogischer Privilegien und patriarchaler Herrschaft, auch wenn es im Stück keine Anzeichen dafür gibt, dass die Sizilianer trotz all ihrer Beschwerden über die willkürliche Fremdherrschaft bereit sind, an ihrer Stelle eine andere Form zu etablieren.¹¹⁰

Schwesterliebe – als willentliche Zuneigung – ist der Katalysator für die Entstehung einer neuen symbolischen Ordnung, die auf Gleichheit und Zustimmung beruht. Die Schwester selbst ist jedoch als Katalysator nicht Teil der Reaktion. Und hier kommen wir zum Kern der strukturellen Bedeutung und paradoxen Ausgrenzung der Schwester: Angesichts des neuen Regimes wird ihre *Zustimmung* eingeholt; und doch ist für den Fortbestand der Machtstruktur ihre Zustimmung *erforderlich* und daher *gefordert*. Kant und Schiller sind sich einig, dass das Urteil, dass ein Gegenstand schön sei, bereits den Verzicht auf Besitzansprüche enthält. Das Erhabene geht jedoch einen Schritt weiter und fordert Transzendenz der Natur. Erotische Liebe wird von allen drei Geschwistern fast identisch als eine Kraft ohne Kontrolle und Wahl beschrieben: „nicht frei erwählt"' (Beatrice, NA 10, Zeile 1039), „Die Freiheit hab ich und die Wahl verloren" (Cesar, NA 10, Zeile 1154), „Da ist kein Widerstand und keine Wahl" (Manuel, NA 10, Zeile 1545). Der wiederholte Gebrauch des Wortes „Wahl" – im Sinne einer Entscheidung und einer Stimmenabgabe – ist kein Zufall: Die unwillkürliche erotische Leidenschaft wird als konträr zum politischen Willen, der republikanischen Wahl, dargestellt. Sie versklavt, darin ist sich Schiller mit Rousseau einig. Sie verstößt gegen die Maxime aus Gotthold Ephraim Lessings *Nathan der Weise*, die Schiller (1962a, 71) zu Beginn seines Aufsatzes über das Erhabene zitiert: „Kein Mensch muß müssen." Diese Despotie muss also gestürzt werden; Beatrice und Cesar müssen Recha und

---

[109] Charlotte Kurbjuhn (2019, 94) verweist auf Schillers eigene Überlegungen zur Rolle des Theaters bei der Inszenierung von Rache in einer Zeit, in der sich staatliche Justizakte aus dem öffentlichen Raum zurückziehen. Während Kurbjuhn (2019, 105) *Die Braut von Messina* noch in vorchristlichen Systemen von Fluch und Rache verortet, bin ich der Ansicht, dass wir in diesem Stück eine direkte Darstellung der „Überführung des Racheimpulses in den geregelten Ablauf von Judikative und Exekutive" beobachten (Kurbjuhn 2019, 101).
[110] Die legitimen Beschwerden der Sizilianer*innen in Verbindung mit ihrer offensichtlichen Unfähigkeit zur Selbstverwaltung spiegeln Schillers oft thematisierte Ambivalenz gegenüber dem Republikanismus und dem Mob wider.

Curd folgen, den Geschwistern in Lessings Stück, und ebenso Rousseaus Émile, indem sie dem Gemeinwohl Vorrang einräumen und sich selbst überwinden. Sie wenden sich stattdessen einer Geschwisterliebe zu, die sie offensichtlich *wählen* und *wollen* können und die dann zum Vorbild für die Freiheit des Geistes über Natur und Instinkt wird.

Die Geschwister verlieren bei diesem Tausch das Recht auf ein partikulares Begehren. Doch selbst dieser Verlust ist nicht egalitär. Cesars Liebe für Beatrice entzieht sich nur zögerlich ihrer ursprünglichen erotischen Bedeutung, während die Liebe der Beatrice für Don Manuel eine vollständige Umkehr vollziehen muss: Ihre Leidenschaft wird nicht nur gemäßigt, sondern gänzlich ausgelöscht. Die sogenannte Launenhaftigkeit der weiblichen Leidenschaft, die „Liederlichkeit der Frauen", um mit Rousseau (1981, 446) zu sprechen, wird als die größere Bedrohung für die bürgerliche Ordnung wahrgenommen. Hegel macht diese Unterscheidung explizit, wenn er Männern in ihrer erotischen Wahl eine partikulare Begierde zugesteht, weil sie im politischen Bereich eine sittliche Universalität erreichen. Frauen hingegen können den Bereich des Haushalts nicht verlassen und müssen die begrenzte Universalität, die ihnen darin erlaubt ist, anerkennen, indem sie eine rein relationale Funktionalität in Bezug auf ihre Beziehungen unterhalten. „Im Hause der Sittlichkeit ist es nicht *dieser* Mann, nicht *dieses* Kind, sondern *ein Mann, Kinder überhaupt*, – nicht die Empfindung, sondern das Allgemeine, worauf sich diese Verhältnisse des Weibes gründen." (Hegel 1986a, 337).

Wie Cesars Suizid Schillers Erhabenheit demonstriert und zugleich problematisiert, wird sie auch durch die Liebe zwischen Bruder und Schwester sowie zwischen Bruder und Bruder bedroht, die eine egalitärere Gesellschaft einzuläuten scheint. Das Familiäre dringt ins Politische und das Schwesterliche ins Erotische. Schiller öffnet vorläufig die Tür für die Konstruktion eines *brüderlichen* sozialen Rahmens. Eine mutigere, wenngleich auch mangelhafte Erkundung einer auf Geschwister-Logik beruhenden Ordnung, die Brüdern und Schwestern gleichermaßen die Fähigkeit zur Zustimmung und das Recht auf Begehren zuteilwerden lässt, müssen wir anderswo suchen.

Verallgemeinerung des Begehrens

Auf dem Titelblatt von *Über die ästhetische Erziehung des Menschen* (1795) zitiert Schiller Rousseaus Hinwendung zur Empfindung: „Wenn es die Vernunft ist, die den Menschen macht, so ist es die Empfindung, die ihn leitet." (Rousseau 1979, 332) Schillers Abhandlung entstand aus seiner Desillusionierung nach dem Ende der Französischen Revolution in Massenmord und Terror,[111] aber bereits Platons *Symposion* stellte die Frage, die im achtzehnten und neunzehnten Jahrhundert den politischen Beiklang der Liebe beherrschte: Ist das Objekt der Liebe das Besondere oder das Allgemeine? Individualisiert die Liebe und lenkt somit vom Gemeinwohl ab oder abstrahiert sie die guten Eigenschaften und erzieht so zur Sittlichkeit (vgl. Platon 2000)?[112] Im *Symposion* erzählt die Figur des Sokrates von seiner eigenen Unterweisung durch Diotima, die eine aufsteigende Skala der Liebe beschrieb, von der Liebe der körperlichen Schönheit zur Liebe der guten Eigenschaften des Geliebten und schließlich zur reinen Liebe des Guten und Schönen. Der Dialog enthält jedoch auch einen starken Kontrast zu dieser Pädagogik der zunehmenden Abstraktion. Der betrunkene Alkibiades tritt spät auf und gesteht schmerzlich seine langjährige Liebe zu Sokrates samt all seiner körperlichen und persönlichen Eigenheiten (vgl. Foley 2010, 70–72), eine Liebe, die gegen die kulturellen Normen verstößt, wonach der junge, schöne Mann das Objekt und nicht das Subjekt eines solchen Begehrens sein sollte. Sokrates habe, wie Alkibiades offen zugibt, ihn abgewiesen und versucht, ihn ohne körperlichen Verkehr zu erziehen. Während Sokrates also in einer Weise handelt, die mit seinem eigenen Verständnis des Fortschritts zum Guten übereinstimmt, könnte die Wirksamkeit seiner Pädagogik angezweifelt werden. Wie sein ursprüngliches Publikum nur allzu gut wusste, wurde Alkibiades zum berüchtigtsten Verräter der antiken Welt und wechselte mehrmals seine Loyalität zwischen seiner Heimat Athen, ihrem Feind Sparta und dem gemeinsamen Feind Persien. Es wäre denkbar, dass Platon die historische Figur Alkibiades für diese Rolle in seinem Dialog ausgewählt hat, um dessen partikularistisches Verständnis der Liebe in ein schlechtes Licht zu rücken und Beweise für Socrates' Meinung zu liefern, nämlich dass Tugend die Abstraktion vom Partikularen zum Guten an sich erfordere. Andererseits könnte man den Verlust von Alkibiades' Potenzial für politische Loyalität als eine Nebenwirkung von Sokrates' persönlicher Zurückweisung sehen, die dafür verantwortlich gemacht wird, dass Alkibiades seine eigene Zuneigung an ein bestimmtes Objekt, eine bestimmte Polis binden kann. Der Verrat des Alkibiades würde somit die Fehler des sokratischen Bildungsprogramms offenbaren.

Auch bei Rousseau finden wir eine hartnäckige Ambivalenz in der Darstellung der Verhältnisse zwischen der Liebe und der Partikularität. Rousseau vertritt in seinen Romanen und Essays wie Sokrates die Vorzüge einer abstrahierenden Haltung

---

111 Im selben Jahr erschienen zwei weitere relevante Kommentare zur Revolution: Sades bereits behandelte *Philosophie im Boudoir* und Johann Wolfgang von Goethes *Wilhelm Meisters Lehrjahre*, auf die wir im nächsten Kapitel eingehen werden.
112 Vgl. Richard Foley (2010) zu weiteren Ausführungen zum Konflikt zwischen Universalität und Partikularität als angemessene Grundlage für die Liebe im *Symposion*.

zur Liebe. In *Julie* ist die Liebe nur insoweit an ein Individuum gebunden, als das Individuum repräsentativ für etwas anderes ist. Julie und Saint Proux sind für alle Menschen, beiderlei Geschlechts, liebenswert.[113] Das Geheimnis ihrer Liebenswürdigkeit liegt in ihrem absoluten Mangel an Individualität, ihrer eigenen Neigung zum Universellen. Wie ihr Freund Eduard selbst gegenüber Julie berichtet:

> Nicht, daß Sie beide einen so auffallenden Charakter hätten, dessen Besonderheit man beim ersten Blicke bemerken könnte; und bei der Schwierigkeit, Sie genau zu beschreiben, könnte ein flüchtiger Beobachter Sie leicht nur für gewöhnliche Seelen halten. Allein, eben dadurch zeichnen Sie sich aus, daß es unmöglich ist, etwas Hervorstechendes an Ihnen zu finden und daß des allgemeinen Ideales Züge, von denen einzelnen Personen allezeit welche fehlen, bei Ihnen alle zugleich hervorschimmern. [...] Was Sie betrifft, so [...] [war] die Empfindung [...] so lebhaft, daß ich mich über ihre Natur täuschte. Weniger die Verschiedenheit des Geschlechts rief diesen Eindruck hervor, sondern vielmehr ein noch stärker durch Vollkommenheit sich auszeichnender Charakter, den das Herz empfindet, auch wenn es nicht von Liebe bewegt ist. (Rousseau 1979, 201–202)

Sogar Saint Proux selbst erkennt diese Universalität seiner Gefühle für Julie und spricht sie folgendermaßen an: „O meine Gattin, meine Schwester, meine süße Freundin!" (Rousseau 1979, 150) Die Erzählung verurteilt zwar Julies Vater, weil er der Ehe zwischen Julie und ihrem Hauslehrer, dem sozial tieferstehenden Saint Proux, nicht zustimmt, doch der zentrale ethische Konflikt des Romans ist die Selbstüberwindung, die Julie abverlangt wird. Dadurch soll sie ihre Liebe von einem guten Mann auf einen anderen, ebenso guten übertragen. So hätte sie auch Hegels späteres Diktum von den Pflichten der Frau in der familiären Liebe erfüllt. Rousseaus Autobiografie hingegen stellt sein pädagogisches Projekt ambivalenter dar, indem sie amouröse Neigungen offenbart, die eher an die des Alkibiades erinnern. Wie Bruce Merrill (1997, 194–195) anmerkt, stellen Rousseaus *Bekenntnisse* (1782) eine ganz andere ästhetische Bildung dar als die Romane *Émile* und *Julie*. Ohne einen freundlichen Führer oder Tutor ist Rousseau den eigenen Schwierigkeiten, Anziehungen und Enttäuschungen ausgeliefert und gibt sich emotionaler und sexueller Libertinage hin. Dass er sich jedoch als ein hartnäckiger Verfechter des Gemeinwohls erweist als seine besser behüteten und formbaren Figuren, spricht gegen Sokrates' Erziehungsmethode.

Sozialtheoretiker*innen des achtzehnten und neunzehnten Jahrhunderts entnahmen ihre Anregungen eher Rousseaus theoretischen Überlegungen als seiner Autobiografie, und die Gefahr, die das Begehren für eine bürgerliche Ordnung darstellte, zog sich durch die Texte von Autor*innen wie Schiller, Hegel, Sade und

---

113 Ich werde in Kürze darauf zurückkommen, welche Rolle das Geschlecht beim Erwecken der Liebe oder beim Markieren von Unterschieden spielt.

die Romane der britischen Jakobiner*innen.[114] Die Universalisierung der Liebe birgt jedoch Potenziale, die zu jener Zeit als Risiken wahrgenommen wurden, wie die Passage aus *Julie* veranschaulicht. Wenn einzig tugendhafte Eigenschaften liebenswert sind, dann droht das Geschlecht keine Rolle mehr zu spielen, was zu einer polymorphen, bisexuellen Perversion einlädt. Wenn zudem die liebenswerten Eigenschaften diejenigen sind, die auch jeder Einzelne für sich anstrebt, ist jede Alterität bedroht. Inzest, Queerness und Solipsismus sind zu dieser Zeit miteinander verwandte Schreckgespenster, die an den Rändern des ästhetischen Staates lauern. Sie verlangen jedoch nach unterschiedlichen konzeptionellen Lösungen. Die das achtzehnte Jahrhundert prägende und von Rousseau befürwortete Naturalisierung der Geschlechterdifferenzen diente dazu, die Liebe auf das nun entgegengesetzte Geschlecht auszurichten. Und solange dieses Geschlecht als irreduzibel postuliert wurde, zogen sich auch die Drohungen des Solipsismus und der Queerness zurück – ein richtiges Lieben erforderte die Anerkennung eines Andersseins. Innerhalb dieser Parameter wird die Gefahr des Inzests jedoch noch präsenter, da der ideale Mann und die ideale Frau einander in allem nicht Geschlechtsspezifischen ähnelten und damit an die biologisch unmöglichen, jedoch in der Fantasie verbreiteten eineiigen Zwillinge unterschiedlichen Geschlechts erinnerten.

Bei Schiller und Sade konnten wir sehen, dass Geschwisterinzest aus dem Versuch entsteht, zwischen der individuellen Selektivität der Leidenschaft und der sozialen Gleichheit zu vermitteln. Während Sade den Inzest akzeptiert und Schiller davor zurückschreckt, schränken beide die Wahlmöglichkeiten ein, entweder durch eine Universalisierung der Erotik (Sade) oder ihre Domestizierung (Schiller). Erst eine Generation später unternimmt Percy Shelley den Versuch, eine radikale egalitäre Gesellschaft zu imaginieren, in der Männer und Frauen gleichermaßen das Recht haben, zu begehren und zu verweigern. Im Gegensatz zu Rousseau betrachtet Shelley die Vergewaltigung als ein wirkliches und politisches Verbrechen, gründet den legitimen Staat auf Leidenschaft und sprengt die Ideologie der Häuslichkeit. Stattdessen zeigt er die gegenseitige Durchdringung und Verstärkung von familiärer und politischer Ungerechtigkeit.[115] Indem Shelleys Geschwisterliebhaber

---

114 Eine Auseinandersetzung mit dem bürgerlichen Affekt in „Laon and Cythna" und den Romanen der britischen Jakobiner*innen findet sich bei Anahid Nersessian (2012). Nersessian liest Shelleys Gedicht jedoch als offener für Vielfalt, als ich es weiter unten tun werde.
115 Ganz ähnlich analysiert Richard Sha (2009, 7) den Zusammenhang zwischen Geschwisterinzest und „ästhetischer Interesse- oder Selbstlosigkeit" und identifiziert „Shelleys Problem" als die Frage, „wie die Unmittelbarkeit sexueller Leidenschaft desinteressiert gemacht werden kann, ohne ihr die Leidenschaft zu nehmen". Zu Shelleys Einbeziehung der Leidenschaft in die Staatsbildung vgl. Duffy 2005, 134; Nersessian 2012.

jegliche Form von väterlicher oder elterlicher Autorität aufgeben, begründen sie im Langgedicht „Laon and Cythna" eine friedliche Revolution in politischen und sozialen Strukturen. Letztlich scheitert jedoch Shelleys Projekt, und zwar nicht nur, weil sich seine friedliche Demokratenarmee nicht gegen das Massaker des neu erstarkten Tyrannen verteidigen kann. Shelleys Version der Liebe hat Probleme damit, Alterität überhaupt zuzulassen.[116] Die Botschaft der gemeinschaftlichen Liebe wird so zu einer Einladung in eine narzisstische oder gar solipsistische Sphäre, die von einer in die geistige Despotie führenden emotionalen Bekehrung abhängt. Shelley weicht zwar radikal von Rousseau, Schiller und Hegel ab, wenn er bei Männern und Frauen die Vorlieben im Begehren für legitim erachtet, doch verliert diese Abweichung an Bedeutung, wenn es keine persönlichen Unterschiede mehr gibt. Shelleys eigene Bemühungen, Liebe als Beziehung zwischen Ähnlichen zu etablieren, wurden von Eduards Bemerkungen über die Unwichtigkeit der Geschlechterdifferenz in *Julie* bereits vorweggenommen. Als Shelley an „Laon and Cythna" arbeitete, übersetzte er auch Platons *Symposion* und schrieb eine zu Lebzeiten unveröffentlicht gebliebene Abhandlung über oder vielmehr *gegen* die „griechische Liebe". Während Shelley (2000, 47) Inzest zu den „künstlichen Lastern" und zu vernachlässigbaren „Verbrechen der Konvention" zählt, assoziiert er die erotische Liebe zwischen Männern mit „Vergewaltigung", „Schmerz und Entsetzen" sowie „Abscheu" (Shelley 1977, 47). Was Shelley als Bedrohung wahrnimmt, birgt jedoch auch aus einer anderen Perspektive Chancen, wie Denis Flannery (2007, 18) feststellte, als er beschrieb, wie „Geschwisterlichkeit als Metapher für das queere Subjekt und die queeren Praktiken funktionieren kann", genauso wie „Bruder oder Schwester einer Person zu sein in vielerlei Hinsicht bedeutet, ihre verkörperte Metapher zu sein".[117] Indem Shelley das Recht der Schwester auf Handlungsmacht, Aktivität und Begehren hochhält und es dem Bruder erlaubt, Rettung zu benötigen

---

116 Seit der Veröffentlichung der englischen Originalfassung dieses Buchs beschäftigten sich mehrere Interpretationen von „The Revolt of Islam" mit Shelleys Versuchen, Liebe als grundlegend für die Politik zu verstehen, wichen aber in ihren Interpretationen der Liebe stark voneinander ab. Elizabeth Sheer (2021) gelangt zu einer Ansicht von Shelleys Liebe als eine Form der lateralen Solidarität, die auf direkten, zwischenmenschlichen wiedergutmachenden Handlungen aufbaut, während Mark Canuel (2022, 124) Liebe als „losgelöst von persönlicher Verbindung und vermittelt durch ein ästhetisches Bild" und somit nur in ihrer Abstraktion als universell versteht. Die wichtigste Frage des Gedichts lautet jedoch, inwiefern Liebe noch affektives Gewicht tragen kann, während sie über das Persönliche in eine potenziell universale politische Gemeinschaft hineinreicht.

117 In dieser Studie gehe ich vom Verwandtschaftsverhältnis als einer Synekdoche aus, in der die Geschwister durch gemeinsame Teile aufeinander verweisen, zugleich aber offen bleiben für weitere Gemeinsamkeiten mit partiell anderen. Zur Verwendung des Begriffs für queere Beziehungen im achtzehnten Jahrhundert vgl. Tobin 2000.

und sich passiv der Fürsorge zu unterwerfen, entdeckt er eine Queerness in der Geschwister-Logik, von der er sich zurückziehen möchte. Obwohl dieser Rückzug bei Shelley zum Solipsismus führt, gewährt er uns einen Einblick in das queere Potenzial der Geschwister-Logik.

Verbreitung der Liebe: Geschwisterinzest als Modell für eine gerechte Gesellschaft

Shelley verfasste „Laon and Cythna" im Jahr 1817, nachdem er mit Mary Wollstonecraft Godwin durchgebrannt und wieder nach England zurückgekehrt war.[118] Seine Einträge in Mary Shelleys Tagebuch und seine Briefe zeigen, wie sehr er sich während der Reise nicht nur mit dem Verlauf der Französischen Revolution selbst beschäftigt hatte – „das wichtigste Thema der Zeit, in der wir leben" (Shelley 1964, 361), wie er an Byron schrieb –, sondern auch mit der Unzufriedenheit und Verzweiflung der Liberalen in ihrem Nachgang (vgl. insb. Dawson 1980; Duffy 2005; Roberts 1997, 160–198). Das Gedicht feiert zwar den Sturz einer autoritären Regierung und befürwortet ausdrücklich Freiheit, Gleichheit und Brüderlichkeit, sein Thema ist jedoch die Unmöglichkeit, die Gesellschaft mit einem einzelnen umwälzenden Ereignis zu verändern. Die Grundlage für jede dauerhafte Verbesserung der sozialen Gleichheit liege stattdessen in Gedanken, Überzeugungen und der Qualität zwischenmenschlicher Interaktionen über Generationen hinweg. Der eigenartige Titel des Gedichts in seiner veröffentlichten Fassung ist in diesem Zusammenhang von Bedeutung: „The Revolt of Islam" spielt auf den ersten Blick auf den Aufstand der Untertanen des Osmanischen Reichs an, das Gedicht enthält jedoch keine Hinweise auf irgendeine bestimmte Religion.[119] Ein produktiveres Verständnis des Titels lässt sich entwickeln, wenn man die damals in England gängige Bedeutung des

---

[118] Percy Shelley war bereits verheiratet, als er und die sechzehnjährige Mary Godwin sich verliebten. Sie blieben zwei Jahre im Ausland, bis der Suizid von Percys erster Frau ihnen die Eheschließung erlaubte.

[119] Laon und Cythna wachsen in der Region Argolis (vgl. Shelley 2000, 676) in der Ägäis auf, was „The Revolt of Islam" an den Grenzen Europas und am Treffpunkt von Christentum und Islam verortet (vgl. Krause 2014, 234, 243–246). Der Schauplatz ist vergleichbar mit Byrons Geschwisterinzestgedicht *The Bride of Abydos*, das an der engsten Stelle der Dardanellen spielt, der Grenze zwischen Europa und Asien, oder mit Coleridges Geschwisterinzeststück *Osorio*, das zu Zeiten der Inquisition in Grenada handelt. In Kapitel 5 werde ich auf den Zusammenhang zwischen Geschwisterinzest und dem Verhältnis von Christentum und Islam zurückkommen.

Worts „Islam" als „Unterwerfung" in Betracht zieht.[120] Der Erfolg der gewaltfreien Revolution ist in dem Gedicht zwar von kurzer Dauer, doch sterben die Geschwister in der Hoffnung, dass die *Unterwerfung*, die Shelley als freiwillige Unterwerfung und Resignation angesichts der Ungerechtigkeit interpretiert, langsam zurückgeht. Die Parallele zwischen dem Dichter Laon und Shelleys eigenen Hoffnungen auf poetischen Einfluss als „nicht anerkannte[m] Gesetzgeber" (Shelley 1985b, 665) ist nicht gerade subtil. Während Laons Poesie jedoch den Boden für den Aufstand bereiten mag, heizt die geliebte Schwester Cythna mit ihren Aktivitäten die politische Bewegung unter den Unterdrückten an. Da dem Gedicht ein Mary Shelley gewidmetes Liebesgedicht vorangestellt ist, liegt die Annahme nahe, dass er sein eigenes, berüchtigt unkonventionelles Liebesleben als extratextuelle Ergänzung zu den Äußerungen der Figuren für die Sache der Freiheit einbringen wollte. Freiheit ist für Shelley keine Abstraktion, sondern eine zwischenmenschliche, affektive Tätigkeit. Und Poesie ist keine abstrakte Lehre, sondern die Grundlage einer ästhetischen Bildung, die sich von der schillerschen stark unterscheidet: Sie restrukturiert die leidenschaftlichen, affektiven Beziehungen und behält sie gleichzeitig als Grundlage der Politik bei.

Shelleys Gedicht veranschaulicht, wie illusorisch es ist, getrennte Sphären aufrechtzuerhalten. Politische Interaktion besteht auf einer mehrdimensionalen Skala, von der gewaltsamen Verletzung des Willens und Begehrens auf der einen Seite bis zur liebevollen zwischenmenschlichen Übereinstimmung von Wille und Begehren auf der anderen. Das erste Extrem wird durch die Vergewaltigung der Cythna durch den Tyrannen Othman, die Versklavung seiner Bevölkerung und die vernichtende Reaktion auf den gewaltfreien Aufstand gegen seine Herrschaft veranschaulicht. Unter Othman ist die Familieneinheit in eine Politik der Gewalt und Unterdrückung verstrickt, die ihre Struktur legitimiert und ihre Grenzen zugleich willkürlich überschreitet. Cythna beschreibt eine patriarchalische Gesellschaft, die an Filmer erinnert, kehrt aber ihre Bedeutung um:

> Doch zittern Kinder vor den Eltern,
> Weil sie gehorchen müssen – einer beherrscht den andern,

---

[120] Im Vorwort zu seinem Gedicht nennt Shelley (1985a, 582) die Religion im Allgemeinen einen Betrug, „durch den [das Volk] zur Unterwerfung verführt wurde". Ich möchte damit nicht die antiislamische Haltung des Gedichts oder des Titels leugnen, sondern den allgemeineren Kontext von Shelleys Verachtung für alle institutionalisierten Religionen herstellen. Der neue Titel wurde gewählt, nachdem die erste Ausgabe wegen seiner atheistischen Tendenzen und des Geschwisterinzests zurückgezogen wurde. Einerseits dient der Islam somit als Mantel für die umfassendere Religionskritik, andererseits „beruht die Kritik des Barbarismus, des Aberglaubens und der Tyrannei, die westliche Institutionen in den Blick nimmt, zugleich auf einer Stereotypisierung des Orients als dem Ort der größten Negativität" (Canuel 2022, 123).

> Denn es heißt, Gott herrscht über Hoch und Niedrig,
> Und jedermann ist seines Bruders Knecht,
> Und Hass thront drüber mit seiner Mutter Furcht,
> Über dem Höchsten – und die Quellen,
> Woher die Liebe floss, wenn Glaube alles andere erstickt hatte,
> Sind trüber nun – die Frau, die Sklavin,
> Des Manns, eines Sklaven; und das Leben ist vergiftet in seiner Quelle.
> („Laon and Cythna", Zeilen 3307–3315)

Eine solche Hierarchie von Gott über allem, Mann über Frau und Eltern über Kindern wird als Pervertierung der menschlichen Brüderlichkeit dargestellt, wonach ehelicher Sex zur verderblichen Gewalt am Ursprung des Lebens wird. Laon und Cythna können diese Beziehungen nur neu gestalten, weil ihre eigene Kindheit idyllisch war und ihre einzige familiäre Beziehung Geschwisterschaft ist. Ein Vater wird im Text nicht erwähnt, und die Mutter erscheint nur kurz und synekdochisch in den ersten Zeilen von Laons Bericht an den ersten Erzähler des Gedichts als „die schöne Brust, an der ich mich nährte" („Laon and Cythna", Zeile 668), zusammen mit (anderen) Naturobjekten wie Bächen, Reben, Muscheln und Blumen. Der Vers trennt die Kinder ohne negative Affekte aus dem Abstammungsverhältnis und bietet eine unpersönliche, universelle Form der Mütterlichkeit.[121] Das Wort „Mutter" bezeichnet im Text meist Mutter Natur, die es im Gegensatz zur als Mutter imaginierten Nation allen Menschen erlaubt, Geschwister zu werden. Auch Cythna nimmt diese antielterliche Haltung ein, als sie nach ihrer Vergewaltigung durch Othman eine Tochter zur Welt bringt. Sie erinnert sich an die Kindheit ihres Kindes als eine Zeit, in der „wir auf der Erde wie Zwillingsschwestern uns niederlegten / Auf dem Schoß einer schönen Mutter" („Laon and Cythna", Zeilen 3021–3022).[122] Diese Fluidität der Familie wird zuerst dargelegt und dann für gemeinschaftliche Zwecke genutzt. Unter den brüderlichen Rebellen sind Familienbegriffe auf eine Weise im Umlauf, die ihre hierarchische Struktur aufbricht. Sie versuchen jedoch immer noch, ihre affektive Kraft als Zeichen einer besonderen Intimität zu nut-

---

121 Während Thomas Frosch (2007, 118) anmerkt, dass „Laons erste Erinnerungen der mütterlichen Zärtlichkeit und Nahrung gelten", erkennt Jerrold Hogle (1988, 97) in diesen Zeilen einen Beweis dafür, dass Laon „sich so sehr von seiner Mutter entfremdet hat [...], dass er sich daran erinnert, verzweifelt nach einer einfühlsamen ‚Amme'" in der weiteren Welt gesucht zu haben. Meiner Ansicht nach verstehen beide den Tenor und den Sinn dieser Zeilen falsch.
122 Diese Zeilen erinnern an die Worte von Goethes Wilhelm Meister an seinen vermeintlichen Sohn Felix, auf die ich im nächsten Kapitel zurückkommen werde. Auch Wilhelm verwandelt das Kind in ein Geschwisterkind.

zen.¹²³ In einer faszinierenden Wendung lässt Shelley auch eine „Bruderschaft des Bösen" („Laon and Cythna", Zeile 3839) in Othmans Armee zu. Erstaunlicherweise sind Sympathie, Freude und Brüderlichkeit allen Gruppen zugänglich, die zu einem Zweck vereint sind, sei es für das Gute oder das Böse. Shelley erkennt also an, dass familiäre Rollen nicht nur anpassungsfähig sind, sondern auch ausnutzbar. Der Unterschied zwischen den Parteien liegt anderswo, nicht in der bloßen Sympathie, sondern in der leidenschaftlichen Liebe und der damit einhergehenden Selbstlosigkeit. Wenn Geschwisterlichkeit um Leidenschaft ergänzt werden muss, um eine gerechte Gesellschaft zu begründen, dann ist Inzest für Shelley in einem anderen Ton als bei Sade die Losung des Republikanismus.¹²⁴

Laon und Cythna scheinen die im vorherigen Kapitel thematisierte geteilte Subjektivität der Geschwister-Logik zu demonstrieren. Sie bilden einander, erlangen gemeinsam ihr Selbst und bleiben untrennbar miteinander verbunden. Cythna lässt sich von Laons Poesie zur Sympathie inspirieren und revanchiert sich, indem sie sein Herz für diese Emotion öffnet. Diese „wahre" Geschwisterlichkeit steht im Kontrast zum Konzept der Brüderlichkeit, das Laon seinen früheren poetischen Begegnungen mit einem Publikum zuschreibt, wenn

> oft ich daran dachte, meines Herzens Bruder zu umarmen,
> Wenn ich die Sinne des Zuhörers verschwimmen fühlte
> Und seinen Atem rasch ersticken hörte,
> Als meine Worte sie benannten [...]
> Und die kalte Wahrheit schien so traurig ins Gegenteil verkehrt,
> Als erwachte man in Trauer aus einem schönen Traum.
> („Laon and Cythna", Zeilen 812–819)

---

123 Dass der Affekt, den Laon und Cythna in der weiteren sozialen Welt verbreiten, seinen Ursprung in einer biologisch verwurzelten Geschwisterbindung hat, erschwert den Schritt der Abspaltung und zeigt das Paradox einer universellen Geschwisterschaft auf.

124 In der ursprünglichen Fassung des Gedichts sind Laon und Cythna biologische Geschwister. Nach der Empörung über die erste Auflage rief Shelleys Verleger Charles Ollier sie zurück und bestand darauf, dass Shelley das Verhältnis änderte und Cythna zu einem von Laon aufgezogenen Waisenkind mache. Shelley widersetzte sich zunächst, aber während eines gemeinsamen Arbeitswochenendes mit dem widerwilligen Shelley, seinem Freund und Autor Thomas Love Peacock sowie Ollier selbst wurden die Änderungen schließlich vorgenommen. Auch die Kritik an der Religion als tyrannische Illusion wurde abgeschwächt und das Gedicht unter dem Titel „The Revolt of Islam" neu veröffentlicht. Die Veränderungen waren so übereilt, dass nun unsinnige Überreste wie die körperliche Ähnlichkeit von Laon und Cythna verblieben. Vgl. John Donovans Einführung in „Laon und Cythna" in der Everest-/Matthews-Ausgabe von Shelleys *Poems* (Shelley 2000, 10–29) und auch Donovan 1987.

Auch wenn Laons erste Versuche, Brüderlichkeit zu begründen, fehlschlagen, gelingt ihm schließlich eine Poesie, die mit Cythnas Hilfe die Leidenschaft in einen größeren sozialen Raum trägt. Diese Sympathie bleibt in einer familiären Bindung verankert, die auf Ähnlichkeit beruht und in der das Körperliche und das Geistige zusammenfließen. Laon mag sich ursprünglich als aktiver Part in der Beziehung erleben, erkennt aber schließlich eine so starke Reziprozität, dass er sich später als ein Spiegelbild Cythnas sieht und seine Reflexion in einem Teich wahrnimmt als

> [...] das Gesicht ihres Bruders –
> Es mag ihr ähneln – war einst
> Der Spiegel ihrer Gedanken, und die Anmut
> Ihres Geistes Schattens hinterließ dort noch eine bleibende Spur.
> („Laon and Cythna", Zeilen 1680–1683)

Während sie ursprünglich „als mein eigener Schatten, ein zweites Ich, kostbarer und schöner" („Laon and Cythna", Zeilen 874–875) auftauchte, ist sein Selbstbild als *ihr* Schatten jetzt so stark geworden, dass er in ihrer Abwesenheit seine ganze Identität in Zweifel zieht: „Was war ich dann? Sie schlief bei den Toten" („Laon and Cythna", Zeile 1684). Diese Reflexivität tendiert eindeutig zum Narzissmus, ist aber seltsamerweise reziprok.[125] Zudem bewegen sich die beiden durch einander hin zu einer größeren Sympathie und Auseinandersetzung mit der Welt. Wenn Shelley diese Liebe als Modell für eine reziproke affektive Vereinigung in der Polis postuliert, unterdrückt er die Alterität, ganz im Gegensatz zu Ismene im vorherigen Kapitel. In seinem Aufsatz „On Love" [Über die Liebe], der ein Jahr nach „Laon and Cythna" geschrieben wurde, versteht Shelley (1977, 473) die Liebe nicht als ein exklusives Band zwischen zwei Menschen, sondern als „das Band und die Billigung, die nicht nur den Menschen mit dem Menschen verbindet, sondern mit allem, was existiert". Und doch erfordert die nach außen gerichtete Bewegung keine wirkliche Begegnung mit der Differenz. Stattdessen ist die Liebe in erster Linie selbstzentriert und kolonisierend, ein Versuch, um „in allen Dingen, die sind, eine Gemeinschaft mit dem zu erwecken, was wir in uns selbst erfahren" (Shelley 1977, 473).[126]

---

125 Joey S. Kim (2018, 139, 144) sprach sich für von ihr so genannte „relationale Subjektivitäten" von Laon und Cythna aus, die durch Metonymie aktiviert würden. Kim verbindet diese Relationalität mit einem entstehenden europäischen Versuch der Orientierung durch Orientalismus und geht William Jones' Einfluss auf Shelleys Dichtung auf den Grund. Mehr zu Jones in Kapitel 4.
126 William Ulmer (1990, 8) merkt an, dass Liebe in diesem Aufsatz „eine unmögliche Verhandlung von Vollendung und Ähnlichkeit vornimmt", wobei sie dem Geliebten nicht nur ähnelt, sondern ihn auch ergänzen soll. Er weist auch auf die Grenzen der Gegenseitigkeit dieser Spiegelung

Da Shelleys Sujet nicht der Sturz eines Regimes ist, sondern die Umwälzung einer Haltung und eines Affekts, muss er sich mit den subtilen Schattierungen der Zustimmung im geistigen Wandel beschäftigen und sich fragen, an welchem Punkt die durch Laons Poesie und Cythnas Rhetorik bewirkte Überzeugung die Form der Tyrannei annehmen könnte, die sie eigentlich auflösen will. Laons frühe Versuche, durch seine Poesie eine Gemeinschaft zu erreichen, sind fest in der Machtstruktur der Tyrannei selbst verankert. Seine Methode besteht darin, das körperliche Leiden der Menschen, die ihm „Spott", „Stöhnen", „Jammern" und „unschuldiges Blut" entgegenbringen („Laon und Cythna", Zeilen 741–744), zu übersetzen in „Worte, durch die mein Geist versuchte, / Eine Knechtschaft solchen Mitgefühls zu weben" („Laon und Cythna", Zeilen 802–803). In Laons poetischer Eloquenz, durch die „alle Dinge Sklaven meiner heiligen und heroischen Verse wurden" („Laon und Cythna", Zeilen 933–943), liegt eine beunruhigende Dominanz. Da *Knechtschaft* und *Sklaverei* genau die Formen des Bösen sind, gegen die sich Laons und Cythnas Rebellion richtet, werfen diese Beschreibungen unbequeme Fragen nach der Möglichkeit der Freiheit auf.[127] Im Gegensatz zu Laon, der „Worte zog, die Waffen waren" („Laon und Cythna", Zeilen 841–842), erzeugt Cythnas Stimme Liebe.

> [...] doch wenn sie hörten
> Meine Stimme, verstummten sie und standen
> Und regten sich wie Männer, denen neue Liebe
> tiefe Gedanken eingehaucht
>   („Laon und Cythna", Zeilen 3195–3198)

Liebe ist hier keine selbstbezogene Emotion, sondern regt wiederum zum Nachdenken und Handeln an. Als Lösung für das Problem der Zustimmung bleibt die Liebe jedoch problematisch. Um als Garant für gesellschaftliche Übereinkunft zu dienen, muss selbst die von Cythna inspirierte Liebe auf einer Universalität beruhen, die als Vereinigung zur Gleichheit dargestellt wird. Cythna appelliert in ihren Reden an die gemeinsame Menschlichkeit und sagt den Seeleuten: „Wir

---

hin. Cythna erzählt nie ihre eigene Geschichte, sondern „spricht nur durch Laons romantischen Ventriloquismus" (Ulmer 1990, 71) und überlasse ihm nach ihrer Wiedervereinigung die Handlungsmacht (vgl. Ulmer 1990, 65–73).

127 Roberts (1997, 175) spricht das Paradox an, dass „die Revolutionäre an den Machtformen teilhaben, die sie zu stürzen hoffen", indem er schreibt, dass Shelley zwischen aufgezwungenen Lügen und aufgezwungen Wahrheiten unterscheide und Letztere rechtfertige (vgl. Roberts 1997, 175–177). Meines Erachtens liegt hierin eine umfassendere Kritik – Laons frühe Auseinandersetzung mit der Ungerechtigkeit ist unvollendet und betrifft nur seine Vernunft; er hofft, in anderen Sympathie zu wecken, und zwar zu seinem Vorteil. Jedoch empfindet er sie für andere erst, als er durch Cythnas Liebe verwandelt wird.

haben ein menschliches Herz – / Alle sterblichen Gedanken bekennen sich zu einem gemeinsamen Daheim" („Laon und Cythna", Zeilen 3361–3362). Die Liebe unter solchen ähnlichen Wesen bleibt eine Art Projektion und Reflexion.[128]

Auch im Gefüge dieser gemeinschaftlichen Leidenschaft bilden Laon und Cythna einen Kern. Ein solcher Kern ist notwendig, um die Ethik der erotischen Auswahl für Frauen und Männer aufrechtzuerhalten, die Sade, Rousseau und Schiller verworfen haben. So wird jedoch Shelleys Vorhaben, die Kluft zwischen Öffentlichem und Privatem zu überwinden, erschwert. Jedes der Geschwister wird im Gedicht nur politisch aktiv, weil es glaubt, dass das andere tot ist. Dieser Glaube beschwört in jedem Fremden eine Art Phantom der oder des verlorenen Geliebten herauf. Da Beweise für den Tod fehlen, scheint sich diese Täuschung aus der Notwendigkeit des Mangels als ein Motiv für ihre eigene Tätigkeit zu ergeben.[129] Ihr Wiedersehen wird von der ausdrücklichen Angst begleitet, dass sie dadurch ihre gesellschaftlichen Pflichten nicht erfüllen werden. Cythna mahnt:

> [...] möge jeder Trost vergehen
> Aus beiden Herzen, deren Puls in Freude jetzt in Einklang schlägt,
> Wenn wir den eignen Willen [our own will] andern als Gesetz vorschreiben,
> Wenn wir den üblen Kult fürchten, der hier breitgetreten wird;
> Wenn wir unsere Art [our kind] nicht mehr lieben wie uns selbst [ourselves]!
> („Laon und Cythna", Zeilen 2150–2154)

Die Freude an der Vereinigung, die durch den gemeinsamen Herzschlag angedeutet wird, birgt die Gefahr, „uns" mehr zu lieben als „unsere Art".[130] Der Gebrauch von „ourselves" statt „each other" sowie der Singularformen „our own will" und „our kind" ist auffällig und macht aus Laon und Cythna ein zusammengesetztes Wesen. Die Umwandlung des biblischen Gebots, den Nächsten wie sich selbst zu lieben, in die Entschlossenheit, unsere Art zu lieben wie uns selbst, eröffnet zudem wieder die Möglichkeit des Ausschlusses aus dem vermeintlich Universellen. Das Risiko einer solchen Position besteht, so heißt es, in der Versuchung, diesen einzigen Willen zum Gesetz für andere zu machen, was auch heißt, das Andere ins Gleiche, in unsere Art und in uns zu verwandeln. Erst wenn das politische Handeln vorbei ist, wenn die friedliche Rebellenarmee niedergemetzelt wurde, dürfen sich Laon und Cythna als einzige Überlebende zurückziehen, so-

---

128 Alessandra Monorchio (2018, 129–133) entdeckt in der Reaktion auf Cythnas Rhetorik eine Art Mesmerismus, der die Gewalt von Laons Worten nur geringfügig verbessert.
129 Anahid Nersessian (2015, 82, 94–109) schlägt in der Tat vor, dass „The Revolt of Islam" die Liebe als eine Art Verzicht postuliert, der eine weniger ausbeuterische Beziehung zur Welt enthält.
130 Die Bezeichnung der Religion als „foul worship" [übler Kult] ist eindeutig antiislamisch, die gesamte explizite Religionskritik des Gedichts bezieht sich allerdings auch auf das Christentum.

wohl in ein Bergversteck als auch ineinander. Der erste explizit sexuelle Vollzug ihrer Liebe findet im buchstäblichen Vakuum eines bürgerlichen Raums statt, einem „Vergessen [...] der öffentlichen Hoffnung" („Laon und Cythna", Zeile 2598). Dass ihre Verbindung nicht die Flucht in einen häuslichen, sondern in einen wilden Raum darstellt, ändert nichts an der problematischen Entwicklung, dass die Quelle der Leidenschaft aus dem Bürgerlichen ausgeschlossen wird, während zugleich verlangt wird, dass diese Leidenschaft das Bürgerliche durchdringt.

Am Ende des Gedichts opfern Laon und Cythna ihr vereintes Leben, um Märtyrer*innen für die Sache der Freiheit zu werden, indem sie die Brutalität der vereinten Kräfte von Monarchie und Religion offenlegen und, wie sie hoffen, die nachfolgende Generation zum Freiheitsstreben inspirieren. Zwar befinden sich die Liebenden im Osmanischen Reich und nicht in Indien, doch ahmt ihr feuriges Martyrium auf einem Scheiterhaufen den *sati* nach, einen Brauch, der europäische Berichterstatter entsetzte und zugleich als Symbol für die Einheit der wahren Liebe gefeiert wurde (vgl. etwa Schlegel 1985, 21; Günderrode 1920, Bd. 2, 12–13). Der Tod der beiden Hauptfiguren verkörpert einen symbolischen Kannibalismus, da „jeder vom Antlitz des anderen / Blicke unersättlicher Liebe labte" („Laon und Cythna", Zeilen 4580–4581).[131] Das Begehren von Laon und Cythna führt sie zurück zu Freuds oraler Phase, die das Objekt durch Verschlingen assimiliert und vernichtet. Während für Freud im Allgemeinen die Subjekt- und Objektidentifikation unterschiedlich sind, begründet er jede Gruppenidentifikation mit einem Verschwimmen der beiden Arten der Bindung und setzt so jede kollektive Identität der Bedrohung der Assimilation, des Kannibalismus, aus (vgl. Freud 1921, 67). Shelley versucht, sich ein erotisches Interesse vorzustellen, das die Intensität der Leidenschaft und die Differenzierung der Neigung mit nichtexklusivem zwischenmenschlichem Respekt und Identifizierung verbindet, verfängt sich aber in der Dynamik der undifferenzierten Masse. Während die shelleysche Liebe die Grenzen des Selbst für ein als identisch wahrgenommenes Anderes öffnet oder für ein Ganzes, das als universeller Makrokosmos des Selbst wahrgenommen wird, würde eine differenzielle Geschwister-Logik stattdessen graduelle Unterschiede und Vorlieben erkennen. Eine solche Geschwister-Logik könnte mehr als nur die Primogenitur zu Fall bringen oder aus der Gesellschaft

---

131 Kannibalismus taucht an zwei anderen Stellen im Gedicht auf, wenn sich Laon und Cythna jeweils in Momenten des tiefsten Wahns vorstellen, den Leib des anderen zu verspeisen. Roberts (1997, 185) bezieht sich nicht auf die Wiederholung des Kannibalismus am Ende des Gedichts, bemerkt aber die den früheren Stellen inhärente Drohung des Zusammenbruchs zu einer solipsistischen Todesökonomie. Ulmer (1990, 57–65) versteht diese Visionen des Kannibalismus als eine Art besonders starker Ambivalenz des Erotischen, das mit der Gewalt und der Befreiung durch das Gedicht verbunden ist.

eine homogene Masse machen; sie könnte es uns ermöglichen, Identitäten neu als sich wandelnde, agierende Netzwerke zu denken.

Shelley legt besonders eindrücklich offen, wie der Platz der Frauen in der Brüderlichkeit das Problem aller Alterität in der Republik aufzeigt, aber er war damit nicht der Erste. Als Moses Mendelssohn 1783 eine Abhandlung über die Vereinbarkeit religiöser Vielfalt mit Nationalität veröffentlichte, adaptierte er ein anerkanntes Modell des Umgangs mit individueller und kollektiver Vielfalt: die Ehe. Mendelssohn (2005, 136) beschrieb die jüdische Gemeinschaft mit einer ehelichen Metapher: „Hier heißt es offenbar: was Gott gebunden hat, kann der Mensch nicht lösen." Jüdische Gesetze, die das Heiraten von Nichtjuden*Nichtjüdinnen oder sogar das gemeinsame Essen mit ihnen verbieten, machten aus der jüdischen Gemeinschaft eine Ehe und legitimierten die jüdische Unterschiedlichkeit als Teil der Privatsphäre, wo sie das glatte Gefüge der bürgerlichen Brüderlichkeit nicht bedrohen könne. Als Bürger können (männliche) Juden von ihrer zum Privatleben gehörenden Religion absehen und in der bürgerlichen Gesellschaft agieren. Eine solche Segregation gefährdet jedoch die zweite, oben erwähnte Bedeutung der Brüderlichkeit: die genealogische Integration von Blutlinien. Mendelssohn ist sich des Problems bewusst und schließt seine Argumentation mit einer Passage, in der er seine christlichen Leser als „liebe[ ] Brüder" (Mendelssohn 2005, 137) anspricht und das Wort „Bruder" auf fünf Seiten nicht weniger als neunmal verwendet (Mendelssohn 2005, 137–141). Der Begriff beschreibt mitunter brüderliche Liebe (Mendelssohn 2005, 137), bisweilen „Mitbürger" (Mendelssohn 2005, 138), vermeidet aber den Tausch der Schwestern, den Claude Lévi-Strauss zur Grundlage der Gesellschaft macht, den das jüdische Gesetz jedoch ausschließt. Darauf werde ich im nächsten Kapitel zurückkommen. Mendelssohn beruft sich stattdessen auf die Brüderlichkeit, um eine affektive sittliche Pflicht zu stützen, indem er herausnimmt, was Männer trennt – religiöse Unterschiede oder erotische Vorlieben –, ohne Frauen jedoch Rechte einzuräumen.[132] Die Herauslösung der Genealogie aus dem universellen Element der Brüderlichkeit stieß auf heftigen Widerstand. Auch darauf werde ich zurückkommen.

Das in diesem Kapitel behandelte Modell der abstrakten ästhetischen Brüderlichkeit beruhte auf der Verallgemeinerung und Domestizierung des Begehrens, aber Ästhetik war nicht die einzige Lösung für die Partikularität in der Polis. Im nächsten Kapitel werden ich mich einer ökonomischen Bildung zuwenden, die den Unterschied akzeptierte und als Tauschmittel in Bewegung brachte.

---

[132] Auf das jüdische Verbot der Mischehe komme ich im Rahmen der Definitionen zur Nationalität in Kapitel 5 zurück. Zu einer ausgezeichneten Interpretation des Gegensatzes brüderlicher und ehelicher Liebe bei Mendelssohn vgl. Garloff 2016.

3 Ökonomisierung des Begehrens: Geschwistergesetz oder Geschwister per Gesetz

Die Französische Revolution konnte keine dauerhafte Republik errichten, aber sie verankerte in Europa ein neues Zeitalter ökonomischer und politischer Verhältnisse. Nicht nur politische Rechte, sondern auch eine neue kapitalistische Wirtschaft erforderten den Aufbau einer handlungsmächtigen Entität. Wie wir im vorherigen Kapitel gesehen haben, erkundeten Denker von Jean-Jacques Rousseau bis G. W. F. Hegel, von Friedrich Schiller bis Percy Shelley Ermächtigung und Handlungsmacht im Kontext von Begehren und Ästhetik und befassten sich mit der Besorgnis, dass eine partizipative Bürgergesellschaft mit Alterität und Partikularität nicht vereinbar sein könnte. Eine vom Begehren abstrahierende ästhetische Bildung war jedoch nicht die einzige Lösung, die für dieses Problem erdacht wurde. In diesem Kapitel werden Subjektivität und Begehren im Kontext ökonomischer Modelle untersucht, etwa von Adam Smith, Friedrich Engels und Karl Marx. Diese Modelle hatten einen nachhaltigen Einfluss auf die ökonomischen Strukturen, die mit der politischen und sozialen Organisation moderner Gesellschaften zusammenhängen. Ökonom*innen und auch Schriftsteller*innen wie Johann Wolfgang von Goethe und George Eliot experimentierten mit Modellen der Subjektivität, die mit Unterschieden besser umgehen konnten als ästhetische Modelle, kamen jedoch zu sehr unterschiedlichen Schlussfolgerungen über die Bedrohungen, Kosten und Verheißungen solcher Paradigmen.

Im vorherigen Kapitel sind wir der Brüderlichkeit als einem Mechanismus begegnet, der die nötige affektive Teilnahme erzeugt, um ein soziales System von Gleichen zu regulieren. Wir sollten uns also nicht wundern, dass auch die politische Ökonomie mit der Figur des Geschwisters arbeitet. Das Geschwister ist eine Grenzfigur, deren Status als *Ähnliches* – nicht das Selbst und auch nicht ganz ein Anderes – bei der Konstruktion der Person als Akteur des Tauschs verhandelt werden muss. Diese Verhandlung verläuft in Korrelation zu unterschiedlichen Vorstellungen von Subjektivität und politischer Ökonomie: Die Verbindung mit dem Geschwister als andere Hälfte droht eine geschlossene Dyade zu schaffen, die nicht mit der Welt interagieren kann; das Geschwister als Verbindungsfaden zum großen Gesellschaftsgewebe erzeugt einen komplizierten Bereich des geteilten Raums oder des verhandelten Tauschs; die Produktion des Geschwisters als eine dem Subjekt entfremdete Ware zieht eine Trennungslinie, die die Konstituierung eines Individuums ermöglicht, was aber kostspielig ist; und schließlich öffnet die Bestätigung des Geschwisters als teilweise das Selbst und teilweise ein

Anderes die Perspektive auf Modelle geteilter Subjektivität und gemeinsamer Handlungsmacht jenseits einer Tauschökonomie. Solche Konstruktionen des Geschwisters waren zentral für die Herausarbeitung des modernen Wirtschaftssubjekts im Laufe des neunzehnten Jahrhunderts und bis ins zwanzigste Jahrhundert hinein. Sie bleiben nicht nur für aktuelle Subjektbegriffe, sondern auch für die aktuellen Wirtschaftsstrukturen relevant, die wir geerbt haben.

Das Unbehagen in der Moderne, das Friedrich Schiller mit seiner ästhetischen Erziehung heilen wollte, war eine soziale und psychologische Zersplitterung. In seinen Briefen *Über die ästhetische Erziehung des Menschen* (1794) argumentierte er angesichts des Terrors nach der Französischen Revolution, dass moderne Menschen (wobei er sich hauptsächlich auf die professionelle Spezialisierung von Männern bezieht) ein eingeschränktes Leben führten, in dem jeder nur eine geringe Menge Wissen erlernen und nur einen Bruchteil der potenziellen menschlichen Erfahrung erleben könne (vgl. NA 20). Die ästhetische Begegnung hebt das Individuum über diese zersplitterte Existenz hinaus und ermöglicht eine imaginäre Beziehung zum vollständigen Zustand der Menschheit. Die praktische Bedeutung eines solchen Moments liegt sowohl in der Bildung des Begehrens als auch in der Kommunion, die über dem Begehren besteht und eine Brücke zu den allgemeinen Interessen des Staats schlägt und so auch gegen die Bedrohung durch den „Pöbel" wirkt.

Schiller war nicht der einzige Denker, der an der Wende zum neunzehnten Jahrhundert von Teilungen des menschlichen Wissens und Handelns besessen war. Adam Smith beginnt das erste Kapitel von *Der Wohlstand der Nationen* bekanntermaßen nicht mit einer Kritik, sondern mit einem Loblied auf die Arbeitsteilung. Eine solche Fragmentierung, behauptet Smith (1974, 14), diene nicht nur dem Staat, sondern auch den Einzelnen, denn „dieses ungeheure Anwachsen der Produktion in allen Gewerben, als Folge der Arbeitsteilung, führt in einem gut regierten Staat zu allgemeinem Wohlstand, der selbst in den untersten Schichten der Bevölkerung spürbar wird".[133] Laut Smith wird die Gesellschaft nicht durch die Überwindung von Einzelinteressen oder Partikularitäten gut regiert, sondern

---

[133] Smith (1974, 664) beschäftigt sich mit den negativen Auswirkungen einer solchen Teilung für Individuen später in *Wohlstand der Nationen* und behauptet auf fast schillersche Weise, dass als barbarisch bezeichnete Gesellschaften ihren Mitgliedern generell ein größeres Spektrum an Wissens- und Tätigkeitsfeldern erlaubten und abverlangten als eine „entwickelte[ ] und kommerzialisierte[ ] Gesellschaft" und dass daher Abhilfe für das geistige und körperliche Unvermögen geschaffen werden müsse, das sich aus einem Leben ergebe, in dem ohne Innovation nur mehr „einige wenige Arbeitsgänge" verrichtet würden (Smith 1974, 662). Er schlägt ein staatlich finanziertes Bildungswesen vor (vgl. Smith 1974, 664–666), ohne konkret darzulegen, wie eine solche Bildung die schädlichen Auswirkungen einer Überspezialisierung bekämpfen soll.

durch die Integration von Tätigkeiten und Personen in ein großes, komplexes Gefüge. Smith führt zwei universelle Instrumente für diese Integration von Unterschieden an – Sympathie und Handel –, die er in seinen beiden bekanntesten Werken *Theorie der ethischen Gefühle* (1759) und *Der Wohlstand der Nationen* (1776) thematisiert. Nur gemeinsam vermitteln die beiden Werke ein Verständnis der menschlichen Gemeinschaft.

Handel mit Sympathie

In *Theorie der ethischen Gefühle* entsteht Sympathie durch eine Schillers ästhetischer Erziehung entgegenstehende Bildung, die sich vielmehr auf persönliche Partikularitäten bezieht und aus den Herausforderungen des Zusammenlebens ergibt. Sympathie sei zwar angeboren, trete aber nicht spontan auf, sondern entwickle sich in der Kindheit hauptsächlich durch den Umgang mit Brüdern und Schwestern:

> [Deren] Lage bewirkt es, daß ihre wechselseitige Sympathie für ihr gemeinsames Glück äußerst wichtig ist, und infolge der Weisheit der Natur läßt dieselbe Lage, indem sie sie zwingt, sich einander *anzupassen* [*accommodate*], diese Sympathie zugleich mehr gewohnheitsmäßig und dadurch auch lebhafter, bestimmter und entschiedener werden. (Smith 1985, 373, meine Hervorhebung)

Im Gegensatz zu einer ästhetischen Erziehung führt eine Erziehung zur Anpassung [*accommodation*] also zur Anerkennung von Unterschieden und zur Notwendigkeit einer Justierung, um das Glück der anderen zu fördern. Diese Passage widerspricht nicht dem berühmten Satz zu Beginn: „Mag auch unser eigener Bruder auf der Folterbank liegen – solange wir selbst uns wohl befinden, werden uns unsere Sinne niemals sagen, was er leidet." (Smith 1985, 2) Sie verlagert aber das Gewicht auf die direkt anschließende Aussage: „[N]ur durch Vorstellungskraft können wir uns einen Begriff von der Art seiner Empfindungen machen." (Smith 1985, 2 [Übersetzung angepasst])[134] Der Bruder wird in dieser Passage als der nächste Verwandte des Erzählers und männlich imaginierten Lesers ausgewählt. Diese Nähe offenbart sich jedoch in der späteren Passage als eine Frage der Bildung, die dann als Grundlage für den lebenslangen ethischen Umgang dient. Die Geschwisterbindung hängt also von der Nähe ab, nicht vom Blut, und wird zwischen getrennt erzogenen Familienmitgliedern schwach und zwischen gemein-

---

[134] David Marshall (1986, 177) schrieb über die „Instabilität des Selbst" in der von Smith entwickelten Theorie der Sympathie.

sam erzogenen Nichtverwandten stark sein. Auch später im Leben können ähnliche Bindungen entstehen, sodass „Kollegen im Amt, Partner im Geschäft [...] einander Brüder [nennen] und [...] häufig so für einander [fühlen], als ob sie es wirklich wären" (Smith 1985, 380). Die Bruderschaft der finanziellen Partnerschaft ist, wie wir sehen werden, nicht immer von den ersten Geschwisterimpulsen loszulösen.

Die Erfahrung der Interdependenz, die eine solche imaginierte Verkörperung ermöglicht, nimmt mit der Entfernung ab. Sobald die persönliche Bekanntschaft schwächer werde, so Smith, müssten Gesellschaften durch Systeme des Handels in einem riesigen Gefüge aus Geschäft und gemeinsamer Arbeit zusammenhalten. Smith illustriert dieses Gewebe anhand eines bescheidenen Kleidungsstücks, der gewöhnlichen Wolljacke. Auf mehreren Seiten von *Der Wohlstand der Nationen* beschreibt er die Vielfalt der Arbeiter und der Arbeitsformen, die erforderlich seien, um eine solche Ware herzustellen, und bewegt sich von denen, die direkt damit zu tun haben, zu jenen, die sich um die Produktionsmittel und die Bedürfnisse der Arbeiter erster Ordnung kümmern, bis „uns bewußt [wird], daß ohne Mithilfe und Zusammenwirken Tausender von Menschen in einem zivilisierten Land nicht einmal der allereinfachste Mann selbst mit jenen Gütern versorgt [*accommodated*] werden könnte, die wir gewöhnlich, fälschlicherweise, grob und anspruchslos nennen" (Smith 1974, 15). Die Grundlage des vorteilhaften Zusammenlebens von Geschwistern im selben Haus und der gegenseitigen Abhängigkeit von Bewohner*innen derselben Zivilisationssphäre bilden die gemeinsamen Vorstellungen von Interdependenz und Anpassung/Versorgung [*accommodation*].[135] Mary Poovey (1994, 86) merkt an, dass Harmonie im Tauschsystem auf gesellschaftlicher Ebene bewirkt, was durch Einbildungskraft erzeugte Harmonie zwischen Freund*innen auf individueller Ebene ausmacht, nämlich die notwendige Unterstützung für den Menschen als abhängiges Wesen.

Smith verweilt in *Theorie der ethischen Gefühle* bei den ersten Familien – Kindern, Eltern und vor allem Brüdern und Schwestern. Kaum ein Ehemann oder eine Ehefrau sind zu finden. In *Der Wohlstand der Nationen* verschwinden hingegen die Brüder und Schwestern zugunsten von Ehefrauen und Kindern, die unterhalten und aufgezogen werden müssen. Wenn erste Familien eine Schule zur Intensivie-

---

[135] Dieses Netzwerk hat laut Smith Grenzen, die am Rand der „zivilisierten" Welt liegen. Kulturen, die noch keine Arbeitsteilung praktizierten, seien von anderen Kulturen isoliert, und innerlich seien Individuen innerhalb einer solchen Kultur voneinander isoliert, da jedes eine viel größere Verantwortung trage, sich mit allen Bedürfnissen des Lebens zu versorgen. Die Grenzen des menschlichen Gefüges von Handel und Industrie seien jedoch potenziell auf die ganze Welt erweiterbar, indem die Produktionsmethode der Arbeitsteilung auf eine Weise verbreitet werde, die Smith (1974, 9) im allerersten Satz von Buch 1 als „verbessern" bezeichnet.

rung unserer angeborenen ethischen Gefühle darstellen, werden zweite Familien zu den angemessenen wirtschaftlichen Einheiten einer auf Handel beruhenden Gesellschaft. Smith scheint sich jedoch den Übergang von der einen Form zur anderen, von Sympathie zu Begehren oder von Geschwistern zu Ehepartnern nicht vorstellen zu können oder nicht daran interessiert zu sein. Eineinhalb Jahrhunderte später widmete Claude Lévi-Strauss seine anthropologische Theorie genau diesem Übergang. Lévi-Strauss vertrat die Ansicht, dass der Tausch von Frauen für eheliche Zwecke, der das Inzesttabu umfasst, das konstitutive Moment für Kultur sei. Nach Lévi-Strauss nimmt der mitunter sehr indirekt auftretende Tausch einer Schwester gegen eine Ehefrau die einzigartige Rolle der Regulierung und Umwandlung einer natürlichen Funktion, nämlich der Abstammung, in eine soziale Funktion, nämlich die Allianz, ein. Nur durch den Frauentausch kann eine Gruppe ihre Existenz als Gruppe aufrechterhalten. Wenn Männer ihre eigenen Schwestern heirateten, würden Familien zu Monaden und störten die Harmonie der Gemeinschaft. Selbst der ständige Tausch von Schwestern zwischen zwei Familien könnte einen störenden Keim ins soziale Gefüge einführen (vgl. Lévi-Strauss 1984, 639–640).[136] Besonders reibungslos funktionierten Gesellschaften, die über komplexe allgemeine Systeme des Ehetauschs verfügten, die wiederum Vertrauen und Kredit erforderten, um die Zirkulation der menschlichen Währung zu ermöglichen. In einer solchen Gesellschaft ist „die Gruppe, die [ein solches System] übernimmt, bereit [...], im weitesten Sinn des Wortes zu *spekulieren*". Die Akzeptanz eines kapitalistischen Kredit- und Tauschsystems bringe einen Gewinn ein, „insofern der verallgemeinerte Tausch es erlaubt, die Gruppe so reich und komplex leben zu lassen, wie es sich mit ihrem Umfang, ihrer Struktur und ihrer Dichte vereinbaren läßt" (Lévi-Strauss 1984, 373).

Smith und Lévi-Strauss haben eine gewisse konzeptionelle Nähe: Lévi-Strauss passt die von Smith entwickelten Theorien von Kapital, Ware, Freihandel und Wettbewerb an sein Verständnis der Grundlagen der Kultur an. Doch weit reichen die Ähnlichkeiten nicht, denn für Smith bezog sich die Theorie des Kapitalismus nicht auf den Ursprung der Kultur, sondern nur auf eine bestimmte zeitgenössische Phase der Wirtschaftsgeschichte. Auch in ihrem Verständnis von Geschwisterbeziehungen weichen sie voneinander ab. Während Smith in der Interaktion der Geschwister die Wurzel des Affekts erkennt, in der alle zwischenmenschlichen Beziehungen begründet lägen, verwandelt Lévi-Strauss die Schwester in eine Ware – ein Gut, das für den Produzenten (die erste Familie) nur einen Tauschwert habe. Mit anderen Worten sieht Lévi-Strauss den Wert der Schwester nur in ihrer Abwesenheit, während Smith

---

[136] Lévi-Strauss' Kommentar bietet somit eine Kritik der Praktiken des neunzehnten Jahrhunderts, die ich in diesem Kapitel untersuchen werden.

ihn in der Gegenwart sieht. Diese beiden Tauschtheoretiker bilden die historischen Eckpunkte des Geschwisterregimes, wie wir es in Anlehnung an Juliet Flower MacCannell nennen könnten.[137] In diesem Kapitel wird uns beschäftigen, inwiefern der Wert des Geschwisters beide Tauschsysteme und die Produktion des Individuums, insbesondere in Bezug auf Objekte und Waren, definiert oder das Potenzial hat, sie neu zu definieren.

Indem Lévi-Strauss den Tausch von Schwester gegen Ehefrau als Ursprung der Kultur postuliert, verändert er die anthropologische Theorie, die der modernen Disziplin zugrunde liegt, ganz bewusst und beruft sich zugleich auf ihren Architekten, den amerikanischen Anthropologen Lewis Henry Morgan, dem er *Die elementaren Strukturen der Verwandtschaft* widmet. Indem er sich zu Morgans intellektuellem Erben ernennt, macht er diesen Titel einem treueren Schüler streitig, nämlich Friedrich Engels, dessen Schrift *Der Ursprung der Familie, des Privateigentums und des Staats* (1884) Morgans materialistische Geschichte der Verwandtschaft in eine Kritik der kapitalistischen Familienstruktur überträgt, die ganz klar im Kontrast zu Lévi-Strauss steht.[138] Auf Morgan und die Verwandtschaftsethnologie werde ich im Epilog zurückkommen. Hier muss ich jedoch kurz auf die Kluft zwischen Morgans und Lévi-Strauss' Ansichten über die ursprünglichen Verwandtschaftsstrukturen der menschlichen Gesellschaft eingehen. Morgan und Engels spekulierten, dass die frühesten Gesellschaften aus einzelnen großen Familien bestanden, in denen jede Generation sowohl als eine Gruppe von Brüdern und Schwestern als auch als eine Gruppe von Ehemännern und Ehefrauen fungierte. In diesen Gruppenehen sind „Brüder und Schwestern, Vettern und Kusinen ersten, zweiten und entfernteren Grades [...] alle Brüder und Schwestern untereinander und *eben deswegen* alle Mann und Frau eins des andern" (Engels 1962, 43). Diese „ursprüngliche kommunistische Gesamthaushaltung" (Engels 1962, 45), bei Morgan „Kommunismus" (1987, 384),[139] fungierte als gemeinsame Produktions- und Konsumeinheit, in der alles geteilt wurde.

---

137 In *The Regime of the Brother* betont Juliet Flower MacCannell (1991) die auf Geschlecht bezogenen Machtverhältnisse, die die postmonarchische Welt weiter prägten. Ohne dies bestreiten zu wollen, würde ich einwenden, dass die Konzepte der Schwester und der Geschwister als Gruppen und nicht nur die des Bruders eine grundlegende Rolle bei der Entwicklung ökonomischer und politischer Strukturen, epistemologischer Systeme und des modernen Subjekts spielten.
138 Engels folgt Morgan bei der Abfolge der Universalgeschichte, aber nicht in der Beurteilung ihrer Stadien. Während Morgan die Etablierung von Eigentum und ein sesshaftes landwirtschaftliches Leben als willkommenen Durchbruch von der Barbarei zur Zivilisation sieht, verstehen Engels und Marx den Begriff des Eigentums und die damit verbundene Herrschaft, die dem Familiensystem innewohnt, als entscheidenden ethischen Verfall (vgl. Engels 1962). Eine exzellente Analyse von Morgans Einstellung zum Privateigentum bietet Trautmann (1987).
139 Anm. d. Ü.: Im englischen Original heißt es „communism in living" (Morgan 1877, 454).

Wie Lévi-Strauss sah auch Engels die Beziehung zwischen den Geschlechtern als gruppeninternes Konfliktpotenzial, das überwunden werden musste, um ausreichend große Gesellschaften zu bilden, die sich selbst verteidigen und versorgen konnten. Beide bestehen auf einer anderen „primitiven" Lösung für dieses Problem. Während Engels die Gruppenehe und damit den gleichberechtigten und gleichzeitigen *Zugang* von Männern zu Frauen und von Frauen zu Männern postuliert, plädiert Lévi-Strauss für eine bestimmte Art des Tauschs, nämlich den *Freihandel*, die gleichberechtigte Möglichkeit der Männer, um Frauen zu konkurrieren. In einem System exklusiver Beziehungen (einer oder beider Parteien) stellt das Inzesttabu die Aufhebung eines den Freihandel beschneidenden Monopols dar. Der freie Wettbewerb zwischen Kaufleuten und die Freiheit der Arbeiter*innen, Orte und Berufe zu wechseln, waren für die gesunde kapitalistische Wirtschaft bei Adam Smith von zentraler Bedeutung. Die Förderung des Verkehrs erfordert die Nivellierung von Privilegien (vgl. Smith 1974, 103–125). Während Lévi-Strauss diese Bedingungen in kulturinstanziierende Ehebeziehungen zurückprojiziert, nimmt Engels sie als charakteristisch für die Transformation der Ehe im Zeitalter des Kapitalismus wahr. „Diese ‚freien' und ‚gleichen' Leute zu schaffen, war grade eine der Hauptarbeiten der kapitalistischen Produktion", so Engels (1962, 80–81). Engels entdeckt damit ein Paradox in kapitalistischen Familienverhältnissen, die Frauen als Privateigentum bezeichnen, ihnen aber auch die Möglichkeit geben, als Konsumentinnen (von Ehemännern) einen Vertrag zu schließen. Engels selbst und der frühe marxistische Feminismus im Allgemeinen konzentrierten sich zum Zwecke der Kritik in erster Linie auf die erstere Komponente der kapitalistischen Familienverhältnisse.[140] An dieser Stelle wird uns aber das Paradox selbst beschäftigen, das uns, wie ich glaube, eine neue, produktivere Möglichkeit bietet, feministische Alternativen herauszuarbeiten.

In einer aufschlussreichen Kritik an Engels' Überlegungen zur Familie bezieht sich Alys Eve Weinbaum (2004, 110) auf deren Blindheit gegenüber der Häuslichkeit als Form der Unterdrückung und gegenüber Hausarbeit und Geburt als Produktionsformen. Engels beschäftigt sich auch mit den Fragen, die wir bereits bei Marquis de Sade und bei Percy Shelley gesehen haben. Während Engels den Übergang zum Privateigentum und die damit einhergehende Erwartung weiblicher Treue als eine Form weiblicher Versklavung bestimmt, verwehrt er sich einer Rückkehr zu dem, was Morgan eine Gesellschaft der Gruppenehe zwischen Geschwistern oder „Kommunismus" [*„communism in living"*] genannt hatte (Morgan 1987, 384, 1877, 454). Engels' Befürchtungen, dass Inzest zu gesundheitlichen Beeinträchtigungen

---

140 Einen guten Überblick über das Nachleben von Engels' Theorie und feministische marxistische Ansätze liefert Alys Eve Weinbaum 2004, 106–144.

der Art führen würde, entsprachen der damaligen Auffassung der Eugenik. Sein Haupteinwand scheint jedoch anderswo zu liegen, in seinem Unbehagen an der Idee mehrerer gleichzeitiger Partner; er bevorzugt eine Form der seriellen Monogamie, die in seiner oberflächlichen Rhetorik weiterhin die Ideologie der romantischen Liebe zwischen Paaren zulässt und auch die Vaterschaft sichert. Mit anderen Worten befürwortet Engels eine Vorstellung von sexueller Auswahl und sexueller Präferenz im Einklang mit einer Sicht auf das Individuum und auf väterliche Erbschaftsmuster, die ansonsten von der sozialistischen Theorie aufgegeben wurden. Wie Shelley muss er sich dem Problem stellen, eine solche selektive Partikularität in einem auf Gleichheit aufgebauten sozialen Gefüge zu bewahren. Es ist nicht verwunderlich, dass Edward Aveling und Eleanor Marx im selben Jahrzehnt, in dem *Der Ursprung der Familie* erschien, einen gemeinsamen Artikel veröffentlichen, in dem sie Shelley für den Sozialismus vereinnahmen. Der Artikel beschäftigt sich ausführlich mit den revolutionären Tendenzen von „Laon and Cythna", die sie als untrennbar mit ihrer Kritik an Geschlecht und Familienbeziehungen verbunden sehen. Die Autor*innen begrüßen die Evolution deutlicher als Engels und betrachten „die beiden großen Prinzipien, welche die Entwicklung des Individuums und der Gattung bestimmen, die der Vererbung und Anpassung [*adaptation*]" (Aveling und Marx-Aveling 1888, 543), als zentral für den Marxismus. Umso bemerkenswerter ist es, dass sie das Bruder-Schwester-Inzest-Motiv von Shelleys Gedicht nicht scheuen und das Paar als „gleich und eins, Bruder und Schwester, Gatte und Gattin, Freund und Freundin, Mann und Weib" feiern (Aveling und Marx-Aveling, 544). Keine Seite der Inzest-Eugenik-Debatte löst jedoch das Problem des Begehrens und der Partikularität, unter dem der Sozialismus genauso leidet wie der Republikanismus. Wie wir gesehen haben, muss Rousseaus Julie lernen, ihr Begehren so zu erziehen, dass es mit dem gesellschaftlichen Nutzen in Einklang steht – und dass ihr dies nicht vollständig gelingt, ist ein Zeichen für die Unmöglichkeit des demokratischen Projekts. Vor diesem Hintergrund enthüllen die Versuche von Engels, Eleanor Marx und Aveling, das Individuum unabhängig vom Geschlecht als einen Akteur des Begehrens im Sexuellen zu erhalten, das Paradox im Begriff der Zustimmung als Grundlage der Gesellschaft. Die Geschwisterehe mag eine *kommunistische* Lösung für dieses Problem bieten, aber nur, indem sie das Recht auf Partikularität des Begehrens im Sinne des Widerrufs aller Partikularität widerruft. Der Kapitalismus entwickelte einen anderen Umgang mit dem Problem.

Wenn die jungen Menschen „das Recht, über sich selbst [...] frei zu verfügen", hätten, hätten sie auch „die Pflicht der Liebenden einander zu heiraten und niemand anders" (Engels 1962, 81). Zu Beginn des neunzehnten Jahrhunderts war es geradezu anrüchig geworden, nicht aus Liebe zu heiraten, und „auf dem Papier, in der moralischen Theorie wie in der poetischen Schilderung, stand nichts unerschütterlicher fest, als daß jede Ehe unsittlich, die nicht auf gegenseitiger Geschlechtsliebe und auf der wirklich freien Übereinkunft der Gatten beruht" (Engels 1962, 82), sogar und vielleicht auch paradigmatisch innerhalb der neu gebildeten Bourgeoisie (vgl. Coontz 2005; Engelstein 2013). Doch auch wenn für die Ehe Liebe erforderlich war, hatte sie weiterhin wirtschaftliche Funktionen zu erfüllen. Die Erziehung des Begehrens, die das Zeitalter des Liberalismus dominierte, war keine schillersche ästhetische Aufhebung, sondern eine ökonomische Formgebung. Wie Sharon Marcus (2007, 4–5) in ihrer Studie über die Beziehungen von Frauen im viktorianischen England feststellt, ist Begehren „eine zutiefst regulierte und regulierende hierarchische Struktur der Sehnsucht". Ökonomisch und sozial angemessenes Begehren ist ein grundlegendes Produkt des Kapitalismus. Um herauszufinden, wie es produziert wurde, müssen wir ein lange übersehenes Element bei der Formierung des Liberalismus in den Fokus rücken, nämlich die Verwandtschaft und besonders die Geschwister.

Obwohl Geschwister in Engels' Ehegeschichte eine große Rolle spielen, scheint er einer seltsamen Amnesie anheimzufallen, die auch bei Smith und Lévi-Strauss zu beobachten ist, wenn er nämlich vergisst, dass sich die erste Familie bei der Bildung der zweiten nicht auflöst. Unterdessen entfällt es auch Gilles Deleuze und Félix Guattari ganz wie Freud, dass die erste Familie aus mehr als Vater, Mutter und Kind besteht, dass also auch Brüder und Schwestern Urbestandteile der ersten Familien sind. Smiths häusliche Gefühle verschwinden jedoch nicht mit dem Aufbau ökonomischer Netzwerke. Auch Lévi-Strauss' Schwestern bleiben Schwestern, wenn sie zu Ehefrauen werden. Vielmehr ist die Geschwisterschaft in der ökonomischen Politik ein Ort, an dem Gefühle so produziert und gelenkt werden, dass besondere Konfigurationen von Wirtschaft, Kapital und Subjektivität vorangetrieben werden oder ihnen widerstanden wird. Aus diesem Grund ist die *affektive Arbeit*, die von den Wirtschaftstheoretikern Michael Hardt und Antonio Negri erkannt wurde, kein gerade erst bedeutsam gewordenes Element des gegenwärtigen Finanzsystems, das sie *Empire* nennen, sondern war von entscheidender Bedeutung für die Bildung der bürgerlichen Klasse (vgl. Hardt und Negri, 2002, 303–305, 2004, 126–134, 166–168). Viele der verschiedenen Formen der immateriellen Arbeit, die Hardt und Negri identifizieren – affektive Arbeit, Informationsbeschaffung, Kontrolle und Kommunikation von Wissen – wurden im langen neunzehnten Jahrhundert kollektiv von Frauen in Verwandtschaftsgruppen durchgeführt, die durch briefliche Korrespondenz vernetzt waren, eine der Hauptbeschäftigungen bürgerlicher Frauen der Zeit. Die Kindererziehung bot eine affektive Bildung, die darauf abzielte, Familienunternehmen wachsen zu lassen und gleichzeitig das Risiko durch Überwachung und die Vermittlung eines Gefühls der familiären Verpflichtung zu begrenzen. Diese Biopolitik war ein integraler Bestandteil des Aufstiegs und der Aufrechterhaltung des Handels- und Finanzkapitalismus. Michel Foucault verwendet in *Der Wille zum Wissen* (ursprünglich 1976) und in seinen Vorlesungen aus den Jahren 1978/79 über *Die Geburt der Biopolitik* die Begriffe *Biomacht* und *Biopolitik* vor allem in Bezug auf Wirtschafts- und Militärpolitik. Trotzdem zeigt er in der ersteren Arbeit auch, inwiefern die aufkommende Kernfamilie die Sexualität als einen Fixpunkt dieser Allianz normiert, und sieht in der obsessiven Beschäftigung mit Inzesttabus eine Möglichkeit, die Gegenwart des Staats auch in Machtformen zu behaupten, die außerhalb seines allgemein anerkannten Zuständigkeitsbereichs liegen (vgl. Foucault 1986, 165–173, 131–132, 2004a). Die Krux dieser Biopolitik, so würde ich behaupten, war die Domestizierung des Ehepartners, die Neuerschaffung von Ehemann oder Ehefrau als eine Form von Bruder oder Schwester, die durch Aushandlung der Grenzen des Inzesttabus konstituiert wurde und die die Umwandlung des Patriarchats des Ancien Régime in ein bürgerliches Fratriarchat begleiteten. Damit möchte ich sagen, dass die Untersuchung dieses neuen Geschwisterregimes, das etwa hundertfünfzig Jahre andauerte, auch einen unerwarteten Aspekt der fortschreitenden Subjektkonstruktion sichtbar macht und einen Ort bietet, um die aktuellen Grenzen und die Handlungsmacht des Subjekts neu zu gestalten.

Geschwisternetzwerke und die moderne Ökonomie

Was Karl Marx (1983, 104) als die „bürgerliche[ ] Revolution der Franzosen" bezeichnete, illustrierte die Verbindung des Politischen, Ökonomischen und Psychologischen bei der Konstruktion der Ideologie des individuellen, autonomen Akteurs. Dieses autonome Individuum existiert jedoch, indem es das Bewusstsein für die Verwandtschaft und die sozialen Netzwerke, die es aufrechterhalten, unterdrückt. Es ist kein historischer Zufall, dass sich das Individuum, die häusliche Familie und die bürgerliche Sphäre gleichzeitig entwickelt haben. Das Individuum ist eine optische Täuschung, die wie die Treppe in einem Escher-Gemälde im Raum hervorzuspringen scheint, weil andere Figuren, mit denen es verbunden ist, sich zu einem Hintergrund zurückziehen. Das Individuum entsteht, wenn das Gewebe der Gesellschaft gefaltet wird, um Vertiefungen um *es* herum zu schaffen. Im Roman, von dem häufig gesagt wird, dass er an der Schaffung einer subjektbegründenden Innerlichkeit beteiligt war, kommt das Subjekt nicht nur auf, sondern dort können die Prozesse der Subjektbildung infrage gestellt oder kritisiert werden. Dieses Spannungsverhältnis hat insbesondere die umstrittene Genretheorie des sogenannten Bildungsromans durchdrungen. Tatsächlich korreliert die Theoriegeschichte dieses Genres weitgehend mit den herrschenden Theorien vom Individuum. Erwartungsgemäß bietet daher der Roman, der als Begründer des Genres gilt, Goethes *Wilhelm Meisters Lehrjahre*, eine komplexe Inszenierung des Persönlichen, Sozialen, Familiären und Ökonomischen im Verhältnis zu Vorstellungen von Subjektivität.[141]

Friedrich Schlegel (1967, 198) brachte schon im Athenäums-Fragment 216 Goethes *Wilhelm Meister* mit der Französischen Revolution in Verbindung, indem er beide zusammen mit Johann Gottlieb Fichtes *Wissenschaftslehre* als die drei „größten Tendenzen des Zeitalters" bezeichnete und den Roman damit eine Art eigenständige Revolution nannte. In den 1930er Jahren plädierte Georg Lukács für eine noch stärkere Verbindung zwischen dem Roman und der Französischen Revolution. Er betonte, dass Goethes Ablehnung der revolutionären Methoden keine „Ablehnung der gesellschaftlichen und menschlichen Inhalte der bürgerlichen Revolution [bedeutet]. Im Gegenteil." (Lukács 1953, 69) Lukács las *Wilhelm Meister* als einen Versuch, sich die Entfaltung des Einzelnen in der bürgerlichen kapitalistischen Gesellschaft vorzustellen. Dieser Versuch erkannte sein eigenes notwendiges Scheitern an, erhielt jedoch durch den Überschwang der Französischen Revolution eine optimistische Färbung. Für Lukács hätte der Weg aus dieser Sackgasse darin bestanden, die kapitalistische durch eine sozialistische Revolution zu ersetzen. Es mag überraschen, dass Friedrich Kittler (1979, 124) in den 1970er Jahren auf Lukács' Analyse aufbaute, die Betonung des Humanismus über Bord warf, den Roman aber immer noch als Umcodierung las, die an der Erfindung der modernen bürgerlichen Familie beteiligt war, und damit als „kulturelle[ ] Übernahme einer ausländischen Revolution". Anstatt jedoch einfach die Ziele einer fremden Revolution zu übernehmen und ihre Mittel abzulehnen, konfrontiert Goethe meines Erachtens das große Experiment seiner Zeit mit einem Narrativ des Experimentierens, die sich mit brüderlicher und väterlicher ökonomischer, sozialer und psychologischer Organisation auseinandersetzt. Er versucht, einen dritten Weg zu finden, um sie zu verbinden. *Wilhelm Meisters Lehrjahre* führt eine Reihe von Versuchen durch, um Brüderlichkeit mit Autorität, Abstammung mit Affinität und Kosmopolitismus mit physischer Situiertheit zu verbinden.

---

[141] Theoretiker*innen des Bildungsromans sahen im frühen zwanzigsten Jahrhundert in dem Genre eine Geschichte von intensiver Individuation (vgl. Dilthey 1922, 394; Mann 2002a, 174–175). In den 1970er und 1980er Jahren fühlten sich Kritiker*innen zu Theorien der Sozialisation hingezogen (vgl. Buckley 1974; Moretti 1987; Kittler 1979). Die neuere Kritik stellt die Existenz des Genres als ein Genre ohne Beispiele oder ein Phantomgenre infrage (vgl. Sammons 2003, 1981). Der Begriff *Phantom* wurde in diesem Zusammenhang erstmals von Sammons (1981, 239) verwendet und von Marc Redfield (1996) in *Phantom Formations: Aesthetic Ideology and the Bildungsroman* weiterentwickelt. Ab den 1980er Jahren formierte sich eine kritische Strömung, die den Ausschluss von weiblichen Entwicklungsgeschichten bemängelte, die oft nach ganz anderen Mustern verlaufen. Zu weiteren Überlegungen zum Begriff in diesem Sinne vgl. Abel et al. 1983; Hirsch 1993: Lazzaro-Weiss 1990; Esty 2002; Fraiman 1993: Sammons 2012. Unlängst sind theoretische Versuche zu verzeichnen, den Genrebegriff flexibler aufzufassen (vgl. Stević 2020).

Kittlers Arbeit zu Goethe erschien unter dem Eindruck der äußerst einflussreichen Geschichte der britischen Familie von Lawrence Stone (1977), der die These vertrat, dass aus dem umfassenderen frühneuzeitlichen Haushalt eine reduzierte und konsolidierte Kernfamilie hervorgegangen sei. Kittler schränkt dieses Konstrukt jedoch noch weiter ein und konzentriert sich auf die Dreieckskonstellation von Vater-Mutter-Kind, innerhalb derer der Vater, der seine Rolle als Erzieher verloren habe, einen peripheren Druck auf die mütterliche Sozialisation des Kindes ausübe. Die Marginalisierung der Geschwister ist bei Kittler so umfassend, dass er die Zusammensetzung von Wilhelm Meisters Familie im Roman falsch darstellt und behauptet, er habe nur eine einzige unbedeutende Schwester, während Wilhelm tatsächlich eine unbestimmte Anzahl von Geschwistern und mehr als eine Schwester hat (vgl. Goethe 2002b, 17, 19, 23, 24).[142] Geschwister bilden vielmehr die zentrale Familienstruktur des Textes. Als Wilhelm von seiner eigenen Familie davonreist, sich einer Theatertruppe anschließt und sie dann verlässt, in eine seltsame Geheimgesellschaft aufgenommen wird, die ihn überzeugt, väterliche Verantwortung für ein Kind zu übernehmen, das sein Sohn sein könnte, und sich schließlich mit einer aristokratischen Frau verlobt, die er idealisiert, stolpert die Titelfigur immer wieder in Netzwerke von Geschwisterbeziehungen.[143] Die Familie, in die Wilhelm einheiraten wird, besteht aus vier Geschwistern – Lothario, Natalie, Friedrich und der Gräfin –, die sich in Abwesenheit von Eltern, aber mithilfe einer Tante und eines Onkels – den Geschwistern dieser fehlenden Eltern – gegenseitig aufgezogen haben. Die Leiter*innen der Theatertruppe sind ein Bruder-Schwester-Paar – Serlo und Aurelia. Die inzestuösen Eltern der Mignon – Augustin und Sperata – sind ebenfalls Geschwister, die zwei weitere Brüder haben. Sogar der Abbé hat einen eineiigen Zwilling.

Kittler liefert uns nicht eine Beschreibung der Kernfamilie des späten achtzehnten und frühen neunzehnten Jahrhunderts, sondern der freudschen Familie, die im Laufe des zwanzigsten Jahrhunderts und bis zu den jüngsten bahnbre-

---

142 Michael Minden (1997, 3) bemerkt, dass die Protagonisten der Bildungsromane eher Einzelkinder und immer älteste Söhne sind. So ist auch Wilhelm der älteste Sohn. Solche identifizierenden Genremerkmale können jedoch zirkulär sein. Seit den 1980er Jahren wurde das Spektrum der in Bildungsromanen anerkannten Familientypen nach Aufforderungen, auch Arbeiten über die Entwicklung von Frauen einzuschließen, erheblich erweitert (vgl. Anm. 141). Geschwister, ältere und jüngere, spielen in diesen Werken oft eine große Rolle. Ich werde im Folgenden auf die Frage zurückkommen, warum Wilhelm Meisters Geschwister in der Romanhandlung verblassen.
143 Während Kittler (1979) die Verdichtung von Wilhelms Familie im Übergang von der Entwurfsversion des Romans, *Wilhelm Meisters theatralische Sendung* (1777–1785), zur endgültigen Version analysiert, stellt Thomas Saine (1991, 136) fest, dass vieles von dem, was Goethe dem Roman bei seiner Überarbeitung hinzufügte, aus den neu entwickelten Familienhintergründen aller anderen bedeutenden Figuren besteht.

chenden Arbeiten, die die Geschwister in einer Reihe von Disziplinen wieder eingeführt haben, die Rolle der Geschwister in der Theorie in den Schatten gestellt hat. Wenn diese Ansicht der Familie in *Wilhelm Meister* – oder generell im späten achtzehnten Jahrhundert – verzerrt ist, dann müssen wir auch das moderne Subjekt in seiner Relationalität überdenken. Die Korrelation zwischen der Kernfamilie und *Wilhelm Meister* wurde bereits infrage gestellt.[144] Nach neueren Arbeiten von Historiker*innen wie David Sabean (1998), Leonore Davidoff (2012), Christopher Johnson (2015) und Margareth Lanzinger (2015) stellen wir jedoch fest, dass wir nicht nur im Roman über die familiäre Triade und sogar über die Kernfamilie hinausblicken müssen.

Sabean und Johnson verorteten die Verlagerung von der Vater-Sohn-Abstammungslinie zu geschwisterbasierten Verwandtschaftsnetzwerken als Grundlage für soziale Kohärenz genau zu dieser Zeit. „Die bürgerliche Klassenbildung", betonen sie, „wurde überall durch Verwandtschaftsbeziehungen gefestigt, und je mehr Verwandte, desto besser." (Sabean und Johnson 2011, 12) Wie sowohl Kittler (1979, 8–9) als auch Tobin (2000, 8–9) betonen, kam das lateinische Wort *Familie* in Deutschland erstmals am Ende des achtzehnten Jahrhunderts in Gebrauch und ersetzte Begriffe wie *Haus*, *Geschlecht* und *Weib und Kind*, die keine ähnlichen Konnotationen enthalten. Im Englischen verengte sich die Definition des bestehenden Wortes *family* und verlor langsam den Bezug zu Mitgliedern eines Haushalts, die nicht durch Blut oder Ehe miteinander verwandt waren. Gleichzeitig bedeutete das Wort *Generation*, definiert als „die Gruppe der im gleichen Zeitraum geborenen Menschen", immer mehr ein soziales Kollektiv mit gemeinsamen Erfahrungen (vgl. Jaeger 1985; Parnes 2005).[145] Im Deutschen gewann das Wort *Geschwister* an Sichtbarkeit (vgl. Hohkamp 2011, 68). Im Englischen bezog sich der Ausdruck *sib group* (der mit dem aus dem Althochdeutschen stammenden Begriff *Sippe* verwandt ist) im Laufe des neunzehnten Jahrhunderts auf *alle Verwandten*, und *sibling* entwi-

---

144 Friedrich Kittler leitete 1978 das Interesse an Familienkonstellationen im Roman ein, gefolgt von Jochen Hörischs lacanscher Interpretation in *Gott, Geld, und Glück: Zur Logik der Liebe in den Bildungsromanen Goethes, Kellers und Thomas Mann* (1983). Doch vor allem seit den 1990er Jahren bildet sich die Familie als einer der Schwerpunkte der Romanforschung heraus. Die Studien lassen sich in zwei allgemeine Kategorien einteilen: Zunächst gibt es diejenigen, die behaupten, dass der Roman mit einer Vielzahl von Familientypen spielerisch experimentiert (vgl. Schlipphacke 2003; Broszeit-Rieger 2005, 2016; Tobin 2000). Dann gibt es jene, die im Roman einen Versuch sehen, dieses Experimentieren zu beschneiden und eine patriarchalisch ausgerichtete Kernfamilie zu stärken (vgl. Becker-Cantarino 1993; Krimmer 2004; 2007, Helfer 2002). Auch Thomas Saine (1991) kommt zu dem Schluss, dass Goethe patriarchalische Familien besonders favorisiere, sieht diese Präferenz er aber weniger kritisch.
145 Vgl. auch Ohad Parnes, Ulrike Vedder und Stefan Willer (2008), die das Konzept der Generation anhand dieser Bedeutungen von Abstammungslinie und Epoche untersuchen.

ckelte sich erst mit dem Aufstieg der Sozialanthropologie und der Genetik im zwanzigsten Jahrhundert zur heutigen Bedeutung.[146] Nichtsdestotrotz spielten Brüder und Schwestern im Großbritannien des neunzehnten Jahrhunderts und auch in ganz Europa eine entscheidende Rolle.[147] Die neuen geschwisterbasierten Netzwerke, die Sabean und Johnson (2011, 10) detailliert beschreiben, sorgten dafür, dass auf Zugehörigkeit beruhende Verwandtschaftsnetze [*kin-grids*] Allianzlinien ersetzten und Zusammenschlüsse zu Unternehmen und zu „Berufen, staatlichen Diensten – einschließlich des Militärs – und intellektuellen und künstlerischen Kreisen" bildeten (Sabean und Johnson 2011, 13). Diese Verwandtschaftsnetze ermöglichten den Aufstieg des Bürgertums als Grundlage des neuen Handels- und Finanzkapitalismus.[148] Wie im vorherigen Kapitel gezeigt, beherrschte nicht nur in Frankreich die *Brüderlichkeit* die neue Form der imaginären Gemeinschaft, die zur modernen Nation wurde. Familie, Gesellschaft und Subjekt sind wechselseitig konstitutiv und damit wechselseitig angreifbar. Goethes Roman setzt sich meiner Meinung nach damit auseinander, was auf dem Spiel steht, wenn diese Konstellation gestört wird. Das lässt sich konkret an den Stellen illustrieren, in denen vom *Turm* die Rede ist. Die Turmgesellschaft, die das Leben der Eingeweihten regelt, ist eigentlich ein eingepflanzter Pfahl, ein Phallus, ein letztes Mittel, das dazu dient, ein aufkommendes rhizomatisches soziales Netzwerk, das aus Goethes Sicht eine bestimmte Art von erwünschter Subjektivität bedroht, in einer familiären Institution in Schach zu halten.

Wilhelm Meisters Lehrjahre stellt die väterliche und die brüderliche Ideologie als zwei Pole auf, zwischen denen verhandelt wird. Auf der einen Seite erweist sich die Vaterschaft als ein künstliches Konstrukt, das sowohl auf die Natur projiziert als auch teleologisch in die maschinelle Herstellung von Kopien investiert wird.

---

146 *OED Online*, [Art.] „Sibling", http://www.oed.com/view/Entry/179145?redirectedFrom=Sibling 30.09.2023. Vgl. auch meine Erläuterungen zu diesem Begriff in der Einleitung.
147 Albrecht Koschorke et al. (2010) schildern Familienbeziehungen im neunzehnten Jahrhundert als Manifestation der Spannung zwischen der neu zu Bedeutung gelangten Kernfamilie und dem älteren Modell des Großhaushalts, in dem weiter entfernte Verwandte wie Onkel, Tanten, Cousins und Cousinen wichtig waren. Obwohl die Kernfamilie mehrere Kinder pro Eltern umfasst, ordnen sie die Geschwister seltsamerweise in die zweite Kategorie der entfernten Beziehungen ein und nicht in den engeren Familienkontext (vgl. Koschorke et al. 2010, 49). Eine solche verzerrte Sichtweise ist das Ergebnis eines Jahrhunderts der Akzeptanz der freudschen Triade als Kernfamilie. Produktiver ließe sich diese Dynamik verstehen, wenn man erkennt, dass verwandte Kernfamilien durch die Geschwisterbindung ineinander übergehen, was im Verlauf eines Lebens die Verhältnisse von Tanten, Onkeln, Schwägerinnen und Schwagern, Cousins und Cousinen schafft.
148 Leonore Davidoff (2012, 121) bezeichnet solche Verwandtschaftsnetzwerke als „lattices of kinship" [*Verwandtschaftsraster*], Christopher Johnson (2015, 22–24, 125–170) als „sibling archipelagos" [*Geschwisterarchipele*].

Wir sehen diese Konstellation am deutlichsten anhand des Leiters einer Truppe von Seiltänzer*innen modelliert, mit dem das Kind Mignon zuerst den Begriff der Vaterschaft identifiziert. Eine der wirkungsvollsten Darbietungen dieser Truppe ist die Ausstellung der Kinder in aufsteigender Altersreihenfolge, die, wie im Roman gezeigt wird, ihrem jeweiligen Können entspricht. Diese eindrucksvolle Demonstration der teleologischen Entwicklung stellt den tatsächlichen Missbrauch der Kinder durch den Truppenleiter so dar, als wäre er eine organische Entfaltung eines Talents. Ein Tanz, den Mignon aufzuführen gelernt hat, der Eiertanz, entspinnt sich etwa „wie ein aufgezogenes Räderwerk" (Goethe 2002b, 115). Das Wort *aufgezogen* lässt das Wort „auferzogen" anklingen und zeigt, wie leicht sich beide verquicken. Die Methoden des Seiltanzleiters sind extrem, aber in ihrer Grundrichtung keineswegs einzigartig.[149] Serlos Vater war „überzeugt, daß nur durch Schläge die Aufmerksamkeit der Kinder erregt und festgehalten werden könne" (Goethe 2002b, 268), und sogar Wilhelms Vater handelt

> nach dem Grundsatze, man müsse den Kindern nicht merken lassen, wie lieb man sie habe, sie griffen immer zu weit um sich; er meinte, man müsse bei ihren Freuden ernst scheinen, und sie ihnen manchmal verderben, damit ihre Zufriedenheit sie nicht übermäßig und übermütig mache (Goethe 2002b, 22).[150]

Die väterliche Erziehung im Roman konzentriert sich daher darauf, Abweichungen zu verhindern, indem sie sowohl die *Freude* – das Herz der Brüderlichkeit in Schillers „An die Freude" – als auch das *Spiel* bekämpft. Spiel ist nicht nur in Kants Ästhetik ein wichtiger Begriff als „freies Spiel der Erkenntnisvermögen", sondern auch in der Naturgeschichte, wo eine *Spielart* auf Variation innerhalb einer Art hinweist, ein Beweis dafür, dass Reproduktion nicht bloße Replikation ist.

Wenn Goethe jedoch eine Abkehr von diesem teleologischen Modus der Kindererziehung vorschlägt, ist nicht klar, in welche Richtung sich eine solche Abkehr wenden soll oder zu welchem Preis. Die deutlichste Erfahrung einer wahren Republik im Roman endet wie ihr französisches Pendant in Gewalt, Verlust und

---

[149] Susan Gustafson (2016, 74) stellt fest, dass die Erziehungsmethode biologischer Väter im Roman mit dem ökonomischen Vorteil zusammenhängen, und stellt diesem Familienmodell Wahlverwandtschaften gegenüber, die auf emotionaler Bindung beruhen. Es ist jedoch schwer zu übersehen, dass die Beziehungen, die die Turmgesellschaft schafft, auch die von Wilhelm zu Felix und Natalie am Ende des Romans durch ökonomische Belange reguliert werden. Dann stellt sich die Frage nach der Korrelation von Bildungstypen und Familienmodellen, die sie in ihren unterschiedlichen Ökonomien produzieren.

[150] Elisabeth Krimmer (2020) behauptet, dass der Roman Bildung als die einzige Form der Erziehung einführe, die eine Hoffnung für persönliches Wachstum biete, allerdings nur für Männer, die das Privileg haben, durch ein und aus einem Scheitern zu lernen.

Wiedereinsetzung der Autorität. Eine abtrünnige Theatertruppe wählt eine „republikanische Form" (Goethe 2002b, 215) und Wilhelm zum ersten Direktor, führt einen Senat ein und erweitert über ihr französisches Modell hinaus das Wahlrecht universell auf beide Geschlechter. Wilhelm überredet dann seine „wandernde Kolonie", auf einer Route zu reisen, die Gerüchten zufolge gefährlich ist (Goethe 2002b, 223). Fast unmittelbar stößt die Truppe auf die logischen Konsequenzen ihrer neuen republikanischen Ideologie in Form einer Diebesbande, die die Mitglieder der Truppe ihres Privateigentums entledigt und Wilhelm in die Schulter schießt. Das vielleicht bedeutendste Ergebnis des Angriffs ist jedoch, dass ein Mitglied der Truppe in vorzeitige Wehen geht und eine Totgeburt erleidet (Goethe 2002b, 225). Der chaotische Zusammenbruch der neuen republikanischen Truppe ist ein Scheitern der Freundschaft, ein Scheitern der Demokratie und ein Scheitern der Kolonisation, die ohne Nachkommen nicht gelingen kann. Wie so oft in *Wilhelm Meister* „ging [die Zeit] unvermerkt unter diesem Spiele vorüber, und weil man sie angenehm zubrachte, glaubte man auch wirklich etwas Nützliches getan [...] zu haben" (Goethe 2002b, 216).

So werden die beiden Pole grausam: zu strenge Väterlichkeit und zu strenge Brüderlichkeit. Auf dem Spiel steht zum Teil das Spiel selbst, das heißt die Freude, die im Spielraum liegt. Diese Dynamik wird am deutlichsten in der Beziehung von Wilhelm zu Felix, der möglicherweise sein Sohn ist, vielleicht aber auch nicht. Als Wilhelm sich an einer Stelle wie ein traditioneller Vater verhält und versucht, ein Spielzeug „besser, ordentlicher, zweckmäßiger" zu machen (Goethe 2002b, 569), wirft Felix es weg. Wilhelm gibt seine pädagogische Pose auf und macht Felix vom Sohn zum Bruder, indem er mitfühlend ausruft: „[K]omm, mein Sohn! Komm, mein Bruder, laß uns in die Welt zwecklos hinspielen, so gut wir können." (Goethe 2002b, 569)[151] Ein solches zweckloses Spielen erhält die Freude, hat aber einen Preis. Die Frage, wie Elemente von Väterlichkeit und Brüderlichkeit in Einklang gebracht werden können, um den Zweck im Spiel unterzubringen und Freude mit Nützlichkeit zu verbinden, bleibt offen. Ein Gesetz des Vaters scheint dieser Verbindung nicht gerecht zu werden. Und so postuliert der Roman eine Alternative, nämlich Netzwerke von Vielfachen, von Geschwistern, um sowohl Anleitung zu geben als auch das Inzesttabu aufrechtzuerhalten.

Die Macht der Brüderlichkeit als strukturelles Band befindet sich in einer paradoxen Ambivalenz. Sie steht für eine Gleichheit, die universalisierbar erscheint und doch ihre affektive Kraft aus der Exklusivität der Familie bezieht. Wenn die Diebesbande im Roman die Grenzen der Verleihung *universeller* Rechte aufzeigt,

---

151 Bereits im vorherigen Kapitel wurde eine ähnliche Zeile bei Percy Shelley behandelt, in der Cythna ihre Tochter als Zwillingsschwester bezeichnet.

den einen Pol der Brüderlichkeit, so ist die *Exklusivität* des Affekts innerhalb der Familie, der Inzest nämlich, ebenso vorhanden und problematisch. Inzest ist eine Bedrohung, die sich aus der Erhöhung der Brüderlichkeit in *Wilhelm Meister* ergibt. Geschwisterinzest ist in der europäischen Literatur des achtzehnten und frühen neunzehnten Jahrhunderts allgegenwärtig, wie Lynn Hunt (1992), Daniel Wilson (1984a) und Alan Richardson (1985; 2000) je für die französische, deutsche und britische Literatur zeigen, was wir im Folgenden noch sehen werden. Peter Uwe Hohendahl (2002) und Lynn Hunt bieten ödipale Erklärungen für diese Prävalenz, die auf dem allgemeinen Zusammenbruch der symbolischen väterlichen Autorität beruhen, sowohl der religiösen als auch der säkularen. Die psychoanalytische Theorie postuliert die inzestuöse Anziehung in erster Linie als die Anziehung des Sohnes zur Mutter, die Anziehung zur Schwester ist nur eine sekundäre Erscheinung, und das Gesetz ist per Definition das Gesetz des Vaters. In diesen Inzesterzählungen können wir jedoch den Versuch erkennen, sich einen wirklich brüderlichen statt väterlichen symbolischen Rahmen vorzustellen, das heißt die Abkehr von der väterlichen politischen Autorität nicht nur als Rebellion, sondern auch als Gelegenheit für die Schaffung eines neuen, brüderlichen Gesetzes. Dieses Gesetz würde theoretisch das Ideal der Zustimmung statt des Gehorsams verankern und Begehren, Verbot und das Symbolische anders hervorbringen.

Hohendahls (2002, 82) Erwartung einer „Bejahung inzestuöser Beziehungen" um die Jahrhundertwende wird bestenfalls teilweise in einigen Werken erfüllt. Das inzestuöse Paar des Harfners Augustin und seiner Schwester Sperata in Goethes *Wilhelm Meister* stellt vielmehr eine konkrete Bedrohung – eine unassimilierbare, geschlossene Dyade dar, die Gemeinschaft, Kommunikation und sogar die Kommunion ihres ursprünglichen katholischen Glaubens ablehnt. Die „geschwisterliche Vereinigung" der Lilien (Goethe 2002b, 569), die Augustin zur Rechtfertigung seiner inzestuösen Beziehung heranzieht, wird schließlich auch als Selbstbestäubung bezeichnet.[152] Die Beziehung von Augustin und Sperata verzerrt die Zeit selbst, und dass ihr Kind Mignon nicht über die Adoleszenz hinaus

---

152 Achim Aurnhammer (1986, 178–179) war der Erste, der bemerkte, dass dieses Bild der Lilien eine Verschiebung vom Mythos zu empirischen Daten als Leitfaden für die Identifizierung und Selbstrechtfertigung markiert. Wie Daniel Wilson (1984b, 262) jedoch herausfand, hatte Goethe das botanische Werk von Christian Konrad Sprengel aus dem Jahr 1793 gelesen, das die Seltenheit der Selbstbestäubung selbst bei hermaphroditen Pflanzen wie der Lilie demonstrierte. Goethe widersprach jedoch Sprengels Darstellung der Natur als einer Handlungsmacht, die einen Organismus für einen ihr äußerlichen Zweck einsetzen könnte (vgl. Goethe 1892, 143–145, Brief 3044 an August Batsch [26. Februar 1794]). Augustins eigener Verweis auf die Natur als ethischer Leitfaden, so Wilson, führe angesichts von Mignons körperlichen Behinderungen und frühem Tod zu einem naturalistischen Argument *gegen* den Inzest. Ich würde jedoch behaupten, dass Goethe diesem naturalistischen Trugschluss nicht erliegt, weder zur Rechtfertigung noch zur Ver-

leben kann, bedeutet, dass diese Geschwister-Dyade, ganz wie die republikanische Truppe, die Zukunft verschlingt. In Projektionen des Schicksals und Verleugnungen der Handlungsmacht verstrickt, liefert die seltsame klassische Tragödie von Harfner und Mignon, die in diesen paradigmatischen modernen Roman eingeflochten ist, ein Negativbeispiel, das strukturell nur einen kleinen und daher wichtigen (Fehl-)Tritt von den Zugehörigkeiten der brüderlichen Vertragstheorie entfernt ist. Die Spiegelung der Geschwister muss, damit sie ein Verwandtschaftsraster [*kin lattice*] oder -netz [*kin-grid*] ausbilden kann und nicht in sich zusammenfällt, unvollständig oder verzerrt sein. Wie wir gesehen haben, stellt sich Hegel in seiner Auseinandersetzung mit der *Antigone* in der *Phänomenologie* ein produktiveres dialektisches Modell vor als das von Augustin und Sperata. Dort schlägt die freie und nichterotische Anerkennung zwischen Bruder-Schwester-Paaren eine Brücke zur politischen Sphäre. Die Asymmetrie, durch die diese Spiegelung die Subjektivität verstärkt und nicht zusammenfallen lässt, ist laut Hegel jedoch die Asymmetrie des Geschlechts, die sodann die Schwester auf die Rolle einer Brücke beschränkt und nur das Überqueren des Bruders ermöglicht. Leider führt auch Goethe eine sexuelle Asymmetrie ein, um das Problem des inzestuösen Zusammenbruchs zu lösen.[153]

Augustin und Sperata sind als Projektionen des antiken Schicksalsethos eine Warnung an die Moderne, insbesondere an die durch und durch modernen Geschwister Lothario und Natalie. Die Intensität ihrer Beziehung ruft die Inzestgefahr auf den Plan. Natalie beschreibt die Beziehung zu Wilhelm so:

---

urteilung des Inzests. Inzest ist für Goethe als Gesellschaftsstruktur nicht tragfähig, darin nimmt Goethe Lévi-Strauss vorweg. Die Frage der angeborenen Veranlagungen ist bei Mignon nicht mehr und nicht weniger entscheidend als bei der immer wiederkehrenden Betonung von Familienähnlichkeiten im gesamten Roman. Natalie und ihre Schwester, die Gräfin, sehen beide aus wie ihre Tante, die Autorin der „Bekenntnisse einer schönen Seele". Natalies Persönlichkeit ähnelt auch der dieser Tante, während ihre Schwester diesbezüglich eher nach ihrer Mutter kommt. Wilhelm hat derweil den ästhetischen Geschmack seines Großvaters. Mehr dazu, wie Goethe Ähnlichkeiten in der Natur erklärt, ist nachzulesen bei Engelstein 2008, 23–58. Zu Familienähnlichkeiten bei *Wilhelm Meister* vgl. auch Saine 1991 und Gailus 2012.

153 Die kritische Arbeit zu Geschlecht bei *Wilhelm Meister* gliedert sich grob in zwei Lager. Einerseits verfolgen Forscher*innen wie Helfer (2002) und Krimmer (2007) den Drang des Romans zu normalisierten heterosexuellen Geschlechterverhältnissen, die mit der Unterdrückung von Androgynität und dem Verzicht auf weibliche Autonomie und weibliches Begehren einhergehen. Andererseits interpretieren Kritiker*innen wie Tobin (2000), Redfield (1996) und Catriona Mac-Leod (1998) diese Bestätigung der Geschlechterkomplementarität als einen Aspekt des manipulativen Programms der Turmgesellschaft, demgegenüber der Roman kritisch ironisch eingestellt ist. Die wesentliche Frage, die sich hier und anderswo stellt, lautet, ob der ironische Umgang des Romans mit der Turmgesellschaft auf eine Kritik hinausläuft. Ich werde auf diese Frage weiter unten zurückkommen.

> Mein Dasein ist mit dem Dasein meines Bruders so innig verbunden und verwurzelt, daß er keine Schmerzen fühlen kann, die ich nicht empfinde, keine Freude, die nicht auch mein Glück macht. Ja ich kann wohl sagen, daß ich allein durch ihn empfunden habe, daß das Herz gerührt und erhoben, daß auf der Welt Freude, Liebe und ein Gefühl sein kann, das über alles Bedürfnis hinaus befriedigt. (Goethe 2002b, 538)

Sogar Therese, deren Liebe zu Lothario erwidert wird, sagt zu Natalie, dass „ein Wesen wie Du […] seiner mehr wert [wäre] als ich, Dir könnt' ich, Dir müßt ich ihn abtreten" (Goethe 2002b, 532). Auf die Sprache des Tausches muss hier genauer eingegangen werden – Therese versteht sich als Ersatz für die einzige richtige Partnerin für Lothario, seine Schwester Natalie. Natalie selbst erfährt indes nur durch ihn ein Ende des Tausches, „ein Gefühl […], das über alles Bedürfnis hinaus befriedigt" (Goethe 2002b, 538). Da diese perfekte Komplementarität so verführerisch ist, aber zur Katastrophe des Augustin und der Sperata führt, müssen Vorkehrungen getroffen werden, um sie zu vermeiden. Eine solche Vorkehrung ist hier weder ein väterliches Verbot noch ein direkter Ersatz dafür. Die unter ihren Vorzeichen entstandenen Familien replizieren nicht die vorherige Generation, sondern weiten sich ins Horizontale, sowohl metonymisch durch die Gesellschaft der Brüder, die durch Ehen miteinander verbunden sind, als auch buchstäblich in die geografische Landschaft.

Das arrangierte Tauschnetzwerk, das den Inzest von Natalie und Lothario verhindert, folgt einer fast komischen antiödipalen Entwicklung. In gewisser Weise beginnt die Geschichte ödipal. Lothario erfährt, dass er mit der Mutter seiner Verlobten Therese geschlafen hat, und löst die Verlobung wegen des Tabus des generationenübergreifenden Inzests. In diesem Roman ist Mutterschaft jedoch genauso fragwürdig wie Vaterschaft.[154] Als sich herausstellt, dass Thereses Mutter nicht ihre Mutter war, sondern eine Ziehmutter, als sich die gesamte Gruppe der Figuren und der Roman selbst vom Fokus auf generationenübergreifende Inzestparadigmen befreien, können sie ihre Aufmerksamkeit auf die dringendere Bedrohung durch das affektive Bruder-Schwester-Paar richten. Die Entscheidung, eine Ziehmutter anders zu behandeln als eine leibliche Mutter, ist also weder natürlich noch naheliegend, sondern stark durch wechselnde Prioritäten motiviert. Die im Roman so allgegenwärtige ödipale Struktur, die sich im prominenten Gemälde des in die Braut seines Vaters verliebten Königssohnes und in der Wahl von *Hamlet* als Inbegriff des Dra-

---

154 Die Mutterschaft erweist sich hier eher als kulturell-symbolisch als natürlich. Während Redfield (1996, 1–73, 93) meint, dass Goethe durch die Eliminierung des mütterlichen Körpers als ein natürliches Zeichen einer gewaltsamen Ästhetisierung des Weiblichen entkommt, lesen andere diese Auslöschung der Mutterschaft als feindliche Übernahme der schöpferischen Kraft der Frauen durch den männlichen Diskurs (vgl. Hart 1996; Becker-Cantarino 1993; Krimmer 2007, 2004).

mas zeigt, löst sich nicht auf, sondern erweist sich als ein Teilbild und Projektionsfläche, die durch die Anerkennung der Bedeutung des Geschwisterkindes vergrößert werden muss.[155] Der Roman selbst illustriert die Verschiebung der familiären Normen und der damit einhergehenden Erziehung des Begehrens im späten achtzehnten Jahrhundert und beteiligt sich zugleich daran, wie Friedrich Kittler einmal betonte. Die fragliche Familienverschiebung erfolgt jedoch nicht vom frühneuzeitlichen Haushalt zu einer Kernfamilie mit Dreiecksstruktur, sondern von einer durch den Sohn veranschaulichten Logik der Replikation des Vaters in die nächste Generation zu einer Logik des horizontalen Netzwerks von Ehen und Freundschaften, die um Geschwister herum strukturiert sind.

Lotharios erneute Bindung an Therese löst die festgefahrene Ehesituation auf und leitet einen Stuhltanz ein. So kann der Roman mit einer Reihe von Ersatzbindungen enden, einschließlich Wilhelms eigener Verlobung mit Lotharios Schwester Natalie. Diese Tauschgeschäfte bringen die Männer mit höherwertigen Partnerinnen zusammen, während die Frauen mit Ausnahme von Therese keine andere Wahl haben, als sich damit abzufinden.[156] Wilhelm schließt sich damit nicht nur einer neuen ehelichen Familie an, sondern auch der Bruderschaft seines neuen Schwagers, der Turmgesellschaft. Die phallischen Konnotationen des Turms sind unübersehbar, daher sollten wir nicht überrascht sein, dass die Gesellschaft der universalistischen Brüderlichkeit der Französischen Revolution abschwört – ihre Mitglieder werden sorgfältig geprüft, und eine Hauptfunktion ist der Schutz des Privateigentums. Die Turmgesellschaft vereint die Rollen der Versicherungsgesellschaft, Investmentgesellschaft, Mentoring-Organisation, Überwachungsagentur und Heiratsvermittlung. Anders gesagt funktioniert sie wie ein globales Familienunternehmen.[157] Der Turm bietet nicht nur Versicherungen, sondern auch Zusicherungen der Vaterschaft, um reproduktive Familien zu gründen, die sich somit als abhängig vom Diskurs und vom Geschwistertausch erweisen. Da die Turmgesell-

---

155 Zu aufschlussreichen Analysen des Ödipalen im Roman vgl. Hörisch 1983; Redfield 1996; Minden 1997.
156 Aufschlussreich hierzu ist Franziska Schößlers (2018) Hinweis auf die geschlechterdifferenzierten Formen der Entsagung, die die Turmgesellschaft einfordere. Die Männer müssten lernen, sich auf ihre Arbeit zu spezialisieren, während die Frauen in der Liebe Kompromisse eingingen und fürsorgliche Rollen einnähmen.
157 André Lottmann (2011, 139) sieht im Turm auch einen Überwachungsdienst, aber einen bürokratischen, der sich die Funktionen eines schwachen Staates aneignet. Tobias Boes (2012, 66–68) ist der Ansicht, dass der Turm die Umwandlung narrativer Themen in Risikokalkulationen antizipiere und gleichzeitig der Logik des Familienromans des achtzehnten Jahrhunderts folge. Ich möchte in diesem Kapitel zum Ausdruck bringen, dass genau die Verschmelzung von Überwachung, Versicherung und affektiven Familienbeziehungen die moderne politische Ökonomie kennzeichnet.

schaft durch dieses Netzwerk einen Ersatz für das Gesetz des Vaters geschaffen hat, kann sie nun einen zweiten Versuch einer „wandernde[n] Kolonie" (Goethe 2002b, 223) unternehmen, die mit der Schauspielerrepublik gescheitert war, und sich erfolgreich auf der ganzen Welt verbreiten (vgl. Goethe 2002b, 564). Der Turm ist kein Ersatzvater, was dem Gesetz des Vaters natürlich entgegenkäme, sondern funktioniert nach einer anderen Logik, wonach die vertikale Führung mit einer gewissen horizontalen Abweichung kombiniert wird und das Begehren eher durch eine Schwesterfigur als durch eine Mutterfigur entsteht. Natalie ist das einzige Mitglied dieser Gruppe – ob männlich oder weiblich –, das keine Liebespartner getauscht hat (und auch nur, wenn wir die Bindung zu ihrem Bruder nicht berücksichtigen). Das Symbolische gleitet ins Metonymische. Goethe schreckt tatsächlich davor zurück, sich allzu weit von der Stabilität der Vaterschaft zu entfernen, und will das System davor bewahren, im Sinne von Deleuze und Guattari schizophren zu werden.

Da sich die jüngste Kritik dem Ökonomischen in *Wilhelm Meisters Lehrjahre* widmet, ist es zum Gemeinplatz geworden, in der Turmgesellschaft eine Ausgestaltung von Adam Smiths „unsichtbarer Hand" zu sehen, und tatsächlich spiegelt das Ziel des Turms, das individuelle Eigeninteresse mit den Interessen der Gesellschaft zusammenzubringen, die Funktion der unsichtbaren Hand bei Smith wider (vgl. Wegmann 2002, 197–98; Vogl 2004, 35–38, 87–95; Gailus 2012, 165.).[158] Diese Verquickung missversteht jedoch grundlegend Smiths Ansatz, dem nach menschliches Eigeninteresse und freie Marktwirtschaft von selbst in einer glücklichen Korrelation existieren, die das Wachstum des Wohlstands für alle Klassen gleichzeitig mit dem Wachstum der Wirtschaft fördere. Dieses Zusammentreffen von Interessen kann bei Smith als zufällig oder gottbestimmt interpretiert werden, wird aber in beiden Fällen als eine Eigenschaft des entstehenden kapitalistischen Systems angesichts menschlicher Neigungen postuliert. Mit anderen Worten ist Smiths Hand nicht nur unsichtbar, sondern hat gar keine metaphysische Existenz. Sie dient vielmehr als metaphorische Beschreibung der übergeordneten Bedingungen, die den Staat dazu ermahnen, bei Markteingriffen zurückhaltend zu sein. Der Turm hingegen greift immer wieder in das Leben der Einzelnen ein. Er hat weit weniger mit

---

158 André Lottmann (2011, 143–144) hingegen beobachtet die deutliche Diskrepanz zwischen Smiths unsichtbarer Hand und Goethes Turmgesellschaft. Schößler (2018) gelingt es besser, Goethe und Smith zusammenzubringen, indem sie sich auf die Spezialisierung und Arbeitsteilung bei beiden Autoren konzentriert. Bernd Mahl (1982) hat Goethes Auseinandersetzung mit Adam Smith, zumindest vermittelt durch Johann Georg Büsch, beim Verfassen von *Wilhelm Meister* dokumentiert. Vogl (2004, 87) erkennt das „*Wilhelm-Meister*-Problem" zu Recht als die Frage, wie „sich in einer Welt unabsehbarer Zufälle und Verwicklungen sowohl ein personales Substrat wie die Aussteuerung einer kontingenten Ereignismasse garantieren [lässt]".

Smiths unsichtbarer Hand zu tun als mit der verborgenen Hand des Puppenspielers, den Wilhelm als Kind hinter dem Vorhang seines geliebten Marionettentheaters entdeckt.[159] Schon die räumliche Architektur der Gesellschaft, auf die sich die Bezeichnung *Turm* beruft, legt Vergleiche mit der Marionette nahe. Während Adam Smith die Notwendigkeit einer *Top-down*-Biopolitik leugnet und dafür eine *Bottom-up*-Biopolitik einsetzt, auf die ich im letzten Abschnitt dieses Kapitels zurückkommen werde, misstraut Goethe der Kohärenz von Systemen aus Individuen stark.[160] Er gelangt damit sehr früh zu einer Form des Interventionismus, den Foucault in seinen Vorlesungen von 1977 bis 1979 als Neoliberalismus erkannte und den er dem Liberalismus von Adam Smith gegenüberstellte (vgl. insb. Foucault 2004a, 185–187, 331–343). Goethes Mittel sind jedoch diejenigen, die zur Wende des neunzehnten Jahrhunderts bevorzugt wurden, nämlich die Familie.[161]

Nach herkömmlicher Meinung zeigt der Bildungsroman das Heraustreten eines Individuums aus einer Familie, gefolgt von seiner Integration in die Gesellschaft und gekrönt durch die selbstbestimmte Wahl einer Partnerin zur Bildung einer neuen Familie. *Wilhelm Meisters Lehrjahre* zeigt jedoch, wie falsch es ist, ein solches Heraustreten aus Familiennetzwerken anzunehmen. Wilhelm versucht, sich aus der eigenen Familie zu befreien, und seine eigenen Geschwister geraten dementsprechend in den Hintergrund, er kann sich aber nicht von der Verwandtschaft insgesamt lösen und gelangt so immer wieder in das Innenleben anderer Familien. Wenn *Wilhelm Meister* also die Interdependenz und Netzwerkhaftigkeit der modernen Subjektivität ins Zentrum stellt, behandelt er diese Relationalität so vorsichtig wie eine Wunde. Geschwister bilden die Ränder der Subjektivität, und so kann nur ihr Verschwinden die Illusion von Grenzen um ein ganzheitliches Subjekt erzeugen. Wilhelms verschwundene Geschwister liefern genau dieses Alibi, indem sie ihm die Tatsache vorenthalten, dass Bildung von Anfang an durch und durch transsubjektiv ist.

---

159 Jane Brown (2009, 84) zieht eine besonders produktive Parallele zwischen *Wilhelm Meisters Lehrjahre* und Rousseaus Erziehungsroman *Émile*, in dem der Begriff der Kontrolle über den Schüler durch das Puppentheater dargestellt wird. Brown sieht jedoch einen starken Kontrast zwischen der Notwendigkeit bei Rousseau, den Schüler zu kontrollieren und zu überwachen, und dem Entzug einer solchen Kontrolle zugunsten einer natürlichen Entfaltung des Charakters bei Goethe. Ich sehe hier weitaus mehr Gemeinsamkeiten als Brown.
160 Andreas Gailus (2012, 153) bezieht sich treffend auf eine „Bioästhetik" in *Wilhelm Meister*.
161 Foucault (2004b, 111–121), stellt fest, dass mit der Wende zum neunzehnten Jahrhundert eine Veränderung des Verhältnisses von Staat und Familie einherging. Die Familie wurde nicht mehr als tragfähiges Modell für die Staatsordnung angesehen, sondern zu einem Instrument der staatlichen Politik. Diese Verschiebung ereignete sich, als und weil die Regierung ihre eigene Zuständigkeit nicht mehr in der direkten Lenkung der Bevölkerung sah, sondern durch die Ökonomie vermittelte (vgl. auch Foucault 2004a).

Die Paarbildung von Wilhelm und Natalie, mit der der Roman endet, mag als eine ungleiche erscheinen, doch sind die jeweiligen Unfähigkeiten zu Abstraktion und Tausch in ihrer Beziehung komplementär zueinander. Natalie beantwortet Wilhelms Frage, ob sie jemals verliebt gewesen sei, mit dem Satz: „Nie oder immer!" (Goethe 2002b, 538) Wilhelm könnte dasselbe sagen und dabei etwas ganz anderes meinen. Denn Wilhelm ist auch immer verliebt, nacheinander und gelegentlich gleichzeitig, in Marianne, Philine, Mignon, Natalie als die unbekannte Amazone, Therese und dann wieder Natalie. In den letzten Worten des Romans bringt Wilhelm aber endlich seine persönliche Ökonomie zum Erliegen: „[I]ch [habe] ein Glück erlangt [...], das ich nicht verdiene, und das ich mit nichts in der Welt vertauschen möchte." (Goethe 2002b, 610)[162] Wilhelm tauscht also vor seiner Verlobung mit Natalie regelmäßig die Objekte seiner Liebe aus, um dann in Natalie sein ein und alles zu finden, während Natalie ihre Liebe auf eine potenziell unendliche Anzahl von Objekten verteilt, unter denen Wilhelm so viel zählt wie alle anderen auch. Wie bereits erwähnt, hebt sie sich von den Männern und Frauen im Roman ab, weil sie nie den Partner wechselt.[163] Das scheint ihrerseits einen besonderen Zugang zu einer universellen Liebeswährung nahezulegen, und doch hat sie gerade mit universellen Äquivalenzen in Form von Währungen Schwierigkeiten. In ihrer Wohlfahrtsarbeit als junges Mädchen versteht sie erst spät und nur mit Mühe den Wert des Geldes als Lösung für Bedürftigkeit. Sie zieht es vor, die Not durch konkrete Güter zu lindern (vgl. Goethe 2002b, 418–419, 526–527). Während Wilhelm immer seine partikularen Begehren erfüllt, befriedigt Natalie stets die partikularen Bedürfnisse anderer, in diesem Fall mit sich selbst. Wilhelms entscheidendes und unersetzliches Begehren nach Natalie wird von ihr mit einer Akzeptanz erwidert, die auf ihrer *Gleich-Gültigkeit* beruht, und zwar in dem Sinne, dass sie allem denselben Wert beimisst. Wie schon ihr anderer Bruder Friedrich vorausgesagt hatte: „Ich glaube Du heiratest nicht eher, als bis einmal irgendwo eine Braut fehlt, und Du gibst Dich alsdann, nach deiner gewohnten Gutherzigkeit, auch als Supplement irgendeiner Existenz hin." (Goethe 2002b, 565) Während Natalies Bindung an ihren Bruder an Antigone erinnert, wird Natalie zum Gegenteil der Antigone, wie Lacan sie sich vorstellt. Lacans Antigone soll eine strukturelle Position begehren; Natalie *ist* eine strukturelle Position und kann daher nicht begehren. Im *Wilhelm Meister* ist es also Natalie, die

---

[162] Hörisch (1983, 83–84) wendet sich zu Recht gegen die Absolutheit dieser Erklärung, indem er auf die darin noch enthaltene Tauschlogik hinweist, aber hier geht es eben darum, dass es in einer solchen Tauschlogik ein projiziertes Absolutes geben muss, damit das System funktioniert. Ein solches Absolutes ist Natalie.
[163] Schößler (2018, 140) stellt Natalies fehlendes Begehren zuerst dem erotischen Exzess der Philine gegenüber, einer früheren Geliebten Wilhelms.

laut Elisabeth Krimmer (2004, 266) „eine Leere markiert. Ihre Leere erhält das symbolische System aufrecht".[164] Tatsächlich geht Anneliese Dick (1986, 123) so weit, sie einen „weibliche[n] Eunuch[en]" zu nennen.

Eine Art *Geschwister-Logik* wird hier also nur insofern als stabiles System gedacht, als sie weder universalisierbar (nur innerhalb einer Geheimgesellschaft) noch egalitär ist (indem sie Geschlechterrollen auf biologisches Geschlecht normiert und weibliches Begehren bestraft). Wenn es sich hierbei um eine Aneignung der Französischen Revolution handelt, so ist es eine zynische Aneignung, die die Grenzen der Revolution in Bezug auf die Erlangung von Rechten und Freuden hervorhebt. Das Ende von *Wilhelm Meisters Lehrjahre* wurde schon mehrfach problematisiert: der fragwürdige Erfolg, die Ironie um die mystischen, geheimgesellschaftlichen Prozeduren und die Kosten für den Verzicht auf partikulares Begehren, die von Frauen getragen werden und die Hegel ähnlich berechnete. Die Ironie, mit der Goethe vom Turm schreibt, ist jedoch keine starke Kritik, und zwar aus dem einfachen Grund, dass für die im Roman entwickelten Dilemmata keine tragfähigen Alternativen zur Biopolitik des Turms vorgebracht werden.[165] Zweifellos umgibt den Roman eine Aura der Unzufriedenheit mit den Machenschaften der Geheimgesellschaft, aber es bleibt der enttäuschende Eindruck, dass die moderne Welt keine appetitlicheren Möglichkeiten bietet.

Ehe und Geschwister im langen neunzehnten Jahrhundert

Wie bei so vielem anderen, was die Moderne prägte, war Goethe auch bei seiner Skizze finanzieller Gruppierungen, die auf Geschwisterbindungen beruhen, vorausschauend. Unlängst haben Historiker*innen, Soziolog*innen und Anthropolog*innen damit begonnen, der Bedeutung der Verwandtschaft in den modernen europäischen Kulturen Aufmerksamkeit zu schenken. Leonore Davidoff setzte sich ausführlich

---

[164] Martha Helfer (2002, 247) stellt fest, dass „Natalie kein ästhetisches, erotisches oder ökonomisches Ideal darstellt." Sie vervollständigt lediglich eine Textökonomie. Krimmer (2004, 265), Schlaffer (1980, 88) und Dick (1986, 104, 123) sprechen alle auch die leere Rolle Natalies im Roman an.
[165] Jane Brown (1992, 67) analysiert die Ironie bei Goethe als eine Möglichkeit, das Subjektive in „traditionelle Formen aristokratischer öffentlicher Repräsentativität" einzuführen. Eine solche Ironie beinhaltet eine „ambivalente Absicht" (Brown 1992, 68), da sie eine Tür zur Selbstreflexion öffnet, ohne durch diese Tür zu gehen. Redfield (1996, 93) liest Goethe programmatischer und behauptet, dass die Ironie des Romans „die ästhetische und naturalisierende Illusion, die zu jeder Ideologie gehört, auseinandernimmt und so der Kritik öffnet, indem sie diese Ideologien ausweist". Ich stimme zu, dass Goethe ein kritisches Auge auf die sozialen Machenschaften der Turmgesellschaft wirft, aber er geht nicht über diesen Schritt hinaus, sodass der Roman eine solche Biopolitik als bedauerlich, aber unvermeidlich postuliert.

mit der Herausbildung von Geschäftspartnerschaften zwischen Brüdern, Schwagern und Neffen auseinander. „Clanähnliche Familien" seien am deutlichsten durch Allianzen erweitert worden, die sich auf die gezielte Verheiratung von Geschwistern stützten, die zwar nicht direkt arrangiert, aber „eifrig gefördert" worden seien (Davidoff 2012, 6, 60). Familienunternehmen seien aus einer Reihe von Gründen praktisch gewesen, insbesondere wegen der Gesetze, die die Haftung für Verbindlichkeiten innerhalb größerer Familienverbünde nicht eindeutig beschränkt hätten. Wenn das Unternehmen eines Familienmitglieds bereits ein Haftungsrisiko dargestellt habe, sei es nur logisch gewesen, sich auch an den Gewinnen und der Entscheidungsfindung zu beteiligen. Vertrauenswürdige Partnerschaften hätten, wie die Turmgesellschaft erkannt habe, eine internationale Risikostreuung und die Kontrolle über die vertikale Wertschöpfungskette eines Produkts vom Rohstoff bis zum verkauften Produkt ermöglicht (vgl. Davidoff 2012, 57–58). Familien hätten ein institutionelles Gerüst für den Aufbau und die Aufrechterhaltung eines solchen Vertrauens geboten. Die Vertrauensbeziehungen seien durch mehrere Ehen innerhalb einer Familie oder durch wiederholte Ehen zwischen Familien, die dann einen Clan bildeten, zementiert worden. In der Konstruktion, die Davidoff (2012, 49) „Verwandtschaftsraster" [*lattice of kinship*] nennt, hätten zwei Geschwister oft zwei weitere Geschwister gewissermaßen „über Kreuz" geheiratet. Solche Ehen seien noch stärker gewesen, wenn sie zwischen Cousinen und Cousins geschlossen worden seien. Wie Adam Kuper (2009, 22) zeigt, waren Doppelgeschwisterehen in der aufstrebenden Bourgeoisie üblich und Vetternehen ersten Grades auch in der britischen Aristokratie beliebt. Nachdem neue Gesetze ab 1741 die Beschränkungen für die Ehe naher Verwandter aufgehoben hatten, wurden sie auch im deutschsprachigen Raum populär (vgl. Jarzebowski 2006).[166] Erwähnenswert ist dabei, dass im neuen System die Heirat eines Mannes mit der aus einer anderen Ehe stammenden Tochter seiner ersten Frau – das Szenario, das in abgeschwächter Form ursprünglich Lothario und Therese am Heiraten hindert – nicht mehr gesetzlich verboten war.

Im neuen Paradigma, das ab dem achtzehnten Jahrhundert aufkam, übten Frauen in ihrer Rolle als Förderinnen der sozialen Beziehungen und des Wohlwollens zwischen finanziell voneinander abhängigen Familienmitgliedern sowie zwischen Familiengruppen und der Gemeinschaft, eine erhebliche finanzielle Macht aus. Das Ansehen in der Gesellschaft wurde wesentlich durch das Ansehen

---

[166] Katholik*innen benötigten immer noch eine Ausnahmegenehmigung, um einen Cousin oder eine Cousine zu heiraten, was bisweilen schwer war (vgl. Lanzinger 2015). Kuper (2009) und Davidoff (2012) thematisieren beide die bekanntesten Fälle von mehrfachen Vetternehen in einer oder nachfolgenden Generationen, nämlich die des Darwin-Wedgwood-Clans und der Familie Rothschild.

enger Verwandter wie Geschwister und deren Ehepartner beeinflusst (vgl. Davidoff 2012, 52), und das Verwalten des sozialen Ansehens war eine Hauptfunktion der Ehefrauen in der Mittelschicht, die somit auch in großen Familiengruppen zusammenarbeiteten (vgl. Langland 1996, 6–61). Die Kombination aus Vernetzung und gutem Namen bot einen klaren Vorteil im Wirtschafts- und Finanzwesen, die vom Vertrauen der Gemeinschaft abhingen (vgl. Davidoff 2012, 53–56; Habermas 2000, 99). Diese weibliche Macht sollte nicht mit finanzieller Unabhängigkeit verwechselt oder vermengt werden. Während Frauen den Wohlstand der Familien, in denen sie lebten, verbessern konnten, trug ihre ungleiche direkte Kontrolle über das Geld wesentlich dazu bei, dass sich das Leben von Männern und Frauen vom achtzehnten bis zwanzigsten Jahrhundert unterschied (vgl. unter anderem Joris 2007, 231–257; Langland 1995; Davidoff und Hall 2002, 193–315). David Warren Sabean und Simon Teuscher (2007, 20) behaupten, dass die neuerliche Aufwertung der Liebe zur vorherrschenden Voraussetzung für die Ehe „keineswegs im Widerspruch zu wirtschaftlichen Erwägungen stand: Der Fluss der Gefühle und der Fluss des Geldes verliefen in denselben Kanälen." (Sabean und Teuscher 2007, 20)[167]

Wie die Auseinandersetzung mit Engels zeigt, wurde natürlich auch im späten achtzehnten Jahrhundert die zunehmende Bedeutung der Liebe und des emotionalen Bekenntnisses als Grundlage der Ehe deutlich. Niklas Luhmann (1994) hat besonders einflussreich über die Entstehung der Liebe als Code nachgedacht und diesen mit Theorien der Individualisierung zusammengebracht, die die innere emotionale Entwicklung als unabhängig von politischen und wirtschaftlichen Belangen setzten. Seine Darstellung ist jedoch aus zwei Gründen unvollständig. Erstens war der spezifische Code, den er beschreibt, immer auf die männliche Erfahrung beschränkt; der Diskurs über die weibliche Liebe entfaltete eine Individualität im Moment der

---

167 Eine Analyse der politischen Bedeutung früherer historischer Argumente ist im Nachwort bei Alan Bray (2003) zu finden. In ihrem Buch über die Familie und den Roman von 1748 bis 1818 beruft sich Ruth Perry (2004, insb. 1–37, 107–189) auf die ältere Idee und behauptet, dass sich die zunehmende Bedeutung der ehelichen Familie die Bedeutung der Blutsverwandtschaftsfamilie verringert habe, dass Ehefrauen und Mütter wichtiger geworden seien als Schwestern und Töchter. Sie stößt dabei jedoch auf Probleme, da Schwestern, Mütter und Töchter alle Blutsverwandte sind (vgl. Perry 2004, 119–121). Zudem ging das weibliche Erbrecht in der zweiten Hälfte des achtzehnten Jahrhunderts zurück, während das tatsächliche weibliche Erbe in der ersten Hälfte des neunzehnten Jahrhunderts zunahm (vgl. Kuper 2009, 16). Das Hauptproblem an Perrys Argumentation ist ihre Prämisse, dass eine schwächer werdende rechtliche ökonomische Position der Töchter mit einer geschwächten affektiven Bindung an Schwestern korrelieren soll. Dabei würde die wirtschaftliche Abhängigkeit den sozialen Imperativ beflügeln, affektive Bindungen aufrechtzuerhalten. Läuft die Wirtschaft auch über den Affekt und nicht nur über das Recht, verändern sich die sozialen Rollen so erheblich, wie es hier in diesem Kapitel beschrieben wird.

Präferenzbildung, mündete dann aber gemäß gesellschaftlichen Erwartungen in einer als Selbstverleugnung codierten Vereinigung mit dem Geliebten. Zweitens ging der Kodex der Liebe auch für Männer mit der Idee der Ehe als Eintritt in die Erwachsenenwelt samt Arbeit, Verantwortung und Bürgerpflicht einher. Die politische Natur der Konstruktion des Privaten und Öffentlichen, die Carole Pateman (1988) einige Jahre nach Erscheinen von Luhmanns Buch so gründlich analysierte, wird auf der Ebene der individuellen Lebenserfahrung in der Verknüpfung von Liebe mit bürgerlichem und beruflichem Engagement und der der Kindererziehung innewohnenden sozialen Pflicht durch den sozialen Akt der Ehe repliziert.[168] Sabean und Teuscher (2007, 22) behaupten, dass die neue Erhöhung der Liebe zur vorherrschenden Voraussetzung der Ehe „keineswegs im Widerspruch zu wirtschaftlichen Überlegungen stand: Gefühls- und Geldfluss durchliefen dieselben Kanäle". In seinem eigenen Beitrag im selben Sammelband ist Sabean vorsichtiger und erklärt, dass ein „*gesunder* sozialer Körper derjenige war, in dem die Adern, durch die Kapital und Blut flossen, dieselben waren" (Sabean 2007, 302, meine Hervorhebung). Diese Aussage geht an der eigentlichen Frage vorbei. Nur durch Systeme der Überwachung, Kontrolle, Erwartung und Erziehung – unabhängig davon, ob sie mit emotionaler Fürsorge verbunden sind – können Blut, Gefühl und Kapital gemeinsam in Umlauf gebracht werden. Eine affektive Erziehung war somit notwendig, um den Fluss des Begehrens wirtschaftlich adäquat zu kanalisieren. Diese Erziehung begann bei den Geschwistern.

Die Kindeserziehung etablierte implizit und explizit Modelle nicht nur für Geschlechterrollen im Allgemeinen, sondern auch für die gegenseitigen, aber nach Geschlechtern differenzierten Verpflichtungen von männlich-weiblichen Paaren. Eine solche Erziehung wurde oft als Unterbrechung eines früheren Kinderstubenideals der egalitären Kameradschaft erlebt. Mit anderen Worten machte die Geschwisterbeziehung den Prozess der Geschlechterkonstruktion sichtbar. Die Emotion und auch die gemeinsame Erziehung in der Bruder-Schwester-Beziehung wurden in die Ehebeziehungen übertragen und galten ihr tatsächlich als Vorbild.[169] Diese Betonung der Bruder-Schwester-Beziehung als Ideal führt zu einem besonders komi-

---

[168] Die Arbeiten von Sabean, Davidoff und anderen widersprechen Luhmanns Behauptung direkt, dass es durch „die Ausdifferenzierung anderer Funktionssysteme jetzt möglich [war], auf (durch Ehen gestiftete) Familienverbindungen als Stützpfeiler politischer, religiöser oder wirtschaftlicher Funktionen zu verzichten" (Luhmann 1994, 183–184).
[169] Weitere Informationen zur Umwandlung des Geschwisteraffekts in eheliche Liebe sind insbesondere bei Davidoff 2012, 109–110, 1995, 210–211; Perry 2004, 111; May 2001, 18–25; Sabean 2002, 7–28, zu finden. Zu den literarischen Untersuchungen dieser Dynamik vgl. Boone und Nord 1992, 164–188; Sanders 2002; May 2001. Zur Verschiebung von egalitären Kinderstubenbeziehungen zu abweichenden Erziehungen vgl. außerdem Goodman 1983, 28–43.

schen Missverständnis zwischen Liebenden in George Eliots *Die Mühle am Floss* (einem Roman, der nicht im Verdacht steht, besonders komisch zu sein), in dem Philip Maggie (in die er verliebt ist) ängstlich dazu drängt, zuzugeben, ob „du [...] in mir wirklich nur einen Bruder [siehst]. Sag mir die Wahrheit!" Worauf sie begeistert antwortet: „Ja, natürlich, Philip." (Eliot 1967, 408, [Übersetzung angepasst]) Woher das Missverständnis rührt, ist klar: An früherer Stelle desselben Gesprächs versichert sie Philip: „Ich glaube, ich könnte kaum jemand lieber haben; es gibt nichts, weswegen ich Sie nicht lieben würde." (Eliot 1967, 406) Ihr Fehler ist, dass sie von der Liebe noch nichts weiß, was es nicht auch zwischen Geschwistern gäbe. Und da Philip ein wunderbarer Bruder gewesen wäre, ist sie sich in diesem Moment sicher, dass er das perfekte Liebesobjekt ist.

Die Priorisierung der Geschwisterbindung ist wirtschaftlich produktiv, da sie sicherstellt, dass die Ehe des Geschwisters einen Wert zurück in die ursprüngliche Geschwisterdynamik lenkt. Wie viel Wert ein solcher Prozess auch erzeugte, er birgt ein Risiko, weil er einen Aspekt der Subjektentwicklung sichtbar machte, den die Zeit, ganz wie unsere heutige, unterdrücken wollte. Geschwister verdeutlichen den Aufwand, der erforderlich ist, um die Illusion von Individuen als autonome, integrale Ganzheiten zu erzeugen und aufrechtzuerhalten. Leila Silvana May (2001, 16) machte auf das „frenetische innere Abwehrsystem" aufmerksam, das erforderlich sei, um das Häusliche als einen Raum der Einheit zu erzeugen und aufrechtzuerhalten, obwohl darin Differenz entsteht, und als einen Raum der Reinheit, obwohl dort Begehren entsteht. Die Schwester ist der Schlüssel zu dieser Dynamik (vgl. May 2001, insb. 16–43). Wenn die Schwester nach Lévi-Strauss eine Ware ist, ist sie eine Ware, deren Wert sowohl für den Bruder als auch für den Ehemann darin liegt, dass sie nicht vollständig in andere Hände übergeht, sowie in ihrer eigenen Tätigkeit in der Rolle als gleichzeitige und fortwährende Schwester und Ehefrau. Die Anthropologin Annette Weiner (1992, 67) hat die Geschwisterbeziehung als das verwandtschaftliche Gegenstück einer Art von Interaktion beschrieben, die sie „keeping-while-giving" nennt, *behalten und zugleich geben*, weil sie zeigt, dass Wert durch Einbehalten und gleichzeitigen Tausch entsteht.

Durchkreuzen des Fetischs

Die Schwester nimmt bei Lévi-Strauss als designiertes Tauschobjekt eine unbequeme Position ein, die, wie er am Ende seines monumentalen Werks in nur zwei Sätzen einräumt, „immer noch eine Person" und damit selbst „eine Erzeugerin von Zeichen" ist. Was wir die unheimliche Position der Frau als sprechendes Zeichen im System von Lévi-Strauss nennen könnten, produziert, so glaubt er, „jenen affektiven Reichtum, jene Inbrunst und jenes Geheimnis" der Beziehungen zwischen den Geschlechtern (Lévi-Strauss 1984, 663). Sie ist, wenn wir diese Rolle weiterdenken, ein Beweis für eine Vereinigung von Subjekt und Objekt, eine Erinnerung an die illusorische Natur autonomer menschlicher Handlungsmacht, die gelenkt werden muss, um die von ihr aufgedeckte Verwundbarkeit abzuschirmen, und dennoch gerade deshalb anziehend rätselhaft. Diese geheimnisvolle Ware, die beim Tausch zur Ehefrau werdende Schwester, ist somit eine sinnbildliche Teilmenge der „mystische[n]" Ware bei Marx (1983, 85), die in einer Industriegesellschaft die Identität des Fetischs annimmt. Marx' vieldiskutierte Theorie des Warenfetischs schreibt den Dingen ein Leben mit Begehren und Haltungen zu.[170] Sie nehmen einen solchen Wert an, indem sie den Prozess der zwischenmenschlichen Arbeitsbeziehungen verkörpern, durch den sie geschaffen werden. Diese könnten sonst nie in Zeit und Raum koexistieren. Der Prozess, der dem Objekt solche lebendigen Eigenschaften verleiht, nimmt den entfremdeten Arbeiter*innen, die durch die Bildung einer chiasmatischen Beziehung zwischen Person und Ware zu objektivierten Mechanismen im Produktionsprozess werden, gleichzeitig die Handlungsmacht. Nicht nur Arbeiter*innen, sondern auch Warenbesitzer*innen unterliegen der Handlungsmacht der Ware: „Dinge sind an und für sich dem Menschen äußerlich und daher veräußerlich. Damit diese Veräußerung wechselseitig, brauchen Menschen nur stillschweigend sich als Privateigentümer jener veräußerlichen Dinge und eben dadurch als voneinander unabhängige Personen gegenüberzutreten." (Marx 1983, 102) Der Fetisch markiert somit eine Projektion, die kraftvoll und effektiv ist, aber dennoch eine Projektion, da es eine Wahrheit der Dinge „an und für sich" gibt, die in ihrer Getrenntheit und Passivität besteht. Genauso künstlich wie die Tätigkeit der Waren ist nach Marx die Isolation der Individuen.

In seiner Artikelserie über den Fetisch aus den 1990er Jahren versucht William Pietz, vier Gemeinsamkeiten aus dem Fetischdiskurs zu extrahieren, der sich heute über mehr als drei Jahrhunderte erstreckt, von der frühen Ethnologie und der vergleichenden Religionswissenschaft über die Wirtschafts- und Kulturwissenschaften bis hin zur Sexualtheorie und Psychoanalyse.[171] Die vier Eigenschaften des Fetischs, die er identifiziert, sind seine

---

170 Ich kann hier kann die lange Geschichte der Auseinandersetzung mit dem Warenfetischismus nicht im Detail beleuchten. Eine Zusammenfassung der bisherigen Ansätze ist in William Pietz' (1993) gründlicher Retrospektive zu finden. Neben dem 1993 von Apter und Pietz herausgegebenen Band über den Fetisch, in dem jener Artikel erschienen ist, finden sich grundlegende Beispiele für verschiedene theoretische Ansätze bei Baudrillard 1981; Žižek 2021; Appadurai 1986; Mitchell 2008; Matory 2018. Weitere interessante Ansätze sind die von McClintock 1995; Stratton 1996; Malt 2004.
171 Zur ethnisch-religiösen Herkunft des Begriffs, der uns hier primär beschäftigen wird, vgl. neben Pietz 1993; Mitchell 2008; Schmieder 2005, 106–127; Matory 2018. Matorys Analyse beschäftigt sich eingehend damit, wie Fetischdiskurse die Herabwürdigung afrikanischer Religionen und

nicht transzendierte Materialität [...]; (2) die radikale Historizität [seines] Ursprungs [...], (3) die Abhängigkeit der Bedeutung und des Werts des Fetischs von einer bestimmten Ordnung sozialer Verhältnisse, die er wiederum verstärkt, und (4) die aktive Beziehung des Fetischobjekts zum lebenden Körper eines Individuums: eine Art externes Kontrollorgan, das von Mächten außerhalb des Willens des Betroffenen geleitet wird. Der Fetisch stellt eine Subversion des Ideals des autonom bestimmten Selbst dar. (Pietz 1987, 23)

Wer etwas als Fetisch bezeichnet, übt also Kritik – behauptet eine Blindheit seitens der Fetischist*innen gegenüber der illusorischen und eigenwilligen Natur des in das Objekt investierten Wertes. Der Fetisch benennt ein Problem, dessen Lösung eine Entmystifizierung wäre. In dieser Passage geht Pietz davon aus, dass Objekte keine Handlungsmacht haben und auch keine haben sollten und dass „das autonom bestimmte Selbst" ein Ideal darstellt. Darüber hinaus soll die Blindheit der Fetischist*innen für die Stärkung der sozialen Verhältnisse verantwortlich sein, die den Fetisch erzeugen und von denen angenommen wird, dass sie kritikbedürftig sind. Würde man den Objekten ihren rechtmäßigen Platz zurückgeben, an dem sie vom Individuum unterschieden wären und ihm machtlos gegenüberstünden, so wäre zu erwarten, dass das Individuum seine Autonomie wiedererlangte. Diese Beschreibung des Fetischs ist jedoch nicht ganz so universell, wie Pietz es gern hätte. Laut Marx scheint die Entmachtung von Objekten eine Vorbedingung dafür zu sein, dass der Mensch sinnvolle, nichtausbeuterische soziale Verhältnisse entwickelt, dass er also die Idee der Autonomie freisetzt.[172] Ich würde vorschlagen, dass wir in der kulturellen Vorstellungswelt des neunzehnten Jahrhunderts noch auf einem anderen Weg, den Pietz nicht erkannt hat, am Fetisch vorbei oder durch den Fetisch hindurch gelangen, und zwar indem wir die komplizierte zwischenmenschliche Beteiligung anerkennen, ohne die Handlungsmacht von Objekten zu leugnen. Sowohl Bruno Latour als auch W. J. T. Mitchell sprachen auf diese Weise über die wechselseitige Übertragung von Handlungsmacht zwischen angeblichen Subjekten und Objekten, auch wenn Latour von *faitiches* spricht und Mitchell von *totems*.[173] Ich möchte die Sprache des neunzehnten Jahrhunderts, die Sprache des Fetischs, beibehalten und gleichzeitig

---

versklavter Schwarzer Arbeiter*innen ausnutzen. Zur Adaption durch die britische Romantik vgl. Simpson 1982.
172 Vgl. insbesondere den ausgezeichneten Artikel von Amariglio und Callari (1993) über das marxsche Subjekt im Verhältnis zum Fetisch.
173 Im nächsten Kapitel werde ich auf Mitchells Auseinandersetzung mit dem historischen Fortschritt bei der westlichen Benennung von Kultobjekten zurückkommen: vom Idol zum Fetisch zum Totem (vgl. Mitchell 2008). Viele der Assoziationen, die Mitchell für das Totem beansprucht, werden sich hier in Bezug auf die Art von Fetisch ergeben, über die George Eliot nachdenkt, was der damaligen Verwendung des Wortes widerspricht, aber darauf aufbaut, genau wie Mitchells Fortschreiten vom Fetisch zum Totem.

zeigen, dass es im neunzehnten Jahrhundert eine Strömung gibt, die versteht, was Latour (2010, 35) „*die Weisheit der Passage*" nennt, nämlich „das, was es einem ermöglicht, von der Fabrikation zur Realität überzugehen; [...] was *Wesen, die keine Autonomie besitzen, eine Autonomie verleiht, die wir nicht haben,* und sie damit auch uns verleiht". Der Fetisch interessiert mich in dieser Studie gerade deshalb, weil er eine solche Passage zwischen Subjekten und zwischen Subjekt und Objekt ermöglicht. Es ist das Objektkorrelat des Geschwisters.[174]

Zu dieser Korrelation führt eine bekannte britische Geschwistertragödie des neunzehnten Jahrhunderts besonders gut: George Eliots oben bereits erwähnten Roman *Die Mühle am Floss*. Darin experimentiert Eliot mit der Möglichkeit, sich auf unterschiedliche Art und Weise in und zwischen zwischenmenschlichen Beziehungen zu bewegen, die wertvolle Bindungen ermöglichen könnten, ohne die Erzeugung und damit Isolation des freien, autonomen Individuums zu erfordern. Solche Beziehungen ziehen auch den Prozess der Freigabe oder des Besitzes von Objekten in Zweifel und erkennen stattdessen verbundene Subjektivitäten und die Handlungsmacht von Objekten an, wie sie durch die Liebe der Erzählinstanz zum Wasser veranschaulicht werden (vgl. Eliot 1967, 5). In einer solchen wasserreichen Umgebung ist das Ertrinken jedoch eine klare Gefahr und fordert am Ende des Romans das Leben der Geschwister Maggie und Tom Tulliver, die sich im Tod ein letztes Mal umarmen.

George Eliots Beschäftigung mit der tiefgründigen Bedeutung von Objekten ist seit langem anerkannt. Eliot verwendet bekanntermaßen das Wort „Fetisch" für die entstellte Puppe, die Maggie Tulliver als junges Mädchen quält, wenn sie selbst gezüchtigt oder bestraft wurde (Eliot 1967, 32–33). Die Puppe nimmt verschiedene Charaktere an und repräsentiert die sie quälenden Verwandten in ihrer Umgebung (vgl. Eliot 1967, 33). Maggies Fetisch ist somit über den „primitivsten" Zustand der Religion hinausgewachsen, den Auguste Comte (1974, 176) als Fetischdienst postuliert hatte,[175] und hat sich dem Götzendienst angenähert, der genug Abstraktion erfordert, um eine Darstellung zuzulassen.[176] Während Eliot das Wort nur für diese

---

[174] Mitchell (2005, 165) bringt das Idol mit dem Vater, den Fetisch mit der Mutter und das Totem mit „Schwester, Bruder oder Verwandten" in Verbindung. Wie bereits erwähnt, nähert sich Mitchells Verwendung des Totems dem Bedeutungsspektrum des Fetischs in meiner Auseinandersetzung. [Anm. d. Ü.: Da die zitierte Passage in der dt. Fassung (Mitchell 2008) nicht enthalten ist, wurde hier auf die engl. Originalausgabe zurückgegriffen.]
[175] Vgl. auch Lewes 1853. Lewes schrieb dieses Buch über Comte in den ersten Jahren seiner Bekanntschaft mit Eliot und vollendete es, kurz bevor sie eine Beziehung eingingen, die sie als Ehe betrachteten.
[176] Comte (1974, 189) ist hier etwas inkonsequent, da er auf dem Fetisch als angebetetem Objekt besteht, das keine symbolisierende Abstraktion zulasse, und zugleich glaubt, dass die Künste im Fetischstadium aufgeblüht seien, weil die Vorstellungskraft so viel Spielraum gehabt habe.

Puppe verwendet, präsentiert uns der Roman weitaus mächtigere Fetische. Zu diesen wertvollen Objekten gehören auch bewegliche Güter wie die harte Währung, die sowohl Mr. Tulliver als auch seine Schwägerin Mrs. Glegg beschlagnahmen und aufbewahren, da sie nicht bereit sind, sich auf die abstrakten Machenschaften einer Bank einzulassen. Mindestens ebenso aufgeladen mit emotionalem Wert sind Mrs. Tullivers selbstgewebte, mit „Mädchenmonogramm" versehenes Leinen und die Bücher ihrer Tochter Maggie, die die beiden versteigern lassen müssen, als Herr Tulliver die Mühle verliert (vgl. Eliot 1967, 119).[177] Die Objekte, die narrativ am aufwändigsten ausgestaltet werden und ebenso die affektivste und effektivste Macht über die Figuren ausüben, sind jedoch die Dorlcote-Mühle selbst, das benachbarte Einfamilienhaus, die umliegende Landschaft, der Fluss Floss sowie Tom und Maggie selbst. Der Roman erzählt die Geschichte der örtlichen Umgebung und der Familie, die die Konstruiertheit dieser scheinbar natürlichen Umgebung offenbart.

Für Eliot wie für Marx (1983, 87) geht es beim Fetisch um „sachliche Verhältnisse der Personen und gesellschaftliche Verhältnisse der Sachen".[178] Beiden zufolge sind diese Verhältnisse durch sachliche, gesellschaftliche Prozesse, die sich im Laufe der Zeit abspielen, im Fetisch sedimentiert. Für Eliot ist der primäre Ort einer solchen Sedimentation jedoch nicht die Fabrik, sondern die Familie. Marx glaubte, dass die Idee der Veräußerlichkeit von Grund und Boden „nur in bereits ausgebildeter bürgerlicher Gesellschaft aufkommen" könne und „ihre Ausführung, auf nationalem Maßstab, [...] in der bürgerlichen Revolution der Franzosen versucht" worden sei (Marx 1983, 104). Wir werden Zeugen, wie die Figuren bestürzt erfahren, dass jeder Teil der Landschaft, den sie für unveräußerlich gehalten hatten, zur Ware werden kann, wenn sie die Mühle, das Haus, das Land und den größten Teil ihres Besitzes verlieren und Pächter ihrer Umgebung werden, statt in und mit ihr zu leben. Dass die Familie ihr Verhältnis zum Land als ein natürliches erlebt, erweist sich als ein explizit gesellschaftlicher Akt des selektiven Erinnerns und Vergessens, der sowohl mit der Kindheitserfahrung als auch mit dem Wissen um die Familiengeschichte verbunden ist. Auf diese Weise sind

---

Kritiker*innen haben das Ausmaß von Eliots Akzeptanz des comteschen Positivismus bestritten. Er war für sie sicherlich ein starker, lebenslanger Einfluss, was aber nicht bedeuten muss, dass sie seine Ideen vorbehaltlos annahm (vgl. insb. Scott 1972, 59–76; Wright 1981, 257–272; McLaverty 1981, 318–336).
177 Deanna Kreisel (2001, 85–87) bemerkt die fetischistische Bindung an hartes Geld im Roman. Zu Eliots Auseinandersetzung mit zeitgenössischen Diskussionen über Fetischismus vgl. auch Logan 2002, 27–51; McLaverty 1981.
178 George Eliot übersetzte David Strauss und Ludwig Feuerbach und las Comte mit Begeisterung. Mit Marx teilte sie daher den gleichen Hintergrund zur Theorie des Fetischs.

die Tullivers ein wichtiger Teil ihrer Gemeinde, der fiktiven Stadt St. Ogg's. Joshua Esty (1993, 104) analysiert, wie Eliot die Stadt in einer autochthonen Sprache beschreibt, aber auch wie subtil sie diesen Organizismus im Roman unterminiert. Der Text enthüllt, wie Esty feststellt, die Geschichte eines fehlenden historischen Bewusstseins von der Landschaft. Wie das Verhältnis von Mensch zu Land, kann Maggies und Toms Beziehung zueinander als Bruder und Schwester, Junge und Mädchen, Älterem und Jüngerer, praktischer und künstlerischer Neigung, von ihrer Gesellschaft auf Geschlechter- und Altersverhältnisse naturalisiert werden; allerdings wird sie nicht durch die Erzählung naturalisiert, die vielmehr eine Geschichte von nuanciertem sozialem und erzieherischem Druck auf das Verhältnis zueinander erzählt.[179] John Kucich (1983, 321) versteht Eliots Weigerung, sich „rein natürliche Objekte" vorzustellen, als Protokoll eines Verlusts. Kucich sieht eine teilweise Abhilfe für diesen Verlust in Maggies Wertschätzung der Multivalenz von Objekten in der menschlichen Welt.[180] Mit seinem Verständnis des „Beziehungsgeflechts" im Roman bleibt Kucich (1983, 332) der Natur als eine Reihe passiver Zeichen verpflichtet, die menschlichen Repräsentationsfunktionen zur Verfügung stehen. Der Roman illustriert jedoch eine Welt von Objekten und Subjekten, die Handlungsmacht ohne volle Autonomie haben. Auch wenn Maggie diese Verhältnisse besser versteht als Tom, müssen wir über die einzelnen Figuren hinausblicken, bei denen die kritische Beschäftigung meist stehenbleibt, und uns der Struktur des Romans widmen, um die sinnstiftende Komponente von Subjekten und Dingen zu beobachten.

Die übermäßige Bindung von Maggie und Tom aneinander und an die Dinge ihrer Kindheit legt den Grundstein für die Tragödie von *Die Mühle am Floss*, bietet aber auch Potenzial für eine tragfähigere Alternative eines sinnvollen Lebens. Der Roman ist nach seiner eigenen Einschätzung eine Tragödie – eine Tragödie von „belanglosen Leuten, denen man tagtäglich auf der Straße begegnet, ohne sie überhaupt wahrzunehmen [...]; [...] sie gedeihen unbeweint im verborgenen" (Eliot 1967, 237). In der Tat könnten wir die Umrisse der Tragödie erkennen, in der eine Schwester die heilige Pflicht gegenüber einem Bruder nicht nur über

---

[179] Marx (1983, 92) hingegen deutet im *Kapital* eine natürliche Form der Familienbeziehung an, in der sich eine Arbeitsteilung spontan als Ergebnis von offensichtlich natürlichen Affinitäten und Rhythmen auf der Grundlage von Geschlecht, Alter und Jahreszeit entwickelt.

[180] Kucich (1981, 223–241) leitet dieses Verständnis von Maggies Beziehung zu Objekten in erster Linie in Analogie zu den Gesprächen über Sprache mit ihrem Bruder ab, in denen sie erklärt, dass Wörter mehrere Bedeutungen hätten. Margaret Homans (1981) hingegen glaubt, dass Maggie die Fähigkeit verliere, Multivalenz wahrzunehmen und zu schaffen, wenn sie versuche, Toms Liebe zu erhalten, indem sie sich seinem männlichen Begehren anpasse, Herrschaft über Objekte auszuüben.

einen Liebhaber stellt, sondern über das Leben selbst; eine Tragödie, in der der Vater dieser Schwester und dieses Bruders „ein Schicksal wie Ödipus" hatte (Eliot 1967, 163). Und doch ist der Roman nicht ganz die gleiche Art von Tragödie wie Sophokles' *Antigone*. Schließlich erkennt Antigone, wie in Kapitel 1 gezeigt, keine anderen Ansprüche an außer die von ihr erfüllten. Sie handelt also nach einem Imperativ, als könnte sie allein ihn verkörpern, ohne Rest und ohne Aufteilung ihrer Handlungsmacht. Antigone ist, so könnte man meinen, auf eine seltsame Weise erfolgreich; sie erfüllt ihren eigenen selbstgewählten Zweck. Maggie Tulliver hingegen kann das Gefühl der allumfassenden Verpflichtung, unter dem sie leidet, nie befriedigen, weil ihre Ansprüche sie in mehrere Richtungen treiben. Sie ist also insofern wie Ismene, als sie, wie wir im ersten Kapitel gesehen haben, von widersprüchlichen Ansprüchen geplagt wird. Aber sie ist auch nicht ganz wie Ismene. Denn Ismene deutet zumindest in ihren Bitten an Antigone darauf hin, die widersprüchlichen Pflichten anzuerkennen, sie dennoch zu bewerten und die Lebensbejahenden zu wählen. Maggie fühlt sich jedoch durch die Wahl gelähmt und kehrt zu ihrem Bruder zurück, ein Verhältnis, das „tiefer in ihr verwurzelt [ist] als alle Wechselfälle" (Eliot 1967, 554).[181] Es handelt sich also um eine Wurzel, die der Herausbildung konkurrierender Beziehungen vorausgeht. Maggie folgt also wie Antigone einem Imperativ, der aus geteilter Subjektivität mit ihrem Bruder entstanden ist. Im Gegensatz zu Antigone erkennt sie aber, dass ein solches Teilen nicht beschränkt ist – weder auf einen Bruder noch auf eine Gruppe, deren Forderungen alle in etwas so Einfachem wie dem Tod übereinstimmen. Bei Maggie können und müssen sich Bindungen und Pflichten ausweiten. Sie sehnt sich nach einer Möglichkeit, *jede* Verpflichtung, *jede* geteilte Subjektivität ganz und restlos in sich aufzunehmen. Sie will eine Antigone gegenüber jeder Person sein, die einen Anspruch auf sie hat. Maggie spricht nicht metaphorisch, wenn sie Stephen Guest erklärt, dass sie nicht mit ihm durchbrennen kann, weil „wir anderen etwas schuldeten und jede Neigung besiegen müßten, die diese Schuld verraten würde" (Eliot 1967, 580). Wie Neil Hertz (2003, 68) kurz und bündig feststellt: „Verwurzelung bedeutet in diesen Romanen Verschuldung." Maggies Haltung zum Thema Schulden stimmt somit genau mit der ihres Vaters und Tom überein, die der Tilgung der für die Familie ruinösen Schulden höchste Priorität einräumen.[182] Maggie macht klar, was die beiden anderen ebenfalls verkörpern: Was geschuldet wird, erstreckt sich auf das Selbst.

---

181 Anm. d. Ü.: Im engl. Original: „a root deeper than all change" (Eliot 1980, 399).
182 Kathleen Blake (2005, 219–237) identifiziert in *Die Mühle am Floss* zwei widersprüchliche Wirtschaftssysteme, eine Schenkökonomie, in der Maggie operiert, und eine moderne Wirtschaft, die am besten durch Onkel Glegg veranschaulicht wird. Viele Figuren schwanken jedoch in ihrer Analyse zwischen den beiden, und Schulden sind ein Merkmal beider Ökonomien. Wie Marcel Mauss

Der Einbruch der Tragödie in das bürgerliche Leben ist uns bereits in *Wilhelm Meisters Lehrjahre* begegnet. Dort stellen die inzestuösen Geschwister Augustin und Sperata eine Bedrohung dar, der die Notwendigkeit miteinander verbundener Lebensweisen zuneigt. Die Geschwister Lothario und Natalie nähern sich dieser Bedrohung, werden aber sowohl durch die Machenschaften der Turmgesellschaft als auch Natalies Verzicht auf jegliche Vorliebe davor gerettet. George Eliot bringt die verführerische Gefahr der Tragödie noch näher, indem sie sich auf ein einziges Bruder-Schwester-Paar konzentriert und sowohl das Streben von Lothario/Natalie als auch die Sehnsucht von Augustin/Sperata in diesem Geschwisterpaar vereint. Hier ließe sich leicht noch eine Spaltung behaupten: Maggie verkörpert eine schicksalhafte Tragödie und Tom den modernen bürgerlichen Geschäftsgeist. Schließlich tritt Tom in die Handelsgesellschaft seines Onkels ein und feiert dort große Erfolge. Tatsächlich haben die wenigen Kritiker*innen, die den Roman vergleichend mit *Antigone* gelesen haben, in Tom eine Verbindung von Polyneikes und Kreon gesehen. Wie Kreon, so die Argumentation, sei Tom engstirnig, autoritär und auf das Bürgerliche eingestellt, in diesem Fall auf die politische Ökonomie, während Maggie sich auf Verwandtschaft konzentriert. Das wird jedoch der Komplexität des Romans und der Einbeziehung der Tragödie in die moderne Wirtschaftswelt nicht gerecht. Sie berücksichtigt auch nicht Eliots eigene Neupositionierung der geschlechtlichen Aspekte in der Tragödie.[183]

Eliot rezensierte 1856 selbst eine Übersetzung von Sophokles' Drama in der Wochenzeitung *The Leader*. Kritiker*innen, die Eliots Kommentare analysierten, stützten sich auf ihre Befürwortung einer hegelschen Lesart des Stücks (durch August Böckh) (vgl. Joseph 1981, 22–35; Hirsch 1983; Böckh 1826). Tatsächlich besteht Eliot

---

(1925) zuerst klarstellte, entsteht durch Geschenke eine Verpflichtung auf der anderen Seite (vgl. Mauss 1990). Eine produktivere Aufteilung des Romans liefert Mary Poovey (2009). Poovey sieht eine Spaltung zwischen zwei Handlungssträngen – einem wirtschaftlichen und einem sentimentalen –, die durch die Migration von Geheimhaltung und Offenlegung aus der unpersönlichen und unzugänglichen kollektiven Sphäre der Ökonomie in die sentimentalen, zwischenmenschlichen Beziehungen miteinander verwoben seien. Poovey analysiert, wie „Schriftsteller*innen anders als in den Erbschaftsplots, die die Romane des achtzehnten Jahrhunderts dominierten, in Finanzplots Umstände untersuchen können, die die persönliche Handlungsmacht und den individuellen Willen betreffen", und zwar in einer Welt, die durch unklare Handlungsmacht geprägt sei (Poovey 2009, 52). Daher würde ich ergänzen, dass solche horizontalen Handlungsstränge die Verschränkung der persönlichen Lebensläufe innerhalb kollektiver Netzwerke aufzeigen.
183 Zu Vergleichen von Tom und Kreon siehe Molstad 1970; Gilbert und Gubar 1979, 497; May, 2001, 80. Marianne Hirsch (1983) analysiert Tom nicht, aber ihre Behauptung, dass Maggie ein zirkuläres Entwicklungsmuster verfolge, das den Frauen im Roman des neunzehnten Jahrhunderts eigen sei und in die Fußstapfen der Antigone trete, kontinuiert das fortwährende Gendering der Antigone, von der Eliot selbst Abstand nimmt.

mit Hegel darauf, dass Kreon und Antigone jeweils einem moralischen Prinzip folgten und auch jeweils eines überträten. Eliot widerspricht Hegel jedoch in einem grundlegenden Punkt, nämlich bei der Vergeschlechtlichung der beiden fraglichen Prinzipien. Während Hegel Antigone als Vertreterin der heiligen Rechte der weiblichen Sphäre der Familie und Kreon als Stimme der männlichen bürgerlichen Sphäre darstellt, liest Eliot den Konflikt als

> jenen Kampf zwischen elementaren Tendenzen und etablierten Gesetzen, durch den das äußere Leben des Menschen allmählich und schmerzhaft mit seinen inneren Bedürfnissen in Einklang gebracht wird. Wo immer die Stärke des Intellekts oder des moralischen Empfindens oder der Zuneigung ihn in Widerspruch zu den Regeln bringt, die die Gesellschaft geschaffen hat: Dort erneuert sich der Konflikt zwischen Antigone und Kreon. (Eliot 1856, 306)

Wenn das Drama als ein Kampf zwischen inneren Prinzipien und äußeren Normen interpretiert wird, können sowohl Tom als auch Maggie die Rolle der Antigone einnehmen, während sich die Rolle des Kreon im Gesellschaftsgefüge insgesamt auflöst, das vielleicht dadurch treffend beschrieben wird, dass es „nicht die Welt, sondern die Ehefrau der Welt" sei (Eliot 1967, 596 [Übersetzung angepasst]).

Maggie und Tom sind beide loyal gegenüber der Familie, entfremden sich dadurch von der Gesellschaft und gelangen an die Stelle der Antigone. Während Kritiker*innen über Maggies Verzicht ihrer beiden Verehrer Philip und Stephen unter der Androhung von Toms Ablehnung nachgedacht haben, wurde Toms eigenes Festhalten an der Familienzugehörigkeit auf Kosten der sozialen Integration weitgehend übersehen.[184] Die Gefühle gegenüber seiner Schwester schwanken zwischen Liebe und Abstoßung, offenbaren aber immer eine intensive Bindung. Zwar lehnt er Maggie ab, „aber der Gedanke daran verbitterte ihm die Tage" (Eliot 1967, 608).[185] Darüber hinaus schreibt Tom auf das Deckblatt der Familienbibel den Schwur, seinen Vater zu rächen, und lenkt damit die familiäre Generationenfolge von Ehen, Geburten und Todesfällen in ein regressives Verlangen nach Rache um. Dieser Akt zeigt noch deutlicher als Toms und Maggies anhaltendes Junggesellendasein, wie sehr ihre besondere Familienzugehörigkeit die Zukunft verschlingt. Tom verpflichtet sich, die Vergangenheit zurückzugewinnen, indem er die Dorlcote-Mühle zurückkauft, die vier Generationen lang der Familie Tulliver gehört hatte,

---

184 Eine Ausnahme stellt Esty (2002, 111) dar, der festhält, dass beide Geschwister in eine „familiäre und historische Falle" tappten, wenn sie versuchten, ein früheres Wirtschaftsmodell wiederherzustellen. So werde verhindert, dass sie heirateten oder die anderen Insignien der Reife erwürben.
185 Es gibt einige Unklarheiten in diesem Satz, und es ist nicht ganz sicher, ob er aufgrund von Maggies Charakter oder seines harten Umgangs mit ihr bitter wird, aber eine solche Unklarheit spiegelt seine Gefühle ihr gegenüber wider.

bevor ihr Vater sie durch seine Zivilklagen verlor.[186] Seine Teilnahme an der modernen Handelswirtschaft ist für ihn nur Mittel zu diesem Zweck. Während Kritiker*innen Maggies Besessenheit tendenziell als Anstoß für den Tod beider Geschwister sehen, tragen beide gleichermaßen die Verantwortung für die Entscheidung, sich in dem kleinen, ungeeigneten Ferienboot auf ihre letzte Reise in die Flut zu begeben.[187] Gemeinsam übergeben sie sich dem Wasser.

Bei Maggie, deren Psychologie vollständiger ausgearbeitet ist als Toms, sehen wir ein Schwanken zwischen dem Wunsch nach Verbindung mit anderen und einem strikten Verzicht auf alle neuen Bindungen.[188] Sie kann ihre Begeisterung für die Wurzeln, die sie für immer mit der Erinnerung gleichsetzt, nicht mit ihrer Begeisterung für die Verästelung ihrer Beziehung zur Welt der Dinge und Menschen in Einklang bringen, ein Schwanken, das Hertz (2003, 74) Maggies „Pulsschlag" nennt. Es ist nicht verwunderlich, dass Philip sie als Waldnymphe malt, als Geist der Bäume. Gillian Beer (1983) konstatierte dieses Aufsaugen mit „Beziehungen" und „Ursprüngen" in Eliots *Middlemarch*.[189] In diesem früheren Roman sehen

---

186 Der *millstone* (Mühlstein) als symbolische Last geht auf die Bibel zurück und war im neunzehnten Jahrhundert geläufig; vgl. *OED Online*, [Art.] „millstone", http://www.oed.com/view/Entry/118596?redirectedFrom=millstone, 30.09.2023. Die meisten Kritiker*innen interessieren sich jedoch mehr für das Wesen der Holzmaschinen, die das kleine Boot versenken und die Geschwister ertrinken lassen. Homans (1993, 172) und May (2001, 77) sehen die Maschine als Symbol für den Industriekapitalismus, während Esty (2002, 113) die Flut selbst als exzessiven Ausdruck der Rolle des Flusses als „Kanal für die ökonomische Moderne" begreift. Kathleen Blake (2005, 232) merkt jedoch an, dass die Ausrüstung als Teil eines hölzernen Kais sowohl Teil von längst etablierten Handelsmustern als auch von neueren kapitalistischen Trends sei. Der Tod der Geschwister wird nicht durch einen Übergang zu einer neuen Ökonomie verursacht, sondern durch ihren Rückzug aus den Ökonomien überhaupt.
187 Insbesondere Auerbach (1975) erarbeitet die dämonischen Resonanzen von Maggies todbringendem Charakter.
188 Das Schwanken zwischen Extremen des Begehrens und des Verzichts passt in eine wichtige Wirtschaftsdebatte des neunzehnten Jahrhunderts zwischen Anhängern des sayschen Gesetzes wie Ricardo und Mill und seinen Gegnern, vor allem Malthus. Kreisel (2001) analysiert scharfsinnig, dass Maggie sowohl die Annahme infrage stelle, dass es niemals eine Überflutung geben könne, weil die Nachfrage immer ausreichen werde, um das Angebot zu befriedigen (saysches Gesetz), als auch das Beharren auf der Angemessenheit der Mäßigung. Eine detaillierte Analyse der Debatte über das Gesetz von Angebot und Nachfrage würden den Rahmen dieses Kapitels sprengen, es ist jedoch erwähnenswert, dass die Debatte Probleme der individuellen Handlungsmacht und der allgemeinen Gesetze von Kollektiven hervorhebt, auf die wir hier eingehen.
189 Gillian Beer (1983, 154) stellt die Übereinstimmung bezüglich dieses Interesses bei Eliot und Darwin fest. *Die Mühle am Floss* wurde nur ein Jahr nach *Der Ursprung der Arten* veröffentlicht. Eliot las Darwin unmittelbar nach der Veröffentlichung (vgl. Beer 1983, 156). Die gemeinsame Beschäftigung mit Wurzeln und Zweigen, also mit genealogischen Strukturen, gab es jedoch schon vor Eliot und Darwin. Ich komme im nächsten Kapitel auf den Stammbaum zurück. In ihrem

wir das Potenzial für die beiden sich voneinander entfernenden Triebe, die zu ähnlichen Exzessen führen und Maggie auseinanderreißen. Da Eliot den Wert beider Triebe aufzeigt, sowohl der Wurzeln als auch der Zweige, lautet die Frage des Romans, wie man beide integrieren kann. Das dürfte aus der Auseinandersetzung mit Goethe vertraut klingen, doch Eliot bewegt sich in eine ganz andere Richtung als Goethe. Und hier müssen wir zum Fetisch und zu den Geschwistern zurückkehren, die beide für die nichtintegrale Natur des Subjekts Zeugnis ablegen. Für Eliot hat die Geschichte, durch die Objekte einen Wert über den nachweislichen Tauschwert hinaus erhalten, einen Platz im Gedächtnis. Nina Auerbach (1975, 167) behauptet, dass die „Erinnerung', die [Maggie] aufruft, tatsächlich eine mythenbildende Fähigkeit ist, die die Vergangenheit zu einem Zufluchtsort gegen die Gegenwart und nicht zu ihrem Nährboden macht". Auerbach stellt hier jedoch eine irreführende Dichotomie her. Maggies Erinnerung an eine idyllische Bruder-Schwester-Beziehung in ihrer Kindheit als „falsche Erinnerung" zu bezeichnen, wie es auch May (2001, 82) tut, verlagert das affektive Gedächtnis in einen Bereich der Objektivität, der Eliots Vorstellung fremd ist. Es ist auch erwähnenswert, dass die Erinnerung nicht nur in Verbindung mit Maggie entsteht. Tom und, noch wichtiger, Erzählinstanz verweilen beide in Erinnerungen. Die Erzählstimme spricht von „unserer" Bindung an Objekte als Echo einer Zeit, als eine solche Bindung nicht als eine metaphorische verstanden wurde, „wo die Außenwelt nur eine Erweiterung unserer eigenen Persönlichkeit zu sein schien. Wir nahmen es hin und liebten es, genau wie das Bewußtsein unserer Existenz oder unsere Gliedmaßen." (Eliot, 1967, 186) Es wäre also ein kleiner Sprung, in der Sehnsucht nach dieser Landschaft einen Versuch zu sehen, einen traumatischen Bruch in einer voródipalen Einheit zu reparieren oder durch die imaginäre Projektion der körperlichen Ganzheit die Kastrationsangst zu lindern, die Sigmund Freud (1976) dem Fetischismus zugrunde legt. Eine solche Argumentation würde die Räume des Elternhauses und die Geschwister zu Symbolen eines noch früheren Verlustes machen, dem der ursprünglichen Einheit mit der Mutter oder der Sicherheit in der Unverwundbarkeit des eigenen Körpers. In der Tat wurde viel kritische Energie in den Versuch gesteckt, herauszufinden, was genau Tom in Maggies Psyche ersetzt. Doch zumindest für ein jüngeres Kind ist ein älteres Geschwisterkind in der Familiendynamik genauso selbstverständlich wie eine Mutter oder ein Vater und weder strukturell noch funktional auf ein Elternteil reduzierbar. Was machen wir

---

Buch über George Eliot baut Beer (1986, 54) auf dieser Erkenntnis auf und stellt fest, dass Eliot dem Drang, Ursprünge zu erkennen, „eine ebenso intensive Bewegung zur Differenzierung, Expansion, lateralen Verwandtschaften, Pflege, Zieheltemschaft und mitfühlender Verallgemeinerung entgegensetzt, die alle neue und vielfältige Beziehungen schaffen".

also mit einem Fetischismus, der genau das ursprünglich Verlorengegangene zum Objekt kürt?[190] Ein solcher Fetisch müsste ein Symbol für sich selbst sein. Aus einem anderen Blickwinkel wird das Objekt jedoch weder zu einer Metapher noch zu einem Symbol, sondern zu einer Synekdoche für das System der Beziehungen, die Menschen und Objekte miteinander verbinden. Der Fetisch wird allgemein als ein Objekt betrachtet, das seinen Wert aus einer Reihe von Beziehungen gewinnt, die der Fetischist unterdrückt. Das gilt für Marx ebenso wie für Freud und Lacan. Für Eliot jedoch entbindet die Anerkennung solcher Beziehungen als Quelle der Bedeutung den Fetisch nicht von seiner Macht. Die behält er.

In Anbetracht der Intensität von Objekten in Eliots fiktionalem Werk vertritt Peter Melville Logan (2002, 39) sogar die Ansicht, dass Eliots Realismusverständnis den Roman selbst in ein Fetischobjekt verwandelt, das durch seine „Verwendung von Partikularitäten den Leser ermutigt, der Erzählung eine Art Leben zuzuschreiben". Eliots fiktionale Werke beteiligen sich jedoch nicht an einem einfachen Fetischismus, sondern an etwas, was dem *faitichisme* von Bruno Latour näher kommt. Sie demonstrieren die Fähigkeit von Objekten, das Leben und die Handlungsmacht über die menschlichen Beziehungen hinaus zu bewahren und die Handlungsmacht in beide Richtungen fließen zu lassen. Der Konflikt, den Logan zwischen Eliots vermeintlicher Kritik am Fetischismus und ihrer eigenen Praxis findet, verschwindet, wenn wir erkennen, dass sie gar nicht versucht, den Fetisch zu entmystifizieren, sondern vielmehr beleuchtet, wie sich Objekte und Subjekte produktiv in Netzwerken gemeinsamer Handlungsmacht auflösen. 1868 denkt Eliot in ihrem Notizbuch-Essay „Notes on Form in Art" über das Verhältnis der Teile zum Ganzen und die Zusammensetzung von Objekten aus unterschiedlichen Seinskategorien nach:

> So umfasst der menschliche Organismus Dinge, die so verschieden sind wie die Fingernägel und die Zahnschmerzen, wie der Nervenreiz des Muskels, der sich in einem Schrei manifestiert, und die Unterscheidung eines roten Flecks auf einem Schneefeld; doch all seine verschiedenen Erfahrungselemente oder -teile sind in einer notwendigeren Ganzheit oder einer untrennbaren Gruppe von gemeinsamen Bedingungen miteinander verbunden, als sie in jeder anderen uns bekannten Existenz zu finden sind. Die höchste Form ist also der höchste Organismus, das heißt die vielfältigste Gruppe von Beziehungen, die in einer Ganzheit verbunden sind, die wiederum die vielfältigsten Beziehungen zu allen anderen Phänomenen unterhält. (Eliot 1963, 433)

---

[190] Kritiker*innen sind auf diese Wiederkehr aufmerksam geworden, vgl. Homans (1981, 231) zu Maggies „erneuter Liebe zu identischen Objekten" und Kucichs (1983, 331) Hinweis, dass „die Mühle die Tullivers vor allem an sich selbst erinnert".

Der Organismus besteht gleichermaßen aus Materie, Wahrnehmung, Dynamik und Fragment, und während die menschliche Form ein notwendiges Ganzes ist, sind die Ränder unklar, und diese notwendige Ganzheit wird ebenso schnell in ein ebenso vielfältiges und variantenreiches Beziehungssystem integriert.

Während Maggie letztendlich nicht in der Lage ist, die Ansprüche an sie in Einklang zu bringen, gibt es im Roman einen verlockenden Alternativvorschlag, der konzeptionell in die Richtung dieses späteren Essays weist. Der Vorschlag liegt im mehrdeutigen Status der Erzählinstanz. Die Erzählinstanz von *Die Mühle am Floss* tritt angemessen vage auf, bewegt sich meist aus Maggies oder Toms Perspektive zu einem verallgemeinerten „Wir" hin und lässt sich nie auf ein „Ich" festlegen. Diese Erzählinstanz teilt die Liebe ihrer Figuren zu den gleichen Objekten und Landschaften der Kindheit, überlebt aber diese starke Verbundenheit, ohne sie aufgeben oder in die Vergangenheit verbannen zu müssen. Sie weigert sich hartnäckig, ihre Geschichte als Abstraktion anzusehen, und spricht sogar vom kalten Stein des Brückengeländers als Teil der erzählten Welt, an das sie sich während ihrer Erzählung anlehnt (Eliot, 1967, 7).[191] Ihre Bewegung ist also eine Art Synekdoche, eine Art des Schwimmens durch ineinander übergehende Objekte, die sie weder vollständig zurücklässt noch sich einverleibt. Eine Synekdoche ist die Darstellung eines Ganzen durch einen Teil, wie beim „Köpfezählen". Aber wenn ein Teil zwei Ganzen gemeinsam sein kann, die jeweils andere Teile mit anderen Ganzen gemeinsam haben, wird die Synekdoche zu einer Möglichkeit, sich eine vernetzte Verbindung vorzustellen, deren Teile nicht identisch sind.[192] Das Geschwister, das nicht das Selbst und auch nicht ganz ein Anderes ist, der Gefährte, dem man sich frühzeitig anpassen muss, von dem man die Gewohn-

---

[191] Neil Hertz (2003, 68) stellt fest, dass die Erzählinstanz in diesem Moment nicht nur Maggie und Tom in ihrer Kindheitsliebe ähnele, sondern auch ihrem Vater, und dass die Stimme der Erzählinstanz die Identifikation vervielfache – mit Maggie, mit George Eliot und mit dem Kind, das zu ihr wurde – Mary Ann Evans. Für Hertz ist die Erzählung – die des Romans selbst und der Szenen darin – eine Übertragung emotionaler Bindung, frei von den Leidenschaften, die sie gefährlich machen. Ich denke, das ist sowohl eine Über- als auch eine Untertreibung, die den Roman unnötig domestiziert. Die Erzählung präsentiert eine Möglichkeit, Bindung und Überleben in Einklang zu bringen, allerdings nicht, um sich gegen die Risiken von Emotionen abzusichern oder Leidenschaft zu minimieren. Die Erzählstimme ist keine des Verzichts. Andererseits wird die Emotion nicht übertragen, sondern geteilt. Es ist ein Fall von *keeping-while-giving*, eine Form von Schulden, die dem Leben entsprechen.

[192] Ähnliche Schlüsse zieht Devin Griffiths (2016, 195), wenn er Eliots Verwendung dessen analysiert, was er mitfühlende Analogie nennt und in die Richtung einer „geteilten Subjektivität" geht, aber innerhalb eines „komplexeren Netzwerks sozialer Beziehungen" verbleibt, das einen Zusammenbruch in eine vollständige Identifizierung stört.

heiten der Sympathie lernt, ist der offensichtliche Ausgangspunkt einer solchen Reise.

„[E]s [ist] unmöglich [...], einfach die Verbindung aus der Filiation [...] zu deduzieren", heißt es bei Deleuze und Guattari. „Ihnen entsprechen zwei Formen von Gedächtnis, bio-filiativ das eine, Gedächtnis der Heiratsverbindung und der Worte das andere." (Deleuze und Guattari 1977, 185–186) Dabei handelt es sich offensichtlich um zwei irreduzible Prozesse: Ursprünge und Beziehungen, Wurzeln und Zweige. Aber was machen wir dann mit den Geschwistern? Das Geschwister, zu dem Maggie immer wie zu einer Wurzel zurückkehrt, das Geschwister, das sie immer mit Sprache und Ökonomie assoziiert. Eine so durchdringende Geschwisterfigur muss man natürlich aus dem Mittelpunkt der Theorie verschwinden lassen, sie zu einem psychoanalytischen Ersatz für Mutter oder Vater machen, zu einer strukturalistischen Tauscheinheit zwischen Schwagern, zu einer hegelschen Brücke von der Familie zum Staat. Es liegt eine gewisse Ironie darin, dass selbst Deleuze und Guattari nicht bemerken, an welchem Punkt Wurzel und Ast zu einem Rhizom verbinden. Hier zeigt sich die Verknüpftheit der Subjektivität besonders deutlich, die geteilte Handlungsmacht von Subjekten und von Subjekt und Objekt, die Umwandlung des Fetischs zu einer Form der synekdochischen Repräsentation, die Bedeutungen beibehält, zugleich neue erzeugt und nicht von ihrer Materialität abstrahiert werden kann, auch wenn sie darüber hinausreicht.

Die Verführung des Systems

In seiner Auseinandersetzung mit dem Warenfetisch konzentriert sich Marx auf die Beziehungen zwischen Arbeiter*innen, Kapital, Ware, Eigentümer*innen und Konsument*innen. Der Fetisch stellt diese Beziehungen für den Fetischisten jedoch per Definition weder dar noch symbolisiert er sie, sondern manifestiert Macht und Handlungsmacht in seinem Material selbst. Fast ein Jahrhundert vor Marx hatte Adam Smith bereits eine andere Art der Projektion von Wert auf die Ware erkannt und sie erst vorgenommen. Diese Wertzuschreibung geht an die Grenze von mystischem Fetisch und abbildhaftem Idol. Smiths Mystifizierung der Ware als Verdichtung globaler zwischenmenschlicher Beziehungen, die in seiner begeisterten Beschreibung der verschiedenen Arten von Arbeit für die Herstellung einer Wolljacke einfließen, haben wir bereits kennengelernt. Sie ist auch in den enthusiastischen Lobreden für den Handel zu finden, die von Wilhelms Kindheitsfreund und späterem Schwager Werner in Goethes *Wilhelm Meister* und vielen anderen begeisterten Kapitalisten in der Literatur des neunzehnten Jahrhunderts vorgebracht werden (vgl. Goethe 2002b, 37).[193] Die Ware erhält, vor allem wenn sie durch den Handel mit als „primitiv" geltenden Gesellschaften erworben wird, durch ihre Reise aus fernen Orten eine anziehende Aura. Es ist kein Zufall, dass gerade dieser Handel auch den Diskurs über den Fetisch überhaupt erst hervorgebracht hat. William Pietz berichtet, dass portugiesische Händler des siebzehnten Jahrhunderts den kulturspezifischen Wert des Fetischs vom Wert des Handelsobjekts unterschieden, von dem angenommen wurde, dass es die Kultur transzendiere. Anhand des Verständnisses von Material könnten somit Stufen der Kultur unterschieden werden – für Europäer*innen sei Materie objektiv und passiv gewesen, für die Eingeborenen subjektiv und aktiv (vgl. Pietz 1987). Die subjektiv erlebte Überlegenheit der Handelszivilisation und die mystische Aura des „Primitiven" verleihen den Tauschobjekten eine gewisse Würze, die sich auch im Preis niederschlägt. Deshalb verwandelt der Handel genau jene Objekte in Fetische für Europäer*innen, die europäische Handeltreibende von Fetischen unterscheiden. Selbst im Inland produzierte Waren haben Produktionsgeschichten, die die Fantasie anregen. Während Marx behauptete, dass der Warenfetisch den nicht anerkannten Wert, der durch einen Produktionsprozess erzeugt wird, in sein Material aufnimmt, gibt es im neunzehnten Jahrhundert tatsächlich eine große Neigung, die Existenz von Produktions- und Vertriebsprozessen anzuerkennen, diese Prozesse dann aber zu romantisieren und die ausbeuterischen Arbeitsverhältnisse zu ignorieren. Der Fetischcharakter der Ware ist demnach wissentlich genau mit einer Geschichte ihrer Produktions- und Transportgeschichte verbunden, diese Geschichte wurde jedoch märchenhaft verklärt.

Dieses Reinwaschen des Warenproduktionsprozesses folgt aus Smiths eigener Behauptung, dass Sympathie vom persönlichen Umgang abhänge. Sympathie beziehe sich einerseits auf sehr wenige – sie sei auf den eigenen Bekanntenkreis beschränkt –, andererseits aber auch auf sehr viele – sie hänge von der Einbildungskraft ab, die durch die Kenntnis der Umstände ermöglicht werde und nicht von Ähnlichkeit oder Identifikation. Smith (1985, 529) veranschaulicht diesen Pro-

---

193 Vgl. auch Gustav Freytags Anton Wohlfart in *Soll und Haben*, der über das globale Beziehungsgeflecht der Handelsgüter des Unternehmens, in dem er arbeitet, in Verzückung gerät und die Anziehungskraft der Waren als Nebenprodukt dieser Interaktionen interpretiert: „Wir leben mitten unter einem bunten Gewebe von zahllosen Fäden, die sich von einem Menschen zu dem andern, über Land und Meer, aus einem Weltteil in den andern spinnen. Sie hängen sich an jeden einzelnen und verbinden ihn mit der ganzen Welt. Alles, was wir am Leibe tragen, und alles, was uns umgibt, führt uns die merkwürdigsten Begebenheiten aller fremden Länder und jede menschliche Tätigkeit vor die Augen; dadurch wird alles anziehend. Und da ich das Gefühl habe, daß auch ich mithelfe, und so wenig ich auch vermag, doch dazu beitrage, daß jeder Mensch mit jedem andern Menschen in fortwährender Verbindung erhalten wird, so kann ich wohl vergnügt über meine Tätigkeit sein." (Freytag 1957, 180).

zess der Einbildung, indem er behauptet: „Ein Mann kann mit einer Wöchnerin wohl sympathisieren; aber es ist doch ganz unmöglich, daß er sich vorstellen könnte, er selbst würde in seiner eigenen Person und seiner eigenen Lebenslage ihre Schmerzen erleiden." Der Mann kann die Geburtsschmerzen nicht begreifen, aber er kann sie sich vorstellen. Der Übergang von persönlichen Beziehungen zu einem ökonomischen Beziehungssystem geht einher mit einer entsprechenden Fokusverschiebung vom Mitleid mit dem Schmerz des Leben oder Waren produzierenden Körpers zur Anziehungskraft des Produkts und einer Gleichgültigkeit für den Schmerz des Körpers, der es hervorgebracht hat. John Guillory (1993, 312) vertritt die zutreffende Ansicht, dass die unsichtbare Hand als die Unsichtbarmachung der Hände zu verstehen sei, die arbeiteten, um zu produzieren, damit sich eine scheinbare „Harmonie" zwischen Konsum und Produktion einstelle. Wo das System bei Smith die Bekanntschaft ablöst, wird die ethisch motivierende Kraft der Sympathie durch die ästhetischen Verführungen des reibungslosen Funktionierens ersetzt:

> Wir vermengen [den Luxus] in unseren Gedanken ganz unwillkürlich mit der Ordnung, der regelmäßigen und harmonischen Bewegung des Systems, der Maschine oder der wirtschaftlichen Einrichtung, mittels deren sie hervorgebracht wird. Die Freuden, welche Wohlstand und hoher Rang bieten, drängen sich aber, wenn sie in diesem Zusammenhang betrachtet werden, der Einbildungskraft als etwas Großes und Schönes und Edles auf (Smith 1985, 315).[194]

Die Anziehungskraft der Luxusartikel ergibt sich weniger aus ihrer materiellen Bequemlichkeit als aus einer Bewunderung, die mit ihrer Beschwörung des gesamten Systems von Kapital, Produktion und Vertrieb verbunden ist, das sie bereitstellt. Diese Bewunderung ist im Grunde eine ästhetische.

Diese Schönheit des Systems geht explizit in einen Polizeistaat über, aber einen paradoxen, der ein in jedem Einzelnen erzeugtes Begehren erfüllt.

> Die Vervollkommnung der Verwaltung [police], die Ausbreitung des Handels und der Manufaktur sind große und hochwichtige Angelegenheiten. [...] Es macht uns Vergnügen, die Vervollkommnung eines so schönen und großartigen Systems zu betrachten und wir sind nicht ruhig, bis wir jedes Hindernis, das auch nur im mindesten die Regelmäßigkeit seiner Bewegungen stören oder hemmen kann, beseitigt haben. (Smith 1985, 317–318)

Smiths ästhetischer Staat geht Schillers voran und offenbart letztlich ein universelles Begehren unterhalb der Arbeitsteilung und Klassen. Während Kunst für Schiller den Zugang zu einem Universellen ermöglicht, das das zur Fragmentie-

---

[194] Vgl. auch Guillory 1993, 311–312, zum Ästhetischen bei Smith sowie Packham 2019 zur Bedeutung des Systems bei Smith.

rung der Gesellschaft beitragende partikulare Begehren ausbügelt, ist bei Smith die politische Ökonomie an und für sich schön.[195] Ihre Schönheit liegt in der Ordnung, die durch die Integration der Unterschiede in das reibungslose Funktionieren auferlegt wird, und zeigt, wie in Marc Redfields eindrücklicher Analyse der Folgen von Schillers Ästhetik nachzulesen ist, dass die

> Maschine, das scheinbare Gegenteil des organischen Kunstwerks, tatsächlich ihr Double ist, und die eleganten Wendungen dieser Technopolis deckt die Unmenschlichkeit und Inkohärenz des Prozesses, durch den Menschlichkeit bestätigt wird, auf und wehrt sie zugleich ab. Ästhetisierte politische Modelle [...] verbergen echte politische Ungerechtigkeit. (Redfield 2003, 22)

Die Ästhetik tritt als Handlungsmotiv an die Stelle der Sympathie, die hier als Handeln für das Gemeinwohl wahrgenommen wird. Biopolitik funktioniert also gleichermaßen *bottom-up* und *top-down*. Wie Howard Caygill feststellt, verschwindet selbst die abgeschwächte Idee der Verwaltung [*policing*] aus der *Theorie der ethischen Gefühle* im späteren *Wohlstand der Nationen*, wo die Idee des Laissez-faire herrscht.[196] Der Übergang von Sympathie zu Systematik ist mehr eine Verschiebung als ein Sprung, weil beide davon abhängen, sich selbst als Objekt einer begehrten Anerkennung zu betrachten, was wahrscheinlich sowohl aus dem ethischen als auch dem ästhetischen Handeln folgt.[197]

Die arbeitende Klasse des industriellen Englands stand nie im Mittelpunkt von Eliots Werk, doch ihre flüchtige Betrachtung in *Die Mühle am Floss* zeigt eine deutliche Abweichung von Smiths Darstellung der Systemeleganz oder von Gustav Freytags Bild der Fäden des Handels, die die Menschheit friedlich miteinander verbinden:[198]

> Doch die gute Gesellschaft, die auf den hauchdünnen Flügeln leichter Ironie dahinschwebt, ist ein sehr kostspieliges Produkt. Sie erfordert nicht mehr und nicht weniger als ein weitgespanntes, emsiges Wirtschaftsleben des ganzen Landes – ein Wirtschaftsleben, das sich in

---

195 Hier besteht eine gewisse Affinität zwischen Smiths Beschreibung und Baudrillards Darstellung des Fetischismus als dem System anhaftend. Für Baudrillard (1981) ist das fragliche System jedoch der Prozess der Bedeutung, den er jeglicher Geschichte entledigt hat. Smiths System arbeitet immer noch in der Zeit; es hat „Triebwerke", deren Regelmäßigkeit das reibungslose Funktionieren der Uhr kennzeichnet.
196 Vgl. Caygills (1989, 85–98) hervorragende Auseinandersetzung mit Smith.
197 Das Hinübergleiten der Ökonomie in die Ästhetik hat Smith nicht erfunden, sondern es war, wie Mary Poovey (1994) erläutert, ein Sinnbild für den unvollständigen Loslösungsprozess der beiden Wissenschaften des Begehrens von der Moraltheorie in der zweiten Hälfte des achtzehnten Jahrhunderts. Poovey sagt darüber hinaus, dass Smith in *Wohlstand der Nationen* den Übergang von der Ästhetik zum auf Erwerb ausgerichteten Begehren vollendet.
198 Vgl. Anm. 193.

übelriechenden, lärmenden Fabriken zusammendrängt; das in Bergwerkschächten eingezwängt ist; das vor Hochöfen schwitzt; das hämmert, mahlt und webt, stets in mehr oder weniger verbrauchter Luft – ein Wirtschaftsleben, das über Schafweiden rottet oder in einsamen Häusern und Hütten auf lehmigem oder kalkigem Boden verstreut ist, wo schlimme Zeiten schrecklich spürbar werden.

Dieses weitgespannte Wirtschaftsleben des ganzen Landes basiert einzig und allein auf der Dringlichkeit der Bedürfnisse; sie zwingen zu all den Leistungen, die notwendig sind, um die gute Gesellschaft und die leichte Ironie aufrechtzuerhalten. (Eliot 1967, 352–353)

Eliot liest die Anziehungskraft des Luxus nicht als Folge der angeblichen Eleganz des ihn erzeugenden Systems, sondern beleuchtet flüchtig die elende Schattenseite des Luxus. In einer lebendigen Darstellung entlarvt sich das *Wirtschaftsleben des ganzen Landes* als unaufhörliche Aktivität schwerer und gefährlicher Arbeit, und durch die Not der Arbeiter*innen wird der Überfluss des Luxuskonsums erpresst.

Wenn Ästhetik und Ethik für Eliot verbunden bleiben sollen, kann dies nicht durch eine Systematik geschehen, die Leiden erzeugt und verbirgt. Es gibt jedoch andere ästhetische Möglichkeiten, die über die von Smith geforderte Nähe hinausgehen. Bereits 1766 entwarf Lessing im *Laokoon* eine ästhetische Theorie, die auf Sympathie durch die Rekonstruktion und Projektion der Vorstellungskraft über die Grenzen des Bekannten hinaus beruhte (vgl. Lessing 1990). Eine solche Theorie hing in erster Linie von der Erzählung ab, während sich Schillers ästhetische Erziehung stattdessen auf die bildende Kunst konzentrierte.[199] Sympathie wurde in der ästhetischen Theorie nicht von einer kantschen Ästhetik abgelöst, sondern übte parallel zu ihr weiterhin Einfluss aus. 1855 veröffentlichte Eliot einen Übersichtsartikel in der Wochenzeitung *The Leader*, in dem sie den Roman *Wilhelm Meisters Lehrjahre* – der kürzlich ins Englische übersetzt worden war – gegen den Vorwurf der Unmoral verteidigte. Die Hauptbeschwerde bestand darin, dass sexuell zügellose Figuren wie die treffend benannte Philine und Lothario nicht bestraft wurden.

---

[199] Die Protagonist*innen der beiden in diesem Kapitel behandelten Romane sind bemerkenswerterweise nicht zu der von Schiller befürworteten Form der ästhetischen Abstraktion in der Lage. Wie Marc Redfield bemerkt, stammt Wilhelms Handlungsunfähigkeit aus derselben Quelle wie seine fehlgeleitete Anziehungskraft zu einem Gemälde eines kranken Prinzen, der deshalb krank geworden ist, weil er sich nach der Verlobten seines Vaters sehnte. Wilhelm, der das Gemälde nur auf sich beziehen könne, identifiziere sich erst mit dem kranken Königssohn und später mit Hamlet, wenn er ihn auf der Bühne spiele (vgl. Redfield 1996, 75–76). Die brünette Maggie erlebt Kunst auch durch Figurenidentifikation und wirft Madame de Staëls Roman *Corinne* beiseite, als sie erkennt, dass im Text eine blonde Figur am Ende den Liebhaber und damit das Glück einer dunkelhaarigen Frau stehlen wird (vgl. Eliot 1967, 403). Diese ästhetischen Mängel hängen mit dem Schicksal beider Figuren zusammen. Wilhelms Identifikationslust ermöglicht es der symbolträchtigen Turmgesellschaft, Macht auf ihn auszuüben. Maggie hingegen, die Partikulares weder durch Abstraktion noch Integration auszuhandeln vermag, geht zugrunde.

Eliot verwirft diese Interpretation als aus der unreifen Gewohnheit herrührend, „unsere Leidenschaften mit unseren moralischen Vorurteilen zu verknüpfen, indem wir Empörung für Tugend halten", und skizziert stattdessen eine ästhetische Erfahrung, die sowohl aus Sympathie abgeleitet wird als auch Sympathie hervorruft. Durch die Gewohnheit der Sympathie bewegen wir uns von einer Reihe von Partikularitäten über eine mäßige Abstraktion zu einer anderen Reihe von Partikularitäten, sodass uns unsere eigenen „Stürze und [...] Kämpfe" zusammen mit dem Wissen um die Mischung aus „Hilfe und Güte bei den ‚Zöllnern und Sündern'" erkennen lassen können, „dass die Grenze zwischen Tugendhaftem und Bösem, die längst kein notwendiger Schutz für die Moral ist, selbst eine unmoralische Fiktion darstellt." (Eliot 1855, 703) Wenn Eliot Goethes fiktionales Werk und ihr eigenes als *moralische* Werke bezeichnet und von der „unmoralischen Fiktion", dass Tugendhafte von Bösen unterscheidbar seien, abgrenzt, dann nur deshalb, weil sie Smiths Sympathie noch mehr Macht zuspricht, als er ihr selbst zusprechen wollte.[200] Eliot hält dagegen, dass wir uns von der Erfahrung zur imaginären Erfahrung über die Kluft bewegen, die selbst die flüchtigste persönliche Bekanntschaft verhindert. Smiths Sympathie entsteht durch eine Erziehung, die Grenzen zwischen Geschwistern festlegt, die dann durch die Einbildungskraft überbrückt werden können, damit Bedürfnisse durch Tausch gelindert werden können. Eliots Sympathie hingegen stellt diese Grenzen infrage, ohne Unterschiede zu assimilieren. Sie bietet daher ein Gegenmittel zur ästhetischen und ökonomischen Bildung des Subjekts, indem sie das Partikulare aufgreift und Interaktionswege findet, die nicht tauschförmig sind. Dabei erkundet sie die Leistungen einer Geschwister-Logik.

Als Grenzobjekte definierten und hinterfragten die Geschwister Begriffe des Selbst und des Anderen, die für die Konstruktion des Subjekts entscheidend waren – begehrend, politisch und ökonomisch. Das wurde in den ersten drei Kapiteln dieses Buches behandelt. Genealogien dienten auch dazu, die Erforschung der menschlichen Bevölkerungsvielfalt von der Mitte des achtzehnten bis zum frühen zwanzigsten Jahrhundert zu strukturieren. Stammbäume von Sprachen, Religionen und „Rassen" – zuerst rhetorische, dann visuelle – dominierten die

---

[200] Eliot war sicherlich mit Smiths Schriften vertraut. Imraan Coovadia (2002) behandelt Übereinstimmungen mit Smith in Eliots späterem Werk, die auch hier relevant sind, etwa das Netz der menschlichen Interdependenz. Rae Greiner (2009) sieht Smiths Vermächtnis in der Kombination des Ästhetischen und des Ethischen, das im realistischen Roman im Allgemeinen vorkommt und bei Eliot im Besonderen. Greiner versteht Smiths Sympathie als inhärent ästhetisch aufgrund ihrer Abhängigkeit von der Vorstellungskraft, die durch eine narrative epistemologische Struktur ermöglicht werde. Hier ergänzt Greiner überzeugend das traditionelle Verständnis von Smiths Sympathie als spiegelnd und theatralisch (vgl. auch Marshall 1986).

Kulturgeschichten, die menschliche Verwandtschaft abbildeten. In der Mitte des neunzehnten Jahrhunderts wurde die genealogische Methodik in Form der darwinschen Evolution von den Lebenswissenschaften wieder eingefordert. Im letzten Abschnitt werden ich mich solchen genealogischen Geschichten zuwenden und fragen, wie sie dabei halfen, die Grenzen um vage Objekte von Sprachen und Arten bis hin zu Religionen und „Rassen" zu definieren und zu zementieren, die stets unter dem Eindruck der Geschwistersprache, -art, -„rasse" und -religion standen und kein völlig losgelöstes Anderes bilden konnten.

Teil III: Genealogische Wissenschaften

An die stelle des tochterverhältnisses ist das schwesterverhältniss getreten.
  Johannes Schmidt über Latein und Griechisch in *Die Verwandtschaftsverhältnisse der indogermanischen Sprachen* (1872, 19)

Wo Paare oder größere Gruppen verwandter Arten einander so ähnlich sind, dass sie im Allgemeinen als eine Art angesehen werden oder zumindest in der Vergangenheit für eine lange Zeit miteinander verwechselt wurden.
  Ernst Mayrs Definition von *Geschwisterarten [sibling species]* aus „Speciation Phenomena in Birds" (1940, 258)

Mein Schicksal ist an deines fest gebunden.
  Iphigenie an ihren Bruder Orest in Johann Wolfgang von Goethe, *Iphigenie auf Tauris* (1991, Zeile 1122)

[...] Sie sehn, und das Gefühl,
An sie verstrickt, in sie verwebt zu sein,
War eins. [...]
  Curd über seine Schwester Recha in Gotthold Ephraim Lessing, *Nathan der Weise* (1993, 562, Zeilen 608–610)

Sein Kummer war mein Kummer, und seine Freuden
lösten in meinem Leib ein Hüpfen und ein Lachen aus [...]
Ein ungleiches Gleiches, ein Selbst, das das Selbst bändigt.
  George Eliot, „Brother and Sister" (2005, 323)

Bin ich nicht ein Mensch und ein Bruder?
  Motto einer abolitionistischen Keramik von Josiah Wedgwood

[Juden stehen] den Aufgaben etwa des deutschen Staatslebens in der Unbefangenheit gegenüber [...], in welcher eine Dohle über ein in einem Garten aufgeschlagen liegendes Exemplar der Antigone und Iphigenie [...] hinwegfliegt.
  Paul Lagarde, *Juden und Indogermanen* (1887, 344)

4 Lebendige Sprachen: Vergleichende Philologie und Evolution

Wie wir in den vorangegangenen drei Kapiteln gesehen haben, wurde das politische und ökonomische Denken im achtzehnten und neunzehnten Jahrhundert nicht nur durch neue Konzepte der Brüderlichkeit und Schwesterlichkeit umgestaltet, sondern auch durch ein Bekenntnis zu ausgedehnten horizontalen Verwandtschaftsnetzwerken. Als nicht ganz das Selbst und auch nicht ganz ein Anderes hat die Geschwister-Logik die Grenze des Subjekts in politischen und ökonomischen Systemen etabliert und diese zugleich als prekär offenbart. Die Geschwister-Logik machte hier aber nicht halt, sondern kam auch bei den Methodiken zum Tragen, die sich bei der Erforschung weiter gefasster menschlicher Beziehungen herausbildeten – sei es zwischen menschlichen Bevölkerungsgruppen oder zwischen dem Menschen und dem Rest der belebten Welt. Vergleichende Philologie,[201] Evolutionstheorie,[202] Kulturgeschichte,[203] vergleichende Religionswissenschaft[204] und Rassentheorie[205] entstanden in Wechselwirkung miteinander und sollten die globalen menschlichen Beziehungen abbilden, wobei sie sich durchgängig auf die Familie als Strukturprinzip beriefen. Gegen Ende des achtzehnten Jahrhunderts waren solche Methoden fest historisch ausgerichtet und interessierten sich für die Abstammung als Instrument zur Erkundung von Graden der Differenz und der Verwandtschaft von Zeitgenoss*innen. Dabei entwickelten sich neue Vorstellungen von zeitgenössischen Sprachen, Völkern, Kulturen, Religionen, unlängst designierten „Rassen" und schließlich auch Gruppierungen von Geschwistern, Cousins und Cousinen in ausgedehnten Verwandtschaftsformationen, auch wenn diese Gruppierungen über die Einzeldisziplinen hinweg nicht immer dieselben waren. Eine offensichtliche Herausforderung eines solchen Systems bestand darin, Abstammungslinien durch Forschung zu identifizieren, doch die Abgrenzung von Begriffen stellte einen ebenso

---

[201] Zu umfassenden historischen Auseinandersetzungen mit der vergleichenden Philologie und Sprachwissenschaft im neunzehnten Jahrhundert vgl. Benes 2008; Gardt 1999; Morpurgo Davies 1992. Zur Geschichte des wechselseitigen Einflusses von Sprachwissenschaft und evolutionärem Denken vgl. Errington 2008; Alter 1999.
[202] Zusätzlich zu Errington und Alter vgl. Bowler 1983; Sapp 2003.
[203] Vgl. Carhart 2007; Garber 1983, 76–97, zur Entwicklung einer Kulturwissenschaft in Deutschland im späten achtzehnten Jahrhundert im Kontext von Anthropologie und Ethnografie. Peter Burke (1991) stellt diese Entwicklung in einen größeren historischen Kontext.
[204] Vgl. Masuzawa 2005; Arvidsson 2006; Olender 1992.
[205] Vgl. Bernasconi 2001; Stepan 1982; Young 1995. Dieses Kapitel widmet sich der Philologie und der Evolution; das nächste wird die Rassentheorie und die vergleichende Religionswissenschaft behandeln.

schwierigen Prozess dar. In jedem genealogischen System sind Definitionen relational. Die Bezeichnung *Geschwister* wurde, so behaupte ich, zum zentralen epistemologischen Werkzeug, um Grenzen zwischen Ähnlichem abzustecken und so einzelne Begriffe zu definieren. Zugleich offenbarte die Ähnlichkeit von Schwestersprachen oder benachbarten Arten jedoch die Uneindeutigkeit solcher Klassifizierungen, was die Integrität der einzelnen Elemente bedrohte, seien es nun Sprachen, Arten oder Subjekte. So wie auf Brüderlichkeit beruhende politische und ökonomische Theorien die Konturen der zu dieser Zeit entstehenden modernen Subjektivität wechselseitig zeichneten, tat es auch die neue Epistemologie der großräumigen Verwandtschaft ein. Der Geschwisterdiskurs zirkulierte in wissenschaftlichen Disziplinen, im akademischen und im sozialen Gefüge, lud einerseits zu affektiven Formen verwandtschaftlicher Zugehörigkeit ein, stellte andererseits aber den Begriff natürlicher Arten in Frage. Diese beiden Wirkungen der Geschwister-Logik standen in einem Spannungsverhältnis, das viele Disziplinen auf unterschiedliche Weise abzuwehren versuchten, sei es durch die Festigung von Grenzen oder den Ausschluss bestimmter Gruppen von Menschen.[206] Die durch Kontingenz in der Klassifikation ausgelöste Angst zeigt sich in der besonderen Struktur sprachwissenschaftlicher und evolutionärer Genealogien im neunzehnten Jahrhundert, die programmatisch eine fortdauernde Diversifizierung ohne Hybridisierungsmöglichkeit behaupten. Die Willkür dieser Domestizierungsversuche zu analysieren, ist das Hauptanliegen dieses Kapitels.

Bei ihrer Gründung im Jahr 1866 verbot die Société linguistique de Paris bekanntermaßen alle Arbeiten zum Ursprung der Sprache und erklärte damit eine Frage für unbeantwortbar, die Europa seit weit mehr als einem Jahrhundert fasziniert und geplagt hatte. Dieses Verbot, so möchte ich nahelegen, markierte kein Ende der Besessenheit mit dem Ursprung der Menschheit, das die vergleichende Philologie motiviert hatte; vielmehr stellte es ein stillschweigendes Eingeständnis dar, dass die Frage nach den Ursprüngen sieben Jahre zuvor durch die Biologie vereinnahmt worden war, und zwar im Zuge von Charles Darwins *Der Ursprung der Arten*. Tatsächlich gehörte zu den grundlegenden Gemeinsamkeiten von Evolutionstheorie und Sprachwissenschaft nicht nur das Interesse an den Ursprüngen, sondern auch die vergleichende Methodik und ein bestimmtes Verständnis von Diversifizierung innerhalb einer kontinuierlichen Abstammungslinie im Laufe der

---

206 Wir könnten diese Abwehrhaltung mit dem Diskurs über Zellgrenzen und die Bedrohung durch Infiltration vergleichen, der im wechselseitigen Zusammenspiel mit politischen Diskussionen über individuelle Verantwortlichkeiten und nationale Grenzen entstand, scharfsinnig analysiert von Laura Otis (1999).

Zeit.[207] Der Sprachwissenschaftler August Schleicher verkündete 1863 in einem offenen Brief an Ernst Haeckel:

> Ich hoffe, dass der Nachweis, wie die Hauptzüge der Darwinschen Lehre auf das Leben der Sprachen Anwendung finden oder vielmehr, wenn man so sagen darf, unbewuster [sic] Weise bereits fanden, Dir, dem eifrigen Verfechter Darwinscher Grundsätze, nicht ganz unwillkommen sein werde. (Schleicher 1863, 5)

Stephen Alter (1999) zeigt, dass Darwin sich des Veranschaulichungswerts der Sprachwissenschaft für die Evolutionstheorie durchaus bewusst war. Allerdings erwähnt Alter nicht Darwins offenkundigste Anerkennung dieses Einflusses, nämlich den Titel *Der Ursprung der Arten*, der auf die unzähligen Essays zum Ursprung der Sprache anspielt, die in den hundertfünfzig Jahren zuvor veröffentlicht worden waren.[208]

Dass sich Darwins Theorie auch sprachwissenschaftlichen Erkenntnissen verdankt, könnte zunächst den Eindruck erwecken, dass sich damit der Kreis schließt, den Friedrich Schlegel in seinem Grundlagenwerk zur vergleichenden Sprachwissenschaft 1808 eröffnet hatte: *Über die Sprache und Weisheit der Indier*. Dort erklärt Schlegel:

> Jener entscheidende Punkt aber, der hier alles aufhellen wird, ist die innre Structur der Sprachen oder die vergleichende Grammatik, welche uns ganz neue Aufschlüsse über die Genealogie der Sprachen auf ähnliche Weise geben wird, wie die vergleichende Anatomie über die höhere Naturgeschichte Licht verbreitet hat. (Schlegel 1977, 28)

Bis heute besteht ein gemeinsames Vokabular zur Beschreibung der Natur der Abstammung in Sprachwissenschaft und Evolutionsbiologie. Ein sprachwissenschaftliches Buch aus dem Jahr 2008 erklärt den wesentlichen Begriff der „genetischen Verwandtschaft' zwischen Sprachen [als] [...] eine phylogenetische, genealogische

---

[207] Vgl. die Einleitung zu einer Auseinandersetzung mit der vergleichenden Methode. Henry Hoenigswald (1963, 2) definiert diese Methode als „einen Prozess, bei dem ursprüngliche Eigenschaften von neueren gelöst werden können und bei dem das Ziel der Klassifizierung dem Ziel der Rekonstruktion untergeordnet ist. So kann die genealogische Rekonstruktion, zu der die vergleichende Methode führt, durchaus im Widerspruch zur typologischen Klassifizierung stehen." Ich möchte an dieser Stelle nur betonen, dass die Klassifizierung immer noch das Ziel dieses Prozesses ist, diese Klassifizierung nun aber mit der genealogischen Position zusammenfällt. Zudem bildete der Vergleich zwischen den einzelnen Elementen den wichtigsten Weg zu Erkenntnissen über die chronologische Entwicklung.

[208] Stephen Alter (1999) liefert eine ausgezeichnete und ausführliche Darstellung der wechselseitigen Einflüsse von Biologie und Sprachwissenschaft bei der Entwicklung des genealogischen Denkens, wobei der Schwerpunkt jedoch auf der Mitte bis zum Ende des neunzehnten Jahrhunderts liegt und nicht so sehr auf vordarwinistischen Konzepten.

Beziehung, das heißt Abstammung von einem gemeinsamen Vorfahren" (Campbell und Poser, 2008, 2).[209] Man beachte, dass alle Begriffe, die zur Erläuterung der Bedeutung von *Genetik* in der Sprachwissenschaft verwendet werden, auch in der Biologie gängig sind. Es ist jedoch nicht so einfach festzustellen, aus welcher Richtung diese Ableitung ursprünglich stammte. Denn das Wort *Genetik* hat die Biologie wiederum aus der philologischen Kulturgeschichte entlehnt, insbesondere von den ersten Kulturhistorikern, von Johann Gottfried Herder und seiner „Abhandlung über den Ursprung der Sprache", für das er 1770 den Preis der Königlich Preußischen Akademie der Wissenschaften erhielt,[210] und von August Schlözer und der *Vorstellung seiner Universal-Historie* (1772).[211] Der Einfluss, den wir hier beobachten, ist kein Zirkel, sondern ein Zopf, der noch immer weitergeflochten wird.[212]

Darwins Titel ist ohnehin etwas irreführend, da er Diskussionen über Ursprünge zugunsten der Entwicklung vermeidet und den Evolutionsprozess *in medias res* aufgreift. Darwin spitzt damit einen Trend zu, der sich bereits in den Abhandlungen zum Sprachursprung von Étienne Bonnot de Condillac über Jean-Jacques Rousseau bis zu Herder, Wilhelm von Humboldt, Jacob Grimm und darüber hinaus bemerkbar machte. Das Rätsel der Ursprünge impliziert die Frage der Vielfalt, die zum expliziten Thema vieler dieser Werke wurde. In Condillacs zweitem Kapitel geht der paradigmatische „Ursprung der Sprache" in den „Ursprung[...] der Sprach*en*" (Condillac 1977, 194, meine Hervorhebung) über, während Rousseaus erster Satz lautet: „Das Wort unterscheidet den Menschen von den Tieren; die Sprache scheidet die Nationen voneinander." (Rousseau 1984, 99) Im Mittelpunkt der Debatte über den Ursprung der Sprache steht also die zweischneidige Frage, was die Menschheit verbindet und was sie trennt und wie man daher die Beziehungen zwischen Gruppen kategorisiert. Ein entscheidender Punkt der modernen Klassifizierung wurde im späten achtzehnten Jahrhundert erreicht, als die histori-

---

209 Vgl. Sarah Pourciaus (2017, 23–67) detaillierte Analyse der Entwicklung der Analogie zwischen Sprache und lebenden Organismen an der Wende zum neunzehnten Jahrhundert.
210 Herder (2005, 19, 30, 46) verwendet das Wort *genetisch*, wenn er sich auf die Ursprünge und deren Ableitung bezieht. Das *OED* zitiert nur ein Vorkommen von *genetic* in der englischen Sprache vor dem Erscheinen in einer Herder-Übersetzung; vgl. OED Online, [Art.] „genetic", http://www.oed.com/view/Entry/77550?rskey=Hi2GfR&result=1, 30.09.2023.
211 Schlözer (1781) prägt in dieser Arbeit auch die Begriffe *Völkerkunde* und *Ethnologie*, auf die ich im nächsten Kapitel zurückkommen werde (vgl. auch Vermeulen 2006). 1781 prägte Schlözer außerdem das Wort *Semitisch* für die mit dem Hebräischen und Arabischen verwandten Sprachen und für die Völker, die sie sprachen (vgl. Schlözer 1781).
212 Wie Pourciau (2017, 21–67) aufzeigt, sind die Ähnlichkeiten weder zufälliger noch analoger Natur, sondern spiegeln sich in einem Verständnis der Sprache als lebendiger Organismus wider, auf das ich noch zurückkommen werde. Bei Nicholls (2019) ist eine Darstellung dieser organischen Rhetorik im ausgehenden neunzehnten Jahrhundert zu finden.

sche Abstammung als kausal für morphologische Ähnlichkeiten verstanden wurde (vgl. Foucault 1974). Michel Foucault visualisierte die neue Historizität der Epoche als eine Verschiebung von horizontalen Schemata zu vertikalen Verläufen gerade in den Bereichen, die im vorliegenden Buch ebenfalls untersucht werden – Sprachwissenschaft, Ökonomie sowie Biologie und Humanwissenschaften. Indem sie eine Geschichte erlangten, seien Sprache, Leben, Arbeit und „Mensch" auch zu epistemologischen Objekten geworden, so Foucault. Foucault übersieht jedoch die Bedeutung der neuen genealogischen Strukturen für laterale Beziehungen, die in Abhängigkeit von der Geschichte neu gedacht werden. Die Abstammung diente also dazu, die komplexen verzweigten Verwandtschaftsbeziehungen abzubilden, in die die Epistemologie verstrickt war.

In diesem Kapitel untersuche ich, wie sich nicht nur die vergleichende Philologie, sondern auch und zugleich die Sprachphilosophie der genealogischen Übertragung zuwandte, um die Entwicklung von Sprachstrukturen und Bedeutung zu verstehen. Während diese Theorien an der Wende zum neunzehnten Jahrhundert von historischen Modellen abhingen, stellten sie die Figur des Geschwisters an die Spitze der Bedeutung und kulturellen Identität. Einerseits betonte eine performative Sprachtheorie die Praxis zwischen Zeitgenoss*innen – Geschwistern – als Grundlage der Subjektivität, andererseits wandte sich die Sprachwissenschaft der Grammatik zu, um verwandte Kulturen als Schwestern zu etablieren. Diese beiden Register der Sprachtheorie fallen in Johann Wolfgang von Goethes *Iphigenie auf Tauris* zusammen, in dem auch die Bedrohung durch Inzest aufgrund solcher verschachtelten Identitäten eine Rolle spielt. Der sich verzweigende Stammbaum der Sprachentwicklung und der analoge Evolutionsbaum wurden zu einem Symbol für eine erfolgreiche wissenschaftliche Praxis. In beiden Bereichen ist die Differenzierung von Geschwistern konstitutiv für das jeweilige Selbst und markiert gleichzeitig eine unausweichliche epistemologische Unschärfe in der Klassifizierung selbst, wie sie in George Eliots Gedicht „Brother and Sister" behutsam verhandelt wird.

Muttersprachen

Unsere Sprache gibt ihr Verhältnis zu uns als ein familiäres aus, als *Muttersprache* oder *mother tongue*. Der lateinische Ausdruck *lingua materna* entstand im zwölften Jahrhundert, um einheimische Vernakularsprachen vom Lateinischen, der männlichen Wissenschaftssprache, zu unterscheiden. Der Begriff selbst ging im fünfzehnten Jahrhundert in die Vernakularsprachen über. Im Zuge der Reformation und dann insbesondere mit der Reifizierung des Mütterlichen im achtzehnten Jahrhundert stand er für die Vorstellung, dass nur eine in der Kindheit affektiv erlernte Sprache Innerlichkeit ausdrücken könne.[213] Ein solches affektives Verständnis der Muttersprache intensivierte sich mit der Reifizierung der Mütterlichkeit im achtzehnten Jahrhundert. Während Johann Heinrich Zedlers *Universal-Lexicon* die *Muttersprache* definiert als „diejenige Sprache, die an dem Ort geredet wird, wo einer geb[oren] und erzogen worden" (Zedler 1731–1754, Bd. 22, 846), identifiziert Johann Christoph Adelung (1811, 349–350) sie als eine „Sprache, welche jemand von seiner Mutter erlernet hat".[214]

Ab dem siebzehnten Jahrhundert, als die vergleichende Philologie Sprachen nach Familien zu sortieren begann, gewann der Begriff der *Muttersprache* eine zweite genealogische Resonanz als die Protosprache, aus der sich eine bestimmte Sprachfamilie entwickelte. George Metcalf (1974) dokumentiert die Entstehung eines Verwandtschaftsverständnisses von Sprachentwicklung und -beziehungen bereits für das siebzehnte Jahrhundert und findet dabei auch die genetischen Begriffe „Muttersprache", „Tochtersprache" und „Schwestersprache" vor. So lautet Adelungs (1811, 349–350) zweite Bedeutung für den Begriff *Muttersprache*: „Eine ursprüngliche Sprache, welche dem Anscheine nach, oder auf eine merkliche Art, aus keiner andern entstanden, eine Hauptsprache, Stammsprache, wird in Ansehung, der von ihr abstammenden Tochtersprachen, oder auch Mundarten, die Muttersprache genannt". Ephraim Chambers' *Cyclopaedia* von 1728 (Bd. 2, 586) definierte die *Mother-tongue* bereits als „eine eigentlich ursprüngliche Sprache, aus

---

213 Vgl. Ahlzweig 1994 zu einer umfassenden Geschichte des Wortes *Muttersprache* als die in der Kindheit erlernte Sprache. Seltsamerweise berücksichtigt Ahlzweig die zweite, phylogenetische Bedeutung der Muttersprache nicht, selbst wenn er über Autoren wie Herder spricht, die den Begriff in diesem Sinne verwendeten. Vgl. auch Gardt 1999, 47–48; Yildiz 2012, 614.

214 Friedrich Kittler (1987) analysierte diese Konstellation von Mutter, Natur und Sprache, durch die die Sprache um 1800 von der mystischen Aura der mütterlichen Stimme durchdrungen wurde. Während einige Aspekte von Kittlers Analyse weiterhin überzeugen, stelle ich hier seine Zielsetzung infrage, das romantische Beharren auf dem Sprechen mit der psychoanalytischen Familienromantik in Einklang zu bringen und somit Geschwister in einem Dreiecksmodell aufzulösen. Es ist erwähnenswert, dass in Kittlers wichtigstem Beispiel, E. T. A. Hoffmanns „Der goldne Topf", die schöne grüne Schlange mit den blauen Augen das Schreiben der Hauptfigur Anselmus nicht als Mutter, sondern als eine von drei Schwestern erleichtert. Kittler weist diese Bezeichnung mit einem psychoanalytischen Handstreich zurück: „Die Geschichte der Dichterfürsten und Dichter, wie sie aus den Federn von Märchenheld und Märchenschreiber vorliegt, braucht auf die zwei noch ledigen Schwestern Serpentinas nicht als auf Singulariäten zu referieren. Im Gegenteil, weil sie ‚den Menschen' oder Männern alle ‚in der Gestalt der Mutter erscheinen', genügt es vollkommen, das eine Signifikat Serpentina zu errichten." (Kittler 1987, 112) Er setzt dann Serpentina mit dem Geist des Sanskrit gleich, das er als Muttersprache postuliert. Die drei Schwestern könnten jedoch sehr gut mit Griechisch, Latein und Sanskrit korrelieren, von denen keine eine Muttersprache der anderen oder ein direkter Vorfahre des Deutschen ist, eine bekannte Theorie, die William Jones schon 1786 entwickelte.

der dem Anschein nach andere gebildet werden", während erst der 1753 (Bd. 1, Eintrag „Bible., Rhemish.") veröffentlichte Nachtrag den Begriff im Sinne einer Sprache der individuellen Herkunft [*native language*] verwendet. Diese doppelte Bedeutung der Muttersprache deutet auf zwei genealogische Bäume hin, die in der gesprochenen Sprache koexistieren: einen ontogenetischen und einen phylogenetischen. In beiden Fällen wird die Muttersprache zu einem vererbten und unbewussten Bestandteil des Selbst, entweder als Medium für die eigenen Gedanken oder als „primitives" Überbleibsel, das die eigene Sprache über seine Wurzeln belebt. Sprache definiert Identität somit zugleich innerlich und kollektiv. Und in beiden Fällen enthält Sprache Geschichte, Chronologie und Entwicklung. Die Muttersprache ist das Fundament, auf dem die Praxis des Ausdrucks aufbaut. Die Praxis selbst betrifft jedoch, wie ich hier ausführen werde, nicht Mütter, sondern Geschwister.

Diese doppelte Genealogie der Sprache stand am Anfang der Kulturgeschichte und der romantischen Sprachphilosophie, die im Werk von Johann Gottfried Herder vereint wird (vgl. Herder 2005; 1967). Herder war vielleicht die einflussreichste Figur im Übergang von der deutschen Aufklärung zur Romantik, nicht nur für die Bereiche Literatur und Philosophie, sondern auch für die Erforschung der sprachlichen und kulturellen Vielfalt und Geschichte.[215] Der Ursprungsmythos in Herders „Abhandlung über den Ursprung der Sprache" gründet die menschliche Sprache in einem Akt der Abstraktion, der *Besonnenheit*. Ein kollektives Objekt – Herders Beispiel sind die Schafe – wird so nach ihrem gemeinsamen akustischen Merkmal benannt, hier dem Blöken. Weniger häufig wird daran erinnert, wie Herders Abhandlung sich von einer Betrachtung des Ursprungs der Sprache über ihren gemeinschaftlichen Gebrauch und ihre Entwicklung bis hin zur Sprachdifferenzierung in Gruppen zieht.

Die Phasen in Herders Theorie – vom Ursprung bis zur Diversifizierung – werden durch ihre Integration in ein einziges, kausal ineinandergreifendes System vereinheitlicht, das nicht nur historisch ist, weil es progressiv von der archetypischen Muttersprache ausgeht, sondern auch weil dieses symbolische System an der Diachronie des einsetzenden menschlichen Denkens teilnimmt. Die menschliche Sprache ist demnach notwendig akustisch. Herder (2005, 41–42) spekuliert etwa, dass eine Kreatur, die stärker vom Tastsinn abhänge, ausdrucksstarke Netze weben

---

[215] 1782 prägte Johann Christoph Adelung den Namen *Kulturgeschichte* für ein Phänomen, das Herder kurz zuvor in die Praxis umgesetzt hatte. In „Ursprung der Sprache" (1772) und zwei Jahre später in „Auch eine Philosophie der Geschichte zur Bildung der Menschheit" bezieht Herder „Kultur" in eine Reihe von Merkmalen ein, die ein bestimmtes Volk in einem bestimmten Zeitalter definieren und die im Laufe der Zeit variieren: „Künste, Wissenschaften, Kultur und Sprache" (Herder 2005, 84). Im späteren Werk steht „Kultur" an der Spitze der Liste (Herder 1967, 32).

könnte, und eine andere, die vom Sehen abhänge, Pantomime aufführe. Aber diese Kreaturen wären auf unzählige Weise unmenschlich. Für den Menschen sei die Chronologie entscheidend: Die alte Mutter selbst, die älteste Sprache, habe eine Direktheit und Leidenschaft besessen, die über die Generationen der Überlieferung hinweg längst verfeinert, gedämpft und abgeschwächt worden sei, wenn auch in jedem einzelnen Sprachzweig unterschiedlich. Die Personifizierung der Sprache bei Herder ist so konkret, dass Michael Forster das Bedürfnis verspürt, in seiner englischen Übersetzung Klarstellungen hinzuzufügen, wo Herder etwa sagt:

> In einer feinen, späterfundnen metaphysischen Sprache, die von der ursprünglichen wilden Mutter des menschlichen Geschlechts eine Abart vielleicht im vierten Gliede und nach langen Jahrtausenden der Abartung selbst wieder Jahrhunderte ihres Lebens hindurch verfeinert, zivilisiert und humanisiert worden: eine solche Sprache, das Kind der Vernunft und Gesellschaft, kann wenig oder nichts mehr von der Kindheit ihrer ersten Mutter wissen [...]. (Herder 2005, 6–7)

heißt es bei Forster:

> In a refined, late-invented metaphysical language, which is a degeneration, perhaps at the fourth degree, from the original savage mother [tongue; eine Ergänzung von Forster] of the human species, and which after long millennia of degeneration has itself in turn for centuries of its life been refined, civilized, and humanized – such a language, the child of reason and society, can know little or nothing any more about the childhood of its first mother. (Herder 2002, 68)

Diese Reihe ist eine Progression, und die Form oder Formen der Progression sind das wahre Thema der Abhandlung. Als „Sprachgeschöpf" (Herder 2005, 43) ist der „Mensch [...] ein freidenkendes, tätiges Wesen, dessen Kräfte in Progression fortwirken" (Herder 2005, 56). Als ein solches sprachliches Wesen ist der Mensch, wie für Aristoteles, auch ein soziales Lebewesen. Herder ergänzt jedoch Aristoteles um den Aspekt, dass die gemeinschaftliche Natur der Menschheit zur fortwährenden Entwicklung der Sprache führe und dass sich somit, wenn sich Gemeinschaften unterschiedlich entwickelten, auch die Sprachen diversifizierten (vgl. Herder 2005, 75–76). Die ontogenetischen und phylogenetischen Entwicklungspfade griffen ineinander ein.

Nach dem grundlegenden Moment der Abstraktion, der die Repräsentation begründe, ziehe sich die menschliche Sprache im Laufe der Generationen weiter von ihrem Objekt und dem damit verbundenen Affekt zurück. Zu einem bestimmten historischen Zeitpunkt in die Sprache hineingeboren, bildeten sich beim Kind „Zunge und Seele" (Herder 2005, 70) durch die elterliche Sprache – die für Herder sowohl Vater- als auch Muttersprache ist. Somit bildet für Herder die Bedeutung keinen geschlossenen Zirkel zwischen dem Signifikanten und dem Begriff des Signifikats, sondern sie ist Teil einer Abstammungslinie, die vom aktuellen Sprecher zu den Emotionen seiner Kindheit zurückreicht und noch weiter zurück durch die Generationen zum Urheber der Sprache in seiner Beziehung zum Objekt verläuft.

Gerade weil Eltern und Kinder die dominierenden familiären Rollen in Herders Werk sind, ist die unbeabsichtigte Einführung der Geschwister-Logik so auffällig. Wenn sich die fortschreitenden Menschheitsgeschichten der Aufklärung oft in linearen Formen wie Leitern oder Ketten darstellen, manifestiert sich Herders Übergangsrolle in der Entwicklung der Geschichtsschreibung konkret in der Figur, die er in „Auch eine Philosophie der Geschichte zur Bildung der Menschheit" darstellt, nämlich als Baum, der als eine einzige Linie beginnt – ein Stamm, dessen Wachstum aber nicht gestoppt werden kann und nach außen gerichtete Äste und Zweige hervorbringt (vgl. Abb. 4.1, meine eigene Illustration nach Herders Sprachfiguren). Herder oszilliert zwischen zwei historischen Sprachfiguren, indem er biografische Begriffe über genealogische schichtet. Die Progression vom Orient nach Rom stellt einerseits eine Entwicklung von der Kindheit zur Reife dar, andererseits aber auch eine Abfolge von Generationen, nach der Ägypten und Phönizien Zwillingsgeschwister seien, „die Kinder Einer Mutter des Morgenlands" (Herder 1967, 27, vgl. 34–35).[216]

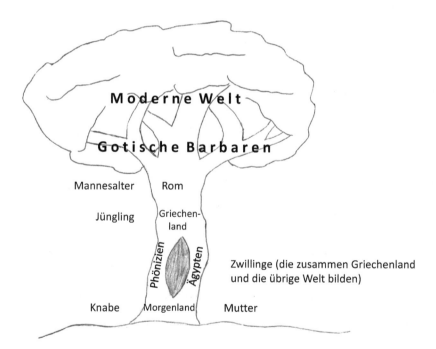

Abb. 4.1: Illustration der Autorin zu Johann Gottfried Herders Baum der Geschichte.

---

216 Ich danke Helge Jordheim für den Hinweis auf diese Zwillinge bei Herder.

Diese erste Geschwisterspaltung, ein Knotenpunkt in der linearen Entwicklung des Stammes, verheilt, doch als Herder in der Moderne ankommt, muss er die Linearität vollständig gegen echte Zweige austauschen. Für Herder wie für viele Denker*innen seit ihm sind Antike und Moderne keine streng zeitlichen Konstrukte; Herders Stamm setzt sich aus Altägyptern und Griechen zusammen, aber auch aus noch bestehenden seinerzeit sogenannten „primitiven Völkern".[217]

Herder hebt hier jedoch das „Primitive" in einer Weise hervor, die von Rousseau bis zur Romantik bekannt ist. Die europäischen oberen Zweige der Krone können ihre eigene Nahrungsquelle nur durch die Ausbeutung der vitaleren Ahnenteile des darunter liegenden Baumes erreichen. In einer Welt, in der kolonisierte Menschen „hilf Gott! [...] *wie wir* seyn", in der „wir alle [...] *Brüder*" würden (Herder 1967, 89, 126), bietet Herder eine scharfe Kritik an dieser Rhetorik der Brüderlichkeit als Deckmantel für imperiale Assimilationsversuche und beklagt, dass, wenn alle Menschen ihren Stamm verließen und als Brüder in die Zweige stiegen, dies der Entwurzelung der menschlichen Zivilisation gleichkäme. Wie wir sehen werden, erfüllt sich diese Prophezeiung zu Beginn des neunzehnten Jahrhunderts, als der Stammbaum bildhaft wird: Der Baum verliert seinen Stamm.

Schwesterstimmen

Im Jahr 1786 stufte Sir William Jones, auch bekannt als Oriental Jones, Griechisch, Latein und Sanskrit als die Nachkommen eines ausgestorbenen gemeinsamen Vorfahren ein, womit er die von Raymond Schwab heraufbeschworene orientalische Renaissance befeuerte. Als Herder ein Jahrzehnt vor Jones über Sprachen schrieb, postulierte die am weitesten verbreitete Theorie jedoch das Skythische als die alte und ausgestorbene Mutter der europäischen Sprachen. Skythien war ein griechischer Name für eine Region, die die Krim und die Steppen nördlich des Schwarzen Meeres umfasste, während die Krim selbst als Tauris bekannt war.[218] Die Griechen

---

217 Zu einer grundlegenden Analyse der zeitlichen Verzerrung, die an der Schaffung des „Primitiven" beteiligt ist, vgl. Fabian 2002.
218 Gottfried Wilhelm Leibniz war der meistgelesene Befürworter dieser Theorie, die Griechisch, Latein, Keltisch (einschließlich Germanisch), Slawisch und Tatarisch (einschließlich Türkisch) als Nachkommen des Skythischen identifizierte (vgl. Leibniz 1996, 276). Weitere Informationen zur Hypothese des Skythischen bei Muller 1956; Fellman 1975, 37–38, 1976, 19; Gardt 1999, 220–221; Campbell und Poser 2008, 18–23. Vor allem Fellman vertritt die Ansicht, dass William Jones die Theorie des Skythischen, die er in Briefen erwähnt, in seine Theorie des Indoeuropäischen übernommen habe. Da Jones jedoch das Skythische mit dem Tatarischen gleichsetze, das eine seiner wichtigsten außereuropäischen Sprachfamilien darstelle, sei die Annahme sinnvoller, dass er die Idee eines skythischen Ursprungs für europäische Sprachen durch die eines „Hindu"-Ursprungs ersetze, der

identifizierten die Skythen als Barbaren par excellence, eine Bezeichnung, die geistige und sprachliche Minderwertigkeit zugleich ausdrückte.[219] Die Skythen-Theorie erhöhte zweifellos die Attraktivität des alten tragischen Stoffes, den Goethe in seiner *Iphigenie auf Tauris* bearbeitete.[220] Goethe begann die Arbeit an diesem Stück 1776 unter dem Einfluss seiner Freundschaft mit Herder, vollendete es 1787 und schickte es Herder mit der folgenden Widmung: „Hier lieber Bruder die Iphigenia." (Goethe 1890, 133, Brief 2558 an Herder [13. Januar 1787]) *Iphigenie auf Tauris* umfasst die Konvergenz von ontogenetischen und phylogenetischen Untersuchungen der Sprache, die für Herder zentral ist, und stellt dabei doch eine völlig andere Sprachphilosophie auf. Wenn Herder das Leben der Sprachen und Kulturen durch Metaphern der Biografie illustriert, übersieht er, dass diese Metaphern seinen eigenen Kommentar zur notwendigen Auralität der Sprache kritisieren. Nicht nur der Klang reist durch die Zeit, die meisten Objekte erfahren Geschichten der Metamorphose, und keine ist so paradigmatisch wie lebendige Organismen, weshalb Methodiken so leicht zwischen der vergleichenden Philologie und den Lebenswissenschaften hin- und herwandern konnten Goethe begrüßt in seinem Drama die in Bedeutungssystemen stets präsente Materialität und rekonfiguriert dadurch die Sprachpraxis als präsentisch und performativ zugleich um. Das Anpassungspotenzial der Sprache tritt nicht nur an ihrem Überlieferungspunkt von einer Generation zur nächsten auf, wie bei Herder, sondern bedingt alle Subjektivität durch die fortwährende Zirkulation von Bedeutung und die Transformation des Materiellen. Die Verschiebung von einer repräsentativen zu einer performativen Sprachtheorie lässt sich anhand der Entwicklung von der Mutter- zur Schwestersprache darstellen.

Iphigenie auf Tauris dreht sich um eine an Orest gerichtete Aufforderung des Orakels von Delphi. Orest hat Apollo um eine Erlösung von den Furien gebeten, die ihn verfolgen, seit er seine Mutter Klytämnestra getötet hatte, um ihren Mord an seinem Vater Agamemnon zu rächen. Das Orakel weist ihn an, „die Schwester" nach Hause zu bringen (*Iphigenie*, Zeile 2113).[221] Orest macht sich daher mit seinem Ziehbruder Pylades auf, um die religiöse Figur von Diana, Apollos Schwester,

---

das Sanskrit einschließe. Weitere Informationen zu Leibniz und die vergleichende Sprachwissenschaft bei Robins 1990. Mehr zum Verhältnis von Goethe zu Leibniz bei Mayer 2003 und in dem Eintrag „Leibniz" in Wilpert 1998.

219 Die englischen und deutschen Wörter für *barbarisch* leiten sich vom griechischen Wort ab, das ein unverständliches Murmeln nachahmen sollte.

220 Der Orientalist und Philologe Johann Gottfried Eichhorn war ein enger Freund Herders und lernte über ihn auch Goethe kennen. 1777 überreichte Eichhorn Goethe ein Exemplar von Jones' *Poeseos Asiaticae Commentariorum*, wie sich Goethe in seinen Noten und Abhandlungen zum „West-östlichen Divan" erinnerte (vgl. Goethe 2005b, 245–246).

221 Anm. d. Verf.: Die Zitate aus *Iphigenie auf Tauris* (Goethe 1991, Bd. 3/I) werden mit *Iphigenie* und den Zeilenangaben zitiert.

aus Tauris zurückzuholen. Auf Tauris findet er seine eigene Schwester Iphigenie, die die Familie lange Zeit für tot gehalten hatte. Das Stück findet ein gutes Ende, als Orest das Orakel als eine Anweisung reinterpretiert, nicht das taurische heilige Bild der Diana nach Hause zu bringen, sondern stattdessen Iphigenie, seine eigene Schwester. *Iphigenie* ist also ein Stück über die Verhältnisse – einschließlich der Verwandtschaftsverhältnisse – zwischen und unter Subjekten und Objekten, wie sie durch Sprache, Darstellung und Bildlichkeit vermittelt werden. Das Drama veranschaulicht, inwiefern symbolische Praxis nicht nur geteilte Subjektivität erzeugt, sondern auch kulturelle Gruppen trennt. Wie wir sehen werden, beunruhigten Goethe beide diese Vorgänge, wenn sie ins Extreme geführt wurden.

Iphigenie auf Tauris beginnt mit einer Reihe von Figuren, die jeweils ihren unfreiwilligen individuellen Zustand als eine unverheilte Wunde erleben, ein Zerreißen, von dem jede geheilt zu werden hofft (*Iphigenie*, Zeile 78). Nur Pylades hat ein intaktes, kohärentes Selbstbild, das auf seiner lebenslangen intakten Beziehung mit Orest beruht. Er datiert sogar den Beginn seines Lebens auf diese Bindung: „Da fing mein Leben an, als ich dich liebte." (*Iphigenie*, Zeile 654) „Da ich mit dir und deinetwillen nur / Seit meiner Kindheit leb' und leben mag." (*Iphigenie*, Zeile 640) Iphigenie bietet ein ähnliches Verständnis ihrer Beziehung zu Orest, wenn sie behauptet: „Mein Schicksal ist an deines fest gebunden." (*Iphigenie*, Zeile 1122)

Das notwendige Medium einer solchen Bindung ist die Sprache. Und die Stimmen eines Freundes und einer Schwester sind es, die Orest heilen.[222] Iphigenie ruft:

> O wenn vergoss'nen Mutterblutes Stimme
> Zur Höll' hinab mit dumpfen Tönen ruft;
> Soll nicht der reinen Schwester Segenswort
> Hülfreiche Götter von Olympus rufen?
> (*Iphigenie*, Zeilen 1164–1167)

---

[222] Das Drama ist somit mit Goethes Dramenfragment *Prometheus* von 1773 verwandt, in dem sich Prometheus' Stimme durch seine liebevolle und innerliche Beziehung zu seiner Schwester Minerva entwickelt. David Wellbery (1996, 199–212) interpretiert dieses Fragment unter dem Einfluss von Kittler (vgl. Anm. 214) als Ausdruck der ursprünglichen Mündlichkeit, die von der Mutter-Kind-Dyade ausgeht und somit einem Gesetz des Vaters entkommt, indem es ihm vorausgeht. Wie Kittler lehnt Wellbery die Möglichkeit ab, eine Schwester getrennt von einer Mutter zu lesen: „Natürlich ist Minerva nicht wirklich […] Prometheus' Mutter, aber sie erscheint in dem, was die Mutterfunktion werden wird, so wie Psyche in Wielands *Agathon*, ebenfalls eine Schwester, in eine mütterliche Imago verwandelt wird" (Wellbery 1996, 201). Die Schwester wird in der Tat in die Mutter verwandelt, jedoch erst im zwanzigsten Jahrhundert, als die freudsche Theorie die komplexere Geschwisterdynamik auslöschte, die in der Zeit davor vorherrschte. Diese ausdifferenzierte Schwester wird von Theoretiker*innen immer wieder mit dem Mütterlichen assoziiert.

Es ist hier nicht nur bedeutsam, dass die Mutter Gewalttäterin war und die Schwester unschuldig. Goethes Bildsprache vermengt die Blutlinie mit Blutschuld und hebt die Rolle der Geschwisterfigur als einzig heilsame hervor. Diese Szene nimmt somit die Schlussszene der *Braut von Messina* vorweg, die in Kapitel 2 thematisiert wurde und in der Don Cesar den Segen der Schwester verlangt, um den Fluch der Mutter aufzuheben. Hier wird der Segen jedoch aus freien Stücken angeboten.[223] Was Orest letztendlich befreit, ist ein therapeutischer Sprachunterricht unter der Leitung von Pylades, der die Stimme mit dem Körper kombiniert, die Sprache an Objekte und die Menschen aneinanderbindet.

> Fühlst du den Arm des Freundes und der Schwester,
> Die dich noch fest, noch lebend halten? Faß
> Uns kräftig an; wir sind nicht leere Schatten.
> Merk' auf mein Wort! Vernimm es! [...]
> (*Iphigenie*, Zeilen 1334–1337)

Der indexikalische Ausdruck der Berührung führt Orest zu den frühesten Stadien des Spracherwerbs zurück, in denen Wörter mit Objekten als deren Namen in Verbindung gebracht werden. Und doch spielt sich die Szene nicht wie Herders ursprünglicher Moment der Benennung ab. Es geht auch nicht darum, Klassifizierungen wie „Schaf", „Freund" oder „Schwester" zuzuweisen. Während Herder die Entstehung der Reflexion aus dem Affekt als Beginn der menschlichen Sprache aufzeigt, demonstriert Goethe die Notwendigkeit von beidem, damit sich Bedeutung einstellt. Mit dem Zusammentreffen von Klang und Berührung helfen Pylades und Iphigenie Orest, die Welt wieder mit Bedeutung zu füllen. Weder die Menschen noch die Worte sind leere Schatten. Vielmehr ruft die Sprache Orest wieder zu einer Präsenz, die von Materialität und Zeitlichkeit geprägt ist und *Leben* genannt wird. Goethe bewunderte Angelika Kauffmanns Skizze von dieser besonderen Szene (vgl. Abb. 4.2) und kommentierte: „Das, was die drei Personen hintereinander sprechen, hat sie in eine gleichzeitige Gruppe gebracht und jene Worte in Gebärden verwandelt. [...] Und es ist wirklich die Achse des Stücks."

---

[223] Die Enthüllung von Iphigenies Identität führt Orest in eine Halluzination oder einen Traum von der glücklichen Wiedervereinigung und Versöhnung seiner Familie im Hades. Wie jedoch Walter Erhart (2007) meinte, heilt ihn nicht die Vision, denn die Vision endet mit dem Stammvater der Familie, Tantalus, der immer noch in Ketten liegt. Er erhole sich aufgrund seiner „neue[n] Bindungsfähigkeit" zu Schwester und Freund (Erhart 2007, 158). Kathryn Brown und Anthony Stephens (1988, 103–105) sehen auch die fortgesetzte Qual von Tantalus in der Vision als Zeichen dafür, dass der Fluch noch nicht gebrochen ist.

(Goethe 2002a, 205)[224] Die Achse ist hier nicht nur die Wende in der Handlung, sondern die Transformation, die Kauffmann vornimmt, eine von mehreren Metamorphosen von verbaler Bildlichkeit über materielle Bildlichkeit bis zur Handlung, in verschiedene Richtungen.

Abb. 4.2: Angelika Kauffmann, *Iphigenie, Orest und Pylades*, aus Goethes *Iphigenie auf Tauris*, 1787 Goethe-Nationalmuseum. Mit Genehmigung der Klassik Stiftung Weimar.

Orests neue Interpretation des Orakelbefehls steht am Ende einer langen Reihe dieser Metamorphosen, an denen wir beobachten können, wie sich die Handlungsmacht durch den Einsatz von Zeichen zwischen Menschen und Objekten verschiebt. In der Vorgeschichte des Stücks fordert Diana von Agamemnon seine älteste Tochter (*Iphigenie*, Zeile 423). Hier sehen wir die erste Erfüllung eines Orakelspruchs in einer Weise, die dem Verständnis seines Empfängers zuwiderläuft. Agamemnon nimmt an, dass der Befehl den Tod der Iphigenie nach sich ziehen müsse, aber Diana rettet Iphigenie vor dem Messer, fordert sie lebend zurück und bringt sie in ihren eigenen Tempel auf Tauris. Die Familie der Iphigenie glaubt derweil, dass sie geopfert wurde. Die Erzählung der Iphigenie, in eine Wolke gehüllt zu sein, verdeutlicht nicht gerade,

---

[224] Mehr zur Produktionsgeschichte der Skizze bei Maierhofer 2012.

wie es zu einem solchen Missverständnis kommen konnte. Wird eine Ersatzleiche begraben? Euripides erzählt vom Austausch der Tochter durch einen blutenden Hirsch, was den Zuschauer*innen vielleicht eine wundersame Verwandlung suggeriert, aber zumindest einen sterbenden Körper als Platzhalter für Iphigenie beibehält. Goethe ersetzt den Hirsch durch nichts; es gibt kein zurückgelassenes Zeichen, keine Substitution. Stattdessen treibt das Fehlen einer wahrgenommenen Abwesenheit, die als Iphigenies Präsenz in der Rolle des Opfers gedeutet wird, den Kreislauf der Gewalt an. Wenn Orest und Pylades als Reaktion auf das spätere Orakel nach Tauris aufbrechen, haben sie kein Pfand einzulösen; sie haben etwas vor, das einem Diebstahl gleichkommt, obwohl sie damit die ursprünglich von Diana eingeleitete Dynamik reproduzieren und umkehren.

Das Fehlen eines Ersatzes für Iphigenie bedeutet jedoch nicht, dass Dianas Handeln keine Zeichen hervorgebracht hätte. Im Gegenteil schafft die Rettung der Iphigenie ein Bild in Iphigenie, ein Bild der Göttin als ethischer Akteurin, die Blutopfer ablehnt. Dieses Bild treibt Iphigenie dazu, auf der Halbinsel, auf der sie sich als Priesterin wiederfindet, das Menschenopfer abzuschaffen. Im wahrsten Sinne des Wortes erkauft sie das Leben dieser Menschen – was ihrer Anwesenheit auf Tauris geschuldet ist – mit dem ihrer eigenen Eltern, die wegen Iphigenies Abwesenheit und ihres mutmaßlichen Opfers sterben müssen. Auf Tauris dient Iphigenie nicht nur einem, sondern zwei Bildern von Diana, dem Kultobjekt, dessen Anbetung sie anleitet,[225] und ihrem eigenen inneren Bild von Diana als ethischer Akteurin. Wenn Orest und Pylades mit der Absicht erscheinen, das Idol zu „retten", sind beide Göttinnenbilder der Iphigenie bedroht. Als Reaktion widmet sie Diana ihr berühmtestes Gebet: „Rettet mich / Und rettet euer Bild in meiner Seele!" (Iphigenie, Zeilen 1716–1117) Wenn Orest das vom Orakel benannte Objekt neu interpretiert, ersetzt er also nicht bloß eine Schwester durch eine andere, sondern bringt beide mit nach Hause – Iphigenie, die er als „heil'ge[s] Bilde" bezeichnet, und das Bild der Diana in ihr (Iphigenie, Zeile 2127). Repräsentation, Substitution und Tausch erweisen sich als unzureichende Mechanismen, um die relevanten sprachlichen und sozialen Prozesse zu verstehen, da sich Objekte und Bilder vermehren und verflechten, was auch die Verflechtung von Subjekten ermöglicht, am stärksten von Orest und Iphigenie.

Das Bild der Diana fällt in die lebhaften zeitgenössischen Debatten über Fetische, die im vorherigen Kapitel diskutiert wurden. Das Wort *Fetisch* oder „gemachtes Ding" entstand im fünfzehnten Jahrhundert unter portugiesischen Handelsleuten, die es zur Kategorisierung religiöser Objekte in Westafrika verwendeten. Der Begriff gewann durch ein ethnografisches Werk von Charles de Brosses, *Du culte des dieux*

---

[225] Sie und andere bezeichnen diese Figur auch immer wieder als *Bild* und nie als *Idol*, *Fetisch* oder gar *Statue*, vgl. *Iphigenie*, Zeilen 1095, 1437, 1564, 1708, 1929, 2100, 2106.

fétiches (1760), an Bedeutung.[226] Das Konzept des Fetischs sollte Stadien der Zivilisation durch unterschiedliche Arten der Beziehung zum Materiellen unterscheiden: Materie sei für die Europäer*innen objektiv und passiv, für die Afrikaner*innen subjektiv und aktiv (vgl. Pietz 1987, 23).[227] Die Konstruktion dieser kulturellen Diskrepanz festigte auch die in der Einleitung diskutierte moderne Subjekt-Objekt-Spaltung im westlichen Denken. Goethes Vermeidung der Begriffe *Fetisch* oder *Idol* zugunsten des Wortes *Bild* verleiht dem Objekt in seinen Verhältnissen zu den verschiedenen Figuren und ihren Kulturen eine gewisse Fluidität, insoweit er die Unschärfe zwischen Innen und Außen, zwischen Objekt, Idee und Repräsentation offen anerkennt, was wiederum die Durchlässigkeit alles vermeintlich Individuellen offenbart.[228] Wie Bruno Latours *faitiche* dient Goethes *Bild* dazu, die theoretische Trennung zwischen Wahrheit und Konstrukt aufzuheben und eine Praxis zu ermöglichen, in der beide zusammenfallen können. Dieses Spiel mit Darstellungen zeigt auch die illusorische Qualität jeder individuellen Subjektivität auf.

Die Geschwister Iphigenie und Orest demonstrieren dementsprechend die Selbstbildung durch andere, ohne diese anderen aufzugeben, in einem Prozess, der dem „keeping while giving" in Annette Weiners anthropologischem Werk ähnelt. Nach der Ankunft des Orest wendet sich Iphigenie nicht nur hilfesuchend an Diana, sondern auch an deren Bruder Apollo, und appelliert an sie von Geschwistern zu Geschwistern, bevor sie Diana bittet, „mir durch ihn [Orest] / Und ihm durch mich die sel'ge Hülfe [zu] geben" (*Iphigenie*, Zeilen 1328–1329). Diese Formulierung beschreibt, wie die beiden Geschwister gemeinsam ihre Befreiung aus Tauris erreichen. Ihre Identität ist so eng miteinander verbunden, dass sich Iphigenie dem Thoas als Synekdoche beschreibt, eine Beziehung des Teils zum Ganzen, die sein Wohlwollen gegenüber ihr auf das Wohlwollen gegenüber dem Geschwisterpaar ausweiten sollte: „sei / Auch den Geschwistern wie der Schwester freundlich!" (*Iphigenie*, Zeilen 1963–1964) Die Wörter bilden selbst beinahe eine Synekdoche, da *Schwester* fast ein Bestandteil des Worts *Geschwister* ist.[229]

---

226 Dieses Werk erschien 1785 in der deutschen Übersetzung von Christian Pistorius.
227 Vgl. Insbesondere J. Lorand Matorys (2018) Untersuchung, inwiefern rassistische Vorurteile den Fetischdiskurs prägen.
228 Laut Hartmut Böhme (2006, 206) verwendet Goethe den Begriff „Fetisch" in Briefen und veröffentlichten Werken nach 1800. Während Böhme spekuliert, dass er das Wort um 1800 von Christoph Meiners gelernt hatte, war der Begriff auch davor keine Seltenheit.
229 Oskar Seidlin erklärte die Iphigenie einmal als „nicht die Schwester eines Mannes, sondern *die* Schwester des Mannes" (Seidlin 1968, 54). Er findet in ihr kein menschliches oder humanes Beispiel, sondern eine gutartige ethische Tendenz, „in der das ‚Müssen' und das ‚Sollen' ein und dasselbe sind" (Seidlin 1968, 55), eine Synekdoche, in der Iphigenie jedoch „ein Teil" (Seidlin 1968, 57) und der Bruder das Ganze sei. Ich meine, dass Goethe nuancierter vorgeht, als es diese Interpretation zulässt. Der Bruder und die Schwester nehmen aneinander teil, ohne dass der eine den

Die synekdochische Geschwisterbeziehung spricht auch hier wieder von ihrer Zusammenfügung, die jedes Einzelne übersteigt und jedes Einzelne für andere Fügungen offen lässt.

Im Gegensatz zu dieser Konsolidierungsdynamik trennt die Sprachdivergenz die Griechen von den Skythen.[230] Iphigenie klassifiziert Thoas anhand von Tonfall oder Akzent als Teil eines „Volkes", während das Drama Griechen von Skythen durch ihre Stufe in der Entwicklung der Sprachgeschichte unterscheidet. Wie Herders Barbaren sind die Skythen in ihrem Sprechen kraftvoll und direkt; Thoas, so heißt es, „Kennt nicht die Kunst, von weitem ein Gespräch / Nach seiner Absicht langsam fein zu lenken" (*Iphigenie*, Zeilen 167–168). Am anderen Ende der sprachlichen Raffinesse setzt Pylades die Sprache strategisch ein und verwendet nach seiner eigenen Einschätzung „List und Klugheit" (*Iphigenie*, Zeile 766). Iphigenie kommentiert diese Methode, die religiöse Figur zu stehlen, weniger subtil: „O weh der Lüge!" (*Iphigenie*, Zeile 1405) Pylades verkörpert die heuchlerische Ausbeutung der implizierten „Primitiven", die Herder hinter der „aufgeklärten" Fassade der universellen Brüderlichkeit lauern sah.[231]

Die Rede von Iphigenie und Orest scheint als ein idealer Mittelweg eine Heuristik adaptiver Bedeutung mit Ehrlichkeit zu verbinden. Ich würde jedoch sagen, dass das Drama sowohl gegenüber Pylades als auch gegenüber Iphigenie und Orest tiefes Unbehagen zeigt. Die Abkehr von der direkt repräsentativen Sprache ist Teil der allgemeinen Verleugnung einer verankernden Autorität, wie sie in der Französischen Revolution besonders offensichtlich zutage trat, jener seismischen Verschiebung von der Erbfolge des Souveräns – von der Substitution – zum brüderlichen Denken beziehungsweise zur Performativität. Der Iphigenie-Mythos zeigt nur in beide Richtungen mörderische Verhältnisse zwischen den Generationen auf. Diese Abkehr von der Elterngeneration ist jedoch gleichzeitig eine Abkehr vom Kosmopolitismus. Wie Lessings *Nathan der Weise* endet *Iphigenie auf*

---

anderen subsumiert. Außerdem nimmt Goethe aber die Inzestgefahr, die Seidlin beiseiteschiebt, ernster.

230 Eine Reihe neuerer Untersuchungen dieses Dramas reflektiert die Beziehung zwischen diesen kulturellen Gruppen neu und konzentriert sich auf die sich überschneidenden Konstellationen von Barbarei, „Rasse" und postkolonialer Theorie; vgl. Uerlings 2006; Winkler 2009; Kißling 2017.

231 Chenxi Tang (2018, 188) merkt an, dass das Stück die Unterscheidung zwischen „zivilisiert" und „barbarisch" aufhebe, um eine neue Grundlage für die Rechte der Fremden in einer modernen, auf Empfindungen beruhenden Welt zu schaffen (vgl. Tang 2018, 194). Ich möchte jedoch ergänzen, dass die Entwicklung zu der von Tang so genannten neuen internationalen Weltordnung hier von der Unterscheidung zwischen Einheimischen und Fremden abhängt.

Tauris mit der Vermeidung einer Mischehe.²³² Die jüngere Generation steht stattdessen für *völkische* und familiäre Zugehörigkeiten. Goethes Ambivalenz gegenüber dieser Wahl zeigt sich in den Inzestanspielungen. Iphigenie betont: „Von dem fremden Manne / Entfernet mich ein Schauer; doch es reißt / Mein Innerstes gewaltig mich zum Bruder." (*Iphigenie*, Zeilen 1185–1187) Ähnlich formuliert es Orest: „Seit meinen ersten Jahren hab' ich nichts / Geliebt, wie ich dich lieben könnte, Schwester." (*Iphigenie*, Zeilen 1251–1252) Die Dynamik der Anziehung, die Iphigenie und Orest verbindet, zeigt eine Exklusivität, die droht, der Familie, die sie zu retten hoffen, ein Ende zu setzen oder sie mit einem neuen Fluch zu belegen. 1787 beschäftigt sich Goethe also mit einer ähnlichen Konstellation von Fragen der Subjektivität angesichts von Geschwisterähnlichkeit und der erotischen Beziehungen angesichts von Geschwisterbindungen, zu denen er zurückkehrt, wenn er seine Arbeit an *Wilhelm Meisters Lehrjahre* aufnimmt, die 1795 abgeschlossen sein wird. Es ist bezeichnend, dass ein Teil von Mignons magnetischer Anziehungskraft in diesem Roman in ihrer singenden Stimme liegt, dass die Worte ihrer Lieder aber eine verworrene Sprachmischung sind, die sie nicht beherrscht. Ihre Unfähigkeit, mit und in der Sprache zu arbeiten, wie es Iphigenie und Orest tun, spiegelt die selbstbestimmte Weigerung ihrer Eltern wider, einander auszutauschen.²³³

Sprache stellt somit im gesamten Drama einen Entstehungsprozess und eine interaktive Grundlage der Handlungsmacht dar, die jedoch bereits mit einigen Einschränkungen in Bezug auf die Überlieferung durch eine Gemeinschaft konfrontiert ist. Ernst Cassirer (2011, 79) dachte über die Sprache in einer intersubjektiven Welt nach: „Statt sich auf denselben raumzeitlichen Kosmos von Dingen zu beziehen, finden und vereinigen sich die Subjekte in einem gemeinsamen Tun." Cassirer nähert sich hier Goethe, aber nicht gänzlich, denn er weist der Sprache zwar kreative Mächte über das Objekt zu, nicht aber reziprok über das Subjekt; es gibt für ihn ein separates „Individuum", das in die „gemeinsame Welt" der Sprache eintritt (Cassirer 2011, 17). Für Goethe gehört, wie wir gesehen haben, das Subjekt zu den in der Sprache konstituierten Objekten, ohne jedoch dadurch seine Handlungsmacht zu verlieren. In seiner Verflechtung von Materialität, Sprache und Handlungsmacht hat Goethe der Sprache ein Leben verliehen. Im Gegensatz zu späteren Schriftsteller*innen, denen wir in diesem Kapitel begegnen werden, stellt sich Goethe dieses Leben nicht als ein organisches vor, also definiert durch einen nach innen gerichteten und abgegrenzten Zusammenhalt, der

---

232 Garloff (2004/2005) beschäftigt sich mit der familiären Auflösung als Vermeidungsmechanismus für gemischte Ehen, ohne Intoleranz zu zeigen.
233 Ich komme im nächsten Kapitel auf Mignons Lied zurück.

es über die menschliche Geschichte heben würde. Das Leben der Sprache ist für Goethe vielmehr mit dem Leben seiner Sprecher*innen verwoben.

Der ikonische Baum

Ein Jahrzehnt, nachdem Goethe mit der Arbeit an seiner *Iphigenie* begonnen hatte, hielt William Jones in Kalkutta seinen „Third Discourse before the Asiatic Society" (1786). Dies gilt meist als der Beginn der modernen historisch ausgerichteten Sprachwissenschaft. In diesem Vortrag postulierte Jones (1824, Bd. 1, 28) die Existenz einer ausgestorbenen Sprache als gemeinsame Quelle des Sanskrit, des Griechischen, des Lateinischen und der germanischen Sprachen und beschrieb damit die indoeuropäischen Sprachfamilie. Andere vor ihm hatten bereits ähnliche Familienkonstellationen erörtert, doch das Thema einer indoeuropäischen, indogermanischen oder „arischen" Sprachfamilie wurde erst mit Jones und angesichts der wachsenden Faszination für das Sanskrit in ganz Europa zu einer Angelegenheit von weitverbreitetem Interesse (vgl. Schwab 1984; Arvidsson 2006). Binnen weniger Jahre hatte Jones (1824, Bd. 2, 63) die frühneuzeitliche Theorie der Sprachdifferenzierung als Vermächtnis der drei Söhne Noahs in eine Theorie von drei Sprachfamilien überführt, die jeweils eine „Abstammung von einem gemeinsamen Vorfahren" aufwiesen, nämlich Hindu, Tatarisch und Arabisch. Er verstand seine Aufgabe als „Untersuchung der Genealogie der Nationen" – wie die Völker sich zerstreuten, so zerstreuten sich auch die von ihnen gesprochenen Sprachen (Jones 1824, Bd. 1, 146).

Goethes Entscheidung, die Bevölkerungsgruppen seines Stücks zu trennen, steht für eine allgemeine Tendenz, Bevölkerungsgruppen in Begriffen von Divergenz und Diffusion zu konzipieren. Dieses Verzweigungsmodell erhielten sowohl in der Sprachwissenschaft als auch in der Evolutionstheorie die ikonische Bildform des Baums, der keine Vereinigung, keinen Einfluss und keine Integration zuließ.[234] Es ist sinnvoll, an dieser Stelle die Entstehung des sich diversifizierenden Stammbaums zu untersuchen, denn aktuell erleben wir das Ende seiner Hegemonie im Bereich der Evolutionsbiologie, seiner langlebigsten Anhängerin.[235] Die meisten

---

[234] Thomas Trautmann (1997, 11) verweist auch auf den Ausschluss der Vermischung aus segmentären Systemen wie dem Stammbaum, wie er sich im neunzehnten Jahrhundert entwickelt hat, und seinen sozialen Korrelaten. Unlängst haben Lorraine Daston und Glenn Most (2015) die Vorteile nahegelegt, die von einer gemeinsamen Geschichte der Wissenschaften, die Philologie wie Naturwissenschaften einschließt, zu erwarten sind.
[235] Einen guten Überblick über die jüngste Debatte bieten Bapteste et al. 2013; Franklin-Hall 2010; O'Malley und Dupre 2010.

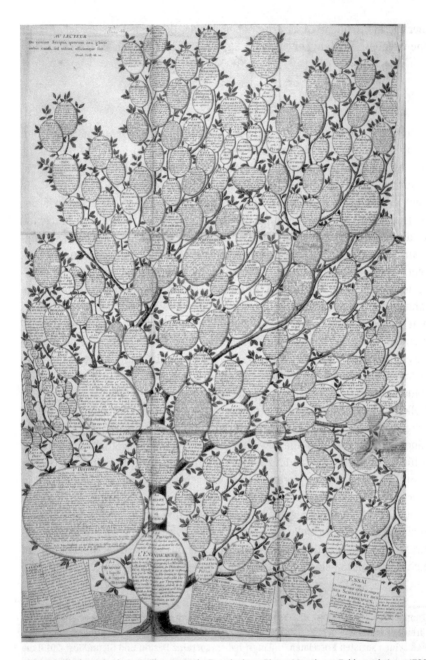

Abb. 4.3: Chrétien Frederic Guillaume Roth, Frontispiz zu Pierre Monchons *Table analytique*, 1780. Hanna Holborn Gray Special Collections Research Center, University of Chicago Library.

Der ikonische Baum — 177

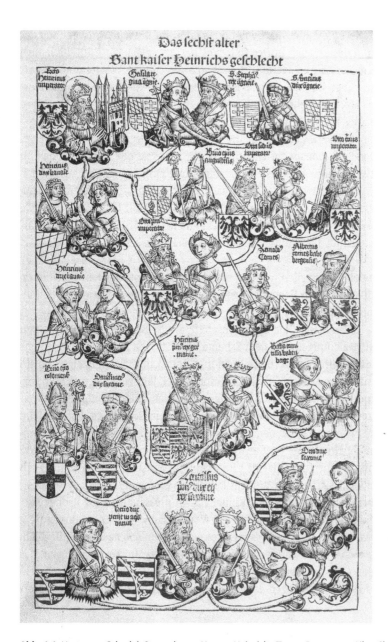

Abb. 4.4: Hartmann Schedel, Stammbaum Herzog Heinrichs II. von Bayern aus *Liber Chronicarum*, 1493. David M. Rubenstein Rare Book & Manuscript Library, Duke University.

Biolog*innen datieren die Idee des Evolutionsbaums auf Darwins Verwendung des Ausdrucks „Baum des Lebens" in *Der Ursprung der Arten* (Darwin 2018, 160), doch hat das Bild eine lange und vielfältige Geschichte.[236] Sigrid Weigel identifiziert zwei Arten von frühen Baumbildern: Wissensbäume, also statische Klassifikationsschemata (Abb. 4.3), und Lebensbäume (Abb. 4.4) oder Familiengenealogien. Ihre Zusammenführung im Evolutionsbaum, erklärt sie, habe eine Abstammungsgeschichte in eine kausale Erklärung für die Klassifizierung verwandelt (vgl. Weigel 2006, 21–54). Der Evolutionsbaum ist jedoch nicht die erste oder letzte Instanz, in der anerkannt wird, dass gemeinsame Abstammung morphologische Ähnlichkeiten verursacht. Von bibelwissenschaftlichen und altphilologischen Rekonstruktionen antiker Texte über die vergleichende Sprachwissenschaft bis hin zur Biologie verlieh jede Disziplin, die die Abstammung von einem gemeinsamen Vorfahren als kausalen Mechanismus für die Klassifizierung übernahm, seinem Objekt eine Art Leben.

Um ihr Modell zu erstellen, wählen diese frühen genealogischen Disziplinen sorgfältig aus den von ihren Vorläufern gebotenen Elementen aus. Aus den Familienbäumen importierten sie die Ideen der Abstammung und der Verwandlung im Laufe der Zeit – Erblinie und Nachkommenschaft, das heißt eine breite Palette von Verwandtschaftsbeziehungen. Aus dem Schema übernahmen sie die Verzweigungsstruktur, die immer feinere Unterdisziplinen und Unterkategorien aufzeigte, als ein Bild der Diversifizierung. Durch die Replikation dieser Verzweigungsstruktur verweigerten sich die genealogischen Disziplinen zugleich einem anderen Element von Stammbäumen, nämlich der Verbindung zweier gleich komplexer Familieneinheiten bei der Entstehung jeder neuen Generation. Oftmals hatten bildliche familiäre Abstammungslinien der Frühen Neuzeit keine Mütter berücksichtigt. Wie leicht es fiel, die Vermischung zweier Linien bei der Entstehung von Kindern zu übersehen, fällt in der Arbeit von William Jones besonders auf. Er behauptet sogar, dass jedes menschliche Paar nur *zwei* Kinder haben müsse, damit die Erdbevölkerung aufgrund der exponentiellen Natur der Vermehrung explodiere (Jones 1824, Bd. 2, 3). Im Zusammenhang scheint es weniger wahrscheinlich, dass Jones die Töchter ignorierte, als dass er die Mütter nicht mitgezählt hatte. In den Genealogien des grundbesitzenden Adels und des Königshauses wurden Mütter jedoch oft berücksichtigt, da Ehen bedeutende Allianzen darstellten und einige Rechtssysteme eine Verer-

---

236 Eine klassische Auseinandersetzung mit dem Evolutionsbaum ist bei Gruber (1978) zu finden. Über die Geschichte dieses Bildes ist in letzter Zeit viel geforscht worden; vgl. Voss 2007; Bredekamp 2006; Weigel 2006; Pietsch 2012; Gontier 2011; Bouquet 1996; Hellström 2012; Archibald 2014. Historische Untersuchungen, die den Zusammenhang zwischen genealogischen Methoden in Biologie und vergleichender Philologie aufzeigen, sind zu finden bei van Wyhe 2005; Atkinson und Gray 2005; Alter 1999.

bung über die weibliche Linie zuließen. Die Genealogie des fünfzehnten Jahrhunderts, wie sie etwa in Abb. 4.4 zu sehen ist, zeigt keine Töchter, führt seine genetischen Ranken jedoch durch den Unterleib der Ehefrauen. Die Darstellung von Ehen war oft notwendig, um die Vererbung grundbesitzender Familien zu veranschaulichen und zu rechtfertigen.[237] Diese Stammbäume veranschaulichen, dass sich die Komplexität der Verwandtschaftsbeziehungen eines Menschen sowohl nach hinten als auch nach vorn erstreckt. Sprache und Evolutionsbäume sind jedoch parthenogenetisch, eine erklärungsbedürftige ideologische Entscheidung.

Die frühesten bildlichen Stammbäume kamen aus der Manuskriptforschung. Mitte des achtzehnten Jahrhunderts hatten Bibelgelehrte begonnen, genealogisch über die Überlieferung von Manuskripten nachzudenken; Ende des achtzehnten Jahrhunderts folgte die Altphilologie.[238] Mit dem ersten Beispiel eines bestimmten Abschreibfehlers, der einen Knotenpunkt markierte, an dem die Übertragungslinien divergierten, konnten solche Stemmata bei der Nachverfolgung von Manuskripten zu einem verlorenen Original helfen. Die ersten Bilder zur Verwandtschaft von Texten wurden anscheinend 1827 und 1831 von Carl Johan Schlyter und Carl Gottlob Zumpt veröffentlicht. Zumpt prägte für sie den Begriff *stemma*, lateinisch für Baum.[239] Der erste strenge Vertreter dieser Methode war Friedrich Ritschl, der ein solches Bild als „förmlichen genealogischen Stammbaum"[240] bezeichnete, bevor er später Zumpts Begriff *stemma* übernahm. Ritschls erstes, 1832 veröffentlichtes Stemma (Abb. 4.5) verdient besondere Beachtung. Es repräsentiert eine Manuskripttradition, in der Kopisten Zugang zu mehreren Ausgaben gleichzeitig hatten. Statt ein einzelnes Beispiel so originalgetreu wie möglich wiederzugeben, übernahmen sie absichtlich Verbesserungen aus verschiedenen Ausgaben. Das Stemma enthält also eine Menge an Mischungen, was in der Philologie als „Kontamination" bezeichnet wird. In einem Kommentar zu dieser Abbildung des Stemmas rügt Sebastiano Timpanaro 1963:

---

[237] Mehr zur Form von Stammbäumen schon im sechzehnten Jahrhundert bei Bauer 2013.
[238] Eine detaillierte Darstellung der Entwicklung dieser Methodik ist bei Timpanaro 2005 zu finden. Errington (2008, 58–64) weist auf den Einfluss von Manuskriptstudien auf William Jones hin. Siehe auch Kurz' (2021) Beschreibung der Technologien und Methodologien der Philologie.
[239] Weitere Informationen zu Zumpt bei Timpanaro 2005, 91–94. Schlyter forschte weder zur Bibel noch zur Klassik, sondern war ein schwedischer Anwalt, der eine Geschichte des schwedischen Rechts veröffentlichte. Es ist unklar, ob zwischen seinen Manuskriptstudien und denen der Bibelwissenschaftler und Philologen Verbindungen in beide Richtungen bestanden (vgl. Holm 1972).
[240] Dieser Ausdruck taucht in Ritschls Notizen von 1837 auf, zitiert in Timpanaro 2005, 93, Anm. 10. Vgl. zu dieser Geschichte der Stemmata Timpanaro 2005, 90–101.

Mit all diesen sich kreuzenden Linien ähnelt sein Stamm denen, die in neueren kritischen Ausgaben immer häufiger zu finden sind und darauf abzielen, eine Vorstellung von der Manuskripttradition in all ihrer Unordnung zu vermitteln, ohne praktische, aber willkürliche Vereinfachungen. Wenn die Unordnung allerdings so übermäßig groß wird, ist es ratsam, ganz auf das Stemma zu verzichten! (Timpanaro 2005, 94)

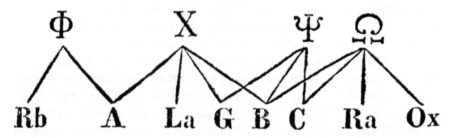

Abb. 4.5: Friedrich Ritschl, Stemma des Thomas Magister, 1832. Duke University Library.

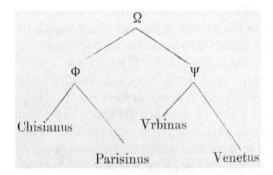

Abb. 4.6: Friedrich Ritschl, Stemma des Dionysius von Halikarnassos, Nachdruck von 1866 des Originals von 1838. University of North Carolina, Chapel Hill Library.

Anstatt jedoch Stemmata aufgrund der Komplexität aufzugeben, unterdrückten die genealogischen Disziplinen die Unordnung (vgl. Abb. 4.6.). Erst viel später versuchten sie erneut, sich mit der Realität von Kreuzungen, Beeinflussungen und Verbindungen auseinanderzusetzen. Die Übertragung zwischen klassischer und vergleichender Philologie scheint ziemlich direkt zu erfolgen, da Ritschl der Doktorvater von August Schleicher war, dem die Entwicklung des ersten, 1853 veröffentlichten Sprachbaums zugeschrieben wird (Abb. 4.7).[241] Da wir jedoch eine Genealogie der direkten Abstam-

---

241 Hoenigswald (1963) weist darauf hin, dass Ritschl als Erster einen Kopierfehler in einem Manuskript als Ort der Divergenz, der Verzweigung aufzeigte. August Schleicher führte in die vergleichende Sprachwissenschaft die analoge Idee ein, dass Verzweigung mit Innovation in einer Sprache

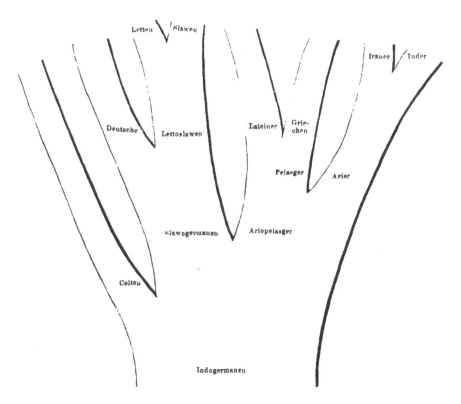

Abb. 4.7: August Schleicher, „Die ersten Spaltungen des indogermanischen Urvolkes", 1853.

mung für die Bäume selbst nicht aus einem einheitlichen und nachprüfbaren Original verifizieren können, sollten wir darauf hinweisen, dass František Čelakovský im selben Jahr in Prag auch einen solchen Sprachbaum veröffentlichte (Abb. 4.8).[242] Die Idee der Genealogie war schließlich seit mehreren Jahrhunderten fest mit der Sprachentwicklung verbunden und der Baum eine häufige rhetorische Figur zur Beschreibung der Beziehungen zwischen Sprachen, lange bevor er als tatsächliches Bild erschien. Schleicher experimentierte später mit der Baumform und veröffentlichte zunehmend schematische Bäume, darunter eine Illustration des Konzepts im

---

übereinstimme (vgl. Schleicher 1863, 12). Man könnte hinzufügen, dass Abweichung in der Evolutionstheorie die gleiche Rolle spielt. Vgl. zu Ritschls Einfluss auf Schleicher und die allgemeine Übereinstimmung von Textphilologie und vergleichender historischer Sprachwissenschaft Timpanaro 2005.

242 Andererseits waren Schleicher und Celakovsky beide zwei Jahre lang Professoren an der Karls-Universität in Prag und veröffentlichten in der Zeit die fraglichen Bäume. Zu den Vermutungen über mögliche gegenseitige Einflüsse der beiden aufeinander vgl. Priestly 1975.

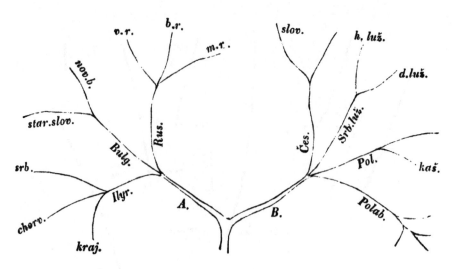

Abb. 4.8: František Čelakovský, Stammbaum der slawischen Sprachen, 1853. University of North Carolina, Chapel Hill Library.

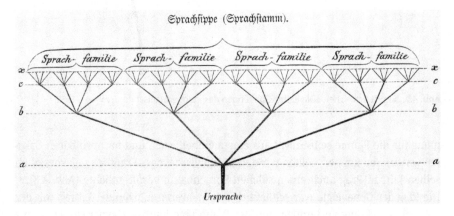

Abb. 4.9: August Schleicher, Sprachsippe (Sprachstamm) aus *Die deutsche Sprache*, 1860. Columbia University Library.

Jahr 1860 (Abb. 4.9) und eine Darstellung der Geschichte dessen, was er ein Jahr später als den indogermanischen Sprachstamm bezeichnet (Abb. 4.10). Beide Abbildungen entstanden, bevor er auf Darwins Baumschema stieß.

Die Form des Ableitungsbaums hat womöglich mit dem Schema von Jean-Baptiste de Lamarck aus *Philosophie Zoologique* (1899) Einzug in die Lebenswissen-

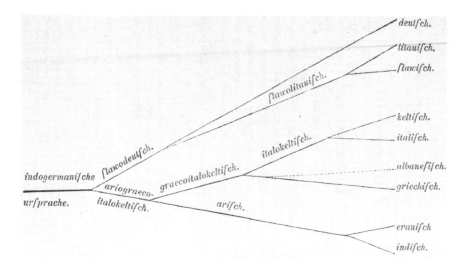

Abb. 4.10: August Schleicher, Indogermanischer Sprachstamm aus *Compendium der vergleichenden Grammatik der indogermanischen Sprachen*, Nachdruck von 1866 des Originals von 1861. Duke University Library.

schaften gehalten (Abb. 4.11). Lamarck wandte sich um die Jahrhundertwende dem Transformationalismus zu und plädierte nicht nur für eine kontinuierliche Anpassung innerhalb der Arten, sondern auch für die Entwicklung einer Art aus einer anderen. Er glaubte jedoch nicht, dass alle Arten von einem einzigen Vorfahren abstammten. Vielmehr entwickelten sich seiner Meinung nach alle Organismen zur Komplexität hin, und die unterschiedlichen Stufen der Komplexität, die wir beobachten, seien das Ergebnis einer wiederholten spontanen Genese, wodurch die einfachen Organismen erneut auftauchten. Die gepunkteten Linien in seinem Schema sind somit mehrdeutig und sollen möglicherweise überhaupt nicht auf eine Genealogie hinweisen.[243] Darwins berühmte Skizze „I think" aus seinem Notizbuch von 1837 ist die erste, die die Evolution von Arten und Gattungen im modernen Sinne klar veranschaulicht und auch ausgestorbene Arten im Gegensatz zu existierenden darstellt: Die Kreuzschraffur deutet eher kontraintuitiv auf eine noch lebende Art hin, die die Gegenwart erreicht hat (Abb. 4.12). Dieses Bild wurde jedoch erst posthum veröffentlicht. Alfred Russel Wallace veröffentlichte 1856 ein Baumschema, das dem von Lamarck sehr ähnlich ist (Abb. 4.13). Wallace hatte 1855 einen Aufsatz veröffentlicht, in dem er die Einführung neuer Arten der

---

[243] Abweichende Interpretationen bei Bowler 1983, 79–83; Weigel 2006, 209–215; Bredekamp 2006, 15–16; Pietsch 2012, 34–35.

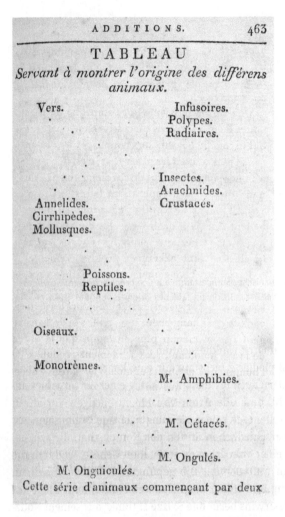

Abb. 4.11: Jean-Baptiste de Lamarck, Tabelle zur Herkunft der verschiedenen Tiere, aus *Philosophie Zoologique*, Auflage von 1830 (Erstauflage 1809). Harvard University Library.

Transmutation oder Evolution zuschrieb, aber er erwähnt diese Theorie nicht in dem Artikel über die Vogelklassifikation, in dem das Schema auftaucht. Wallace belässt den Mechanismus der Verwandtschaft hier also zweideutig, ganz wie Lamarck vor ihm. 1859 erschien Darwins *Der Ursprung der Arten*, begleitet von einer einzigen Illustration (Abb. 4.14), die den schematischen Baum fest in der Evolutionstheorie verankerte. Die Abbildung wurde aufgrund der folgenden Passage aus demselben Kapitel als Lebensbaum [*Tree of Life*] bekannt:

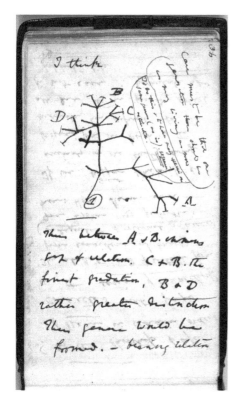

Abb. 4.12: Charles Darwin, Skizze „I think" aus Notebook B (1837), reproduziert mit freundlicher Genehmigung der Syndics of Cambridge University Library. Signatur: MS-DAR 121.

> Die Ähnlichkeiten aller Lebewesen einer Klasse werden zuweilen durch einen großen Baum dargestellt. Meines Erachtens spricht sehr viel Wahres aus diesem Vergleich. […] So wie Knospen durch Wuchs frische Knospen entstehen lassen und diese, wenn sie voller Kraft sind, nach allen Seiten ausschlagen und manch schwächeren Ast überragen, so ist es wohl auch seit Generationen beim großen „Baum des Lebens", dessen tote, abgebrochene Äste die Erdkruste bedecken und der ihre Oberfläche mit seinen unablässig treibenden, schönen Verästelungen überzieht. (Darwin, 2018, 159–160)

Es fällt jedoch auf, dass in dieser Passage das Schema nicht erwähnt wird. Darwin hatte diese Abbildung bereits sieben Seiten lang kommentiert, ohne auch nur einmal das Wort „Baum" zu verwenden. In den letzten zwei Jahrzehnten haben mehrere Autor*innen auf den Mangel an illustrativer Übereinstimmung zwischen der Abbildung und der diskursiven Beschreibung des Lebensbaums hingewiesen. Insbesondere Horst Bredekamp (2006) vertritt die Ansicht, dass Darwin sich viel mehr vom Bild der Koralle angezogen fühlte – die in mehrere Richtungen wachse – als von dem des Baums als einer geeigneten Figur für sein Denken, dann aber doch zum Baum zurückgekehrt sei, um seiner Theorie Vorrang zu geben, nachdem er

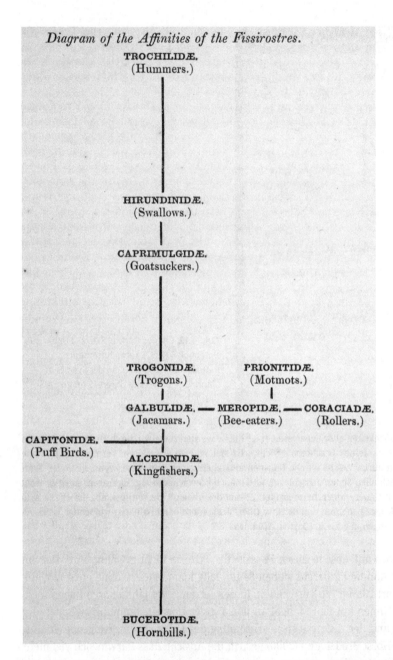

Abb. 4.13: Alfred Russel Wallace, Verwandtschaftsschema der Fissirostres, 1856. Duke University Library.

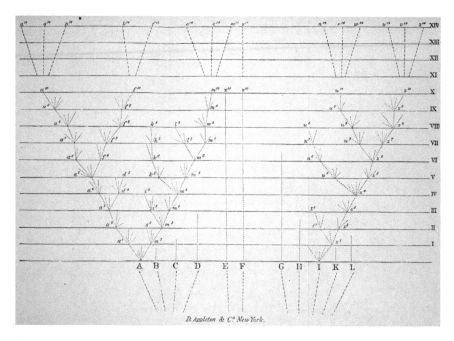

Abb. 4.14: Charles Darwin, Schema aus *The Origin of Species*, Auflage von 1896. Duke University Library.

Wallaces Baumschema gesehen habe. In Darwins früheren Skizzen war die bildliche Direktionalität der Diversifizierung weitaus vielfältiger. Sie näherte sich sogar einem Kreis (Abb. 4.15), und die dargestellten Naturphänomene erscheinen in ihrer Häufigkeit und Verteilung willkürlicher.[244]

Drei wesentliche Merkmale dieser Schemata sind erwähnenswert. Das erste ist in den Bildern *nicht* abgebildet, nämlich der Mechanismus der Transformation. Damit bleibt verborgen, ob die fragliche *Evolution* aus der Entfaltung des Naturgesetzes, dem Fortschreiten zu einem teleologischen Ende (beide nach gewissen Regeln) oder der kontingenten Geschichte mit Zufall und/oder menschlichem Willen resultiert. Die Frage des Mechanismus wird so zu einer zusätzlichen Streitfrage in jeder Disziplin, und sie beginnt, die Disziplinen in verschiedene Kategorien einzuteilen. Die zweite relevante Gemeinsamkeit habe ich bereits erwähnt, nämlich die strukturelle Abhängigkeit von unidirektionaler Divergenz, ohne die Möglichkeit der Verbindung, mit der einzigen Ausnahme des zuvor angesprochenen Ritschl-Bildes. Diese Betonung der Verzweigung hat drei Folgen. Erstens bewegen wir uns, indem

---

[244] Staffan Müller-Wille (2007, 186–190) beschreibt die Komplexitäten der in *Der Ursprung der Arten* abgedruckten Abbildung.

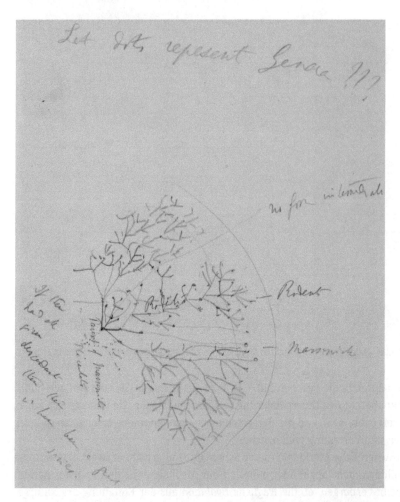

Abb. 4.15: Charles Darwin, „Principle of divergence, transitional organs/instincts", vermutlich frühe 1850er Jahre. Reproduziert mit freundlicher Genehmigung der Syndics of Cambridge University Library. Signatur: MS-DAR 205.5.

wir den Zweigen eher rückwärts als vorwärts in der Zeit folgen, zu einem einzigen Ausgangspunkt, der das gesamte System vereint. Während der Grad variiert, ist die Verwandtschaft von Elementen universell, es sei denn, es gibt mehrere Bäume.[245]

---

[245] Die Frage von einem oder vielen Ursprüngen – Monogenese oder Polygenese – ist in der Sprachwissenschaft immer noch präsent und spielte vor Darwin eine wichtige Rolle in der Rassentheorie. Ich komme im nächsten Kapitel auf diese Debatte zurück.

Auf diese Beobachtung beziehen sich Historiker*innen, wenn sie auf die Obsession des neunzehnten Jahrhunderts mit der Suche nach Ursprüngen aufmerksam machen. Wenn wir jedoch den Zweigen nach außen folgen, sehen wir, dass die neuen Wissenschaften oder Disziplinen nicht nur den Übergang von Generationen in einer einzigen Linie erkannten, sondern ein sich immer weiter ausbreitendes System entfernter lateraler Verwandtschaftsverhältnisse schufen. Diese zeitgenössische Verwandtschaft war, wie ich meine, für das neunzehnte Jahrhundert genauso wichtig wie die Suche nach Ursprüngen.

Schließlich beobachten wir in diesen Abbildungen, dass die Identifizierung und die Abgrenzung von Geschwistern jedes Element erzeugt. In einem genealogischen System sind alle Definitionen relational, eine Frage der Differenzierung von Ähnlichem im Rahmen der Verwandtschaft zueinander. Die Schwierigkeiten bei der Erklärung der engen Beziehung zwischen Latein und Griechisch, die die frühen Sprachforscher beunruhigten, wurden gemindert, als, wie Johannes Schmidt (1872, 19) bemerkte, „[a]n die stelle des tochterverhältnisses [...] das schwesterverhältnis" getreten sei. Schmidts Verwendung des Begriffs vermischt die Schwester mit der Cousine, da Generationen in einem sich im Fluss befindlichen System nicht endgültig gezählt werden können. Auch zeitgenössische Linguist*innen sprechen noch von „Schwestersprachen", wenn sie „Mitglieder einer Sprachfamilie" meinen (Thomason und Kaufman 1988, 255). Für jedes genealogische System ermöglicht die Existenz des Geschwisters – das nicht das das Selbst und auch nicht ganz ein Anderes ist – erst die Integrität der Begriffe und setzt sie zugleich unter Druck. Das Geschwister erhält damit einen privilegierten Platz bei der Erforschung von Subjektivität und Epistemologie, was besonders deutlich in Literatur und Philosophie zum Ausdruck kommt.

Es ist bezeichnend, dass die Form solcher Schemata, wenn sie auf die Genealogie der Geschwisterdisziplinen, die sie einsetzten, angewendet würden, die komplexe Struktur ihrer Entwicklungsgeschichte nicht angemessen erfassen könnten. Die genealogischen Disziplinen teilten einige, aber nicht alle Vorfahren und befruchteten sich während des neunzehnten und frühen zwanzigsten Jahrhunderts gegenseitig. Darin spiegeln sich ähnliche Mängel in der Darstellung ihrer Themen. Da diese Bäume Einfluss und Hybridisierung nicht zulassen, stellen die Disziplinen, die sie erst geschaffen hatten, sie schließlich infrage. Ende des neunzehnten Jahrhunderts hatten zwei Schüler von August Schleicher schließlich eine Theorie der Vermischung der Sprachen aufgestellt. Hugo Schuchardt schrieb in den 1880er Jahren speziell über Pidgin- und Kreol-Sprachen. Dieses Forschungsgebiet wurde bis in die 1950er Jahre nicht weiter verfolgt, ist aber seitdem zu einem wichtigen Zweig der Sprachwissenschaft geworden, obwohl die Definition von „Kontaktsprachen" als Sprachen mit gemischten grammatischen Formen in der Linguistik immer noch umstritten ist und Bücher zu diesem Thema mit obligatorischen Rechtfertigungen ihres Fachgebiets beginnen.[246] Bezeichnenderweise ignorierten Schuchardt und andere Sprachwissenschaftler das prominenteste Beispiel einer Mischsprache in ihrer näheren Umgebung, das Jiddische, auf das ich im nächsten Kapitel zurückkommen werde.[247] Gleichzeitig entstand in den 1880er Jahren eine Wellentheorie des Spracheinflusses, die den Grundgedanken der nur in eine Richtung wirkenden Abstammung langsam untergrub. Darauf werde ich ebenfalls weiter unten zurückkommen. In der Evolutionstheorie wurde der Stammbaum erst in jüngster Zeit kritisiert, doch ist diese Kritik, wie in der Einleitung dargelegt, immer intensiver geworden. Der Baum wird nicht nur durch die Häufigkeit der Hybridität untergraben, die die Definition von Arten infrage stellt, sondern auch durch Phänomene, die die Definition eines einzelnen Organismus infrage stellen, wie lateraler Gentransfer oder Symbiose.

Divergierende Genealogien und die wissenschaftliche Methode in der Sprachwissenschaft

Herders Knoten und Ritschls kontaminierte Stemmata deuten darauf hin, dass die Divergenz nicht notwendig zu einer monolithischen Form für das Verständnis der genealogischen Entwicklung werden würde. Wie wir sehen werden, erfüllte die Etablierung einer Hegemonie der Spaltung in sprachwissenschaftliche und evolutionäre Genealogien zwei wichtige Zwecke: Einerseits war sie ein Bollwerk gegen die epistemologische Ungewissheit, die dem Geschwisterelement innewohnt, andererseits verstärkte sie die Konstruktion von Disziplinen, die ihrerseits die Gegenstände der betreffenden Disziplinen gegen das durch die Versäumnisse und Schwächen der Menschheit – oder der Geisteswissenschaften – verursachte Chaos immun machte. Der Baum selbst entwickelte sich zu einem Paradebeispiel

---

246 Vgl. etwa George Langs Beharren darauf, dass „Kreol-Sprachen und Kreolisierung vollkommen natürliche Phänomene sind" (Lang 2000, 2), und die Studie von Thomason und Kaufman (1988, 11) zu Kontaktsprachen als Abweichungen vom genetischen Modell, in der sie behaupten, dass es für eine Sprache unmöglich sei, mehrere Vorfahren zu haben, und dass daher Kontaktsprachen keine genetischen Beziehungen hätten. Vgl. auch Mühlhäusler 1997, 1–21, 222–243; Romaine 1988, 1–24, zu zeitgenössischen Übersichten und historischen Beschäftigungen mit der Pidgin- und Kreolwissenschaften. Mehr zu Schuchardt bei Issatschenko 1980; vgl. auch Schuchardt 1886, 321–351, 1887, 291, 1979.

247 Eine Ausnahme bilden Max Grünbaums *Mischsprachen und Sprachmischungen* von 1885, die das Jiddische als eines von mehreren Beispielen verwendeten. Schuchardt (1887) wies den Band als unwissenschaftlich zurück und hielt ihn für „absolut wertlos" (Schuchardt 1886, 291), ohne sein Urteil zu begründen. Zur Frage, wie das Jiddische in den deutschen Diskurs einging, vgl. Grossman 2000.

für Latours *faitiche*, dessen aktive Handlungsmacht in der Praxis verdeckt blieb. Die Konstruktion des visuellen genealogischen Baums erleichterte die Projektion von Genealogien als ontologische Objekte, was die Ängste über das Wissen, die Kontrolle und die Verwandtschaftszugehörigkeiten des forschenden Subjekts besänftigte.

Methodisch korrelierte die Unterdrückung der Verbindung mit einer Schwerpunktverlagerung, die wir bereits bei William Jones antreffen, der sich von lexikalischen Ähnlichkeiten – ähnlichen Wörtern – zu grammatikalischen Ähnlichkeiten bewegt. Jones nennt die Philologie eine historische Wissenschaft, Geschichte aber ist für ihn nicht die Aufzeichnung des menschlichen Willens. Er verwendet eine ältere Bedeutung des englischen Begriffs *history* als Bericht über empirische Fakten. Dazu gehörten nicht nur die Philologie, sondern auch Anatomie, Chemie und Physik (vgl. Jones 1824, Bd. 2, 33–34). Das Nachdenken über diese Fakten oder die Fähigkeit, „diese Ideen durch die mühsamen Anstrengungen des Intellekts zu trennen und zu vergleichen", nennt er *Philosophie*, die er an anderer Stelle gleichbedeutend mit *Wissenschaft* [science] verwendet (Jones 1824, Bd. 2, 36–37). Die Philologie umfasse also einen historischen Aspekt, der sich im Sammeln manifestiere, und einen wissenschaftlichen Aspekt, der sich im Vergleich zeige. Für Jones spielt die *menschliche* Geschichte jedoch keine Rolle bei der sprachwissenschaftlichen Analyse.[248] Er verstand natürlich, dass menschliche Ereignisse, etwa Eroberungen, Sprachen in Kontakt brachten, und spekulierte auch über die Schaffung von Völkern durch *Beimischung* [admixture] (Jones 1824, Bd. 2, 2, 81). Sprachen widersetzten sich jedoch solchen Einflüssen: „Im Allgemeinen lässt die Eroberung die Umgangssprache des eroberten Volkes dem Grunde nach unverändert oder ändert sie nur sehr geringfügig, sie vermengt sie vielmehr mit einer beträchtlichen Zahl exotischer Namen für Dinge und Handlungen" (Jones 1824, Bd. 1, 28). Jones behauptet, dass die „Verbwurzeln" und „die Formen der Grammatik", die Aspekte der Sprache also, die er für besonders beständig hielt, die geeigneten Strukturen zur Bestimmung von Sprachverwandtschaften seien. Hier sehen wir den Kern dessen, was im Laufe des neunzehnten Jahrhun-

---

[248] Vgl. Toepfer 2014 zur Verwendung der Wörter *Geschichte* und *Evolution* im neunzehnten Jahrhundert. Je leidenschaftlicher Sprachwissenschaftler den Begriff der Geschichte ablehnten, desto mehr freundeten sich diejenigen Disziplinen, die zu den Geisteswissenschaften wurden, mit ihr an. Wilhelm Dilthey bezog sich bei der Theoretisierung der unterschiedlichen Ziele der Geistes- und Naturwissenschaften im Jahr 1910 nicht nur auf den Gegenstand der Geisteswissenschaften als „menschlich-gesellschaftlich-geschichtliche Wirklichkeit" (Dilthey 1965, 81), sondern schrieb ihnen auch kreative Kräfte zu, denn „in den Geisteswissenschaften vollzieht sich nun der Aufbau der geschichtlichen Welt." (Dilthey 1965, 88).

derts zu einem Leitprinzip der Sprachwissenschaft werden sollte: die Sprache als Anker, der gegen das Chaos der menschlichen Geschichte immun ist.

Bei Jones ist der Unterschied zwischen dem *Grund* und den *exotischeren* Elementen einer Sprache noch vage. Zwanzig Jahre später festigte Friedrich Schlegel diese Unterscheidung zu einer Hierarchie und versuchte in seinem Buch *Über die Sprache und die Weisheit der Indier*, die Geschichte aus der vergleichenden oder historischen Philologie zu vertreiben. Hier begibt sich Jones' *Grund* tiefer in einen Innenraum, wird zur „innre[n] Structur der Sprachen oder [...] vergleichende[n] Grammatik" (Schlegel 1977, 28) und schließt sogar explizit Wortwurzeln aus. Der Blick auf die Grammatik allein stellt sicher, dass die Übereinstimmung „keine zufällige, die sich aus Einmischung erklären ließe; sondern eine wesentliche, die auf gemeinschaftliche Abstammung deutet", sei (Schlegel 1977, 1). Das von Schlegel verwendete Wort „Einmischung" hat die Konnotation, dass das, was hineingemischt wird, klar heterogen ist.[249] Die sprachwissenschaftliche Spaltung von Wortschatz und Grammatik war zu einer Kluft zwischen der Oberfläche und den Tiefen der Sprache geworden, die zwei unterschiedliche und anders bewertete zeitliche Vorgänge zutage führte: Verbindung und Divergenz. Die Entscheidung, die hartnäckige innere Struktur der Sprache über das leicht entlehnbare Vokabular zu stellen, bedeutete im Wesentlichen eine ideologische Festlegung, die Abstammung bei der Frage der Verwandtschaft stärker zu gewichten als den Einfluss. Die Idee der Segregation lag der disziplinären Definition der aufkeimenden Naturwissenschaft [*science*] zugrunde, und segregiert wurden auch die Völker.

Spätestens in Wilhelm von Humboldts grundlegendem philologischen Werk wird deutlich, wie wichtig das Thema der Spaltung und Verbindung ist.[250] Humboldts Hauptbeitrag zur vergleichenden Philologie war ein massives Werk über die Kawi-Sprache – ein Vorläufer des modernen Javanischen – und die Identifizierung einer weit entfernten austronesischen Sprachfamilie, die Sprachen des Pazifiks ver-

---

249 Vgl. die Wörterbücher von Adelung (1811) und den Brüdern Grimm (1854–1971).
250 Wie Natalie Melas (2007, 1–43) feststellt, katalogisierte die vergleichende Methode zwar Unterschiede, stützte sich aber auf die Behauptung der Kommensurabilität. Siraj Ahmed (2018, 10) geht ähnlich davon aus, dass die Philologie diese Kommensurabilität hergestellt habe, indem sie sich auf verschriftlichte Texte als einzige kulturelle Autorität berufen habe. Zu den „Erben eines kolonialen Erbes" (Ahmed 2018, 10) gehörten daher, wie beide anmerken, die vergleichende Literaturwissenschaft (vgl. Melas 2007) und „die modernen Geisteswissenschaften" im Allgemeinen (Ahmed 2018, 10). Vgl. auch Norberg (2022) zum Einzelfall dieser Dynamik in der Praxis, selbst im offensichtlich national geprägten Kontext von Jacob Grimm. Grimm verortete die Ursprünge der Philologie im Imperialismus und sah ihr Ziel in der Regulierung einer internationalen Ordnung, weil sie „Völker und Sprachen ordnen, sie genau einteilen und eine Karte der Nationen erstellen" könne, indem sie Grenzen von oben kontrolliere (Norberg 2022, 179). Vgl. auch Trüper 2020 sowie Kurz 2021.

einte, die auf den Philippinen, in Neuguinea, Malaysia und bis nach Madagaskar gesprochen wurden. Kawi war gewissermaßen eine Sprache mit einer multiplen Persönlichkeitsstörung: Ihre grammatische Struktur machte sie zu einer malayischen Sprache, aber die große Mehrheit ihres Wortschatzes stammte aus dem Sanskrit. Humboldt (1836, XVI) fasste diese Spannung vielleicht unbeabsichtigt zusammen, als er Kawi als eine Manifestation der „innigste[n] Verzweigung Indischer und einheimischer Bildung" bezeichnete. Laut Grimms *Wörterbuch* ist der Beginn des neunzehnten Jahrhunderts die Zeit, in der der metaphorische Gebrauch des Wortes *Verzweigung* in Mode kam. Daran sehen wir, wie der neue methodologische Einsatz des Stammbaums die Bedeutung von verwandten Wörtern auch gleichsam neu gestaltete.[251] *Verzweigung* wurde den Brüdern Grimm nach zumeist im Sinne einer *Aufgliederung* oder *Aufspaltung* in zwei oder mehr Richtungen benutzt, unter anderem von Humboldt selbst. Sie erwähnen jedoch auch Humboldts oben zitierte *Verzweigung* im Sinne von *Verflechtung* als die erste bekannte Verwendung des Wortes in seiner weniger verbreiteten, sekundären Bedeutung. In der Zweideutigkeit des Wortes wird ersichtlich, wie die *Spaltung* selbst Humboldts Hinwendung zur *Vereinigung* noch innewohnt.

Humboldt war von der malayischen Insel sowohl wegen ihrer ethnischen Vielfalt als auch wegen der Breite ihrer kulturellen Einflüsse fasziniert – indische, ostasiatische, aboriginale und arabische. In Humboldts weitaus hierarchischerer Erklärung:

> Zwischen so contrastirende Verwandtschaften und Einflüsse gleichsam eingedrängt, finden wir nun die Malayischen Völkerschaften [...]. Auf denselben Inseln und Inselgruppen, welche zum Theil noch jetzt in ihrem Schooße eine Bevölkerung tragen, die auf der niedrigsten Stufe der Menschheit steht, [...] ist zugleich eine uralte und zu der glücklichsten Blüthe gediehene Bildung von Indien herüber einheimisch geworden. Die Malayischen Stämme haben sich dieselbe zum Theil in ihrer ganzen Fülle angeeignet. (Humboldt 1836, XIV)

Die Bedeutung von Vermischung ist hier komplex, wie die letzten Sätze in der Spannung zwischen *einheimisch* und *geworden* oder *uralt* und *angeeignet* sowie zwischen *Teil* und *Fülle* andeuten. Humboldt sieht in der teilweisen Offenheit der malayischen Völker für die implizit veredelnde Bildung der Sanskritsprache und in den Bräuchen der Sanskritsprachigen ein Zeugnis ihrer Erziehbarkeit. Und doch gibt es eine Grenze für diese Anpassungsfähigkeit. Selbst in diesem (aus seiner Perspektive) besten Fall der Verflechtung gilt für die Kawi-Sprache: „[W]ie viele Sanskritwörter es auch in sich aufnehmen möchte, [es hört] darum nicht

---

[251] Vgl. Grimm 1854–1971, [Art.] „Verzweigung", www.woerterbuchnetz.de/DWB/verzweigung, 30.09.2023.

auf[...], eine Malayische Sprache zu sein." (Humboldt 1836, LXIII) Die Sprache selbst bildet den nationalen Charakter und ist sein äußerer Ausdruck. Während der nationale Charakter Humboldt zufolge nicht angeboren ist, ist er nach dem Erwerb fast unveränderlich. Joseph Errington (2008, 65–69) hat die Auswirkungen von Humboldts Abhandlung auf die Politik des Kolonialismus verfolgt, die zunehmend die Überzeugung vertraten, dass – wie im früheren Fall der Javaner angesichts des angenommenen überlegenen Einflusses des Sanskrit –, die östlichen Untertanen Europas gegen dessen sogenannte zivilisatorische Mission resistent waren. Die Bevorzugung der Grammatik und die Reifizierung der Divergenz festigten somit die Rolle der Sprachwissenschaft als einer rigorosen Wissenschaft, deren analytische Strenge sie in der Nähe der Naturwissenschaften verortete, und steigerten ihr Ansehen, indem sie ihren politischen Nutzen verstärkten. Segregation als Methode und Ergebnis leistete der neuen Wissenschaft gute Dienste.[252]

1861 hielt Friedrich Max Müller seine *Vorlesungen über die Wissenschaft der Sprache* an der britischen Royal Institution. Max Müller[253] war der einflussreichste Sprachwissenschaftler des neunzehnten Jahrhunderts – des Jahrhunderts der Sprachwissenschaft als Leitdiziplin. Seine öffentlichen Vorträge wurden von Zehntausenden besucht (vgl. Arvidsson 2006, 31), und Oxford schuf nur für ihn einen Lehrstuhl für vergleichende Philologie (vgl. Masuzawa 2005, 212). Max Müller legt in seinen Vorlesungen nahe, dass Differenzierung eine notwendige Voraussetzung des naturwissenschaftlichen Objekts sei, das gesetzmäßig auf natürliche Weise wachse und sich nicht nach historischen Kontingenzen entwickle.

[W]enn wir sie nur recht genau definieren, [kann] sich [die Sprachwissenschaft] für vollkommen unabhängig von der Geschichte erklären [...]. Wenn wir von der Sprache Englands sprechen wollen, so müssen wir freilich etwas von der politischen Geschichte der britischen Inseln wissen, um den gegenwärtigen Zustand jener Sprache ganz zu begreifen. [...] Es lässt sich von der Sprache Englands behaupten, dass sie der Reihe nach Celtisch, Sächsisch, Normannisch und Englisch gewesen ist; wenn wir aber von der Geschichte der englischen Sprache reden, so betreten wir ein ganz und gar verschiedenes Gebiet. Die englische Sprache war nie Celtisch, das Celtische wurde nie Sächsisch, das Sächsische nie Normannisch und das Normannische ging nicht in das Englische über. [...] So lange, als eine Sprache von irgend Jemand gesprochen wird, lebt sie auch und hat ihre selbständige Existenz. [...] Ein Celte kann wohl zum Engländer werden, celtisches und englisches Blut kann sich vermischen [...]. *Aber Sprachen vermischen sich niemals.* [...] [N]icht ein einziger Tropfen fremden Blutes ist in das organische System der englischen Sprache eingedrungen. Die Grammatik, das Blut und die Seele der Sprache, ist in dem Englisch, wie es auf den britischen Inseln

---

252 Während sich die Sprachwissenschaft auf die Diversifizierung konzentrierte, schlossen die zu Familien gruppierten Sprachen auch die verschiedenen Sprechergruppen in Verwandtschaftskonstellationen zusammen. Darauf wird im nächsten Kapitel eingegangen.
253 Ich folge Friedrich Max Müllers Eigenbezeichnung seines Nachnamens als Max Müller.

gesprochen wird, noch eben so rein und unvermischt wie damals, als die Sprache noch an den Gestaden des germanischen Meeres von den Angeln, Sachsen und Jüten des Continents gesprochen wurde. (Müller 1863, 65–67)

Max Müller erfindet hier nichts Neues. Er wiederholt Friedrich Schlegels Loblied auf die vergleichende Grammatik zur Bestimmung der Abstammung, und seinen Ausschluss des entlehnten Vokabulars als Kriterium für die Klassifizierung. Er stützt sich auch auf Humboldts Kawi-Fall.[254] Schließlich aktualisiert er William Jones: Menschen könnten sich entscheiden, zusammenzufügen; die Natur teile.[255] Das Ergebnis ist ein zweites, fast menschliches Leben, das das erste überlagert. Die lebendige Sprache, ein Organismus mit Blut und Seele, hat gegenüber dem Menschen einen Vorteil, nämlich die Parthenogenese. Menschen mit ihren chaotischen Geschichten von Eroberung und sexuellem Begehren entziehen sich einer strengen Klassifizierung.

Selbst diejenigen, die organische Beschreibungen von Sprachen ablehnten, hielten sich im Allgemeinen an das Verbot der Vermischung von Sprachen. Der Amerikaner William Dwight Whitney, der in Deutschland bei Schleicher studierte, bestritt, dass Sprachen Organismen seien und sich nach Gesetzen verhielten, die der Menschheitsgeschichte gleichgültig seien. In seinem bahnbrechenden Beitrag ordnete Whitney Sprachen einer dritten Kategorie in der Menschheitsgeschichte zu, die außerhalb der Kontrolle einzelner Sprecher*innen liege und von

---

[254] Max Müller (1863, 64–65) beschreibt den Sprachwandel weder als Geschichte (die einen Willen erfordere) noch als organisches Wachstum, sondern als geologischen Wandel – es handele sich also eher um eine physische als eine biologische Wissenschaft, was auch auf grundlegende Meinungsverschiedenheiten zwischen Max Müller einerseits und Schlegel und Humboldt andererseits hinweist. Vgl. Masuzawas (2005, 218–227) hervorragende Auseinandersetzung mit diesem Themenkomplex, die diese Unterschiede überzeugend belegt. Andererseits hatte Max Müllers konsequente metaphorische Sprache von „Blut" und „Rasse" vorhersehbare Risiken, die er einzugehen bereit war, um sich ihrer rhetorischen Kraft zu bedienen.

[255] Stephen Alter (1999, 79–96) behauptet, dass sich Max Müller nach 1860 von einer Geschichte der genealogischen Verzweigung auf eine Geschichte der Vereinheitlichung zurückziehe, um mit der immer beliebter werdenden Analogie zwischen Sprachwissenschaft und Evolutionstheorie zu brechen, die Max Müller ablehnte. Alter missversteht jedoch Max Müllers Schriften über Dialekte, die in keiner Weise von der Vorstellung der Diversifizierung nach außen abweichen. Max Müller lehnt die Vorstellung ab, dass eine geschriebene, stabile Sprache die Mutter der sie umgebenden Dialekte sei, und behauptet vielmehr, dass jede Sprache ein Dialekt sei. Eine anerkannte oder geschriebene Sprache sei ein Dialekt, der von einer kulturellen oder politischen Entwicklung begünstigt worden sei. Max Müller wendet sich auch dagegen, dass es einen idealen Sprachtypus gegeben haben könnte. Eine Sprache sei in jedem historischen Moment, um eine Formulierung zu verwenden, vor der Max Müller zurückgeschreckt wäre, bereits eine Art und niemals eine Gattung. Max Müller bestreitet die Sprachmischung in der zitierten Passage, kurz nachdem er im selben Vortrag über Dialekte gesprochen hatte.

allen multigenerationalen kulturellen *Institutionen* geteilt werde. Sprachuntersuchungen seien daher keine Naturwissenschaft, schließt Whitney, sondern eine Sozialwissenschaft wie „das Studium der Zivilisation im Allgemeinen oder eines ihrer anderen Bestandteile, der Architektur, des Rechts, der Geschichte. Seine vielen auffälligen Analogien mit den Naturwissenschaften umfassen eine zentrale Vielfalt; seine wesentliche Methode ist historisch." (Whitney 1871, 51)[256] Diese Institutionalisierung der Sprache beeinflusste Ferdinand de Saussure und die Entwicklung des Strukturalismus enorm, obwohl der Strukturalismus von Whitneys Stoßrichtung abwich, indem er sich auf das Ahistorische, Synchronische in der Sprache konzentrierte (vgl. Benes 2008, 269–282).

Trotz seiner Meinungsverschiedenheiten mit Schleicher und Max Müller akzeptierte Whitney jedoch die Unidirektionalität der Sprachspaltung. Zur Möglichkeit der Vermischung äußert er sich mit einer ebenso vehementen Abscheu:

> Das grammatische System [...] widersteht am längsten und hartnäckigsten jeder Spur von Vermischung, dem Eindringen fremder Elemente und fremder Gewohnheiten. Wie viele französische Substantive und Verben auch in der englischen Sprache die volle Staatsbürgerschaft erhielten, sie alle mussten in dieser Hinsicht ihre frühere Nationalität aufgeben. [...] So etwas wie eine Sprache mit einem gemischten grammatischen Apparat ist den Schülern der Sprachwissenschaft nie bewusst geworden: Es wäre für sie eine Ungeheuerlichkeit; es scheint eine Unmöglichkeit. (Whitney 1973, 198–199)

Diese *Ungeheuerlichkeit* der Vermischung, die durch so wertbeladene Worte wie *Widerstand* und *Eindringen* gekennzeichnet ist, verdient es, weiter darüber nachzudenken. Whitney gewährt jeder Sprache eine nationale Souveränität, inklusive Anforderungen an die Staatsangehörigkeit und Grenzen. Über die Konstruktion der Nationen in Europa und den Vereinigten Staaten könnte viel gesagt werden, wenn man das organische Sprachverständnis mit dem Bürgerlichen vergleicht.[257] Aber

---

[256] Tristram Wolff (2016, 259) zeigt auf, dass Herder bereits begann, Sprache weder als willkürlich noch als deterministischen Grenzen unterworfen zu verstehen, sondern vielmehr als Gegenstand eines „verteilten Willens". Sarah Pourciau (2017, 71–79) weist nach, wie Ferdinand de Saussure an der Wende zum zwanzigsten Jahrhundert Whitneys Kollektivität der Sprache als soziales Phänomen in seine radikale Neuausrichtung der Sprachwissenschaft integrierte.

[257] Humboldt (1836, XVIII) nannte Sprache in seinem Kawi-Werk einen „innerlich zusammenhängenden Organismus", und Schlegel, Franz Bopp und Jacob Grimm verwendeten ebenfalls organische Begriffe, um Sprache zu beschreiben. Schleicher (1983, 9) nannte auch Wörter Organismen. Bis 1860 sprach er von den „Sprachen, diese[n] aus lautlichem Stoffe gebildeten höchsten aller Naturorganismen" (Schleicher 1860, 33). Vgl. Errington 2008, 70–92, zu einem Überblick über die Rhetorik des Organismus in Bezug auf Sprachen. Wenn Errington Schleichers Schritt als eine Verwörtlichung dessen interpretiert, was zuvor organische Metaphern gewesen seien, übersieht er jedoch die Begriffsgeschichte des Wortes *Organismus*, die vom „organisierten Sein" herrührt. Es wurde angenommen, dass Sprachen wie Lebewesen auf ähnlich ganzheitliche Weise organisiert

für Max Müller ebenso wie für Whitney sowie für die von ihnen vertretene sprachwissenschaftliche Disziplin spielte die Sprache die Rolle einer Wächterin, die Grenzen kontrollierte, indem sie Schwester von Schwester und Sprachfamilie von Sprachfamilie isolierte. In einer Welt unreiner „Rassen", ungeschützter Grenzen und epistemologischer Unsicherheit folgt die transzendent gedachte Sprache gelassen unveränderlichen Gesetzen und bewahrt die Integrität einer Klassifizierung, die auch eine menschliche Identität ist; sie ist der reine Archetyp eines „Volkes".

Epistemische Ungewissheit in der Evolution

Angesichts ihres Erfolgs ist es nicht verwunderlich, dass Darwin sich der Sprachwissenschaft zuwandte, um seine Behauptungen in *Der Ursprung der Arten* zu stärken und zu erklären. Er illustriert seine neue genealogische Struktur für die Biologie anhand zweier Analogien, Sprachwissenschaft und Stammbäumen, die es wert sind, ausführlicher zitiert zu werden:

> Es mag sich lohnen, diese Ansicht zur Klassifizierung auf der Ebene von Sprachen zu erläutern. Besäßen wir einen vollständigen Stammbaum der Menschheit, so würde eine genealogische Anordnung der Menschenrassen die beste Klassifizierung der diversen Sprachen bieten, die heute auf der ganzen Welt gesprochen werden, und schlösse man alle ausgestorbenen Sprachen und alle dazwischenliegenden, sich langsam verändernden Dialekte mit ein, dann wäre diese Anordnung die einzig mögliche. [...] Die zahlreichen Abstufungen der Unterschiede zwischen den Sprachen eines Stamms müssten durch Gruppen und Untergruppen dargestellt werden, doch die richtige oder gar einzig mögliche Anordnung wäre weiterhin die genealogische, was auch vollkommen natürlich ist, da sie alle Sprachen, die ausgestorbenen wie die aktuellen, verwandtschaftlich in engster Form miteinander verbindet sowie Herkunft und Ursprung einer jeden benennt. (Darwin 2018, 496)

Hier zeigt sich, wie Genealogie als kausal verknüpfte Abbildung aktueller und vergangener Beziehungen verstanden wird, und nicht als bloße Rückwärtsbewegung zu den Ursprüngen. Wenn sich die Evolutionstheorie hier auf das Prestige der Sprachwissenschaft stützt, naturalisiert sie zugleich die Entwicklung der Sprachen, um ihr Argument zu stärken. Weder folgt Darwin hier August Schleicher noch geht er ihm voraus, indem er Sprachen in Organismen verwandelt,

---

seien und wechselseitige Bindungen zwischen einzelnen Teilen sowie zwischen Teilen und dem Ganzen unterhielten. Daher treffe der Begriff Organismus auf beide gleichermaßen zu. Während dieses Wort die Lebewesen stark mit Sprachen verband, insofern sie gemeinsame Eigenschaften besäßen, bezeichnete es die Sprachen noch Mitte des Jahrhunderts nicht eindeutig als Lebewesen. Zu dem Zeitpunkt, an dem Schleicher das Wort verwendet, hat es jedoch diese Zweideutigkeit verloren, und er bezeichnet eine Sprache tatsächlich als ein Lebewesen.

sondern naturalisiert die Sprache, indem er die Geschichte der Sprachen als Zeichen der Geschichte der „Rasse" sieht. Auf diese Praxis werde ich im nächsten Kapitel zurückkommen. Darwins zweites Bild der „Gemeinsamkeit der Abstammung" [*community of descent*] (Darwin 2018, 590) domestiziert die Idee:

> Die Blutsverwandtschaft der zahlreichen Angehörigen einer alten Adelsfamilie aufzuzeigen, ist selbst mit Hilfe eines Stammbaums schwierig und ohne dieses Hilfsmittel nahezu unmöglich, und dies verdeutlicht uns, wie außerordentlich schwierig es für Naturforscher ist, ohne die Hilfe eines Schaubilds die diversen verwandtschaftlichen Beziehungen zwischen den vielen lebenden und ausgestorbenen Angehörigen einer großen natürlichen Klasse zu beschreiben. (Darwin 2018, 507)

In diesen beiden Passagen aus demselben Kapitel fällt auf, dass Darwin zwar jeweils die revolutionäre Idee festigt, dass die Klassifizierung von Arten als Familiengeschichte der Abstammung verstanden werden müsse, er aber nicht auf den offensichtlichen Unterschied zwischen Sprachfamilien und Menschenfamilien hinweist, auf den ich in diesem Kapitel immer wieder zurückkomme: Jede Geschichte, die menschliche Nachkommen betrifft, erfordert in jeder Generation auch Verbindungen zwischen Elternteilen. Joseph Errington (2008, 83) stellt fest, dass „Schleichers parthenogenetisches Bild der sprachlichen ‚Reproduktion'" „diesen grundlegenden Konzeptionsunterschied [zwischen biologischer Reproduktion und sprachlicher Weiterentwicklung] verwischt" und er somit Metaphern der sprachlichen Abstammung wörtlich nehmen kann.[258] Für Darwin ist Abstammung jedoch keine Metapher. Die Vereinigung in sexueller Arten wäre auf jedem Evolutionsbaum mit einer ausreichend feinen Skalierung sichtbar. Darwin glaubte im Gegensatz zu vielen seiner Zeitgenoss*innen auch, dass nicht nur Angehörige verschiedener Unterarten, sondern sogar gelegentlich einzelner Arten in der Lage seien, sich zu paaren und fruchtbare Nachkommen zu zeugen. Die fehlende Unschärfe an evolutionären Knoten und die fehlenden Spekulationen über Hybride als Antrieb der Artenbildung sind daher methodische Entscheidungen.

Um zu verstehen, warum Darwin die Verbindung aussparte und den Evolutionsbaum an das Sprachen- statt an das Familienmodell anpasst, müssen wir über die offensichtlichste Befürchtung hinausblicken, die Darwins Theorie in seinem Jahrhundert hervorrief – den Bruch mit einer biblischen Schöpfungsgeschichte –, und ein anderes Unbehagen ausfindig machen, das er auslöste, nämlich die Abkopplung der Arten aus der Ontologie. Darwin (2018, 566) wendet sich entschieden gegen die Idee von natürlichen Arten und stellt die schockierende Behauptung auf, dass Arten nichts anderes als epistemologische Konstrukte seien, „allein der Bequem-

---

[258] Vgl. auch Anm. 202.

lichkeit dienende künstliche Gruppierungen".²⁵⁹ Eloquent kommentiert Elizabeth Grosz (2011, 17) Darwins Eintauchen in eine Epistemologie der Abstufungen und Konventionen, „der Unterschiede ohne das zentrale Organisationsprinzip der Identität – kein Unterschied zwischen Dingen, kein Vergleich, sondern ein Unterschied, der sich differenziert, ohne klare oder trennbare Begriffe zu haben".²⁶⁰ Aber Darwin kannte seine Zeitgenoss*innen und wusste, dass diese Komplexität für seine Leser*innen „keine erfreuliche Aussicht" sein mochte (Darwin 2018, 566). Die Naturordnung wurde nicht nur als Beweis für eine geordnete Intelligenz oder eine göttliche Hand gesehen, die die Existenz des Menschen und des Universums selbst leitete. Sie bezeugte auch die Möglichkeit von Wissen und Sinn, von Klassifizierung und Bedeutung. Max Müller (1872, 145) warnte ausdrücklich:

> Ließe man diese unsinnige Abstufung [Darwins] durch eine Reihe organisierter Lebewesen zu, würde man nicht nur den Unterschied zwischen Affe und Mensch beseitigen, sondern auch den Unterschied zwischen Torf und Kohle, zwischen Schwarz und Weiß, zwischen Hoch und Niedrig – das würde die Möglichkeit allen definitiven Wissens beseitigen.²⁶¹

Angesichts dieser Befürchtung müssen wir das Bestreben der Evolutionstheorie verstehen, auf anhaltender Divergenz zu beharren: als eine der beiden Möglichkeiten, wie Darwin die wahrgenommene Bedrohung für die Epistemologie bekämpfte. Seine andere Strategie bestand darin, die von der Sprachwissenschaft verwendeten weiblichen Familienbeziehungen aufzugeben. Darwin bezieht sich nicht auf *Mutter-*, *Tochter-* und *Schwester*arten, sondern auf Elternarten und deren *Nachkommen*. Vielleicht fällt an dieser Stelle auf, dass ein Begriff fehlt – der zentrale Begriff der vorliegenden Studie. Keineswegs aber fehlt bei Darwin die Auseinandersetzung mit einer Geschwister-Logik. Im Gegenteil werden wir sehen, dass diese Auseinandersetzung seine Theorie durchdringt, selbst wenn er eine Geschwisterrhetorik vermeidet. Durch die Entscheidung für Geschlechterneutralität entfiel der schlichte Hinweis auf die Beziehung zwischen Nachkommen eines gemeinsamen Vorfahren – wie wir in der Einleitung gesehen haben, entstand das englische Wort *sibling* als geschlechtsneutrale Alternative für *Bruder* oder *Schwester* erst im zwanzigsten Jahrhundert. Na-

---

259 Darwin (2018, 361) stellt wiederholt fest, „daß Arten ursprünglich Varietäten waren"; vgl. auch Darwin 2018, 73, 355, 554.
260 Devin Griffiths (2016, 235) widmet sich Darwins „vergleichendem Verständnis der Vergangenheit", gerade weil es „die Komplexität und Unbestimmtheit früherer Ereignisse" rekonstruieren könne. Griffiths versteht den Vergleich in diesem Sinne als einen Prozess zur Bearbeitung von Analogien innerhalb sich ändernder historischer Kontexte, eine Fähigkeit, die Darwin mit der historischen Fiktion teilt, die einen Großteil seiner Lektüre ausmacht.
261 Max Müllers Wahl von Schwarz und Weiß überlagert rassistische mit epistemologischen Fragen.

türlich hätte auch Darwin ein neues Wort erfinden können, wie es Anthropolog*innen und Genetiker*innen im frühen zwanzigsten Jahrhundert taten, als sie *sibling* und *sib* einführten. Seine Entscheidung führte zu der umständlichen Formulierung *Nachkommen eines gemeinsamen Vorfahren*, was eine rhetorische Distanz zwischen Arten erzeugte, die so nahe beieinander lagen, dass die Grenzen zwischen ihnen oft zur Debatte standen. Indem Darwin die Beziehung unbenannt und durch einen Elternbegriff vermittlungsbedürftig machte, verstärkte er die Illusion eines epistemologisch beruhigenden Abstands zwischen Arten.[262]

Das im Begriff *Geschwisterarten* [*sibling species*] enthaltene Risiko wird durch die Verwendung von Ernst Mayr im Jahr 1940 bestätigt, einem der Chefarchitekten der modernen Synthese von Genetik und Evolutionstheorie. Mayr bezeichnete jene Unbestimmtheiten als Geschwisterarten, „wonach Paare oder größere Gruppen verwandter Arten einander so ähnlich sind, dass sie im Allgemeinen als eine Art angesehen werden oder zumindest in der Vergangenheit für eine lange Zeit miteinander verwechselt wurden". In seiner Auseinandersetzung spricht er weiter von „species difficulties" [Artenschwierigkeiten] oder „‚difficult' species" [schwierigen Arten] (Mayr 1940, 258, 259). Da das Wort *species* selbst gleichzeitig Singular und Plural ist, markiert der englische Begriff *sibling species* hier eine Unklarheit, wodurch die Klassifizierung gezwungen ist, die Unbestimmtheit der Individuation zu erkennen.

Darwin hatte sowohl eine theoretische als auch eine rhetorische Antwort auf das Problem der endgültigen Artenbildung. Wenn eine Untergruppe einer Art eine vorteilhafte Anpassung entwickelte, übertraf sie ihre Vorfahren im Wettkampf und führte tendenziell ihr Aussterben herbei. Die Elternarten hatten nur dann eine Chance, neben ihren innovativen Nachkommen zu überleben, wenn sich Letztere an eine andere Nische anpassten und es keinen direkten Wettkampf gab. In diesem Fall entwickelten sich beide Gruppen jedoch in der Regel von ihrem gemeinsamen Ausgangspunkt fort und wurden zu zwei verschiedenen Nachfahren eines gemeinsamen Vorfahren und nicht zu Eltern und Nachfahren. Aussterben und Nischenspezialisierung schufen Lücken, die groß genug waren, dass Menschen einzelne Arten unterscheiden konnten und kein Kontinuum wahrnahmen. Wie in der Literatur der Revolutionszeit und in Goethes *Iphigenie* wurde das Generationenverhältnis in Begriffen von Tod und Ersatz gedacht.

---

262 Darwin könnte noch zusätzliche Motive gehabt haben, um den Begriff *Schwesterart* zu scheuen. Die Evolution konzentrierte sich auf Fortpflanzung und existenziellen Wettbewerb, zwei Beschäftigungen, die die Viktorianer*innen nur ungern mit Schwestern in Verbindung gebracht hätten. Darüber hinaus erkannte Darwin die Möglichkeit einer Hybridisierung zwischen eng verwandten Arten an, die sich in Schwesterninzest niedergeschlagen hätte.

Nachdem sie sowohl von der Sprachwissenschaft als auch von der Evolutionstheorie übernommen worden war, geriet die ikonische, nach außen verzweigte Baumstruktur zu einem *Fetisch* der wissenschaftlichen Legitimität im Allgemeinen oder, in der passenderen Terminologie von Bruno Latour, zu einem *fait* [Fakt], der die produktive Praxis blockiert, indem er für sich selbst Transzendenz beansprucht.

Systeme von Verbindungen

In den 1870er Jahren wagte es Johannes Schmidt, ein Schüler Schleichers, die Unmöglichkeit der Sprachmischung zu bestreiten. Schmidt ließ eine tiefgreifende Durchmischung nicht nur zu, vielmehr sammelte er Beweise für deren notwendige Anerkennung. Er dokumentiert lexikalische und grammatikalische Ähnlichkeiten zwischen Sprachen, deren Abspaltung dem Anschein nach bereits länger her war, während Sprachen, die sich scheinbar in jüngerer Vergangenheit abgespalten haben, diese Ähnlichkeiten nicht aufweisen. Slawische Sprachen haben beispielsweise einige Ähnlichkeiten mit iranisch-indischen Sprachen (die Schleicher und Schmidt beide als „arisch" bezeichnen), die sie jedoch nicht mit germanischen Sprachen teilen, während Schleicher noch die Theorie aufstellte, dass sich das Slawisch-Germanische recht früh vom Iranisch-Indischen abgespalten habe. Unterdessen teilt das Griechische Merkmale mit dem Iranisch-Indischen, die es nicht mit dem Italo-Keltischen teilt, während Schleicher spekuliert, dass sich das Gräko-Italo-Keltische recht früh vom Iranisch-Indischen abgespalten habe. Wie sind solche Inkonsistenzen möglich? Ein Stammbaum, so Schmidt, der nur Abzweigungen zulasse, werde nie alle Sprachbeziehungen berücksichtigen, weil Dialekte weiterhin von benachbarten Verwandten beeinflusst würden (vgl. Schmidt 1972, 17); geografische Nähe erlaube Reintegration (vgl. Schmidt 1972, 15–16). Wie Darwins Arten sind Schmidts Sprachen epistemologische Konstrukte der Bequemlichkeit halber. Und Schmidts Darstellung sprachlicher Vielfalt lässt noch mehr Abstufungen zu als Darwins Theorie. „Überall sehen wir continuierliche übergänge aus einer sprache in die andere" (Schmidt 1972, 26). Auch zwischen Dialekten können feinere Varianten erkannt werden (vgl. Schmidt 1972, 28). Die Schaffung schärferer Grenzen zwischen gesprochenen Dialekten ist das Ergebnis einer politischen Version von Darwins Wettbewerb und Aussterben. Politische und ökonomische Machtungleichheiten führen dazu, dass die umliegende Bevölkerung einen dominanten Dialekt annimmt und eine größere Lücke zu den benachbarten Bevölkerungen hinterlässt. Schmidt ersetzt den Abstammungsbaum durch eine Wellentheorie des Einflusses (vgl. Schmidt 1972, 27–28). Seine Beispiele sind zudem nicht zufällig gewählt. Indem er Ähnlichkeiten zwischen dem Griechischen und Iranisch-Indischen einerseits und zwischen dem Slawischen und Iranisch-Indischen andererseits aufzeigt (vgl. Schmidt 1972, 19, 24), verwischt Schmidt die Grenzen zwischen Europa und Asien sowohl im Norden als auch im Süden. Auf diese Grenzen werde ich im nächsten Kapitel zurückkommen. Der wechselseitige Einfluss von Sprachen über die kontinentale Kluft hinweg untergräbt die Hoffnung einiger, dass Grenzen undurchdringlich und Arten durch einen natürlichen Prozess endgültig bestimmt würden. Sprachhybride beleuchten darüber hinaus die Bedeutung der Bezeichnung „Schwester", nicht nur als historisches Erbe, sondern in den Fällen der engsten Verbindung auch noch als Hinweis auf ineinander verschlungene Einheiten, die weiterhin miteinander verbunden sind und in denen die Wirksamkeit einer Geschwister-Logik sichtbar wird.

Wie wir gesehen haben, erkannten Darwin und Schmidt beide die Grenze zwischen benachbarten Begriffen – zwischen Schwesterdialekten, Schwestersprachen und Arten, die Nachfahren eines gemeinsamen Vorfahren sind – als durchlässig an. Kehren wir kurz zu einer Figur zurück, die aus dem vorherigen Kapitel bekannt ist, Goethes Harfner aus *Wilhelm Meisters Lehrjahre*, der sich in seine Schwester Sperata verliebte und mit ihr ein Kind hatte. Wie das Lateinische und Griechische oder das Slawische und Germanische wachsen Goethes Harfner Augustin und seine geliebte Schwester – in der Ausdrucksweise des Harfners selbst – als zwei (Lilien-)Blüten „auf *einem* Stengel" (Goethe 2002b, 584). Augustinus und Sperata sehen sich jedoch nicht als zwei Zweige an einem breiten, buschigen Verwandtschaftsbaum, sondern als ein sich selbst vervollständigendes Paar, das von der weiten Welt abgesondert ist. Fünfundsiebzig Jahre später, im Jahr 1869, schrieb George Eliot in einem Gedicht mit dem Titel „Brother and Sister" von zwei Geschwistern als „zwei Leben, die wie zwei Knospen wuchsen, die sich küssen / Beim leichtesten Kitzel durch der Biene schwingendes Glockenspiel, / Weil die eine so nah dem anderen ist" (Eliot 2005, 5).[263] Eliots Gedicht wurde fast einhellig als autobiografische Reminiszenz an ihre enge kindliche Beziehung zu ihrem Bruder Isaac Evans gelesen, von dem sie sich als Erwachsene entfremdete.[264] Die autobiografische Analyse überschattet dabei bedauerlicherweise die Erforschung der prägenden Natur der Geschwisterbeziehung in Bezug auf Sprache, Emotion und Subjektivität.[265]

---

[263] Eliot las Darwins *Ursprung der Arten* gleich bei Erscheinen, und die Auswirkungen auf ihr Werk untersuchten Beer 1983, Corbett 2008, 115–144, und Paxton 1991. Sie war auch eine eifrige Goethe-Leserin und rezensierte 1855 *Wilhelm Meisters Lehrjahre*. Die Erwähnung der Biene verweist hier spielerisch fast auf die Gefahr des Inzests, vor dem die Pflanzen weitgehend geschützt sind, wie die Forschungen von Sprengel und Darwin ergeben hatten.
[264] Isaac Evans brach jeglichen Kontakt mit Eliot ab, nachdem sie begonnen hatte, offen mit dem verheirateten George H. Lewes zusammenzuleben, und nahm ihn erst wieder auf, als Eliot nach Lewes Tod John Cross heiratete.
[265] Eine Ausnahme ist Margaret Homans (1981, 240), die über den grob autobiografischen Import hinausschaut und eine textimmanente Interpretation vornimmt, wonach die „Transforma-

Statt als Nachfahren ein Kind hervorzubringen, das wie Augustins und Speratas Mignon keine kohärente oder zusammenhängende Sprache sprechen kann, lehren Eliots Bruder und Schwester einander, durch Liebe zu sprechen und durch Sprache zu lieben, in einer Weise, die ihnen die Welt öffnet und sowohl andere Liebe als auch andere sprachliche Ambitionen ermöglicht. Die Geschwister-Figur wird hier zu einem affektiv engagierten epistemologischen Vehikel. Wie in Percy Shelleys „Laon and Cythna" erscheint eine Mutter kurz und wohlwollend als Ausgangspunkt, doch sind es die Geschwister, die einander als Ursprung der Bedeutung für die Objekte und Worte der Welt, für ihr eigenes Tun und für alle zukünftigen Beziehungen dienen. Wie Herders „primitive Menschen", deren Sprache Leidenschaft und Handeln verbindet, hier allerdings direkt an Geschwister gerichtet, heißt es, dass Bruder und Schwester

> so streifend [...] in tiefsten Weisheiten geschult wurden,
> Und die Bedeutungen lernten, die Wörtern eine Seele verliehen,
> Die Angst, die Liebe, der ursprüngliche Vorrat an Leidenschaften,
> Dessen formgebende Impulse das Menschsein erfüllen.
> (Eliot 2005, 7)

Diese Urgeschichte könnte genau auf Herders phylogenetische Sprachentwicklung zutreffen. Von diesem Ausgangspunkt aus bewegen sich die Kinder in einer Welt, die „mit Leben, das mir unbekannt ist", gefüllt ist (Eliot 2005, 6). Ihre Landschaft setzt sich aus Pflanzen und Tieren, topografischen Merkmalen und menschlichen Artefakten zusammen, die keine differenzierte Existenz erreicht haben und „nichts sind als mein wachsendes Selbst, ein Teil von mir" (Eliot 2005, 8). In diesem breiten Spielraum des wahrgenommenen Selbst stellt die Position der Geschwister eine einzigartige Referenz dar und bildet die Grundlage für „Die Erweiterung seines Lebens mit einem getrennten Leben / Ein ungleiches Gleiches, ein Selbst, das Selbst bändigt" (Eliot 2005, 10). Wie kommt es, dass das Geschwisterteil ein „Selbst" ist, das „Selbst" bändigt und auch, anders als der Rest der Welt, ein „getrenntes Leben"? Eliots Erzählinstanz könnte sich auf die im Gedicht erläuterten konkreten Vorgänge beziehen, nach denen Unterschied Anpassung erfordert, und die Anpassung an einen anderen zu sorgsamem Bändigen des eigenen Verhaltens führen. Eine solche Interpretation würde uns zu Adam Smiths Ansicht der Geschwister und der Sympathie zurückbringen, die im vorherigen Kapitel thematisiert wurde.

---

tion der Wahrnehmung in Liebe die Transformation der Wahrnehmung in die wordsworthsche, visionäre Fantasie" verhindere und damit ausschließe, das eine Schwester, die zu sehr an der „Brudersprache" hänge, jemals Dichterin werden könne. Ich behaupte hier im Gegenteil, dass eine solche Interaktion von Geschwistern im Gedicht die sprachliche Kreativität auf beiden Seiten fördert.

Meines Erachtens ist es stimmiger, dass die Anerkennung eines „ungleichen Gleichen" das Konzept einer isolierten Selbstheit bändigt oder einschränkt. Wie Schmidts Sprachen und – das hebt Eliots Lebensgefährte Lewes hervor – Darwins Arten sei das Selbst keine geschlossene ontologische Einheit, sondern ein komplexer Zusammenhang, der gemeinsame Elemente und verschwommene Grenzen zulasse.[266] Die Geschwister-Logik bindet hier nicht nur das Leben an das Leben, sondern ermöglicht auch die Trennung des Lebens vom Leben als Form der Unterscheidung und der Perspektive.

Das Gedicht verläuft von der Nähe zur Distanz in der Geschwisterbindung. In Anlehnung an Natalies Beschreibung ihrer Beziehung zu ihrem Bruder Lothario in einem Zitat aus *Wilhelm Meister*, der im vorherigen Kapitel untersucht wurde, erinnert sich die Erzählinstanz hier: „Sein Kummer war mein Kummer, und seine Freuden / lösten in meinem Leib ein Hüpfen und ein Lachen aus" (Eliot 2005, 10). Zwei Zeilen zuvor spekuliert sie jedoch über die Gegenwart: „Seine Jahre mit anderen müssen umso süßer sein / Ob der kurzen Tage, die er in Liebe zu mir zugebracht" (Eliot 2005, 10). Der Bruder, den die Schwester-Erzählerin aus dieser erwachsenen Perspektive betrachtet, ist nicht nur emotional undurchdringlich, sondern offensichtlich auch im Raum und für die Kommunikation unzugänglich. Und doch kann die Wechselwirkung zwischen Bruder und Schwester nicht als Übergang von der ursprünglichen Einheit zur Individuation aufgefasst werden; vielmehr werden die beiden Kinder durch und in ihren wechselseitigen Erlebnissen zu Ähnlichen, weder ganz voneinander getrennt noch ganz miteinander verbunden. Auf diese Weise ähneln sie Schmidts verwandten sprachlichen Praktiken, die sich gegenseitig verändern, solange sie einander nah sind und kommunizierbar bleiben, deren gegenseitige Beeinflussung sprachlich fest integriert bleibt. Wie Schmidts Entitäten, die sich der ontologischen sprachlichen Definition widersetzen, werden sie nur in einem Prozess der Annäherung zum Selbst.

---

[266] In seinen „Studies in Animal Life" (1860), geschrieben infolge von Darwins *Ursprung der Arten*, beginnt Lewes eine ausführliche Auseinandersetzung mit der „extremen Unbestimmtheit" des Konzepts „Art" (Lewes 1860, 442–447) und gelangt zu dem Schluss, dass „das Ding Art nicht existiert" (Lewes 1860, 443). Er vergleicht die Evolution mit der Sprachwissenschaft (Lewes 1860, 445–447) und nennt die „anatomische Untersuchung der inneren Struktur von Tieren" eine „Lektüre seines Inhalts" (Lewes 1860, 439). Damit erweitert er die Analogie zwischen der Klassifizierung von Organismen und der von Büchern. Wahrscheinlich hat Lewes Melvilles *Moby Dick* (1851) gelesen, in dem der Erzähler augenzwinkernd die Wale nach Foliantengrößen klassifiziert; Lewes verwendet Wale als sein Beispiel.

Indem sie Elemente voneinander in sich behalten, sind sie synekdochisch miteinander verflochten.

Ironischerweise werden die Geschwister im Gedicht durch die männliche Erziehung getrennt, die die Jungen aus ihren Familien löste, um ihnen paradigmatisch die Sprachdisziplinen Latein und Griechisch zu vermitteln.

> Die Schule trennte uns; wir fanden nie wieder
> Die kindliche Welt, in der sich unsere beiden Geister vermischt
> Wie Düfte von verschiedenen Rosen, die hinterlassen
> Eine Zartheit, die niemals mehr ausgesondert werden kann.
> Doch die Zwillingsgewohnheit dieser frühen Zeit
> Verweilte lange auf Herz und Zunge:
> Wir waren Eingeborene eines glücklichen Klimas
> Und sein lieber Ton haftete sich an unser Sprechen.
> (Eliot 2005, 11)

Wie zu Beginn des Kapitels erwähnt, war die ursprüngliche lateinische Bedeutung der *Muttersprache* abwertend, da sie eine weibliche häusliche Sprache von einer männlichen Bildungssprache unterschied. Während sich die Bewertung der *Muttersprache* änderte, als die häusliche Umgangssprache zu einem gefeierten Zeichen der Nation wurde, können wir feststellen, dass Lateinkenntnisse als geschlechtsspezifisches Privileg, das die Geschlechter trennte, nie verschwanden. Der Erwerb gelehrter Sprachen durch den Bruder beendet die gemeinsame Teilhabe an einer gemeinsamen ‚Heimatsprache', die hier nur als Geschwister- und nicht als Muttersprache bezeichnet werden kann.

Schwesterdisziplinen

Als Schleicher und Max Müller in den 1860er und frühen 1870er Jahren den Höhepunkt einer vergleichenden und genealogischen Methodik in der Sprachwissenschaft als Kennzeichen einer erfolgreichen Wissenschaft erreichten, studierte Friedrich Nietzsche zunächst Klassische Philologie an den Universitäten Bonn und Leipzig und erhielt 1869 im ungewöhnlichen Alter von vierundzwanzig einen Ruf an die Universität Basel, um dort als Professor für klassische Philologie tätig zu werden.[267] Erst zu Nietzsches Zeiten spaltete sich die Disziplin der Philologie auf:

---

267 Nietzsches Verbindung von Philologie und Philosophie wurde ein Jahrhundert lang vernachlässigt, bis sich die Wissenschaft in den späten 1980er Jahren mit dem Thema zu befassen begann. Porter (2000) Benne (2005) und Dehrmann (2015, 425–497) erweisen sich für dieses Thema als nützlich, doch hat das Gebiet nicht so viel kritische Aufmerksamkeit erhalten, wie es verdient (vgl. die ausgezeichneten, wenn auch gegensätzlichen Artikel von Schrift 1988 und Jensen 2013).

Der eine Zweig, weiterhin unter dem Namen Philologie, betraf in erster Linie das Studium der Kultur-, Literatur- und Textgeschichte einer einzigen Sprache sowie die Analyse ihrer Entwicklung. Der zweite Zweig, unter der neuen Bezeichnung Linguistik, die allerdings austauschbar mit Sprachwissenschaft war, umfasste im Allgemeinen das Studium der Entwicklung von Sprachen, als etwas, was sich zeitlich entfaltete, dessen historische und somit menschliche Qualitäten jedoch geleugnet wurden.[268] Sprachwissenschaftler neigten seinerzeit dazu, ihr Fachgebiet den Naturwissenschaften zuzuschreiben. Diese Trennung zwischen eine historisch-verstandenen Philologie und einer naturwissenschaftlich-verstandenen Sprachwissenschaft oder Linguistik, die aus einer ursprünglich umfassenderen Philologie hervorging, war neu und umstritten genug, dass Nietzsche in seinen zu Lebzeiten unveröffentlichten „Unzeitgemäßen Betrachtungen" von 1875 unter der Überschrift „Wir Philologen" kommentierte, dass „die Sprachwissenschaft die grösste Diversion, ja Fahnenflucht unter den Philologen selbst hervorgebracht" habe (KGA, Bd. 4.1, 91). Nietzsche hatte wohl durch seinen Doktorvater Friedrich Ritschl, den wir bereits wegen seiner Entwicklung der vergleichenden Methodik und der Aufstellung von Stemmata für Manuskripte kennengelernt haben und der auch der Doktorvater von August Schleicher war, aus erster Hand Beweise für diese Fahnenflucht erhalten.[269] Die Existenz anhaltender methodologischer Verbindungen zwischen Philologie und Sprachwissenschaft lassen sich aus Nietzsches Antrittsvortrag bei seiner Berufung auf die Professur in Basel, „Homer und die klassische Philologie", ableiten, wo er die Präsenz sowohl des „Historikers" als auch des „Naturforschers" in der Philologie feststellt, die beide vergleichend an morphologischen Regeln der Sprachentwicklung arbeiteten (KGA, Bd. 2.1, 252).

Michel Foucault (2014, 170) beschrieb bekanntermaßen, inwiefern Nietzsches „Genealogie [...] [sich] niemals auf die Suche nach [dem] ‚Ursprung'" machen könne. Foucault fand bei Nietzsche die Ablehnung eines metaphysisch absoluten *Ursprungs* zugunsten einer *Herkunft* oder *Entstehung*. Eine solche Genealogie ist in genau dem Sinne historisch, wie sie Max Müller so vehement ablehnt, indem sie sich für Kontingenz, Diskontinuität und Umkehrung öffnet. Aber die Disziplin,

---

Richard Grays (2009) Überlegungen zu Ähnlichkeiten zwischen Schlegel und Nietzsche bei den Zielen der Philologie sind aufschlussreich, aber unvollständig, da sie die Teile der Philologie nicht behandeln, die zur Sprachwissenschaft wurden. Nur Benne setzt sich mit den Zusammenhängen zwischen Altphilologie und Linguistik in Hinblick auf Nietzsche auseinander.
268 Die Geschichte der Philologie zieht ein wachsendes Interesse auf sich; vgl. zuletzt Turner 2015; Harpham 2009 und die Aufsätze in Gurd 2010 sowie Pollock, Elman und Chang 2015.
269 Mit Ritschl als ihrem gemeinsamen Doktorvater waren Nietzsche und August Schleicher akademische Brüder. Zu Ritschls Einfluss auf Nietzsche vgl. Benne 2005. Zu Ritschls Einfluss auf Schleicher vgl. Hoenigswald 1963; Timpanaro 2005. Schleicher gehörte zu seinen ersten und Nietzsche zu seinen letzten Schülern.

in der Nietzsche wirkte, war nicht so einheitlich, wie Foucaults Beschreibung seiner Rebellion andeuten mag. Sicherlich war man im neunzehnten Jahrhundert, wie in diesem Kapitel zu sehen ist, von der Suche nach den Ursprüngen besessen. Als Nietzsche jedoch schrieb, war diese Besessenheit bereits abgeschwächt, weil ihr Ziel als illusorisch erkannt wurde, als ein bloß hypothetischer Hintergrund für eine praktischere Wissensbildung.[270] Es sei daran erinnert, dass die Société linguistique de Paris formell unter dem Verbot der Erforschung des Sprachursprungs gegründet wurde. Monogenetiker*innen und Polygenetiker*innen waren sich darin einig, dass die vorliegenden Beweise keine Verringerung der Anzahl der Sprachfamilien unter eine umstrittene Mindestzahl nahelegten. Selbst Darwin sprach sich trotz des Titels seines Grundlagenwerks dagegen aus, endgültige Schlussfolgerungen über den Ursprung der Arten zu ziehen, und behauptete zögerlich – oder vielleicht nur aus Vorsicht:

> Ich glaube, dass Tiere von höchstens vier oder fünf Vorläufern abstammen und Pflanzen von ebenso vielen oder noch weniger. Die Analogie würde mich noch einen Schritt weiter zu der Annahme führen, dass alle Tiere und Pflanzen von nur einer Urform abstammen. Doch die Analogie kann eine trügerische Führerin sein. (Darwin 2018, 564)

Zu Recht weist Foucault somit auf Nietzsches Weigerung hin, einer einzigen originären Form endgültige Bedeutung zu verleihen, aber dies ist weder Nietzsches originellster noch sein bedeutendster Beitrag zu den genealogischen Methoden seiner Zeit. Diese Leistung liegt vielmehr in seiner Verwandlung der philologischen Methode in eine genealogische Form der Kulturkritik.

In *Zur Genealogie der Moral* verdeutlicht Nietzsche die Ideengeschichte, auf der er aufbaut, indem er in der Vorrede eine kurze Genealogie seines eigenen Denkens bietet. Nietzsche führt den anfänglichen Impuls, den Ursprung von Gut und Böse zu erforschen, nicht auf seine „historische und philologische Schulung" zurück (KGA, Bd. 6.2, 261). Was er jedoch auf diese Schulung zurückführt, ist das Verständnis dieser Untersuchung als eine Frage der menschlichen *Erfindung* von Werten sowie seine Hinwendung zu der Frage, die er für etwas „viel Wichtigeres" hält „als eignes oder fremdes Hypothesenwesen über den Ursprung der Moral (oder, genauer: letzteres allein um eines Zweckes willen, zu dem es eins unter vielen Mitteln ist). Es handelte sich für mich um den *Werth* der Moral" (KGA, Bd. 6.2, 263). Nietzsche entwickelt seine Methodik wenig überraschend unter dem Einfluss derjenigen, die er am gründlichsten kritisiert, um seine Innovationen hervorzuheben: der britischen Psychologen wie Hume, die sich auf die Suche nach

---

270 William Jones behauptete bei der Begründung der modernen vergleichenden Philologie sogar die Unmöglichkeit, eine Ursprache zu finden (vgl. Ahmed 2018, 31).

der *Erfindung* der Moral begaben, der Philologen, die die Analyse von Etymologien und Bedeutungsverschiebungen einführten, und der Evolutionstheoretiker, die das Verhalten mit der Vitalität einer Art in Verbindung brachten. Alle drei Gruppen betreiben vergleichende Genealogie.[271] Wenn Nietzsche die Philosophen bittet, sich an die Sprachwissenschaftler zu wenden, um produktive Methoden zu erlernen, erwartet er, dass sie *Evolution* vorfinden: „Welche Fingerzeige giebt die Sprachwissenschaft, insbesondere die etymologische Forschung, für die Entwicklungsgeschichte der moralischen Begriffe ab?" (KGA, Bd. 6.2, 303) Nicht nur Organismen und Sprachen, sondern auch Konzepte durchliefen „eine lange Geschichte und Form-Verwandlung" (KGA, Bd. 6.2, 310). Nietzsche kritisiert jedoch auch die Evolutionstheorie und die Sprachwissenschaft stark und geißelt diese Wissenschaften dafür, dass sie das Perspektivische, das Subjektive und das Historische leugnen.

> Die demokratische Idiosynkrasie gegen Alles, was herrscht und herrschen will, [...] hat sich allmählich dermaassen in's Geistige, Geistigste umgesetzt und verkleidet, dass er heute Schritt für Schritt bereits in die strengsten, anscheinend objektivsten Wissenschaften eindringt, eindringen darf; ja er scheint mir schon über die ganze Physiologie und Lehre vom Leben Herr geworden zu sein, zu ihrem Schaden, wie sich von selbst versteht, indem er ihr einen Grundbegriff, den der eigentlichen Aktivität, eskamotirt hat. Man stellt dagegen unter dem Druck jener Idiosynkrasie die „Anpassung" in den Vordergrund, das heisst eine Aktivität zweiten Ranges, eine blosse Reaktivität, ja man hat das Leben selbst als eine immer zweckmässigere innere Anpassung an äussere Umstände definirt (Herbert Spencer).
>
> Damit ist aber das Wesen des Lebens verkannt, sein *Wille zur Macht*; damit ist der principielle Vorrang übersehn, den die spontanen, angreifenden, übergreifenden, neuauslegenden, neu-richtenden und gestaltenden Kräfte haben [...]. (KGA, Bd. 6.2, 331–332)

Wie Roberto Esposito (2008, 82–93) erläutert, wehrt sich Nietzsche mit seiner Opposition zu Darwin eher gegen die Idee eines generationenüberbrückenden Wandels als einer defensiven Form des Selbstschutzes, wohingegen er von einer kraftvollen Vitalität ausgeht. Wir haben in diesem Kapitel den Verlust eines für Herder, Lessing und Goethe so zentralen menschlichen Tuns aus den genealogischen Disziplinen der Sprachwissenschaft und Evolution verfolgt. Nietzsche bringt uns dorthin zurück, aber mit einem Unterschied. Es mag so scheinen, dass Nietzsche, indem er dem Willen zur Macht eine Rolle bei der Transformation der Physiologie zuschreibt, Organismen oder die Natur anthropomorphisiert.[272] Jedoch entfernte er ganz spekta-

---

271 Vgl. Blondel 1994.
272 Dirk Johnson hat Nietzsches Reaktion gegen den spencerschen Sozialdarwinismus analysiert, den Nietzsche und Zeitgenoss*innen mit Darwin verbanden. Während Johnson sich in seiner Auseinandersetzung mit der Evolution auf die menschliche Kultur konzentriert, bietet John Richardson (2004) nicht nur eine nuanciertere Interpretation von Nietzsches Gedanken zum Sozi-

kulär die Absicht aus dem *menschlichen* Denken und postulierte ein spontanes Tun mit erst nachfolgenden Selbstrechtfertigungen. Der Prozess, den Nietzsche skizziert und den er beharrlich als historisch bezeichnet (mit den beiden Begriffen *Geschichte* und *historisch/Historie*), gilt für „irgend welche[s] physiologische[...] Organ (oder auch eine[...] Rechts-Institution, eine[...] gesellschaftliche[...] Sitte, eine[...] politischen Brauch[...], eine[...] Form in den Künsten oder im religiösen Cultus)", während der Wille zur Macht „ein Neu-Interpretieren, ein Zurechtmachen" beinhaltet (KGA, Bd. 6.2, 330). Mit anderen Worten handelt es sich – egal ob bei einem nichtmenschlichen Organismus, innerhalb eines Organismus oder ob bei Menschen – eher um eine Praxis als um eine Absicht.

Auch wenn Nietzsche trotz seiner Innovationen immer noch im Rahmen der prominentesten Methodik seines Jahrhunderts arbeitet, gibt es einen bemerkenswerten Unterschied zwischen seiner Genealogie und den von uns untersuchten. Nietzsches Geschichte der Moral weist keine Anzeichen einer Verzweigung auf. Nach einem Jahrhundert der Abbildung komplexer Verwandtschaftsbeziehungen zwischen den Menschen und ihren kulturellen Erzeugnissen wendet sich Nietzsche von der Geschwister-Logik ab, das erste Zeichen einer abnehmenden Bedeutung, die in Sigmund Freuds Beschränkung der wesentlichen Familie auf eine reduzierte Triade gipfeln wird. Bevor wir Freuds Motivationen verstehen können, müssen wir die genealogischen Disziplinen aus einer anderen Perspektive betrachten und uns im nächsten Kapitel nicht der Sprache und Evolution, sondern der Religion und der Entwicklung eine „Rassen"-Begriffs widmen.

---

aldarwinismus, sondern nimmt auch Nietzsches Kritik an der darwinistischen Evolution in Organismen im Allgemeinen ernst.

5 Der Osten kehrt heim: „Rasse" und Religion

Das vorherige Kapitel untersuchte die Struktur zweier Disziplinen, die im neunzehnten Jahrhundert ähnliche Methodiken entwickelten: Sprachwissenschaft und Evolutionstheorie. Man könnte versucht sein, die beiden Felder nach dem Mechanismus der jeweiligen Vererbung zu unterscheiden: einem kulturellen im Falle der Sprache und einem biologischen im Falle der Arten. Im langen neunzehnten Jahrhundert war diese Perspektive jedoch stark umstritten. Sprachwissenschaft und Biologie stuften sich jeweils als Naturwissenschaften ein und verbanden kulturelles Erbe mit biologischer Abstammung. Wenn der Ethnologe James Cowles Prichard 1857 dafür plädierte, dass „der Gebrauch von wirklich verwandten Sprachen einen Beweis oder zumindest eine starke Vermutung für Rassenverwandtschaft darstellen muss" (Prichard 1996, 9), so bestand Darwin (2018, 496), wie in Kapitel 4 nachzulesen ist, 1859 noch mehr darauf, dass „eine genealogische Anordnung der Menschenrassen die beste Klassifizierung der diversen Sprachen bieten [würde], die heute auf der ganzen Welt gesprochen werden". Das Zusammenspiel des Physischen und des Geistigen, das das menschliche Tier einzigartig machte, war bereits im achtzehnten Jahrhundert der zentrale Schwerpunkt der sogenannten *Anthropologie* gewesen (vgl. Minter 2002, 1–8; Nowitzki 2003). Um 1800 war die Erforschung der Menschheit nicht mehr das Studium eines einheitlichen Objekts, des „Menschen", sondern eine Erforschung der Vielfalt, der Völker. Rückblickend auf das neunzehnte Jahrhundert ist es üblich geworden, Ethnologie oder *Völkerkunde* positiv mit der problematischeren Rassentheorie oder physischen Anthropologie zu vergleichen. Wie die Zitate jedoch zeigen, waren absolute Grenzen zwischen diesen Ansätzen illusorisch. Wie die Ethnologie versuchte, die Abstammung aus der Kultur herzuleiten, versuchte die Rassentheorie, die Kultur aus der Abstammung herzuleiten, wobei sich die genaue Ätiologie für materielle und immaterielle Merkmale je nach den individuellen Forschenden unterschied. Wenn jede dieser Disziplinen von der genealogischen Methode mitgerissen wurde, die die Epistemologie des neunzehnten Jahrhunderts kennzeichnete, wurde es immer deutlicher, dass die daraus resultierenden Genealogien menschlicher Gruppen nicht über die Studienobjekte hinweg übereinstimmten. Ende des neunzehnten Jahrhunderts erklärte der Philologe Ernest Renan (1993, 304): „Die Grenzen der indo-europäischen, der semitischen und der anderen Sprachen, die mit so bewundernswertem Scharfsinn von der vergleichenden Philologie festgelegt worden sind, decken sich nicht mit den Einteilungen der Anthropologie." Nicht nur deckte sich die Sprache nicht mit der „Rasse", sie deckte sich auch nicht mit der Religion.

Während Rassentheorie und Ethnologie jeweils die vergleichende Methode einsetzten, erwies sich das in Kapitel 4 thematisierte Modell der Diversifizierung und

Verzweigung der Genealogie als unzureichend für diejenigen Beobachtungen und Ängste, mit denen Genealog*innen von „Rasse" und Religion konfrontiert waren. Die Überwachung der Grenzen der Verwandtschaft erforderte zwei verschiedene Maßnahmen: die Festlegung einer geeigneten Abstammungslinie und die Verwaltung von Vermischungen. Die Sprachwissenschaft und die Evolutionstheorie hatten Ersteres in Debatten über Monogenese oder Polygenese angesprochen und Letzteres durch den Ausschluss von Verbindungen aus ihren Entwicklungssystemen. Die sexuelle Vermischung rassifizierter Bevölkerungsgruppen hingegen war ein allgegenwärtiges Ergebnis von Kolonialismus und Sklaverei, das die Europäer*innen nicht übersehen konnten. Außerdem sahen die Europäer*innen die religiöse Bekehrung als wünschenswertes Ergebnis des Kulturkontakts an – solange eine solche Bekehrung in die „richtige" Richtung erfolgte. Für Europa war das prägende Ereignis der eigenen Geschichte eine Massenbekehrung vom Heidentum zum Christentum. Vermischungen und Sprünge waren daher für diese Disziplinen von zentraler Bedeutung. Darüber hinaus wurde nicht nur durch die Abstammung von einem gemeinsamen Vorfahren, sondern auch durch Vermischung Geschwisterschaften begründet. Wie in Kapitel 3 gezeigt wurde, galten Schwägerinnen und Schwager im neunzehnten Jahrhundert als Geschwister, und die Vermischungen, zu der es bei der Zeugung von Kindern kam, verband die beiden beteiligten Familien auch ohne Ehe. Im größeren Maßstab wurde die allgegenwärtige sexuelle Vermischung schließlich zur gemeinsamen Abstammung einer Bevölkerung. Verwandtschaft auf der Ebene von „Rasse" und Religion wurde daher als etwas anerkannt, was sowohl erzeugt als auch zurückverfolgt werden konnte. Die Grenzziehung für „Rasse", Volk und Religion war nie eine einfache binäre Angelegenheit, um sich von einem eindeutigen Anderen zu unterscheiden, am wenigsten, wenn es von einer Gruppe von Fachleuten so gesetzt wurde. Es mag zwar so aussehen, als bildeten Genealogien familiäre Zugehörigkeiten und Verwandtschaftsverhältnisse ab, doch das Gegenteil ist der Fall: Erwünschte Systeme von Verwandtschaft und Zugehörigkeit bringen Genealogien hervor. In den Fällen von Religion und „Rasse" wurde die Möglichkeit, Zweige des Stammbaums zu verbinden oder von einem Ast zum anderen zu springen, als Bedrohung und damit als Anlass für Grenzziehungen erlebt, die das Gegebene absichern sollten.

In diesem Kapitel wird die genealogische Rassentheorie analysiert, die sich neben, im Wettstreit und auch im ständigen Austausch mit genealogischen Religions- und Sprachethnologien entwickelte. Wir werden die Konstellationen der Befürchtungen rund um die Verwandtschaftsverhältnisse der Völker im neunzehnten Jahrhundert sowohl im Sinne der Abstammung als auch der Vermischung erforschen und auch ihre fiktionale Verarbeitung analysieren. Um 1800 erforschte die Literatur die europäische Identität entlang ihrer lange umkämpften muslimisch-christlichen Grenzgebiete anhand der uns inzwischen vertrauten Geschwisterbeziehung. Während der sogenannten orientalischen Renaissance richtete sich die Aufmerksamkeit auf Südostasien, doch die britische Teilnahme an diesen romantisierenden Tendenzen war von kurzer Dauer, da muslimische, hinduistische und buddhistische Bevölkerungsgruppen zunehmend zu Objekten kolonialer Machtdynamiken wurden. Die damit einhergehenden Wissensformationen verlagerten sich in einer Weise, die seit dem Grundlagenwerk von Edward Said untersucht wird. In Deutschland hingegen haftete Indien und insbesondere dem Buddhismus im Laufe des neunzehnten Jahrhunderts weiterhin eine Art romantisierter Exotismus an. Die Rassen- und Religionstheorie ersetzte bald die Muslim*innen an der geografischen Peripherie durch eine neue primäre Grenzfigur, die der Heimat näher war, nämlich die der innerhalb der nationalen Grenzen lebenden Juden*Jüdinnen. Es würde den Rahmen eines einzigen Kapitels sprengen, eine vollständige Geschichte all dieser Bereiche hier liefern zu wollen. Stattdessen werde ich die angespannten Grenzen der Verwandtschaftsbeziehungen beleuchten, die sich entwickeltem, während Europa versuchte, seine Bruderschaften zu regulieren, woraus widersprüchliche Genealogien entstanden.

Genealogie und „Rasse": Physische Anthropologie

Spätestens ab dem zehnten Jahrhundert hatten Juden*Jüdinnen, Christ*innen und Muslim*innen die biblische Genealogie von Noahs Söhnen mobilisiert, um ihre eigene Abstammung zu identifizieren und die menschliche Vielfalt zu erklären.[273] Juden*Jüdinnen und Araber*innen identifizierten sich als Nachkommen von Sem, dem von der Bibel bevorzugten Bruder (vgl. Szombathy 2002, insb. 19–21). Die Europäer*innen verstanden sich als die Nachkommen von Jafet, den Noah ebenfalls segnete und von dem er prophezeite, dass er „in den Zelten Sems" wohnen würde (Bibel 1999, 1. Mose 9:27). Nachdem Ham die Blöße seines Vaters gesehen hatte, ohne ihn zu bedecken, verfluchte Noah die Abstammungslinie von Hams Sohn Kanaan zur Knechtschaft. Im Laufe der Jahrhunderte identifizierten Juden*Jüdinnen, Muslim*innen und Christ*innen diese Nachfahr*innen von Ham mit denen, die sie gerade versklavten. Nachdem sich der Sklavenhandel in der frühen Neuzeit auf Subsahara-Afrika konzentriert hatte, wurde der Fluch des Ham aus der ästhetischen und kulturell narzisstischen Perspektive weißer Europäer*innen mit einer dunklen Haut und anderen afrikanischen Merkmalen in

---

[273] Einen aufschlussreichen Überblick über die wechselnden Ethnien, denen die genealogische Abstammung von verschiedenen biblischen Völkern über zweitausend Jahre hinweg zugeordnet wurde, bietet Evans (1980, 15–43). Die Bedeutung der noahschen Genealogie in den philologischen Theorien von William Jones und Max Müller wurde im vorangegangenen Kapitel behandelt.

Verbindung gebracht. Die Logik einer solchen Klassifizierung war sowohl eine genealogische als auch eine geografische; sie betonte bisweilen körperliche Merkmale, die mit jeder als hamitisch bezeichneten Gruppe verbunden waren, und sie schrieb der entsprechenden Bevölkerung oft von Natur aus „sklavische" Merkmale zu. Jedoch handelte es sich nicht um „Rassen" im neuzeitlichen Sinne, weil der Mechanismus der Differenzierung und Übertragung aufgrund eines göttlichen Fluchs erfolgte und nicht auf einer naturrechtlichen Theorie der Vererbung gründete. Die Rassentheorie war ein Auswuchs der Aufklärung, die sich von Gott als kausaler Erklärung abwandte und stattdessen versuchte, kausale Mechanismen in der Natur zu verorten. Das Konzept der „Rassen", wie es sich im langen neunzehnten Jahrhundert festigte, hatte nicht nur eine einzige Ätiologie.[274] Diesen verschiedenen Denkströmungen war jedoch ein Bemühen um eine genealogische Form der globalen Kartierung gemein, die den so geschaffenen Verwandtschaftsstrukturen eine affektive und ethische Bedeutung verlieh.

Wenn die noahsche Genealogie Vielfalt als eine Form der Diversifizierung und Verzweigung betrachtete, waren die neuen Rassentheorien des späten achtzehnten Jahrhunderts gleichermaßen von der Idee der geschlechtlichen Vereinigung geradezu besessen. Rassentheorien entstanden im späten achtzehnten Jahrhundert, als Massenmigrationen – sowohl freiwillige als auch erzwungene – den Rahmen für ein riesiges Experiment[275] zur Beständigkeit menschlicher Merkmale über mehrere Generationen hinweg bildeten. Dieses Experiment hatte zwei Stränge: Erstens brachte die Kolonisation Europäer*innen als Kolonisator*innen und Siedler*innen auf verschiedene Kontinente und koloniale Untertan*innen in geringer Zahl nach Europa. Und zweitens, mit noch katastrophaleren Folgen für die Betroffenen, beförderte der transatlantische Handel mit Versklavten Millionen von Afrikaner*innen nach Amerika. Beide Phänomene, insbesondere aber die Sklaverei, schufen in großem Maßstab Bedingungen für die sexuelle Ausbeutung nichteuropäischer Frauen und führten zu Geburten von Kindern mit jedem erdenklichen Grad an gemischter Herkunft. Rassentheorien entwickelten sich, um drei Phänomene zu erklären, die mit

---

274 Es gibt eine Tendenz, die „Schuld" für die Idee der Rasse auf Johann Friedrich Blumenbach oder in jüngerer Zeit auf Immanuel Kant zu geben (vgl. Bernasconi 2001). Kant hatte tatsächlich einen großen Einfluss auf die Rassentheorie und Blumenbach auf die Bezeichnungen der „Rassen", doch ich würde mich John Zammitos (2006, 35) Warnung vor der Annahme eines „monogenetischen" Ursprungs der Rassentheorie anschließen, nicht zuletzt wegen der Tendenz älterer biblischer Genealogien, sich mit den neueren Theorien zu verbinden.

275 Dieses Experiment erfolgte ohne die Zustimmung der Kolonisierten und Verschleppten und zog kurz- wie langfristige negative Folgen nach sich. Rassentheorien strukturieren unsere Welt noch immer entscheidend und destruktiv. Ein Verständnis der Herkunft und des Ausmaßes der Rassentheorie herzustellen, wie es in diesem Kapitel versucht wird, ist daher umso wichtiger.

den neuen Vererbungstheorien in einem Spannungsverhältnis zu stehen schienen. Erstens brachte die Existenz menschlicher Vielfalt durch die Vererbung von Merkmalen den Begriff eines einzigen menschlichen Ursprungs ins Wanken. Zweitens schien die sexuelle Kompatibilität von Menschen aus verschiedenen Teilen der Welt, gemessen an der Überlebensfähigkeit und Fruchtbarkeit der Nachkommen, für einen gemeinsamen Ursprung zu sprechen. Drittens wurde viel darüber debattiert, wie Merkmale bei Kindern mit gemischter Herkunft auftraten, sich vermischten und verschwanden. Rassentheorien waren also immer auch Theorien über natürliche Arten und sexuelles Begehren. Sie vereinigten somit beide Pole der Dynamik, durch die eine Verwandtschaftsbeziehung erzeugt wird.

Im späten achtzehnten Jahrhundert stand der Begriff der Vermischung im Mittelpunkt der Debatten über die Vererbung im Allgemeinen. Die zuvor vorherrschende Theorie der Fortpflanzung, die Präformationslehre, besagt, dass die vorgeformten Embryonen aller zukünftigen Generationen wie Matroschkas in den Vorläufern jeder Art enthalten waren und üblicherweise als ein Merkmal der mütterlichen Linie angesehen wurden. Mütterliche Ähnlichkeiten zwischen Menschen wurden als Zeichen – nicht als natürliche Folgen – der Zugehörigkeit zu einer einzigen Linie erklärt. Väterliche Ähnlichkeiten galten hingegen als oberflächliche Spuren des Begehrens und der Vorstellungen der Mutter auf dem sich entwickelnden Fötus.[276] Ganz im Gegensatz zu den im vorherigen Kapitel erörterten Theorien des Spracheinflusses wurden Kinder gemischter Abstammung jedoch nicht nur im häufigen Fall eines weißen Vaters, sondern auch im – seltenen, aber von vielen Europäer*innen als alptraumhafte Bedrohung projizierten – Fall eines nichtweißen Vaters und einer weißen Mutter als grundsätzlich gemischt angesehen. Die Vermischung von Merkmalen bei Kindern mit gemischter Herkunft wurde so verstanden, dass sie sich auf tief liegende Strukturen erstreckte. Es ist daher nicht verwunderlich, dass die Entstehung der Rassentheorie mit dem Aufstieg einer konkurrierenden Fortpflanzungstheorie, nämlich der Epigenese, korrelierte, die davon ausging, dass jede Nachfahrin und jeder Nachfahr ein wirklich neues Lebewesen darstelle und die Merkmale beider Elternteile in sich vereinte.[277] Auch die ersten Epigenetiker wie Johann Friedrich Blumenbach und Immanuel Kant zählten zu den frühesten Rassentheoretikern. Diese enge Verzahnung von Rassen- und epigenetischen Theorien darf nicht übersehen werden. In Europa ging diese neue Sichtweise mit der wachsenden Bedeutung der Liebe bei der Suche nach Ehepartner*innen einher, die als natürliches Zeichen der Eignung

---

276 Übersichten zu dieser Geschichte finden sich bei Roe 1981; Pinto-Correia 1997.
277 Mehr zu „Rasse" und zur Debatte zwischen Präformationismus und Epigenese bei Engelstein 2008, 224–232.

angesehen wurde und auf gesunde Nachkommen deutete. Kinder, die unter diesem neuen Eheregime geboren wurden, wurden Familienangehörige beider Seiten und fielen auch unter beiderseitige Verantwortung (vgl. Davidoff 2012, 58). Durch Kinder verbanden sich Familien ebenso sehr wie durch die Ehe. Kinder mit gemischter Herkunft beschworen so das Gespenst von als unangenehm angesehenen Verwandtschaftsbeziehungen herauf.

Die Auseinandersetzung zwischen Präformation und Epigenese bezog sich auf Fragen der Verbindung, während die Debatte zwischen Monogenese und Polygenese die Idee der gemeinsamen Abstammung betraf. Sowohl Monogenese als auch Polygenese setzten die natürliche Art mit einer Abstammung gleich, die auf einen gemeinsamen Vorfahren zurückgeht. Für Polygenenetiker*innen waren daher verschiedene „Rassen" gleichbedeutend mit verschiedenen Arten.[278] Für Monogenetiker*innen „gehören die Menschen nicht bloß zu einer und derselben *Gattung*, sondern auch zu einer *Familie*" (Kant 1912, 430).[279] Die meisten Monogenetiker*innen postulierten die Anpassung an unterschiedliche Klimazonen und Nahrungsmittel als Ursache für die menschliche Vielfalt und meinten daher, dass „Rassen" unscharfe Grenzen hätten, ineinander übergingen und im Fluss blieben.[280] Sowohl in Europa als auch in den Vereinigten Staaten war die Polygenese jedoch im frühen neunzehnten Jahrhundert zur vorherrschenden Theorie geworden und behielt ihren Status als führende wissenschaftliche Hypothese, bis Darwin die genealogische Debatte auf den Kopf stellte.[281]

---

[278] Das polygenetische Argument entstand mit der Entdeckung Amerikas und dem Versuch, die indigene Bevölkerung in eine biblische Geschichte einzuordnen. Diese Ansicht wurde 1774 von zwei britischen Denkern in die breite Öffentlichkeit getragen: Der schottische Aufklärungsautor Henry Homes, Lord Kames, setzte sich vorläufig für die Polygenese ein und verankerte die Geschichte immer noch in einer biblischen Erzählung, während Edward Long im selben Jahr die Polygenese in einen naturalistischen Anspruch umwandelte und sie zur Legitimation der Sklaverei verwendete. Voltaire und David Hume wiederholten beide polygenetische Behauptungen in hierarchischen Formen, die Afrikaner*innen abwerteten, während Georg Forster eine etwas egalitärere polygenetische Sichtweise vertrat. Mehr zur Entwicklung der Polygenese als Theorie bei Popkin 1980, 79–102; Bernasconi 1982; Staum 2003; Brown 2010.
[279] Zu den Monogenetiker*innen gehörten der Comte de Buffon, Johann Friedrich Blumenbach, Kant, William Lawrence und James Cowles Prichard.
[280] Das Ausmaß der Flexibilität variierte in diesen Theorien, und es wurde angenommen, dass einige „Rassen" unterschiedlicher wären als andere. Im Allgemeinen nahmen die Europäer*innen die weiße und die schwarze als die am stärksten divergierenden „Rassen" wahr. Damit gingen Platzierungen in den selbstbestimmten Hierarchien einher.
[281] Bedeutende europäische Polygenetiker*innen waren Edward Long, Charles White, Christoph Meiners, Georg Forster und Julien-Joseph Virey. Polygenese wurde in den Vereinigten Staaten von prominenten Apologet*innen der Sklaverei geschätzt, wie etwa Samuel Morton, George Gliddon und Josiah Nott. Mehr zur amerikanischen Schule findet sich in Brown 2010, 60. Brown weist zu Recht darauf hin, dass es monogenetische Verfechter*innen der Sklaverei und polygene-

Die Existenz von Kindern gemischter „Rassen" führte zu einer Konfrontation über die Bedingungen der Verwandtschaft – Abstammung und sexuelle Vermischung – und stellte konservative Naturforschende vor eine Wahl, die sie als lästig empfunden haben mögen: Entweder erkannten sie die gemeinsame Abstammung aller Menschen an oder lehnten die gängigste Definition der natürlichen Arten ab, nach der die Fähigkeit, fruchtbare Nachkommen zu zeugen, die Artengrenze bildete. Immanuel Kant lieferte eine konservative Lösung für dieses Dilemma, die nur als raffiniert bezeichnet werden kann: Er findet in der Existenz gemischter Nachkommen einen Beweis für die „Rasse" als eine neu gestaltete, zusätzliche Form der natürlichen Art [natural kind]. Für Kant war Buffons Definition der Art [species] die einzige brauchbare Grundlage für natürliche Kategorien, ohne auf das Göttliche zurückgreifen zu müssen, und somit für den Fortlauf der Naturgeschichte wesentlich.[282] Artengrenzen waren demnach schlicht eine Beschreibung der sexuellen Kompatibilität, die mit einer gemeinsamen Abstammung (und damit einer Geschichte der sexuellen Kompatibilität) gleichgesetzt werden konnte. Als eigenwilliger Monogenetiker war Kant jedoch nicht bereit, eine kontingente Anpassungsfähigkeit der Art zu akzeptieren (vgl. Kant 1923a, 97). Er spekulierte daher, dass das erste menschliche Paar eine begrenzte Anzahl von Keimen und Anlagen besessen habe, die jeweils in einem anderen Klima von Vorteil gewesen seien. Nachdem sich die Menschen vermehrt, in Gruppen zerstreut und niedergelassen hätten, seien diejenigen Eigenschaften ausgestorben, die in der gegenwärtigen Umgebung nicht genutzt worden seien, sodass nur die geeigneten Keime und Anlagen an Ort und Stelle verblieben und jegliches Potenzial entweder für eine weitere Anpassung oder für eine Regression eliminiert worden seien. Im Gegensatz zu anderen Monogenetiker*-innen, die den gleichen Mechanismus bei der Mischung der „Rassen" und bei jeder Verbindung von elterlichen Merkmalen sahen, trennte Kant diese adaptiven Keime

---

tische Abolitionist*innen gab (wie George Squire und, obwohl Brown ihn nicht erwähnt, Georg Forster).

282 Buffon adaptierte diese Definition vom englischen Naturforscher John Ray aus dem sechzehnten Jahrhundert. Die Definition wurde jedoch durch mehrere bekannte Ausnahmen problematisiert, die sogar Buffon erwähnte. Blumenbach (1798, 72–73) bevorzugte daher eine Definition auf der Grundlage der morphologischen Ähnlichkeit und des Fortpflanzungsverhaltens in freier Wildbahn, wenngleich er die Schwierigkeiten bei der Spezifizierung dessen, was im ersteren Kriterium als ähnlich genug galt, und die Schwierigkeiten bei der Prüfung des letzteren Kriteriums bei geografisch getrennt lebenden Tieren anerkannte. Kant hielt hartnäckig an Buffons Definition fest, lehnte das erste Kriterium von Blumenbach ab, weil er sich bei der Klassifizierung für Generation statt Morphologie einsetzte, und lehnte das zweite Kriterium ab, weil er, wie oben erörtert, zu einer Ansicht der natürlichen Abstoßung gegenüber dem Sexualverkehr zwischen den „Rassen" neigte. Wie im vorherigen Kapitel zu sehen war, stimmte Darwin hier mit Blumenbach überein.

von Merkmalen, deren Übertragung kontingent war. Er definierte die ersteren, „unausbleiblich erblich[en]" Merkmale als „Rasse" (Kant 1923a, 100). Statt die durchlässige Grenze zwischen den Gruppen aufzuzeigen, behauptete Kant, dass gemischte Merkmale bei Nachkommen gemischter Herkunft das hartnäckige Fortbestehen des „rassischen" Erbes eines jeden Elternteils bewiesen, da jedes unweigerlich versuche, sich auszudrücken. Wegen der deutlichen Unterschiedlichkeit von „rassischen" Merkmalen erzeugten sie, wenn sie sich fortpflanzten, „mit einander nothwendig halbschlächtige Kinder oder *Blendlinge* (Mulatten)" (Kant 1912, 430). Kant fügte seinem Klassifizierungssystem einen neuen Typus von natürlicher Art [*natural kind*] hinzu. Menschen gehörten derselben Abstammungslinie an und seien eine Art [*species*], wie der natürliche Nachweis ihrer reproduktiven Kompatibilität zeige, und doch seien „Rassen" auch unterschiedliche Arten [*kinds*], wie der natürliche Nachweis von prägnanten Mischmerkmalen bei Nachkommen zeige.

So idiosynkratisch Kants Kombination aus gemeinsamer Abstammung und gegenwärtiger Unveränderlichkeit der „Rassen" auch war, seine problematische Faszination für sexuelle Vermischung war allen Rassentheorien gemein. So entstand eine Dynamik der Anziehung und Abstoßung, die Arthur de Gobineau (1902, 38) in der Mitte des neunzehnten Jahrhunderts explizit dafür verantwortlich machte, den Verkehr zwischen den „Rassen" anzutreiben.[283] Kant deutete nur diskret eine Theorie der natürlichen Abstoßung gegenüber der Vermischung von „Rassen" an, aber derlei Behauptungen waren in den folgenden zwei Jahrhunderten üblich (vgl. Kant 1923c, 166–167).[284] Kant selbst vermied es auch, in diesem Zusammenhang die Sprache der Ästhetik zu verwenden, gehörte damit aber einer Minderheit an. Der sexuelle Voyeurismus stand im Mittelpunkt des „Rassen"-Diskurses und machte sowohl die allgegenwärtige Sprache der Schönheit und Hässlichkeit in den physischen Beschreibungen der „Rassen" als auch die Beschäftigung mit kulturvergleichenden Geschmacksäußerungen in verschiedenen Völkern aus (vgl. Bindman 2002; Mosse 1985, insb. 17–34). Die Rangfolge der „Rassen" durch eine ästhetische Hierarchie, die seit Pieter Campers Erfindung des Gesichtswinkels im Jahr 1770 verbreitet ist,

---

283 Robert Young (1995) beschrieb, inwiefern Rassentheorien von der Mitte bis zum Ende des neunzehnten Jahrhunderts auch Theorien der Sexualität und des Begehrens waren, und Ann Laura Stoler (1995) untersuchte, wie eng die sexuelle Biopolitik des neunzehnten Jahrhunderts in die Schaffung und Aufrechterhaltung von „Rassen"-Kategorien verwickelt war. Diese Konstellation hatte jedoch einen früheren Ursprung.

284 Georg Forster (1843, 295) beschrieb diese Abneigung in fast denselben Worten, die Gobineau etwa fünfundsiebzig Jahre später verwenden würde: „Noch jetzt, glaube ich, darf man diesen Widerwillen vom rohen unverdorbenen Landmann erwarten: er wird die Negerin fliehen". Forster stützt seine Haltung mit der tatsächlichen Vermischung, indem er von seinem Rivalen Kant eine detaillierte Beschreibung darüber entlehnt, wie Menschen ein Begehren erwerben könnten, das ihren natürlichen Instinkten widerspricht, was Kant (1923b, 111) „Lüsternheit" nennt.

findet in Darwins Theorie über *Die Abstammung des Menschen* sowohl einen Höhepunkt als auch eine auffallende Umkehrung, dass sich die „Rassen" durch sexuelle Selektion als *Folge* unterschiedlicher menschlicher Geschmäcker entwickelt hätten.[285] Darwins Theorie der sexuellen Selektion – nämlich sein Postulat der natürlichen Wirksamkeit von Präferenz und Begehren auf die Entwicklung der Arten – stieß auf noch größeren Widerstand als seine Theorie der natürlichen Selektion.[286] Dieser visuelle Aspekt der Rassentheorie wird in diesem Kapitel eine bedeutende Rolle spielen.

Mit der Erzeugung von Kindern vermittelte die menschliche Sexualität somit nicht nur die gemeinsame Abstammung, sondern brachte auch gegenwärtige Verwandtschaftsbeziehungen hervor. Als Granville Sharp und Thomas Clarkson 1787 in London das Committee for the Abolition of the Slave Trade gründeten, war die entscheidende Frage der Erforschung der menschlichen Vielfalt klar geworden: „Am I Not a Man and a Brother?" („Bin ich nicht ein Mensch und ein Bruder?"), stand auf dem von dem Töpfer und späteren Porzellanmanufakturbesitzer Josiah Wedgwood entworfenen Siegel über dem Bild eines knienden Schwarzen Mannes in Ketten (vgl. Abb. 5.1).[287] Die Frage war keineswegs eine rhetorische, sondern wurde aktiv diskutiert. Dieses abolitionistische Siegel, das Sam Margolin als den ersten Vorläufer des politischen Ansteckers beschreibt, erschien in Großbritannien und den Vereinigten Staaten auf Medaillons, Töpferwaren, Schnupftabakdosen und Schmuck.[288] Dergleichen Gegenstände wurden hauptsäch-

---

285 Pieter Camper war ein niederländischer Bildhauer, Arzt und Naturforscher, der eine Skala von Gesichtsproportionen mit griechischen Statuen an der Spitze und Afrikaner*innen ganz unten schuf (vgl. Darwin 1966, 215–261).
286 Vgl. Elizabeth Grosz' (2011, 115–142) faszinierende Auseinandersetzung mit der sexuellen Selektion sowie Prum 2017.
287 Diese Frage entwickelte sich zu dem Protest-Slogan „I am a man" (Ich *bin* ein Mann), der beim Memphis Sanitation Strike von 1968 und auch bei späteren Bürgerrechtsprotesten verwendet wurde (vgl. Estes 2005). 2015 tauchte der Slogan, neben „I am a woman", wieder auf bis das beliebtere Motto „Black lives matter" aufkam. Interessanterweise ist die Geschwisterlichkeit aus diesen Slogans verschwunden, vielleicht weil „brother" und „sister" im amerikanischen Englischen tendenziell „Schwarz" bedeuten. C. Dallett Hemphill (2011, 186) stellt fest, dass Afroamerikaner*innen die Begriffe weithin füreinander verwendeten – ob verwandt oder nicht –, was in der amerikanischen Geschichte so weit zurückgeht, wie sich feststellen lässt.
288 Zur Geschichte dieses Bildes vgl. Margolin 2002, 81–109. Josiah Wedgwood, der das abolitionistische Medaillon entwarf, war Darwins Großvater (und der seiner Frau und Cousine Emma Wedgwood. Charles Darwins Schwester Caroline Sarah Darwin heiratete Emma Wedgwoods Bruder Josiah Wedgwood III., sodass der Darwin-Wedgwood-Clan ein Paradebeispiel für das in Kapitel 3 beschriebene Geschwisternetzwerk ist.)

lich von weißen Abolitionist*innen getragen, so dass sich das „I" („ich") nicht auf den Besitzer des Objekts bezog, sondern als Bejahung der Frage und somit als Meinungsbekundung. Der Diskurs der Brüderlichkeit beherrschte das Verständnis von „Rasse" bis zum Ende des neunzehnten Jahrhunderts. 1863 spaltete sich die Anthropological Society of London von der Ethnological Society of London ab, um sich besonders biologischen Rassentheorien zu widmen. Ihr erster Präsident James Hunt erklärte in seiner Ansprache von 1867 stolz:

> Unsere Wissenschaft ist gefürchtet, nicht weil ihre Schlussfolgerungen die Grundlage aller echten politischen Ökonomie wären, sondern weil sie mit der Zerstörung eines Systems droht, dessen hochtrabende Ziele die universelle Gleichheit, Brüderlichkeit [fraternity] und Bruderschaft [brotherhood] sind. Unserer Gesellschaft mag sehr wohl der Beweis obliegen, dass dergleichen Schimären nicht durch die Indikationen der Wissenschaft gestützt werden! (Hunt 1867, lxiii)

Die Aufteilung der Völker in natürliche Arten schwächte die Ideen von Republikanismus und ökonomischer Gleichheit so grundlegend, wie sie die Behauptungen universeller Verwandtschaftsverhältnisse bedrohte – im kolonialen Großbritannien aus so ziemlich demselben Grund. Dem moralischen und affektiven Imperativ, der mit dem Konzept der Brüderlichkeit verknüpft war, fehlte es, wie bereits Johann Gottfried Herder festgestellt hatte, an Durchsetzungskraft, auch wenn er rhetorisch im Zentrum stand. Während Johann Gottfried Gruber, der Blumenbachs einflussreiche monogenetische Abhandlung über „Rasse" aus dem Lateinischen ins Deutsche übersetzte, das Buch mit einer Verurteilung der Sklaverei mit der Aussage „alle Menschen sind Brüder!" begann, gefolgt von dem Diktum „du sollst deinen Bruder lieben wie dich selbst" (Blumenbach 1798, VII), protestierte der polygenetische Abolitionist Georg Forster (1843, 304) pointiert: „Lassen sie mich lieber fragen, ob der Gedanke, daß Schwarze unsere Brüder sind, schon irgendwo ein einziges Mal die aufgehobene Peitsche des Sclaventreibers sinken hieß?" Die Behauptung einer Brüderlichkeit, die in manchen Kreisen als eine Aufforderung zur Gleichbehandlung aufgefasst werden mochte, konnte anderswo zu Segregationsmaßnahmen führen, sodass die Politik der Segregation die Trennung, die nicht in der Natur liegt, institutionell verstärkt.

In den vorherigen Kapiteln konnten wir sehen, wie sehr die Geschwister-Logik die Integrität der Begriffe selbst in parthenogenetischen Systemen wie der Sprachwissenschaft und Evolution des neunzehnten Jahrhunderts gefährdet. Diese Bedrohung verstärkt sich in sexuellen Systemen. Die stets unscharfe Schnittstelle zur „Rasse" offenbarte sich in Verwandten, die im selben Haushalt oft eine radikal andere Position einnahmen. Inzest und Mischung von „Rassen" waren die miteinander zusammenhängende Ängste des neunzehnten Jahrhunderts, nicht weil sie die inneren und äußeren Grenzen des Bestands an akzeptablen Sexualpartner*innen

Abb. 5.1: Antisklaverei-Medaillon, 1787, Wedgwood-Manufaktur, England, massiver weißer Jaspis und schwarzer Basalt, Rahmen aus geschnittenem Stahl und Elfenbein, 5,2 x 4,1 x 0,64 cm, Amelia Blanxius Memorial Collection, Geschenk von Frau Emma B. Hodge und Frau Jene E. Bell, 1912.326, The Art Institute of Chicago. Fotografie © The Art Institute of Chicago / Art Resource, New York.

bildeten, sondern weil sie so oft zusammenfielen. Es genügt schon der beispielhafte Blick auf Thomas Jefferson, dessen versklavte Geliebte Sally Hemings die Halbschwester seiner Frau war, oder auf die Familie von Martha Washington, deren Sohn aus erster Ehe Quellen zufolge ein versklavtes Kind mit der versklavten Halbschwester seiner Mutter hatte, oder der Blick in einen beliebigen Faulkner-Roman, um zu erkennen, dass die Grenzen der „Rasse" in Zeiten von Sklaverei und Kolonisation Geschwister, Cousins und Cousinen voneinander trennten, während sie gleichzeitig die eine Gruppe der anderen sexuell verfügbar machte, und zwar entlang einer ständig erneut zu befestigenden Grenze (vgl. Gordon-Reed 1997; Schwartz, 64–65).

Genealogien von Religionen und Völkern

Die Rassentheorie ergänzte die gleichzeitigen Erforschungen der Kulturgeschichte, der vergleichenden Philologie und der vergleichenden Religionswissenschaft. Herder, dessen Spekulationen über die kulturelle Vielfalt ich im letzten Kapitel behandelt habe, war nicht der einzige Denker, der in den 1770er Jahren über die Vielfalt der Völker schrieb.[289] August Ludwig Schlözer, Historiker an der Universität Göttingen, die zur zentralen Institution der deutschen Anthropologie werden sollte, prägte 1771 den Begriff der *Völkerkunde* und sein latinisiertes Synonym *Ethnographie* (vgl. Schlözer 1772, Bd. 1, 102; vgl. auch Vermeulen 2006, 128–131, 1995). Zehn Jahre später führte Schlözer ein weiteres Wort ein, dessen Resonanz noch länger anhalten sollte. Er schloss aus einer Untersuchung der Sprache und Weisheit – also der Religion und Philosophie – der Chaldäer, dass sie von einem der Kinder Sems abstammten, bezeichnete sie als *Semiten* und ihre Sprache als das *Semitische*, denn beides sei nahezu austauschbar: „In der Jugend der Welt (bis zum Kyrus hin) gab es noch nicht viele Sprachen, also noch nicht vielerlei Völker, oder auch umgekert [sic]." (Schlözer 1772, Bd. 1, 161)[290]

Die Ethnologie des gesamten neunzehnten Jahrhunderts überschnitt sich weitgehend mit der Sprachwissenschaft; während sich die Interessen über die Sprache hinaus auf Glaubenssysteme, Weltanschauungen und kulturelle Praktiken erstreckten, wurde auch angenommen, dass all diese Phänomene fest miteinander verbunden seien. Als Friedrich Schlegel 1808 sein Buch *Über die Sprache und Weisheit der Indier* veröffentlichte, folgte er einem üblichen Muster, indem er sich sowohl zu Sprache als auch zu Religion äußerte. Schlegels prägender Beitrag zur sich entwickelnden Disziplin der vergleichenden Philologie war seine Dichotomie zwischen zwei Arten von grammatischen Systemen, die mit zwei Sprachfamilien korrelieren sollten: dem Indoeuropäischen und dem Semitischen, um die heute akzeptierten Begriffe zu verwenden (vgl. Schlegel 1977).[291] Die erste Gruppe, so Schlegel, beruhte auf *Flexion* und damit der Veränderung des Stamms eines Verbs oder Substantivs durch Konjugation beziehungsweise Deklination. Die Grammatik der zweiten Gruppe, die Schlegel als „ganz von jener verschieden[ ], ja ihr durchaus entgegengesetzt[ ]" (Schlegel 1977, 44) ansah, basierte auf dem, was Wilhelm von Humboldt später *Agglutination* nannte, dem Hinzufügen von Suffixen und Präfixen. In der von Schlegel ausgehenden stark wertenden Interpretation galt die erste Sprachengruppe als flexibel und organisch, die zweite hingegen als einschränkend und mechanisch. Bereits die im vorherigen Kapitel skizzierte Sprachphilosophie besagte: Wie die Sprache, so die Sprechenden. Für weit mehr als ein Jahrhundert wurde die enge,

---

[289] Das Wort *Kultur* wurde zu dieser Zeit erst von Johann Christoph Adelung ins Deutsche eingeführt. Zu einer Geschichte der neuen „Kulturwissenschaft in den 1770er und 1780er Jahren in Deutschland vgl. Carhart 2007, 1–2.
[290] Bald griff Herder den Begriff *Semitisch* in seiner Abhandlung „Vom Geist der Ebräischen Poesie" auf (vgl. Olender 1992, 11–12).
[291] Früher wurde diese Sprachfamilie als „indogermanisch" bezeichnet und bis zur Mitte des zwanzigsten Jahrhunderts häufig auch als „arisch".

eingeschränkte, unflexible Natur der Menschen im Nahen Osten der aufgeschlossenen Kreativität von Inder*innen und Europäer*innen gegenübergestellt. 1819 verwendete Schlegel (1975, 518) die Bezeichnung „Arisch" für eine Sprachfamilie und „Arier" für das „Volke […], welches diese Sprache geredet hat". Er begründete seine Entscheidung mit einer Verbindung von Wörtern zweifelhafter Verwandtschaft, die im Persischen, Sanskrit und Griechischen zur Benennung des eigenen Volkes verwendet wurden (wie zum Beispiel im Falle *Iran* und *Iranisch*), und die er in einer falschen Etymologie mit dem deutschen Wort *Ehre* assoziierte. Schlegel verwendet hier zwar nicht das Wort *Semitisch*, aber er kommt mehr als einmal auf Noahs biblischen Segen zu sprechen, dass Jafet „[…] in den Hütten des Sem wohnen [soll]'; was denn auch gegenwärtig in der neuen Zeit bei den mehrenteils von Japhet abstammenden abendländischen Völkern in so reichem Maße in Erfüllung gegangen ist" (Schlegel 1975, 499). Das Christentum ist somit ein semitischer Wohnort für jafetische Völker. Um die schädlichen Nachwirkungen dieser Ideenkonstellation zu verstehen, die den modernen Antisemitismus nährten, müssen wir zunächst einen genaueren Blick auf die Zeit zwischen 1770 und 1820 werfen, als sich genealogische Ansätze in diesem gemeinsamen Diskurs von Sprache, Kultur, Religion und Volk oder „Rasse" verbreiteten, während die Überlieferungsmethode zwischen Ideen von biologischer und kultureller Vererbung schwankte.

Die meisten historischen Betrachtungen der vergleichenden Religionswissenschaft beginnen mit Max Müller, der nach seinem oben bereits thematisierten philologischen Werk im Jahr 1870 eine Reihe von Vorträgen hielt, die eine „Religionswissenschaft" begründen sollten. In Eric Sharpes klassischer Geschichte der vergleichenden Religionswissenschaft gilt Darwins Veröffentlichung von *Der Ursprung der Arten* im Jahr 1859 als der entscheidende Moment für die Entstehung der Disziplin, als

> ein Versuch unternommen wurde, die Religion nach den von der Naturwissenschaft vorgegebenen Kriterien zu betrachten, ihre Geschichte, ihr Wachstum und ihre Evolution so zu bewerten, wie man die Geschichte, das Wachstum und die Evolution eines Organismus bewerten würde – und sie so zu sezieren, wie man einen Organismus sezieren würde. (Sharpe 1975, 32)

Darwins Evolution lieferte somit „das Prinzip des Vergleichs" (Sharpe 1975, 32).[292] Wir konnten bereits sehen, dass die Richtung und Chronologie dieses methodischen

---

[292] Das Jahr 1859 gilt häufig als Beginn der Disziplin; vgl. auch Molendijk 2005; Hjelde 1994. Zu Darstellungen, die den Ursprung in das achtzehnte bzw. sechzehnte Jahrhundert zurückversetzten, vgl. Kippenberg 1997; Baird 1998; Stroumsa 2010. In einem ausgezeichneten Artikel skizziert Peter Byrne (1997, 339–351), drei Möglichkeiten, den neutralen, „wissenschaftlichen" Zugang zur Religion

Einflusses weitaus komplizierter sind, da sich die vergleichende Methode in den Bereichen der Bibelforschung, der klassischen Philologie und der vergleichenden Sprachwissenschaft im späten achtzehnten und frühen neunzehnten Jahrhundert entwickelte.[293] Auch ein Versuch, Glaubenssysteme zu analysieren und sie nach Familien zu ordnen, hatte Ende des achtzehnten Jahrhunderts begonnen. Das genealogische Betrachten von Religionen erforderte eine grundlegende Verschiebung im Verständnis von Religionen als Untersuchungs- und Überlieferungsgegenstände, eine Verschiebung von der Bewertung des Wahrheitsgehalts zur Erforschung von Praktiken und Traditionen, wobei auch beide Ansätze kombiniert werden konnten. Laut Guy Stroumsa (2010, 8–9) hat die Säkularisierung der öffentlichen Sphäre nicht nur die Religion in eine Privatangelegenheit verwandelt, sondern religiöse Zugehörigkeit auch in ein ethnologisch untersuchbares kulturelles Merkmal. Aufklärer wie David Hume und Hermann Samuel Reimarus historisierten die Religion und bezogen auch das Christentum in dieses historische Paradigma ein. Sie beschäftigten sich jedoch immer noch mit der Bewertung von Wahrheitsansprüchen. Ich werde im Folgenden die Ansicht vertreten, dass erst Gotthold Ephraim Lessings Betonung der affektiven Erfahrung im Gegensatz zum Wahrheitsgehalt eine nicht wertende Genealogie der Religionen ermöglichte. Spätere Übernahmen seiner Genealogie führten jedoch zu einer Wiedereinführung und Intensivierung einer stark wertenden Analyse.

Monotheistische Geschwister und Vererbungsmechanismen

Neben den Wissensgebieten der politischen Philosophie, Ästhetik, Ökonomie, Evolutionstheorie und der Geschichte der vergleichenden Sprachwissenschaft komme ich in diesem Buch immer auch auf die Literatur zurück, die Subjektivität, kollektive Identitäten und epistemologische Kategorien anhand der Geschwisterfigur als durch-

---

zu konzipieren: naturalistisch, phänomenologisch und mit einem kulturell-symbolischen Ansatz. Er führt den naturalistischen Ansatz auf David Hume zurück (vgl. Hume 1984). Byrne schreibt die phänomenologische Methode – in der die christliche Lehre durch Vergleich gerechtfertigt wird – Rudolf Otto zu und sieht den Ursprung des kultursymbolischen Ansatzes bei Herder und Hegel. Ich behaupte hier jedoch, dass Lessing in *Nathan der Weise* Herders kulturelle Methodik direkter auf die Religion anwendet und dass er einen weniger hierarchischen kulturellen Ansatz bietet als Hegel. Muhammad Akram (2016) gibt einen umfassenden Überblick über die Theorien zu den Anfängen der Religionswissenschaft als Methode und als Disziplin.

[293] Jonathan Z. Smith (2004, 366) setzt das Studium der Religionen nicht in Beziehung zur Biologie, sondern stellt fest, dass die Humanwissenschaften, um eine Disziplin zu werden, die Ansicht vertreten müssen, „dass ihre Studienobjekte ganzheitliche linguistische und sprachähnliche Systeme sind".

lässige Schwelle verhandelt. Alle hier besprochenen literarischen Werke kreisen um das inzestuöse Begehren. Es gibt jedoch eine weitere Gemeinsamkeit, die noch nicht explizit angesprochen wurde. Die meisten Geschwister-Inzest-Erzählungen in der britischen und deutschen Literatur um 1800 beschäftigen sich auf die eine oder andere Weise auch mit dem Islam. Viele dieser Werke sind Erzählungen der kulturellen Begegnung, die an einer Grenze Europas oder innerhalb alternativer multikultureller Gegenden angesiedelt sind. Einige finden ganz im muslimischen Umfeld statt. Erstere Konstellation war in Schillers Stück *Die Braut von Messina* zu beobachten, das im multikulturellen Sizilien spielt, letztere in Percy Shelleys Gedicht „The Revolt of Islam", das im religiös vielfältigen Osmanischen Reich verortet ist. Das Muster wiederholt sich in den Werken, die ich in diesem Kapitel untersuchen werde, nämlich in Lessings Stück *Nathan der Weise* (das im Jerusalem zur Zeit der Kreuzzüge spielt) und Byrons Gedicht *The Bride of Abydos* (das an den Dardanellen angesiedelt ist). Auch in literarischen Werken, die ich hier nicht untersuchen kann, sind diese Konstellationen präsent, von Robert Southeys „Thalaba the Destroyer" (in einem gänzlich muslimischen Nahen Osten) und Coleridges *Remorse* (an verschiedenen Orten Südspaniens) über Friedrich Maximilian Klingers *Geschichte Giafars des Barmeciden* (in Persien und Indien), Karoline von Günderrodes *Udohla*, in dem Muslim*innen und Hindus in Indien zusammenleben, und Mary Shelleys Roman *Frankenstein*, in dem es in einer Nebenhandlung um osmanisch-europäische Mischehen geht.[294] Mehrere Erzählungen über Geschwisterinzest, die sich nicht ausdrücklich mit dem Islam befassen, haben eine geografische Verbindung zur Religion: Goethes *Iphigenie auf Tauris* spielt in der Antike, aber auf der Krim, die zu Goethes Zeiten die Heimat einer multikulturellen Bevölkerung war, darunter vor allem der muslimischen Krimtatar*innen. Byrons „Manfred" ist in den Alpen angesiedelt, erinnert aber an die vorherrschende zoroastrische Mythologie Persiens, das zu Byrons Zeit überwiegend muslimisch war.[295] Selbst Goethes *Wilhelm Meister*, der seine inzestuösen Geschwister in Italien ansiedelt, deutet eher östliche Gefilde an, wenn es um die Erinnerung des Kindes Mignon an seine Heimat geht. Das werde ich weiter unten behandeln.[296]

---

294 Eine Analyse von *Udohla* angesichts einiger Themen, die auch dieses Kapitel berührt, ist zu finden bei Engelstein 2004, 278–299.
295 In Persien spielen auch die *Persischen Briefe* des Baron de Montesquieu (1721), die eine Geschichte über Geschwisterinzest enthalten, in der die Schwester auch Astarte genannt wird. Diese Geschichte spielt in einer Umgebung, die von Zoroastriern, die Geschwisterehe erlauben, und Muslimen, die sie verbieten, gemeinsam bewohnt wird.
296 Die Identifizierung von Mignon als Tochter von Augustin und Sperata bleibt in diesem Roman ungewisser Herkunft dürftig. Es gibt natürlich einige Erzählungen, die Geschwisterinzest behandeln, ohne sich auf die muslimischen Ränder Europas zu berufen, von *Das Leben der Schwedischen Gräfin von G**** von Christian Gellert aus der Mitte des achtzehnten Jahrhunderts

Der Islam stellte die Europäer*innen an der Wende zum neunzehnten Jahrhundert vor ein Rätsel. Die militärische Bedrohung durch das Osmanische Reich war nach dessen Niederlage gegen das Heilige Römische Reich im Jahr 1699 zurückgegangen. Die Türkei stand jedoch immer noch für eine angstbesetzte Grenze zu Mitteleuropa. Europa führte im Süden auch Konflikte mit anderen islamischen Bevölkerungsgruppen, etwa in Südspanien, Süditalien (insbesondere auf Sizilien) und an der südlichen Grenze Russlands auf der Krim. Um die Wende zum neunzehnten Jahrhundert marschierte Napoleon in Ägypten und Syrien ein, die noch Teil des Osmanischen Reichs waren. Großbritannien, das sich bereits im Krieg mit Frankreich befand, kämpfte auf der Seite des Osmanischen Reichs, Ägyptens und Syriens gegen Frankreich, besiegte 1801 Napoleon und verwaltete Ägypten, bis es das Gebiet 1803 an die Osmanen zurückgab. Gerade als der Einfluss des Osmanischen Reiches zurückging, befand sich Großbritannien in einem neuen Verhältnis zu muslimischen Bevölkerungsgruppen, zuerst als mächtiger Handelspartner und dann als Kolonisator von Muslim*innen und Hindus auf dem indischen Subkontinent und schließlich von Muslim*innen und anderen Gruppen im Nahen Osten. Als sich das Wissen über die große Vielfalt der Glaubenssysteme auf der Welt in Europa ausbreitete, stach die gemeinsame Abstammung von Judentum, Christentum und Islam deutlicher hervor (vgl. Stroumsa 2010, 124–144). Christliche Europäer*innen erlebten diese familiäre Beziehung nicht als ein angenehmes Verwandtschaftsverhältnis. Da das Christentum zeitlich zwischen den beiden anderen monotheistischen Religionen entstanden war, konnte es nicht behaupten, die ursprüngliche Offenbarung erhalten zu haben oder die fortschrittlichsten neuen Wahrheiten zu überbringen. In einer Zeit der Aufklärung, die sich sowohl dem Fortschritt als auch der globalen Entdeckung verschrieben hatte, schien der Islam die größere und relevantere Herausforderung darzustellen. Diese Ansicht sollte sich in einem von der Vergangenheit besessenen neunzehnten Jahrhundert ändern.

In Deutschland kristallisierte sich die Entstehung der vergleichenden Religionswissenschaft aus der Theologie in einer sehr öffentlichen Weise 1777 heraus, als Lessing anonym und posthum mehrere Fragmente aus einem Manuskript des Deisten und Gymnasiallehrers für orientalische Sprachen, Hermann Samuel Reimarus, veröffentlichte.[297] Der sich daraufhin entfaltende Fragmentenstreit ver-

---

über Schauerromane wie Matthew Gregory Lewis' *Der Mönch* bis hin zu Ludwig Tiecks romantischer Novelle *Der blonde Eckbert*. Andere Beispiele, wie Jane Austens *Mansfield Park*, spielen sich vor dem Hintergrund einer sklavenhaltenden kolonialen Karibik ab. Die Kombination von Geschwistererotik und muslimisch-christlichen Beziehungen ist jedoch so allgegenwärtig, dass sie einer Erklärung bedarf.

297 Lessing veröffentlichte 1774 ohne große öffentliche Reaktion zunächst ein weniger umstrittenes Segment von Reimarus' Manuskript und gab dann 1777 die fünf Fragmente heraus, die die

strickte Lessing in etliche polemische Auseinandersetzungen mit Theologen.[298] Im Mittelpunkt der Kontroverse stand nicht nur die Frage, ob die Idee einer rationalen oder natürlichen Religion zulässig sei, sondern implizit auch die Frage, ob ethnologische Methoden auf die Religion angewandt werden dürften, wozu auch die historische Untersuchung der Ereignisse in den Evangelien gehörte. Infolge des Austauschs zensierte der Herzog von Braunschweig Lessing offiziell und verbot damit alle weiteren Veröffentlichungen zur Religion. Lessings berühmtestes literarisches Werk *Nathan der Weise* wurde oft als kaum verdeckte Fortsetzung dieses Streits in literarischer Form gelesen, als Strategie, die Zensur zu umgehen. Die meisten Lessing-Forscher*innen, die sich für die Fragmente interessieren, haben sich auf die Befürwortung einer Vernunftreligion im Stück konzentriert, aber *Nathan der Weise* greift auch Reimarus' vergleichenden Ansatz zum Verständnis der Beziehung zwischen den monotheistischen Religionen und seinem kulturgeografischen Ansatz zu Glaubenssystemen auf der ganzen Welt auf. Das Drama als Ganzes, das Familienverhältnisse beleuchtet, und die berühmte Ringparabel in der Mitte des Dramas, die die Beziehung zwischen den monotheistischen Religionen als Geschwisterbeziehung fasst, können zusammen als eine besondere Variante des im vorliegenden Buch thematisierten Übergangs vom Patriarchat zum Fratriarchat im achtzehnten Jahrhundert gelesen werden. Die erzählerische Struktur von *Nathan der Weise* entzog das Stück jedoch nicht nur der Zensur. Die narrative Form mit ihrem Fokus auf die Bedeutung von Partikularem und affektive Überlieferungsformen ebnete für die vergleichende Religionswissenschaft und die Ethnologie als Ganzes den Weg zu einer neuen Art von Gegenstand und einer neuen Methodik.

Lessings *Nathan der Weise* wird zu einem paradigmatischen Text für das Verständnis von Klassifizierungen menschlicher Bevölkerungsgruppen anhand der Familienstruktur, weil das Stück die Rolle der biologischen und kulturellen Überlieferung von Merkmalen untersucht. Willi Goetschel (2003, insb. 63) erkennt Lessings Abkehr von Normen, die unter anderem in Johann David Michaelis' essentialistischen ethnischen Kategorien bestanden. Helmut Schneider (1995, insb. 176) liest Lessings Stück ganz ähnlich als eine Aufwertung der Autogenese der Vernunft gegenüber dem materiellen Morast von Körper, Geschlecht, „Rasse" und nationaler Identität, allerdings veranschauliche es auch die unausweichlichen materiellen Einschränkungen, die eine solche Selbstschöpfung behinderten. Meines Erachtens schenkt Lessing jedoch der ererbten körperlichen Differenz mehr Glaubwürdigkeit und zollt ihr mehr Respekt, als Goetschel und

---

Kontroverse auslösten. 1778 folgte ein siebtes Fragment. Mehr dazu bei Hess 2002, 114–118; Yasukata 2002, 1–43; Talbert 1970.
298 Eine detailliertere Analyse von Lessing und Reimarus, die auf meine Interpretation an dieser Stelle eingeht, findet sich in meinem Aufsatz „Coining a Discipline" (Engelstein 2016, 221–246).

Schneider meinen.²⁹⁹ Diese materielle Komponente der Identität dient als strukturelle Ermöglichung des menschlichen Wertes, indem sie die kombinierten Auswirkungen physischer und kultureller Determinanten der Gruppenidentität in ein neues Licht stellt.

Das Stück ist nicht Lessings einzige Reflexion über das Verhältnis zwischen den Religionen. In seinen theoretischen Beiträgen zum Fragmentenstreit, einschließlich der Schrift „Die Erziehung des Menschengeschlechts", nimmt Lessings Historiografie eine ganz andere Form an. Diese Abhandlung kann als Brücke von der älteren Gattung der Geschichte des „Menschen" zur ebenso progressiven Geschichtsphilosophie des neunzehnten Jahrhunderts verstanden werden. Während die Schrift „Die Erziehung des Menschengeschlechts" den Begriff des universellen menschlichen Fortschritts in Zweifel zieht, indem sie die Natur des Glaubens mit den historischen Umständen verbindet, stellt sie letztendlich die christliche Religion als kulturellen Fortschritt dar. Die universalisierende Tendenz, die in Lessings Abhandlung ein Argument für ein respektvolles Zusammenleben zu sein scheint, hat daher noch eine andere Seite, die ein langes und unangenehmes Nachleben führen sollte. Lessing deutet an, dass das Christentum über den moralischen Imperativ verfüge, einen aus seinen jüdischen Wurzeln stammenden Materialismus zu überwinden. Selbst die Vorstellung gemeinsamer Wurzeln ist für Lessing (1989, 321) schon beunruhigend, der zufolge die „christlichen Völker [...] auf den Stamm des Judentums gepfropft waren",³⁰⁰ anstatt organisch aus ihm zu erwachsen. Die Idee des Pfropfens deutet darauf hin, dass Christ*innen und Juden*Jüdinnen trotz des Austauschs von Nahrung oder Ideen getrennte Arten sind. Wenn Toleranz und Fortschritt in „Die Erziehung des Menschengeschlechts" eine Trennung des Geistes vom Buchstaben und eine Abkehr vom Partikularismus mit einer Ablehnung des Judentums verbinden, dann wird der Aufsatz zur bloßen Akklamation eines als universell verstandenen protestantischen Christentums.³⁰¹ Der Islam hingegen, der zwar dem Christentum nachfolgt, aber zugleich als weniger fortgeschritten gilt, taucht überhaupt nicht auf. Willi Goetschel (2003, 62–64) liegt jedoch nicht falsch, wenn er in seiner Untersuchung zu *Nathan der Weise* feststellt, dass Lessing die

---

[299] Carl Niekerk zeigt Lessings Vertrautheit mit der damaligen klimatologischen Anthropologie und ihren Einfluss auf *Nathan der Weise* auf. Eines der bekanntesten Werke dieser Art war in Deutschland Cornelius de Pauws Bericht über Amerika, übersetzt von Lessings Bruder Karl (vgl. Niekerk 2004, 229).

[300] Wir werden in diesem Kapitel auf das bedeutende Wort *Stamm* stoßen. Man beachte die Ähnlichkeit mit Schlegels späterer Behauptung, die zuvor zitiert wurde, dass die jafetischen Völker im Haus des Sem wohnten.

[301] Zu den antijüdischen Elementen von Lessings Argument über die Reifung der Zivilisation vgl. Helfer 2011, 4–8.

Schuld des Christentums gegenüber dem Judentum betone, aus dem es hervorgegangen sei, eine Schuld, die auf eine Verpflichtung zu Respekt und Anerkennung und mehr noch auf eine Akzeptanz der nationalen und bürgerlichen Gleichheit ohne Bezugnahme auf die religiöse Identität hinauslaufe. Lessings Darstellung von Religion und Koexistenz beruht auf Figuren mit individueller und nicht universeller Geschichte. Das Drama konstruiert so eine differenziertere Vorstellung von Gemeinschaft als die philosophische Abhandlung. Diese erzählerische Form ist es, die eine ethnologische Alternative zu den Universalgeschichten andeutet. Familiengeschichten sind für diese neue Perspektive von Bedeutung.

Im von Lessing veröffentlichten Text behauptet Reimarus, Religion werde willkürlich von der einen Generation der folgenden auferlegt, sie hemme die Vernunft und belege das Kind mit einer anhaltenden irrationalen Angst vor der Verdammnis. Lessing selbst bestritt diese Ansicht und wertete die Unterweisung der Kinder in religiösen Dingen als die notwendige Grundlage einer sittlichen Gewohnheit, was ihr hervorstechendes Merkmal sei. „Erziehung ist Offenbarung, die dem einzeln Menschen geschieht", erklärt er in „Die Erziehung des Menschengeschlechts" (Lessing 2001, 75). In *Nathan der Weise* legt Lessing die versöhnlichen Attribute dar, die Reimarus in der Eltern-Kind-Beziehung übersehen habe, nämlich die *Liebe*, die die *ererbte Religion* aus der Sphäre der Gewalt entferne. Dennoch veranschaulicht Lessings Ringparabel, wie die Liebe die Wirkung der Angst wiederherstellen kann, solange religiöse Wahrheit an eine einzige Lehre gebunden wird. Die drei Geschwister in Nathans berühmter Parabel werden in gleicher Weise von ihrem Vater geliebt, können diese Gleichheit jedoch nicht akzeptieren. Durch ihre Liebe bleiben sie nicht nur für die Wahrheit blind, sondern unfähig, die gleichberechtigte Legitimität der Wahrheitsansprüche ihrer Geschwister zu erkennen. Nathans Ringparabel kann somit als Tadel der eigenen philosophischen Abhandlung des Autors gelesen werden, die die Vorstellung einer progressiven Annäherung an die religiöse Wahrheit beibehält.

Nathan der Weise wird oft als ein Appell für die universelle Brüderlichkeit aufgefasst, dabei war Lessings Fokus auf die drei monotheistischen Religionen, die stellvertretend für Universalität stehen sollten, längst anachronistisch. Europas mittelalterliche und frühneuzeitliche Aufteilung der Welt in vier Religionen, nämlich Judentum, Christentum, Islam und Polytheismus oder Heidentum, war im Laufe des siebzehnten und achtzehnten Jahrhunderts immer mehr bekannten Religionen, alten und modernen, gewichen (vgl. Guthke 2004/2005, 17–18).[302] Alain Schnapp

---

302 Guthke (2004/2005, 24) stellt fest, dass sich Reimarus und Lessing gleichermaßen auf monotheistische Religionen konzentrierten, die größere Diversität in der Welt aber durchaus anerkannten. Er erwähnt, dass man in Lessings Jerusalem auf ‚Franken', Inder, ‚Mohren', Ägypter,

(2000, 162) hat das Ergebnis für den britischen und französischen Kontext skizziert: „Unmissverständlich erscheint [...] der Appell an eine neue Form des Wissens, die die Naturwissenschaft mit der Menschheitsgeschichte, die Theologie mit dem Studium der Antike verbindet." Dieser neue Ansatz erweiterte sich bald und nahm die gleichen Methoden bei der Erforschung neuerer und zeitgenössischer religiöser Praktiken und Überzeugungen an. Nicht zufällig betont Saladin, wenn er Nathans Darstellung der drei monotheistischen Religionen als drei identische Ringe kontert, ihre Vielfalt in „Kleidung[,] [...] Speis und Trank" (Lessing 1993, 557), während Nathan selbst die religiösen Gruppen „[a]n Farb' [Hautfarbe], an Kleidung, an Gestalt" unterscheidet (Lessing 1993, 532). In beiden Beschreibungen tauchen sowohl körperliche als auch kulturelle Elemente auf, die Hautfarbe auf der einen Seite und die Kleidung auf der anderen. Das Essen überschreitet die Grenze, denn nach damaliger Ansicht beeinflusste die Ernährung zusammen mit dem Klima die physischen Eigenschaften eines Volkes.[303]

Wenn diese äußeren Merkmale die religiösen Gruppen allgemein charakterisieren, erweisen sie sich dennoch im Laufe des Stücks als unzureichend für ihre bedeutungsvermittelnde Aufgabe. Nathan verwechselt nicht nur seinen Parsi-Freund Al-Hafi mit einem Muslim, sobald er die Uniform von Saladins Hof angelegt hat,[304] sondern die Begriffe „Jud" und „Christ", die als Anrede auf der Grundlage visueller Urteile des äußeren Erscheinungsbilds verwendet werden, weisen auch auf einen Kategorienfehler hin, der Individuen mit ihrem „Volk" gleichsetzt

---

Araber, Parsen (,Gheber'), Juden und Mohammedaner, selbstverständlich, aber auch ein[en] ,Wilde[n]'" treffe. Der „Wilde" ist in lessingtypischer Ironie ein europäischer Christ.

303 Zu Einfluss und Ausmaß des Klimas für Veränderungen nach der damaligen Anthropologie vgl. auch Niekerk 2004. Interessanterweise fehlt in dieser ethnologischen Beschreibung die Sprache. Die gemeinsame Sprache, in der die Figuren miteinander kommunizieren, wird nie zum Thema gemacht, obwohl Nathan erwähnt, dass Wolf von Filnek lieber Persisch sprach, und wir erfahren, dass er seine Genealogie in sein christliches Brevier auf Arabisch schrieb. Schon vor William Jones wurde Persisch als mit europäischen Sprachen verwandt anerkannt, während Arabisch wie Hebräisch in eine andere Familie eingeordnet wurde.

304 Al-Hafi wird verschiedentlich als Parsi, Gheber und Derwisch bezeichnet. Die letzte dieser Bezeichnungen steht jedoch im Widerspruch zu den ersten beiden. Die Parsen sind eine zoroastrische Sekte in Indien, das Al-Hafi auch als seine Heimat nennt (vgl. Lessing, 1993, 61). „Gheber" ist ein europäisches Wort für einen Zoroastrier, und es gibt Hinweise im Text, dass Al-Hafi seine Religion für eine andere als die drei monotheistischen hält (vgl. Lessing 1993, 51). Andererseits sind Derwische eine muslimische Sufi-Sekte. R. H. Farquharson (1986) interpretiert Lessings Quellen über Derwische und Zoroastrier überzeugend und weist darauf hin, dass er wahrscheinlich eher eine zoroastrische als eine muslimische Figur beabsichtigt habe. Librett (2018, 248) weist findig darauf hin, dass Al-Hafi, der „Gheber", die im Drama angelegte ethische Forderung des Gebens erfülle.

(Lessing 1993, 533).[305] Hautfarbe und Körperbau können ähnlich irreführend sein. Die adoptierte Recha zum Beispiel geht problemlos als jüdisch durch, obwohl ihre ererbten körperlichen Merkmale von einer europäischen christlichen Mutter und einem muslimisch geborenen Vater aus dem Nahen Osten stammen. Derweil findet es Daja nicht seltsam, dass Curd behauptet, ein einfacher Schwabe zu sein, trotz der Ähnlichkeit mit seinem muslimischstämmigen Vater aus dem Nahen Osten, die sowohl Saladin als auch Nathan auffiel (vgl. Lessing 1993, 513).

Während des gesamten Stücks nähert sich Lessing diesem Verhältnis zwischen Körper und Kultur durch repräsentierende Objekte: Münzen, den berühmten Ring und sogar die Schachfiguren des Sultans.[306] Nathan denkt über das Verhältnis von uralter und neuer Münze nach und stellt fest, dass der Wert der Überlieferung vom Material statt von einer objektiven Bewertung des Materials selbst abhängt, mithin ein Ansatz, der es ihm ermöglicht, allen drei Religionen Wert beizumessen und der „Tyrannei" einer einzigen Wahrheit zu entkommen. Es lohnt sich, diese genealogische Sicht auf die Wahrheit mit Nietzsches äußerst ähnlicher Definition der Wahrheit ein Jahrhundert später zu vergleichen, als „Münzen, die ihr Bild verloren haben und nun als Metall, nicht mehr als Münzen in Betracht kommen" (KGA, Band 3.2, 375). Für Nietzsche – wie auch schon für Reimarus – ist die genealogische Lesart der Wahrheit abträglich. Für Lessing hingegen offenbart und *bestätigt* sie gerade die Quelle der Wahrheit als Überlieferung und nicht als Substanz.[307] Während er sich in „Die Erziehung des Menschengeschlechts" damit begnügte, den

---

305 Dass Nathan die Identifikation des Individuums mit der Gruppe ablehnt, stellt keine Ablehnung der Idee der Zugehörigkeit zu einer Gruppe dar. Nathan trägt erkennbar jüdische Kleidung oder andere äußere Anzeichen, wie sich daran zeigt, dass der Tempelherr ihn als jüdisch erkennt (vgl. Lessing 1993, 529), und während seines Gesprächs mit dem Sultan ist er entschlossen, nicht zu konvertieren. Darüber hinaus lässt sich *Nathan selbst* durch den christlichen Laienbruder, der zum Beweis der Güte einen Person einen Christen nennt, dazu inspirieren, diese Person einen Juden zu nennen (vgl. Lessing 1993, 597), und lehnt keines der beiden Etikette zugunsten einer universelleren Bezeichnung ab. Nathan ist bestrebt, die Gemeinsamkeiten aufzuklären und zugleich ihre Unterscheidbarkeit aufrechtzuerhalten. Vgl. Benjamin Bennett 1977, 70, zu der ähnlichen, aber nicht identischen Argumentation, dass *Nathan der Weise* die Zugehörigkeit zu einer Tradition – die Bennett allerdings mit Blutsverwandtschaft gleichsetzt – als „rational willkürlich, aber realistischerweise notwendig" befürworte.
306 Vgl. Schlipphacke 2023, 117–143, zu einer Auseinandersatzung mit den Requisiten und dem Eigentum bei Nathan als begünstigende Faktoren für den Mehrwert und die Abweichung, die Beziehungen jeder Art innewohnen.
307 Eva Knodt (1996) liest Lessing ebenfalls als „proto-Nietzscheaner" in seinen Ansichten zur Wahrheit. Kritiker*innen haben Lessings Intervention beim Verständnis der Wahrheit schon lange zur Kenntnis genommen. Vgl. auch Schmitt 1998; Schneider 2011, 157–160; Goetschel 1996, 115; Leventhal 1988; Fulda 2005, 4; Schilson 1995, 1–18.

Buchstaben vom Geist zu trennen, findet er in *Nathan der Weise* eine neue Möglichkeit, sie zu kombinieren.[308]

Diese Ansicht kulminiert in Nathans berühmter Ringparabel: Der ursprüngliche Ring wurde über Generationen vom Vater an den meistgeliebten Sohn weitergegeben, bis er schließlich von einem Vater vervielfältigt wurde, der seine drei Söhne gleichermaßen liebte und jedem von ihnen einen Ring gab. Wie der Richter in Nathans Geschichte feststellt, könnte nicht nur das Wissen darüber, welcher Ring das Original ist, sondern auch der wahre Ring selbst verloren gegangen sein. Alle drei Ringe sind wahrscheinlich Kopien, deren Wert nunmehr vom Glauben an die Überlieferung abhängt.[309] Wichtig ist, dass auch der Wert des ursprünglichen Rings nicht in seinem Material bestand, sondern darin, eine liebevolle Beziehung zwischen zwei Menschen zu schaffen.[310] Nun könnte man auch nach der Vervielfältigung der Ringe versuchen, den wahren Ring – oder die wahre Religion – daran zu erkennen, dass er seinen Träger beliebt macht, wenn er ihn mit dieser Absicht trägt. Während die vertikale Weitergabe die Annahme eines bestimmten religiösen Wahrheitsanspruchs motiviert, zeichnet die horizontale Achtungsbekundung von Geschwistern oder Zeitgenoss*innen den Träger des wahren Rings aus, was zu einem „Nebeneinander der Religionen" (Fick 2017, 40) führt. Die Konkurrenz um eine einzige Version der Wahrheit wird durch eine Konkurrenz in der Güte ersetzt, die geteilt werden kann, ohne weniger zu werden. Wenn der Wahrheitsgehalt in

---

[308] Robert Leventhal (1988, 515) weist in ähnlicher Weise auf die Verschiebung von der Missachtung des „Buchstabens" oder der Mittel religiöser Tradition in der „Erziehung" hin zur Achtung der historischen Spezifität von Traditionen bei Nathan hin. Schneider (2011, 169–170) versucht, die beiden Ansichten wieder zu vereinen. Seiner Ansicht nach setzt die Kluft zwischen Objekt und Bedeutung beide frei, indem sie den universellen Kern durch die verschiedenen Einzelheiten durchleuchten lässt. Ich möchte jedoch hinzufügen, dass die Einzelheiten nicht nur Kanäle zu höheren abstrakten Universalien sind, sondern dass die begehrte Bedeutung weiterhin das Körperliche und Partikulare mit universellen Grundlagen verbindet. Jeffrey Librett (2018) kommt zu einem ähnlichen Schluss über die gegenseitige Abhängigkeit von Buchstabe und Geist, nicht nur im *Nathan*, sondern auch in „Die Erziehung des Menschengeschlechts", indem er sich auf die Theorie der Transmigration konzentriert, mit der der Aufsatz endet.
[309] Wie Galili Shahar (2015, 43) anmerkt, repräsentiert die Ringparabel, indem sie eine „Dekonstruktion des Ursprungs, [...] Formung des Selbst [...] und zuletzt die pluralistische Existenz" (Shahar 2015, 42) anbietet, „das Projekt der Bildung, das heißt die Erziehung und Selbstbildung des Menschen nach dem ästhetischen Modell".
[310] Martin Buber (1986) greift die Idee auf, dass der Glaube eine Beziehung zu einer oder mehreren Personen sei, denen man vertraut, als eine von zwei möglichen Glaubensarten. Er verbindet diesen beziehungsbasierten Glauben mit dem Judentum, insbesondere in dessen frühestem Stadium, und den anderen – das Vertrauen, dass eine Idee wahr ist – mit dem Christentum. Fick (2017, 41) merkt an, dass der Islam sich genau auf diese „Treue zum ‚Glauben der Väter'" als eine „Verstocktheit der Juden" bezog.

einen Prozess übergeht und die Substanz zu einer Historie von Beziehungen wird, vermehrt sich die Replikation eines einzigen Vaters in jeder Generation zu einer komplexen Anordnung von affektiven Verwandtschaftsbeziehungen.

Die zentrale Frage des Stücks adressiert Nathan kurz nach dem Ende seiner Parabel an Saladin:

> Denn gründen alle [Religionen] sich nicht auf Geschichte?
> Geschrieben oder überliefert! – Und
> Geschichte muß doch wohl allein auf Treu
> Und Glauben angenommen werden? – Nicht? –
> Nun wessen Treu und Glauben zieht man denn
> Am wenigsten in Zweifel? Doch der Seinen?
> Doch deren Blut wir sind? doch deren, die
> Von Kindheit an uns Proben ihrer Liebe
> Gegeben?
> (Lessing 1993, 557–558)

Glaube ist demnach kein rationales Urteil über die Wahrheit, sondern das Annehmen einer Identität, einer Mitgliedschaft. Die Passage wirft die Frage auf, die sich an das gesamte späte achtzehnte Jahrhundert und die aus ihm hervorgegangenen Wissenschaften richten muss, von der Religionswissenschaft über die Sprachwissenschaft und Rassentheorie bis zur Ethnologie und Anthropologie: Was bedeutet es, dazuzugehören? Wer sind die „Seinen" – die, von deren Blut wir sind (um Nathans plötzlichem Wechsel von der dritten zur ersten Person zu folgen), *oder* diejenigen, die uns liebevoll erziehen? Wie beeinflussen das Materielle und die Kultur sich gegenseitig? Die Parabel wie auch das gesamte Stück lehnen weder Geburt noch emotionale Bindungen als legitime Grundlagen für die Weitergabe von Glaube und Kultur ab, sondern verschränken sie miteinander. Die Entdeckung, dass der Tempelherr und Recha blutsverwandte Geschwister sind und somit Saladins Neffe und Nichte, wird nicht als irrelevant für ihr Verhalten, ihre gegenseitigen Gefühle oder für das, was man vielleicht kulturelle Identität nennen könnte, abgetan. Blut ist hier jedoch keine definierende Substanz. Saladin begreift dies unerwartetermaßen, wenn er Recha beruhigt: „das Blut, das Blut allein / Macht lange noch den Vater nicht! macht kaum / Den Vater eines Tieres! giebt zum höchsten / Das erste Recht, sich diesen Namen zu / Erwerben." (Lessing 1993, 620) Getreu dieser Logik des *Erwerbs* eines Werts dramatisiert das Stück, inwiefern ererbte Eigenschaften in eine historische Abfolge der Aktivität und der Beziehungen eintreten müssen, um ihren Ausdruck als Taten zu formen und Bedeutung zu erlangen.[311] Darüber hinaus kommuniziert Blut allein nicht ohne eine Geschichte der gemeinsamen Erfahrung. Nicht nur Saladin erkennt

---

[311] Und zwar durch monetäre Metaphern; vgl. Engelstein 2016.

Curd wegen seiner Erinnerung an seinen Bruder, sondern das Drama deutet auch darauf hin, dass Curd Recha wegen seiner vagen Erinnerungen an seine Eltern erkennt, wenn auch weniger deutlich. Bezeichnenderweise kann die als Säugling verwaiste Recha ihn im Gegenzug nicht erkennen und reagiert daher nicht mit der gleichen Leidenschaft, die er für sie empfindet.

Während Saladin und Curd bei einem ersten Kennenlernen jeweils von diesen neuen Liebesobjekten angezogen sind, erfordert es mehr Interaktion, um die Bindung zu festigen. Lessings Absicht, über körperliche Merkmale und erste Eindrücke hinauszugehen, ist eher programmatisch als zufällig. Die Beziehungen müssen sowohl eine Geschichte entwickeln als auch von den Beteiligten als historisch anerkannt werden. Dieser Prozess umfasst die Etablierung einer komplexen Interaktion von ererbten und erlernten Merkmalen durch eine Integration von zeitlichen und räumlichen Erfahrungen. Während Curds Aussehen etwa die Persistenz erblicher Eigenschaften hervorhebt, sind diese nicht auf das Körperliche beschränkt und können nicht von ihrem lebensweltlichen Kontext losgelöst werden. Während Rechas Verhalten hingegen die Bedeutung erlernter Eigenschaften betont, wird deren Wirkung von ihren angeborenen Eigenschaften beeinflusst. Die Handlung von *Nathan der Weise* dreht sich um die Ähnlichkeit von Curd mit Nathans Freund und Saladins Bruder, der sich natürlich als ein und dieselbe Person, als Curds Vater, herausstellt. Curds Gemeinsamkeiten mit seinem Vater reichen vom konkret Materiellen bis zum Immateriellen. Saladin begnadigt den Tempelherrn auf den ersten Blick wegen einer optischen Ähnlichkeit und stellt später fest, dass auch der Tonfall ihrer Stimmen übereinstimmt (vgl. Lessing 1993, 582). Saladin vergleicht auch regelmäßig das Verhalten des Tempelherrn, der vorschnell und auch mutig ist, mit dem seines lange verschollenen Bruders, während Nathan sofort vom Aussehen auf den Charakter schließt und dies *trotz* der oberflächlichen Anzeichen. Nach nur einem Blick auf den Tempelherrn und vor ihrem ersten Gespräch kommt Nathan zu dem Schluss: „Die Schale kann nur bitter sein: der Kern / Ists sicher nicht." (Lessing 1993, 529)

Recha scheint im Gegensatz zu ihrem Bruder in erster Linie das Produkt ihrer Erziehung zu sein und Nathan mehr zu ähneln als ihren biologischen Eltern. Ihre Gesichtszüge werden nie beschrieben, und es scheint, dass ihre körperlichen Merkmale nicht in einer Beziehung oder einer Geschichte existieren. Sanft und weich, darauf deuten ihr jüdischer und auch ihr christlicher Name hin, erscheint sie als das ideale unbeschriebene Blatt.[312] Und doch weckt Recha, wie bei Curd und Saladin, durch ihr Aussehen und ihre Stimme Erinnerungen im Tempelherrn. In einem frühen Entwurf des Stücks fragt sich Curd: „Ich habe eine solche himmlische Gestalt schon wo gesehen – eine solche Stimme schon wo gehört. Aber wo? Im Traume?

---

312 Zur Etymologie von Rechas Namen vgl. Birus 1984.

Bilder des Traumes drücken sich so tief nicht ein." (Lessing 1993, 649) Die beiden prominentesten Rettungen im Stück sind also beide durch Erkennen motiviert, ob bewusstes oder unbewusstes: visuell im einen Fall (wenn Saladin den Kriegsgefangenen Curd begnadigt) und akustisch im anderen (wenn Curd Recha nach ihrem Hilferuf aus ihrem brennenden Haus rettet).[313] Curds eigene Verwirrung über diese Handlung, die ihn zu einem „Rätsel von mir selbst" macht (Lessing 1993, 513), kann erst beseitigt werden, wenn er das Rätsel seiner Beziehung zu Recha löst. Lessing entfernte jedoch solche expliziten Anspielungen auf Rechas Ähnlichkeiten aus der endgültigen Fassung und schuf damit in Curds Wahrnehmung von Recha eine anfängliche Spannung zwischen Erscheinung und Stimme, die er überwinden muss.

Curds erste Bindung an Recha scheint sich im Bereich des Visuellen abzuspielen. Seine defensive Behauptung nach der Rettung spricht gegen die eigene Wichtigkeit: „Des Mädchens Bild / Ist längst aus meiner Seele; wenn es je / Da war." (Lessing 1993, 513) Ein zweites Treffen verstärkt die besonders durch das Aussehen entstandene Bindung:

> Sie sehn, und der Entschluß, sie wieder aus
> Den Augen nie zu lassen [...]
> [...] – Sie sehn, und das Gefühl,
> An sie verstrickt, in sie verwebt zu sein,
> War eins. – [...]
> [...] – Ist das nun Liebe:
> So – liebt der Tempelritter freilich, – liebt
> Der Christ das Judenmädchen freilich.
> (Lessing 1993, 562)[314]

Nach dem Gespräch mit Recha spürt er ein Gefühl der Zerrissenheit und ruft: „Wie ist doch meine Seele zwischen Auge / Und Ohr geteilt!" (Lessing 1993, 545) Da sie von ihrem Ziehvater, der sie vom Lesen abhielt, ausschließlich mündlich erzogen wurde, spiegelt ihr Sprechen seine empirische Neigung wider. Wir müssen daher vermuten, dass Curd sich zumindest ein wenig dessen bewusst ist, dass ihr Aussehen ihrer leiblichen Familie zuneigt und damit seinen eigenen Eltern. Die beiden Sinne geben ihm also zwei unterschiedliche Eindrücke von ihr.

---

[313] Die beiden Rettungen sind ebenfalls mit Risiken behaftet. Während die Gefahr, in ein brennendes Gebäude zu stürzen, offensichtlich ist, macht der Patriarch die Bedrohung für Saladin explizit, als er versucht, Curd zu rekrutieren, um dessen eigenen Wohltäter zu ermorden. Curds besonderer Schutzstatus würde ihn zum idealen Kandidaten für diese Aufgabe machen.

[314] Die Formulierung impliziert, dass die neuartige Emotion, die durch einen visuellen Eindruck verursacht wird, etwas anderes als erotische Liebe sein könnte. Curds Leben ist schließlich mit Rechas biologisch und historisch verflochten. Wir sehen hier, wie selbst natürliche Zeichen wie Ähnlichkeit das Eingreifen von Bildung erfordern, bevor sie richtig verstanden werden können.

Wir erkennen jedoch bald, dass die wahrgenommene Trennung zwischen Auge und Ohr bei Curds Reaktion auf Recha eine weitere seiner sich herumtastenden Fehlinterpretationen ist.[315] In Rechas Stimme vereint sich Nathans Erziehung mit der Klangfarbe ihrer Abstammung, während visuelle Merkmale wie ihr Lächeln in eine Geschichte von Handeln und Verhalten integriert sind. Curd selbst merkt, dass ihn Rechas Lächeln allein nicht ansprechen würde, wären da nicht die Gedanken, die das Lächeln erst hervorbringen, Gedanken und die auf ihre Erziehung zurückzuführen sind.[316] Das bereits flüchtige Bild eines Lächelns und der materielle Klang der Stimme, die ererbt worden sein könnten, werden somit durch die Handlungen des Lächelns und Sprechens ersetzt, die eine einzigartige Kombination von Natur und Erziehung zeigen und die Vorstellung von einer Diskrepanz in Zeit und Raum infrage stellen.[317]

Die Spaltung zwischen Auge und Ohr stand im Mittelpunkt von Lessings ästhetischer Abhandlung *Laokoon: oder über die Grenzen der Malerei und Poesie*. Lessings Vorliebe für die Gedanken und die Empathie, die durch die arbiträren Zeichen der Sprache entstehen, gegenüber der Schönheit der natürlichen Zeichen der bildenden Kunst kommt hier zum Vorschein, wenn Curd den Kopf zur Seite dreht, um Recha ohne die Ablenkung durch seine Augen zuzuhören. Und doch kann Curd seinen Blick nicht abwenden. Während das Drama an sich immer Visuelles und Verbales kombiniert, sind die Reflexionen von Curd und Saladin mehr als nur Hinweise darauf, wie das Publikum das Stück interpretieren sollte. Vielmehr geben sie vor, dass das Publikum handelnde Körper als allgemeine Zeichen lesen sollte.[318] Lessing erweitert hier seine Semiotik und verbindet Ästhetik, Ethik und Epistemologie. Der verbale Diskurs schafft einen Raum, der notwendig ist, um dem Plastischen Bedeutung zu verleihen, gerade weil er nichtmimetisch ist. So wird ein Materielles – ob Ton oder Lächeln – von der reinen Mimesis der Vererbung befreit und bezieht sich auf die historische Erfahrung einer Person in der Zeit. Es ist kein Zufall, dass sich *Nathan*

---

315 Wie Katja Garloff (2004/2005, 56) argumentierte, unterscheidet „die Integration von visuellen, akustischen und taktilen Eindrücken" im Stück erfolgreiche Momente kognitiver Intuition von weniger reifen Vernarrtheiten, die allein auf dem Optischen beruhen.
316 Helmut Schneider (2011, 196) liest die Betonung der väterlichen Unterweisung bei der Bewertung von Rechas Lächeln als männliche Aneignung weiblicher generativer Fähigkeiten. Schneider kritisiert zu Recht das Fehlen oder die Unzulänglichkeiten der mütterlichen Erziehung hier und in Lessings Werk insgesamt. Es fällt jedoch auf, wenn es auch nicht entlastet, dass keine Dichotomie zwischen mütterlicher Materie und väterlichem Geist hergestellt wird: Das Väterliche bewohnt sowohl Körper als auch Geist.
317 Vgl. auch McLean 2022 zur Überschreibung der minimalen natürlichen Zeichen des Körpers mit kulturellen Zeichen.
318 Vgl. Beate Allert (2018, 355–375) zu einer Erörterung darüber, inwiefern Nathan der Weise das Visuelle in die Zeitlichkeit hineinträgt.

der Weise wie Goethes *Iphigenie auf Tauris* und George Eliots *Die Mühle am Floss* in solcher Intensität mit der Bedeutung von Objekten befasst, hier dem Ring, der Münze, deren Verhältnis zur Wahrheit Nathan erwägt, und den undifferenzierten Schachfiguren, die dem islamischen (und jüdischen) Bildverbot entsprechen, die Saladin aber in einer geradezu antiikonoklastischen Frustration beiseite wirft. Saladin würde Mimesis vorziehen, die geradlinige Darstellung, die eindeutige Vererbung. Nathan ist sich hingegen des unvermeidlichen Unterschieds bewusst, den Geschehen, Geschichte und Erzählung ausmachen, ohne jedoch die Bedeutung des Materiellen zu leugnen. Saladin zufolge sind Recha und Curd am Ende des Dramas wegen der Blutsverwandtschaft Teil seiner eigenen Familie, obwohl er, wie zuvor zitiert wurde, das Blut für die Vaterschaft als bedeutungslos erklärt hatte. Wie Ruth Klüger Angress jedoch treffend feststellt, wird Saladin schließlich merken, was Nathan schon zu wissen scheint, dass sein Bruder Wolf/Assad als christlicher Kreuzfahrer im Kampf gegen Saladins eigene Armee ums Leben gekommen war (vgl. Angress 1971, 108–127). Wie wird er dann auf dessen Kinder reagieren?

Diese Konstellationen von Körpern und Bedeutung, von physischem und kulturellem, von Vermischung und Segregation der Völker untersucht Lessings Text wie so viele andere in dieser Zeit anhand von Geschwisterfiguren. Wie in den viel späteren Sozialwissenschaften und der Genforschung werfen Geschwister die Frage auf, in welchem Zusammenhang eine gemeinsame biologische Herkunft mit einem gemeinsamen oder getrennten Aufwachsen steht. Wenn der Wert einer Münze von der Konvention abhängt, und zwar nicht nur der Wert der Prägung, sondern auch der des Metalls selbst, so ist die Konstellation von Materie und Bedeutung beim Menschen noch komplizierter. In diesem Sinne ist es bedeutsam, dass das *Dénouement* der Familienkonstellation keine traditionelle Auflösung eines Dramenkonflikts ist, die oft darin besteht, dass ein Waisenkind einen Vater findet, der ihm einen Namen, einen Titel und oft ein Vermögen verschafft und somit ein glückliches Ende auf der Grundlage einer Heirat ermöglicht. Bei Lessing spart die wiedervereinigte Familie das vertikale Abstammungsverhältnis interessanterweise aus und dekonstruiert, wie schon in der ganzen Geschichte zuvor, reproduktive Beziehungen noch weiter. Selbst in den symbolischen Begriffen der Kirchentitel ist der sympathische und aufgeschlossene *Laienbruder* dem fanatischen *Patriarchen* eindeutig vorzuziehen.[319] Nach der Entdeckung, dass die geliebte Recha seine Schwester ist, ist Curd kurz bestürzt, erklärt jedoch Nathan gleich darauf, dass die Schwester wichtiger sei als eine Ehefrau: „Ihr gebt / Mir mehr, als Ihr mir nehmt! unendlich mehr!" (Lessing 1993, 625)

---

[319] Damit dieser Aspekt nicht verloren geht, korrigiert der Laienbruder den Tempelherrn bei ihrer ersten Begegnung, dass er nicht „Vater", sondern „Bruder" sei (Lessing 1993, 504).

Wie sollen wir diese Bevorzugung der Geschwisterlichkeit gegenüber Beziehungen zwischen Eheleuten oder zwischen Eltern und Kindern verstehen? In einem der wenigen Versuche, diese Eigentümlichkeit zu erklären, sieht Helmut Schneider (2011, 197–199) das Vorziehen eines Geschwisterteils vor der Geliebten als einen Versuch, erotisches Interesse zu einer Vision der universellen Brüderlichkeit zu sublimieren. Aber wir sollten nicht vergessen, dass Brüderlichkeit sowohl spezifisch gruppenorientierte als auch universelle Assoziationen zulässt. Die affektive Bindung an Partikulares wird im Stück weiterhin bekräftigt. Stattdessen, so möchte ich behaupten, nutzt Lessing eine Diskrepanz zwischen zwei Versionen der Geschichte aus, die sich auch in der Diskrepanz zwischen seiner Abhandlung über „Die Erziehung des Menschengeschlechts" und seinem Drama *Nathan der Weise* zeigt. Jede universelle, progressive Geschichte erfordert es, Ideen und kulturelle Zugehörigkeiten von Individuen zu abstrahieren sowie eine Geschichte der linearen Abstammung als Ersetzung zu verstehen. Damit eine solche Abstammung progressiv und teleologisch sein kann, muss sie das Neue dem Alten vorziehen und Entwicklungen ignorieren, die nicht zu der gewünschten Vision des Fortschritts passen.[320] So kommt es zu Lessings Abwertung des Judentums im Vergleich zum Christentum und zu seiner völligen Auslassung des Islam in seiner philosophischen Abhandlung. Erzählungen funktionieren jedoch anders. Im Stück ist die Historie immer persönlich, und das Abstrakte wird konkret und partikular. Religiöse Nachfolge auf der Grundlage der Entstehungszeit wird in der Gegenwart zu religiöser Koexistenz; die Genealogie der monotheistischen Religionen verwandelt sich von einer generationellen Abstammung später begründeter Religionen von früher bestehenden zu einer gemeinsamen Herkunft; und elterliche Beziehungen mit ihrer Betonung der Replikation in der Vererbung schwinden zugunsten komplexer lateraler und Stiefverwandtschaften, die nuancierte Unterschiede von Ähnlichkeit und Differenz betonen.[321] Wie wir gesehen haben, prägte die Dichotomie der universellen Gesetze und der menschlichen Geschichte als Akteure der Entwicklung die

---

[320] Librett (2018) zufolge stört auch „Erziehung" diese Linearität, indem es am Ende wieder zur Idee der Transmigration geht, die die früheste Form des religiösen Denkens darstellt und in sich zyklisch ist. Und doch entkommt Libretts Analyse der ewigen Wiederholung von Aufteilung und Zusammenführung von Geist und Buchstabe als Ziel nicht, wie er es gern hätte, der „Linearisierung des Kreises" (Librett 2018, 248), weil es hier keinen Raum für parallele Kontingenzen und unterschiedliche Pfade gibt. Die problematische Behandlung des Judentums und die Nichtbehandlung des Islams machen auf die gezwungene Chronologie des Aufsatzes aufmerksam.
[321] Wie Jakob Feldt (2016, 141) in seiner Auseinandersetzung mit jüdischen Neupositionierungen des Judentums in einer Geschichte des Partikularismus, Universalismus und (Trans-)Nationalismus feststellt, hatte die „starke historische Haltung", die „den Juden entweder als Fossil, Paria, Parasiten oder die Prophezeiung der zukünftigen Welt darstellte [… ,] kein Interesse am tatsächlichen Leben der tatsächlichen Juden; es war in vielerlei Hinsicht das Gegenteil einer Ethnografie".

Trennung von Natur- und Geisteswissenschaften. Lessing gesteht hier den Ersteren nur durch das Eingreifen und die Anerkennung der Letzteren eine Bedeutung zu.

Nathan der Weise wurde zumeist in Bezug auf die Dynamik von Judentum und Christentum gelesen.[322] Kürzlich hat sich Monika Fick (2017, 38) intensiv mit Lessings literarischen Vorbildern in Bezug auf christlich-muslimische Begegnungen auseinandergesetzt und ist zum Schluss gekommen, dass „positive jüdische Figuren […] auf deutschsprachigen Bühnen weit ungewöhnlicher als muslimische [waren]", dass aber Lessings „Religionsvergleich und, darüber hinaus, [das] Offenlassen der Wahrheitsfrage hinsichtlich des Christentums" als provozierende Neuigkeiten ausfallen. Wie Daniel Wilson schon in seiner Analyse von *Nathan der Weise* im Kontext der türkischen Opern des achtzehnten Jahrhunderts angemerkt hatte, werden die negativen Eigenschaften, die typischerweise mit Muslimen verbunden werden, bei Lessing weggelassen oder auf Nichtmuslim*innen übertragen: Wollust spielt keine Rolle in dem Drama, und die gewalttätigen religiösen Fanatiker – vor allem der Patriarch – sind Christen.[323] Lessing kehrt jedoch nicht nur das traditionelle Narrativ der Rettung der Christinnen vor den Muslimen um (vgl. Wilson 1984a, 80), sondern verwandelt ein Narrativ der Unterscheidungen von Völkern und Religionen in eines, in dem mehrere Formen der Kreuzung und Verbindung eine Klassifizierung nahezu unmöglich machen. Dank der Bekehrung eines muslimischen Ehemannes durch eine christliche Frau, die ihn nach Europa entführt, der Adoption ihres Sohnes durch seinen fanatischen christlichen Onkel und ihrer Tochter durch einen toleranten jüdischen Freund gehören ihre gemischten Kinder mehreren Traditionen an. Die Figuren produzieren ihre Verwandtschaft aktiv (vgl. Al-Shammary 2011, 158–159). Lessings innovative Religionsgenealogie bot eine Vorlage für eine wertfreie Untersuchung kultureller Unterschiede, die jedoch lange Zeit schlummerte.[324] Leider schuf Lessing, indem er spätere Denker*innen von der

---

322 Bis zu Thomas Manns im zwanzigsten Jahrhundert erschienener Novelle „Wälsungenblut", die im Folgenden behandelt wird, handelt es sich meines Wissens um die einzige Geschwisterinzesterzählung mit jüdischer Beteiligung, während es sehr viele mit Muslim*innen gibt, und doch haben sich die kritischen Reaktionen auf Lessing überwiegend auf die jüdisch-christlichen Beziehungen unter Ausschluss des Islams konzentriert. Ausnahmen sind die Werke von Wilson 1984a; Kuschel 1998, 2004; John 2000, 245–257; Horsch 2004; Al-Shammary 2011; Fick 2016.
323 Zumeist geht es in diesen Opern um entführte christliche Frauen, die aus dem Harem gerettet werden (am bekanntesten ist Mozarts *Entführung aus dem Serail*). Überzeugend verortet Wilson auch Goethes *Iphigenie auf Tauris* in dieser Tradition. Auch in Schillers *Braut von Messina* ist ein Echo davon zu erkennen; als Beatrice verschwindet, ist ihre Familie zunächst davon überzeugt, dass sie von Piraten entführt wurde. Vgl. auch Pal-Linpinski (2020) zum Verhältnis von Oper und Darstellungen der Türkei bei Byron.
324 Zu Lessings Rolle in der aktuellen theologischen Debatte vgl. Foreman 2000.

strengen linearen Genealogie der monotheistischen Traditionen befreite, auch einen Ausgangspunkt für spätere Versuche, das Christentum zu „arisieren".

Geografische und kulturelle Grenzen des Islams

Die Häufung von Muslim*innen in Erzählungen über Geschwisterbeziehungen beschränkte sich nicht nur auf die deutsche Literatur zwischen 1770 und 1810; sie war auch in der britischen Literatur der gleichen Zeit omnipräsent. Im Jahr 1813, als Byron ein Gedicht mit dem Titel *The Bride of Abydos* veröffentlichte, konnte er auf eine literarische Tradition verweisen, in der geografische, religiöse und kulturelle Unterschiede durch Geschwisterbegehren ausgehandelt wurden. Die Geschwisterbeziehung in Byrons Gedicht veranschaulicht ebenfalls die Durchlässigkeit von Klassifizierungen, eine von Lessing begrüßte Ambiguität, die Byron jedoch als deutlich bedrohlicher empfindet. Die Grenze, um die es hier geht, ist buchstäblich eine geografische, nämlich der Hellespont oder die Dardanellen, doch die Geografie überlagert eigentlich nur eine kulturelle Kluft. Während diese Grenze durch die gemischte Abstammung des Protagonisten durchbrochen wird, ist sie fatalerweise nicht durchlässig genug, als Selim versucht, die „Heimat" in Form einer Schwester-Braut übertragbar zu machen.

The Bride of Abydos gehört zu den Byron-Gedichten, die abwechselnd als türkische Märchen, östliche Märchen oder orientalische Märchen bezeichnet werden. Diese Vermengung von Begriffen veranschaulicht die anhaltende Bedeutung des Osmanischen Reichs in der britischen Vorstellung des *Orients* im frühen neunzehnten Jahrhundert, selbst als Indien an Bedeutung gewann. Abydos war eine Nachbarstadt des heutigen Çanakkale am Ostufer und engsten Punkt der Dardanellen. Die Dardanellen markieren eine natürliche Grenze zwischen Europa und Asien, und doch konnte Byron ihre Durchlässigkeit am eigenen Leib erleben – 1810 war er der Erste, der nachweislich über den Hellespont schwamm. An diese Leistung erinnerte er in seinem parodistischen Heldengedicht „Written After Swimming from Sestos to Abydos" (Byron 1981). Die Überquerung kann jedoch nicht als gefahrlos abgetan werden. Leander, der von Byron nachgeahmte mythologische Liebhaber, starb beim Schwimmen über den Kanal, als das von seiner geliebten Hero entzündete Licht im Sturm erlosch. Byron trug von seiner Überquerung nur ein Fieber [*ague*] davon, wenn wir seiner poetischen Darstellung Glauben schenken. Der Status der Wasserstraße beschäftigte Byron jedoch weiterhin. Selim und Zuleika, den Liebenden in dem drei Jahre nach seiner Überquerung geschriebenen Gedicht, gelingt es nie, sich auf das Schiff zu begeben, das Selim sich als Flucht aus ihrem Elternhaus vorstellt. Selim stirbt, als sein Fuß das Wasser berührt, und Zuleika stirbt wie die mythische Hero vor Kummer. Natürlich ist es nur ein Zufall, dass Byron tatsächlich 1824 an einem

Fieber starb. Es ist jedoch bezeichnend, dass er, als er krank wurde, sich militärisch und finanziell für Griechenlands Unabhängigkeit vom Osmanischen Reich einsetzte und der Hellespont im Zuge dessen zur nationalen Grenze werden sollte, die die Nationalitäten nach Byrons Vorstellungen nicht nur landschaftlich, sondern auch kulturell durch tiefe Gräben voneinander trennte.[325]

Hero und Leander sind nicht das einzige tragische Paar, auf das sich Byron bezieht; er verwebt in seinem Text *The Bride of Abydos* ein dichtes Erbe von Geschwisterschaften, sowohl aus der Antike als auch aus der Moderne. Byron bezeichnet den Hellespont, heute die Dardanellen, das Grenzgewässer zwischen Europa und Asien, als „Helle's Fluten", „Helle's Flut" und „Helle's Strömung" und stellt damit die mythische Helle in den Vordergrund, die ihr Gleichgewicht verlor, als sie auf einem fliegenden goldenen Widder über das Wasser ritt (Byron 1981, 123, 124, 1841, 364).[326] Der Widder war von ihrer Nymphenmutter geschickt worden, um Helle und ihren Bruder Phrixos vor dem „gemeinsame[n] Geschick" durch die Hände einer mörderischen Stiefmutter zu retten (Ovid 1957, 177, Zeile 863). Phrixos verliert bei seinem Versuch, sie zu retten, fast sein eigenes Leben und trauert um „die Gefährtin einer doppelten Gefahr" (Ovid 1957, 177, Zeile 873).[327] Die Wasserstraße selbst manifestiert die Bindung zwischen Geschwistern und deutet gleichzeitig auf den geografisch in der Nähe verorteten Geschwistermythos hin, den Bosporus (wörtlich: Kuh- oder Ochsenfurt), eine Wasserstraße nördlich des Hellespont. Der Name erinnert an die Überquerung der Prinzessin Io, die Zeus in eine Kuh verwandelt hatte, um die Liebelei vor seiner Frau zu verbergen. Ios Bruder Kadmos gründete nach einer vergeblichen Suche nach ihr die Stadt Theben, die inzestuöse Stadt des Ödipus und seiner Kinder, auf die wir weiter unten noch ein letztes Mal kurz zurückkehren werden. Theben war auch die mörderische Polis, aus der Phrixos und Helle flohen; sie vervollständigten auf diese Weise den Geschwisterkreis mit einer in jede Richtung verlorenen Schwester.

Wie wir hier sehen, stellte sich also nicht nur das lange neunzehnte Jahrhundert mit der Geschwisterfigur fragile Grenzen vor, sondern auch das Altertum.

---

325 Nach Alexander Grammatikos versteht Byron die Grenze zwischen Osten und Westen als eine konfliktbehaftete, beteiligt sich jedoch trotzdem an der Etablierung des Ansehens der Griechen als Europäer, um dies als die Wiege der westlichen Zivilisation zu legitimieren (vgl. Grammatikos 2018, insb. 91–97). Susan Oliver (2005) erwähnt, dass alle sogenannten türkischen Märchen von Byron in oder auf wässrigen Grenzgebieten spielen. Heute liegen beide Ufer der Dardanellen in der Türkei, aber das damalige Ziel Griechenlands, als Byron sich dem Kampf um die Unabhängigkeit anschloss, bestand darin, die Grenze durch die traditionelle Kluft zwischen Europa und Asien zu ziehen.
326 Von diesem Widder stammt das goldene Vlies.
327 Anm. d. Ü.: Das Wort „gemini" im lateinischen Original bezieht sich hier wörtlich auf „Zwillinge".

Byron aber rahmt sein 1813 geschriebenes Gedicht mit zwei unverhohlenen Anspielungen auf eine jüngere Tradition von Geschwisterinzesterzählungen, die wir bereits behandelt haben.[328] Zunächst greift der Titel – *Die Braut von Abydos* – den Titel von Friedrich Schillers Stück *Die Braut von Messina* (1803) auf. Zweitens ist die Eröffnungsstrophe des Gedichts eine Adaption des Lieds, das Goethes damals berühmteste Figur, die mysteriöse und fluchbeladene Mignon, singt, das Kind eines Geschwisterinzests aus dem in Kapitel 3 behandelten Roman *Wilhelm Meisters Lehrjahre*.[329] Diese Anspielungen lenken uns nicht von der Beschäftigung mit der Landschaft ab, die in beiden anderen Texten auch eine Rolle spielt, sondern verorten Abydos in einem breiteren imaginären Grenzland, das sowohl Zeit als auch Raum anhand von Genealogie versteht.

Um die kulturgeografischen Implikationen der Geschwisterfigur zu verstehen, müssen wir uns noch einmal kurz Goethes Mignon zuwenden. Mignons Lied zieht sie in eine mythologische Vergangenheit, von der sie schließlich verschlungen wird, da sie in einer Sammlung von versetzten Ruinen bestattet wird, was eine an das moderne Publikum gerichtete Warnung darstellt, die antike, inzestuöse Art von zwischenmenschlicher Bindung, die sie verkörpert, zu vermeiden. Die Entfernung zwischen Leser*innen und Figuren in Byrons *The Bride of Abydos* ist eine andere; sie folgt nicht der Logik einer zeitlichen Grenze, sondern einer räumlichen, die das Gedicht zwischen Europa und Asien errichtet. Mignons Lied in Goethes *Wilhelm Meisters Lehrjahre* beginnt folgendermaßen:

> Kennst du das Land? wo die Zitronen blühn,
> Im dunkeln Laub die Gold-Orangen glühn,
> Ein sanfter Wind vom blauen Himmel weht,
> Die Myrte still und hoch der Lorbeer steht.
> Kennst du es wohl? Dahin! Dahin!
> Mögt ich mit dir, o mein Geliebter, ziehn.
> (Goethe 2002b, 145)

Lange galt als selbstverständlich, dass das hier erwähnte Land Italien ist, Mignons Geburtsland und Ziel Goethes berühmter Reise. Diese Assoziation nimmt Mignons

---

[328] Wie Shelley wurde Byron dazu genötigt, die ursprüngliche Beziehung seiner Hauptfiguren in „The Bride of Abydos" zu verändern, sodass sie in der veröffentlichten Version Cousin und Cousine, jedoch keine Geschwister sind. Die Beziehung innerhalb des Gedichts wird nach Byrons Überarbeitungen jedoch kaum weniger tabuisiert, da Zuleika bis fast zum Ende der Erzählung glaubt, dass Selim ihr Bruder ist, und Selims eigene Entdeckung seiner Identität als Cousin seine Liebe zu Zuleika nachzudatieren scheint.

[329] Mohammed Sharafuddin (1994, 230–231) verweist auf die Anspielung mit der kurzen Bemerkung, dass jede die Entdeckung des Ostens darstellt. Während die Goethe-Forschung Mignons Lied sonst einhellig in Italien verortet, argumentiere auch ich hier dafür, es weiter östlich anzusiedeln.

Herkunft allerdings viel zu wörtlich; sie mag zwar in Italien geboren oder wiedergeboren sein, bevor sie nach Deutschland reiste, aber als Personifizierung der klassischen Poesie reichen ihre symbolischen Wurzeln weiter zurück.[330] Das dreistrophige Gedicht verfolgt, so meine ich, die Figur der Mignon zuerst in die Landschaft des antiken Griechenlands, dann zum Apollotempel in Delphi, wo sie als Orakel dient, und schließlich nach Theben, zu ihrem eigenen inzestuösen Herkunftsort. Die Landschaft der ersten Strophe ist wie die Architektur der zweiten ebenso eine griechische wie eine italienische, aber der zweite Vers enthält spezifischere Anspielungen. Der klassische Tempel ist keine Ruine, die Reisende zu Goethes oder unserer Zeit vorfinden könnten, sondern bleibt intakt und in Gebrauch:

> Kennst du das Haus? auf Säulen ruht sein Dach,
> Es glänzt der Saal, es schimmert das Gemach,
> Und Marmorbilder stehn und sehn mich an:
> Was hat man dir, du armes Kind, getan?
> Kennst du es wohl? Dahin! Dahin!
> Mögt ich mit dir, o mein Beschützer, ziehn.
> (Goethe 2002b, 145)

Die Verben *schimmern* und *glänzen* sind extremer, als es durch die Beleuchtung von Kerzen oder Fackeln erforderlich wäre, und erinnern an das flackernde Schimmern hinter den Dämpfen, die laut Plutarch durch Risse im Boden von Apollos Tempel in Delphi hervordrangen und anerkanntermaßen die Inspirationsquelle der pythischen Priesterin waren.[331] Die Priesterin war ursprünglich ein junges Mädchen, eine Jungfrau, die ihre Familie und alle anderen Pflichten hinter sich ließ, um diese Position einzunehmen (vgl. Scott 2014, 12–13). Wie Mignon ist sie also isoliert, und wie Mignon spricht sie auf mysteriöse und inspirierende Weise. Mignons chaotisches Sprechen erinnert an das der Priesterinnen, deren turbulentes Orakel von Priestern in Verse übersetzt wurden (vgl. Scott 2014, 21). Wilhelm muss sie bitten, das Lied zweimal zu singen und zu erklären. Dann übersetzt er es in ein Deutsch, das „die Originalität der Wendungen […] nur von Ferne nachahmen" kann, sobald die „gebrochene Sprache übereinstimmend, und das Unzusammenhängende verbunden ward" (Goethe 2002b, 146). Mignons delphische Äußerungen enthalten die Behauptung, dass Felix Wilhelms Sohn sei, bevor es irgendwelche Hinweise darauf

---

330 Selbst Mignons buchstäbliche Herkunft und ihr Geburtsort werden nur zaghaft deutlich.
331 Archäologische Ausgrabungen, die seit den 1980er Jahren in Delphi durchgeführt werden, haben weitgehend das Vorhandensein von fließendem Wasser und Rissen unter dem Tempel bestätigt, der sich in einem vulkanischen Gebiet direkt über dem Schnittpunkt zweier großer Verwerfungslinien befindet. Die aktuelle Forschung geht davon aus, dass Chemikalien im sporadisch emittierten Dampf Trance-Zustände hervorgerufen haben könnten (vgl. Scott 2014, 20–24).

gibt. Apollo war nicht nur der Gott des Gesangs und der Poesie, sondern auch der Erfinder von Mignons Instrument, der Zither, die ihm heilig war.[332]

Die letzte Strophe von Mignons Lied führt die Zuhörenden von Delphi weg durch die Berge. Sie folgt Kadmos, dem berühmten Bittsteller der Priesterin, der nach einem Orakelspruch den ismenischen Drachen tötete und damit den Mythenzyklus in Gang setzte, der in Kapitel 1 ausführlich behandelt wurde. „[D]er Drachen alte Brut" (Goethe 2002b, 145) – damit sind die Spartoi gemeint – entsprang dem Boden, in den Kadmos nach den Anweisungen der Athene die Drachenzähne gepflanzt und Theben errichtet hatte. Die Spartoi wurden zu dessen Bewohnern. Die berühmtesten Nachkommen des Kadmos und der Autochthonen aus dem Drachenzahn war die inzestuöse Familie des Ödipus und seiner Mutter/Gattin Iocaste mit den Kindern Antigone, Ismene, Polyneikes und Eteokles. Theben ist somit die paradigmatische Heimat der tragischen und inzestuösen Poesie, die Mignon verkörpert.

Mignons Lied fordert eine zeitliche Verschiebung, eine Rückkehr in ein apollinisches Land der Tragödie und des Schicksals, in die Welt, an der sie immer noch teilhat, die der Roman jedoch ablehnt. Mignon ist keine zuverlässige Führerin, sondern eine selbstvergessene Teilnehmerin an den mythologischen Intrigen des Schicksals. Die erste Strophe von Byrons *The Bride of Abydos* stellt eine ganz andere epistemologische Beziehung zwischen Erzählinstanz, Subjekt und projizierten Leser*innen dar.

> Kennt ihr das Land, wo Cypressen und Myrten
> Als Bilder der heimischen Thaten bestehn,
> Wo schmachtend die Tauben, die liebenden, girrten,
> Wenn Wahnsinn die Geier verlockt zum Vergehn?
> Kennt ihr das Land, wo die Cedern und Reben,
> Wo sonnig die Blumen, die lieblichen blühn,
> Zephire mit duftigen Fittichen schweben
> Auf Gärten der Gul, welche farbig erglühn?
> Wo herrlich die Frucht der Oliv' und Citrone [*citron*],
> Wo nimmer die Stimme der Nachtigall schweigt
> (Byron 1841, 360)

Byron ersetzt Lorbeer, Zitronen und Orangen durch Trauerzypressen, asiatische Zedern und die weitaus ältere kultivierte Zedrate [*citron*] und beschwört eine Landschaft herauf, die sich leicht nach Osten bewegt hat und die den Charakter

---

332 Die Zither, vom griechischen *kithara*, war wie der Lorbeer der ersten Strophe Apollo, dem Gott der Poesie, heilig. Während Hermes die Lyra schuf und Apollo schenkte, erfand Apollo laut Pausanias die Zither selbst.

widerspiegelt, den Byron seiner Kultur zuschreibt – sexualisiert, sinnlich, unterdrückend und gewalttätig. War die Zypresse schon seit der Antike mit Trauer verbunden, so galt sie neben der Myrte und der Schildkröte als Heiligtum der Aphrodite. In der Strophe tauchen das griechische Wort *Zephyr* für Brise und das persische Wort *Gul* für Rosen auf. Hier zeigt sich die Beherrschung mehrerer Sprachen, die stark mit Mignons sprachlicher Mélange kontrastiert. Byrons Gedicht bietet als Ganzes einen veritablen Wald an Anspielungen auf die griechische und römische Mythologie, den Islam, die türkischen Bräuche und die arabische Literatur mit einer Souveränität, die so überzeugend ist, dass Kritiker*innen häufig die Genauigkeit seiner detaillierten Darstellung des „Ostens" erwähnen, und genau diesen Eindruck wollte er erzeugen (vgl. etwa Sharafuddin 1994, 228–230).[333] Die Frage, die das Gedicht stellt und zu beantworten versucht, lautet, wie man „die Gefilde des Ostens" und „die Zone der Sonne" (Byron 1841, 360) maßgeblich einschränkt und abgrenzt, insbesondere im Testfall der westlichsten Grenze Asiens mit einer Hauptfigur, die eine griechische Mutter und einen türkischen Vater hat.

Selim wird von seinem Ziehvater Giaffir, dem Onkel, der seinen Vater getötet und Selim danach adoptiert hatte, mit Argwohn und Feindseligkeit betrachtet. Giaffir verspottet Selims Empfindsamkeit für Poesie und seine Liebe zur Natur als griechische Verweiblichung, die sich negativ von den männlichen Kriegervergnügen der Türken abhebe.[334] Sobald er von seiner eigenen Geschichte erfährt, erlebt Selim die Befreiung von seinem Onkel als Befreiung von den engen Grenzen des Orts und als Befreiung von der Nationalität. „[I]ch war *frei!*", sagt er, „Nach dir selbst wich der Sehnsucht Pein, / Die Welt, der Himmel war ja mein!" (Byron 1841, 366) Selim findet Zuflucht bei einer Gruppe von Piraten und wird schließlich ihr Anführer. Sie verkörpern „jegliche[s] Geschlecht [*race*] und [jeglichen] Glauben" (Byron 1841, 366), ihr Schiff wird so zu einer Welt im Miniaturformat. Dieser globale Kosmopolitismus mag zu Selims gemischtem Erbe passen, weshalb es umso bedeutsamer ist, dass er diesen Ausbruch nicht lange durchhält. Nach einer kurzen Flucht sehnt er sich nämlich nach seiner geliebten Schwester/Cousine, und diese Sehnsucht ähnelt stark einer Art Heimweh. Als er sie bittet, sich ihm anzuschließen, sieht er sie als einen Fixpunkt, „der Stern, der dem Wan-

---

[333] Einen guten Überblick über die Kritik an Byrons orientalischen Erzählungen gibt Peter Kitson (2007) vor dem Hintergrund seines Wissens und seiner Haltung gegenüber der Region. Seitdem sind einige neue Untersuchungen erschienen, insbesondere Katz 2016, 61–114; O'Quinn 2019, 364–412; Pal-Lapinski 2020.
[334] Diese Dichotomie zieht die in der Forschung vorherrschende Annahme in Zweifel, dass romantische Schriftsteller*innen den Osten feminisierten, und lässt kulturelle Unterschiede bei der Zuordnung geschlechtsspezifischer Begriffe zu.

derer leuchtet", auch wenn sie sich an seinem Herumwandern beteiligen würde (Byron 1841, 367, [Übersetzung angepasst]). Zuleika vereinnahmt und vereinigt in sich all die verschiedenen Identitätsmerkmale: Religion, Erziehung und Heimat; ihre Stimme wird beschrieben als

> Süß – wie Muezzins Lied von Mekka's Mauern,
> Bei dem der Pilger kniet mit heilgem Schauern,
> Sanft – wie der Kindertage Melodien,
> Die thränenlockend durch die Seele ziehn,
> Lieb – wie der Heimat Lieb Verbannten klingt
> (Byron 1841, 367)

Die Stimme der Schwester zeigt sich hier in der prägenden Eminenz des Zeitalters. Die gewählten Begriffe sind nicht nur bedeutsam, weil sie Institutionen und Orte umschreiben, die im Allgemeinen Loyalität einfordern, sondern auch, weil sie nicht analog sind – jeder von ihnen ruft eine Position hervor, die Selim tatsächlich einnimmt: Er ist Muslim, nostalgisch und im Exil. Anstatt auf Zuleikas Stimme so zu reagieren, wie er auch auf jeden beschriebenen Laut reagiert, stellt er sie, wie die Verse vermuten lassen, als den einzigen Hort aller emotionalen Bindungen und aller Loyalitäten auf, wodurch beide von aller geografischen Zuordnung befreit werden sollten. „Bei dir", sagt er, „wird Alles schön, zur Lust der Harm / Meer – Erd' – ein Himmel liegt in userm Arm!" (Byron 1841, 367) Zuleika lindert damit all jene Ängste bei Selim, denen Mignon hingegen ausgesetzt ist. Während Zuleika gegen das Unbehagen der Globalisierung immunisiert, könnte die intensive Geschwisterbeziehung als notwendiger Bestandteil der erfolgreichen Aushandlung einer neuen globalen, ja, einer neuen imperialen Ökonomie gesehen werden und sich mit ihr verbünden. Eine solche Geschwisterverankerung würde, wie Adam Smiths Theorien andeuten, als fester Bestandteil eines Handelsnetzes dienen, das die Welt zusammenwebt. Selim weist diese Interpretation seines angestrebten Lebensstils jedoch zurück. Er verzichtet auf Besitzansprüche: „Land fordr' ich nur, so lang mein Säbel ist", denn „[d]ie Macht herrscht nur durch Theilung!" (Byron 1841, 367, [Übersetzung angepasst]). Trotz dieser antikapitalistischen und antiimperialistischen Haltung ist er kein Kosmopolit; er identifiziert sich fest mit dem kulturellen System, in dem er aufgewachsen ist. Im Piratengewand nennt er sich einen „Galionghi" (Byron 1841, 365), womit explizit türkische Seeleute bezeichnet wurden, und seine Waffe ist ein mit Koranversen verzierter Säbel. Wenn die Darstellung der Piraten in *The Bride of Abydos* zwischen einer Idealisierung des landlosen Umherstreifens und der Unterstützung nationalistischer Aufstände schwankt,[335] endet diese Ambivalenz mit Selims Unfähigkeit, seiner Heimat zu entkommen. Die Liebe zu seiner Schwester wird zum Ausdruck konservativer, nationalistischer Identifikation.

Nigel Leask (1992) und Saree Makdisi (1998) haben Byrons *Bride of Abydos* mit Percy Shelleys *Revolt of Islam* verglichen. In beiden Fällen versuche ein Bruder, eine Schwester vor dem Harem zu retten; beide Geschwisterpaare ständen in einer erotischen Beziehung zueinander; in beiden Gedichten komme eine Art Rebellion vor.[336] Wie Leask richtig analysiert, strebt Selim jedoch keine große politische Revolution an, sondern bleibt einem Familiendrama verhaftet.[337] Indem Shelley andererseits eine ahistorische Version des Osmanischen Reichs als Schauplatz für eine Wiederaufnahme oder Vorahnung der Französischen Revolution nutzt, nimmt er seinem vagen Osten die Chance, die eigene politische Geschichte auszuführen. Makdisi weist auf den Kontrast zwischen den von Shelley und Byron formulierten globalen Zeitlichkeiten hin. Für Shelley wie für Goethe bedeute eine Reise nach Osten gleichzeitig eine Reise in die Vergangenheit. Für Byron verlaufe die Geschichte jedoch überall gleichzeitig vorwärts, sodass es für ihn „keinen *vormodernen*, sondern einen *antimodernen* Orient" gebe (Makdisi 1998, 125; vgl. auch 122–153). Als Goethes Mignon von der Rückkehr nach Griechenland singt, entstehen die Ruinen auf wundersame Weise wieder auf. In Byrons Orient, so Makdisi (1998, 126), seien die Ruinen Ruinen. Die Grenzräume, die die zum Inzest neigenden Geschwister einnehmen, unterscheiden sich somit in jeder dieser drei Reflexionen über den Osten. Bei Goethe stellt die Geschwisterdyade ein vormodernes Festhalten am tragischen Schicksal dar, das in der modernen Welt abzulehnen ist, damit Geschichte und Tausch voranschreiten können. Für Byron hingegen nehmen die Geschwister ein Grenzland ein, dessen Integrität sie zu Lebzeiten bedrohen; ihr Opfer stärkt die Landschaft als Gebieterin über die Kultur. Während Shelley Othmans Reich eine kulturelle und politische Identität abspricht, gewährt er Cythna eine aktive Rolle in der Weltgeschichte – aktiver sogar als die ihres Bruders Laon. Seine universalisierende Geste zerlegt getrennte und komplementäre Geschlechterrollen im Bruder-Schwester-Paar, leugnet Alterität aber auch auf indi-

---

[335] Gerard Cohen-Vrignaud (2011, 709) ist der Meinung, dass Byron die antiosmanischen Intrigen des Griechen Lambros Katsoni im Sinn gehabt haben könnte.

[336] Marilyn Butler (1990, 68) konstatiert, dass Moores *Lalla Rookh*, Percy Shelleys *Prometheus Unbound* und *Hellas* sowie Mary Shelleys *The Last Man* allesamt Revolutionen auf östliche Regime verlagerten, die Gemeinsamkeiten mit europäischen Regimen aufwiesen.

[337] Piya Pal-Lapinski (2020) interpretiert den Text als eine politische Allegorie: Giaffir repräsentiere demnach die ältere Ordnung, in der an die Macht gelangende Sultane alle ihre Brüder töteten; Selim stehe hingegen für den historischen reformierenden Sultan Selim III. und Zuleika symbolisiere Istanbul.

vidueller und globaler Ebene. In jedem Fall wirkt die Verbundenheit der Geschwister jedoch auf die Kultur der zeitgenössischen Leserschaft zurück und stellt eine Herausforderung für individuelle und auch kollektive integrale Identitäten dar.

„Arische" und semitische Brüder

Das europäische Verlangen, die islamisch-christlichen Beziehungen zwischen 1770 und 1820 aus einer Geschwister-Logik heraus zu erforschen, spiegelt die Wahrnehmung dieser Kulturen als unangenehm nahe Verwandte wider, die sowohl geografisch zusammenhängen als auch genealogisch durch eine gemeinsame Religionsgeschichte verbunden sind. Im frühen neunzehnten Jahrhundert kam es durch sprachwissenschaftliche Untersuchungen jedoch zu einem neuen Verständnis dieser nahen Beziehungen. Hebräisch und Arabisch galten als Mitglieder einer Sprachfamilie, die nicht mit europäischen Sprachen verwandt, aber durch die Religionszugehörigkeit und den anhaltenden kulturellen Einfluss der hebräischen Bibel mit dem europäischen Erbe verbunden war. Sanskrit und Persisch wurden als Schwestern der meisten europäischen Sprachen angesehen, Türkisch hingegen nicht mit dem europäischen Erbe in Zusammenhang gebracht. Mit einem Fokus auf die Sprache und unter Vernachlässigung der Geografie verschieben sich die Weltbeziehungen wie bei einer Drehung des Kaleidoskops: Die Türkei entfernt sich, und Europa steht an der Schnittstelle zweier Familien, als „Nachkommen dieses schicksalhaften Paares an der Wurzel der einzigen Zivilisation, die sie dieses Namen für würdig hielten: der Semiten durch geistige Herkunft, der Arier durch historische Berufung", so Maurice Olender (1992, 20).[338] In diesem neuen Kontext richteten sich die Ängste und Begeisterungen der Wissenschaften und des kulturellen Imaginären an einer neuen Kluft aus: der zwischen „Ariern" und „Semiten".[339]

Im Laufe des neunzehnten Jahrhunderts ging die Erwartung, dass Sprachgruppen auch blutsverwandt seien, sowohl in der Sprachwissenschaft als auch in der Rassentheorie langsam zurück, aber die Rhetorik von Blut, Genealogie und Volk blieb als Grundlage des sprachwissenschaftlichen Diskurses bestehen. Trotz der heutigen Erwartungen, dass „die sprachliche Gemeinschaft offen ist, während die

---

[338] Olenders Buch *Languages of Paradise* (1992) bietet eine vertiefte Reflexion über die Erforschung dieser beiden Überlieferungen im neunzehnten Jahrhundert, die meine eigene Forschung beeinflusst hat.
[339] Hervorragende historische Aufbereitungen dieser Kategorien sind zu finden bei Mosse 1985; Poliakov 1993; Olender 1992; Römer 1985; Arvidsson 2006.

rassische Gemeinschaft prinzipiell als eine geschlossene erscheint" (Balibar und Wallerstein 1990, 126),[340] waren kulturelle Ideologien durchaus in der Lage, ihrer Geschwisterdisziplin, der Rassentheorie, in Virulenz und Ausschlussprinzipien in nichts nachzustehen, wie ein kurzer Blick auf August Schleicher zeigen wird. Schleicher zog 1865 die Grenzen des Menschen bei der Sprechfähigkeit: Personen, die diese Fähigkeit aufgrund eines Geburtsfehlers oder einer Beeinträchtigung nicht hatten, seien „nicht als vollkommene Menschen, als wirkliche Menschen zu betrachten" (Schleicher 1865, 15). *Wirkliche Menschen* seien darüber hinaus in zwei Klassen einzuteilen, je nachdem, ob ihre Sprache „für das geschichtliche Leben" geeignet oder „ungeeignet" sei (Schleicher 1865, 28). Es überrascht nicht, dass das Indogermanische unter Schleichers historischen Völkern und Sprachen den höchsten Rang einnimmt; chinesische Sprachen und die indigenen Sprachen Amerikas stehen sprachwissenschaftlich am unteren Ende. Als Polygenetiker der Sprachen postulierte Schleicher eine differenzierte „Entwickelungsfähigkeit" (Schleicher 1865, 23) innerhalb jeder Sprachfamilie an ihrem Ursprung und schloss die Möglichkeit der Zweisprachigkeit aus (vgl. Schleicher 1865, 11–14), wodurch das Potenzial für die kulturelle oder individuelle Bewegung in eine Richtung eliminiert wurde, die er als Fortschritt angesehen hätte.[341] Die Unschärfe zwischen „Rasse" und Ethnie wirkte sich besonders fruchtbar für antisemitisches Denken aus, das der semiti-

---

340 Obwohl Balibar und Wallerstein (1990) dann auch auf die Spaltung aufmerksam machen, die mit der Unterscheidung von Sprachgemeinschaften korrelieren kann, behalten sie deren grundsätzliche Offenheit bei, weil Sprachen erlernt würden. Johann Gottlieb Fichte, so erklärt Balibar (2006), verzichte gründlich auf das genealogische Denken, wenn er in den *Reden an die deutsche Nation* Nationalität an Sprache knüpfe. Das Problem eines solchen Verständnisses von Sprachgemeinschaften im Allgemeinen und bei Fichte im Besonderen ist, dass Ideologie immer aus dem Verhältnis des imaginären Subjekts zu ihrer eigenen Logik folgt. In diesem Kapitel werden wir sehen, wie August Schleicher, Arthur de Gobineau und Richard Wagner allesamt die Möglichkeit leugnen, einer Sprachgemeinschaft beizutreten, auch über viele Generationen hinweg. Fichte argumentiert ähnlich. Während er einerseits das genealogische Denken von der Blutlinie auf die Sprache selbst überträgt (die nur so lange lebendig ist, wie sie durch ihre Entwicklungsgeschichte Kontinuität erhält), behauptet er auch, dass ein Volk, das eine neue Sprache annehme, in der genealogischen Entwicklung dieser Sprache eine Zäsur einführe, von der sie sich nicht erholen könne, sodass sie keine lebendige Sprache mehr sei (Fichte 1892, 53–54). Sprachkontinuität sei also in der Praxis weiterhin von einer ausreichenden Korrelation zwischen der Genealogie des Blutes und der Sprache abhängig (vgl. Fichte 1892, 47–48). Sie könne die allmähliche Vermischung von Völkern überleben, aber nicht die großflächige Übernahme durch eine andere Blutlinie. Fichte konstruiert seine Theorie also, um die historische Vermischung von Germanen und Slawen in der deutschen Nation zu ermöglichen, während er die jüdische Bevölkerung ausschließt, die zu seinen Lebzeiten vom Jiddischen zum Deutschen überging.
341 Yasemin Yildiz (2012, 1–14) hat festgehalten, wie die Geschichte der Philologie schon mit Herder und Humboldt die neue Idee etablierte, dass Monolingualismus die Norm sei, während tatsächlich Multilingualismus immer schon üblich war und es weiterhin noch ist.

schen Gruppe unerwünschte Erbmerkmale verlieh, unabhängig davon, ob es um Volk oder „Rasse" ging. Tatsächlich vertrat der selbsterklärte Antisemit Paul de Lagarde, dass es das atavistische „Rassendenken" der Juden*Jüdinnen selbst sei, das ihre „Rassenbezeichnung" durch ihre Ablehnung der Mischehe geschaffen habe und bewahre. Die fortschrittliche nationale Identität moderner Nationen wie Deutschland hingegen liege „nicht im Geblüte, sondern im Gemüte" (Lagarde 1994b, 14). Die Grenzen zwischen „Rassen"- und Volksdiskursen blieben nicht nur im neunzehnten Jahrhundert, sondern auch in der Nazizeit durchlässig.[342]

Da Sprache mit allen Aspekten der Kultur und sogar mit dem Denken selbst als innig verbunden galt, bezogen sich die Begriffe „*arisch*" und „*semitisch*" sowohl auf den Charakter als auch auf kulturelle Erzeugnisse, vor allem auf die Religion. Das Judentum wurde nicht nur deshalb als semitische Religion bezeichnet, weil es in einer Bevölkerung aufkam, die eine semitische Sprache sprach, sondern weil es einer semitischen Weltanschauung entsprang, die als vertrocknet und starr aufgefasst wurde. Der Hinduismus hingegen galt als „arische" Religion, als reich an Mythologie und Kunst. Islam, Buddhismus und Christentum stellten kompliziertere Fälle dar, denn sie alle hatten sich weit außerhalb ihrer ursprünglichen, „nationalen" Umgebung ausgebreitet.[343] Während Klassifizierungen diskutiert wurden, herrschte Einigkeit über historische Umrisse – der Islam hatte seine semitischen Wurzeln bewahrt, indem er seine ursprünglichen semitischen Anhänger*innen weiterhin an sich band, auch wenn er durch Eroberung neue Gruppen konvertierte. Buddhismus und Christentum hingegen hatten sich in rebellischen Akten gegen ihre engeren Vorfahren, den Hinduismus und das Judentum, über ihre nationalistischen Wurzeln erhoben.

Die Beschneidung des Stammbaums zur Kontrolle der Verwandtschaftsverhältnisse war daher für die sprachwissenschaftliche Ethnologie ebenso problematisch wie für Rassentheorien. Angesichts der Verschmelzungen und Migrationen, die in beiden historischen Systemen eine große und sichtbare Rolle spielten, erforderte die Sicherstellung der Reinheit die beiden oben genannten Verteidigungsstrategien, von denen sich eine auf die Differenzierung der Ursprünge und die andere auf die Bewältigung späterer Verstrickungen konzentrierte. In den Vereinigten Staaten wurde die Rassentheorie etwa durch die Polygenese dominiert. Dort gab die Angst vor einer grassierenden Vermischung eine Politik vor, nach der zuerst die „Rasse" allein durch die in Fällen gemischter Herkunft als Schwarz vorausgesetzte Mutter bestimmt, dann die Ehe zwischen „Rassen" kriminalisiert und später der Standpunkt

---

342 Zum Diskurs des „Volkes" in offiziellen Nazi-Dokumenten vgl. Hutton 1999, 2005.
343 Vgl. Tomoko Masuzawas (2005) faszinierende historische Arbeit zur Entstehung der Kategorie der Weltreligionen, die migrierende und expandierende Glaubenssysteme klassifizieren sollten.

des „einzigen Bluttropfens" angenommen wurde, wonach bereits ein einziger als Schwarz angesehener Vorfahre, egal wie weit zurück, alle Nachfahren als Schwarz bestimmte.[344] In Europa wurde die sogenannte Judenfrage zum herrschenden Ansatz für die Kontrolle von Verwandtschaftsverhältnissen: Ethnografische Theorien gingen in Rassentheorien über und beschäftigten sich mit der Frage der Herkunft, während Debatten über Mischehen die Juden*Jüdinnen in eine Zwickmühle brachten – einerseits wurde die Vermischung als schädlich für die „arische" Bevölkerung angesehen, während andererseits die Bevorzugung der jüdischen Bevölkerung, unter sich zu heiraten, als sexuelle Perversion ins Visier geriet, die unter Rückgriff auf den Inzest größere Verwandtschaftsformierungen ablehnte. Christina von Braun (1995) dokumentiert, dass der Begriff *Blutschande* an der Wende zum neunzehnten Jahrhundert noch Inzest bedeutet habe, an der Wende zum zwanzigsten Jahrhundert aber „Rassenvermischung". In beiden Fällen haftete der Begriff jedoch Juden*Jüdinnen an, die sich zwangsläufig des einen oder des anderen schuldig machten, welche Heiratsentscheidungen sie auch immer trafen. Die Rhetorik um Juden*Jüdinnen kombinierte diese zweischneidige Rassifizierungsdynamik zunehmend mit den orientalisierenden Tendenzen, die früher auf muslimische Bevölkerungsgruppen in der Türkei, im Nahen Osten und in Indien angewandt wurden. Suzanne Marchand (2009) ist der Ansicht, dass der Islam für deutsche Gelehrte weniger interessant gewesen sei als die sanskritische und persische Vergangenheit, die als Wurzeln des Christentums untersucht worden seien. Diese Behauptung deute jedoch auf eine Verschiebung im frühen neunzehnten Jahrhundert hin und gelte in erster Linie für deutsche christliche Gelehrte. Wie Susannah Heschel (2012, 2017) aufzeigt, wurde Islamwissenschaft im neunzehnten Jahrhundert in Deutschland überproportional von jüdischen Forscher*innen betrieben. Die jüdischen und christlichen Islamwissenschaften unterschieden sich indes stark voneinander. Während Christ*innen sowohl das Judentum als auch den Islam als trockene rituelle und legalistische Systeme charakterisiert hätten, hätten Juden*Jüdinnen die Islamstudien als Werkzeug zur Neupositionierung des Judentums im modernen Europa genutzt, die eine Möglichkeit bot, beide Religionen als liberal, rational und streng monotheistisch darzustellen, im Gegensatz zu einem durch Aberglauben und heidnischen Synkretismus korrumpierten Christentum.

Jüdische Gelehrte charakterisierten die theologische Beziehung des Judentums zum Islam als Mutter-Tochter- oder als Schwester-Beziehung (vgl. Heschel 2012, 101). Christlichen Bestrebungen, das genealogische Verhältnis des Judentums zum Christentum zu disziplinieren und neu zu definieren, wurden gleichzeitig und mit jeweiligen Wechselwirkungen auf die Geschichte der religiösen Ideen, die Sexualge-

---

[344] Zu den Dynamiken von „Rasse" als mütterliches Erbe vgl. Weinbaum 2004.

schichte der Völker und die Figur Jesu selbst angewandt. Sehr bald nach den ersten Versuchen, Jesus zu historisieren, begann die Manipulation der gemeinsamen Abstammung, um das Christentum zu „arisieren".[345] Reimarus war, wie wir gesehen haben, einer der ersten Historisierer. Indem er Jesus als einen Juden verstand, der mit seinem jüdischen Erbe nicht brechen wollte, rief er eine Welle der Ablehnung hervor und regte eine Debatte darüber an, inwieweit Jesus innerhalb und nicht nur gegen die jüdische Tradition gelesen werden könnte (vgl. Hess 2002, 112–118; Heschel 1994, 215–217). 1804 behauptete Johann Gottlieb Fichte (1978, 102–103) als Erster, dass Jesus nicht jüdisch gewesen sei, und beschuldigte Paulus, ihn in die jüdische Prophezeiung synkretisiert zu haben. David Friedrich Strauß (2013), der Reimarus und Lessing zu seinen stärksten Einflüssen zählte, schrieb 1835 die Innovationen Jesu in seiner weit verbreiteten Schrift *Das Leben Jesu* assyrischen Einflüssen zu.[346] Angesichts dieser antijüdischen Wende in der Bibelforschung lehnte der jüdische Theologe (und Korangelehrte) Abraham Geiger die Idee ab, dass Jesus ein Rebell gegen die jüdische Tradition gewesen sei. Er gliederte Jesus wieder in die Hauptströmung des Judentums ein, was zuvor von Hillel vertreten wurde, und provozierte damit eine enorme Gegenreaktion (vgl. Heschel 1994, 225–232). Als Ernest Renan sein *Leben Jesu* (1863) veröffentlichte, das sich in den ersten Monaten 100.000 Mal verkaufte und in zehn Sprachen übersetzt wurde, war die jüdische Herkunft Jesu Gegenstand der öffentlichen Debatte geworden (vgl. Poliakov 1993, 236–237). In seinem Werk gießt Renan Öl ins Feuer des Antisemitismus während er seine Behauptungen in eine Sprache der Toleranz bettet. Er sieht an Jesus „eines jener entzückenden Gesichter, welche manchmal in dem jüdischen Stamme auftauchen" (Renan 1981, 47), findet es aber „unmöglich, [...] zu untersuchen, welches Blut in [seinen] Adern [...] floß" (Renan 1981, 19). Der Kommentar ist zwar eine Anspielung auf den antisemitischen Rassismus, doch Renan dreht den Spieß um und identifiziert den Dreh- und Angelpunkt der Überwindung des Judentums durch Jesus in einer Ablehnung des „Stolz[es] des Blutes" (Renan 1981, 110), den er durch die Liebe zur „menschliche[n] Brüderlichkeit" (Renan 1981, 114) ersetzt.[347] Gegen Ende des Jahrhunderts ist die jüdische Herkunft Jesu umstritten, und Richard Wagner, wie wir aus den Tagebüchern seiner Ehefrau Cosima erfahren, „eifert [...], daß Jesus ein Jude war, es sei nicht erweisen" (Cosima Wagner 1977, Bd. 2,

---

345 Mehr zur „Arisierung" Jesu bei Moxnes 2001; Arvidsson 1992, 50–58, 142–150; Heschel 2008.
346 Mehr zu Untersuchungen des Lebens Jesu durch Reimarus, Schleiermacher und Strauss bei Harrisville und Sundberg 2002.
347 Ähnlich heuchlerisch tadelt Renan (1981, 196) die Antisemit*innen, die alle modernen Juden*Jüdinnen für den Tod Jesu verantwortlich machten, und schließt gleichsam widerwillig: „Aber die Nationen haben ihre Verantwortlichkeit wie die Individuen. Und wenn jemals ein Verbrechen das Verbrechen eines Volkes war, so war es der Tod Jesu."

242, Eintrag vom 27. November 1878). Um die Wende zum zwanzigsten Jahrhundert bekräftigt Houston Stewart Chamberlain die bei Renan nur angedeutete Behauptung, dass Jesus aus einer „arischen" Minderheit in Galiläa hervorgegangen sei und somit ein „arisches rassisches" Erbe in sich trage.[348] Diese Position sollte unter den Nazis zum Dogma werden (vgl. Heschel 2008, 68). Halvor Moxnes macht den faszinierenden Vorschlag, dass wir vor diesem segregationistischen Hintergrund Martin Bubers Akzeptanz Jesu als „meinen großen Bruder" lesen sollten, zu dem er ein „brüderlich aufgeschlossenes Verhältnis" habe, wie auch ähnliche Behauptungen anderer jüdischer Philosoph*innen nach dem Holocaust (Buber 1986, 206; Moxnes 2001, 95).

Die Genealogisierung Jesu wurde um eine Genealogisierung der Religion im größeren Maßstab erweitert, die darauf ausgerichtet war, das Christentum aus der Verwandtschaft mit dem Judentum zu lösen. 1870 hielt Friedrich Max Müller an der Royal Institution die Vorlesungsreihe *Einleitung in die vergleichende Religionswissenschaft*. Er hoffte, ebenso grundlegend auf die vergleichende Religionswissenschaft einzuwirken, wie seine *Vorlesungen über die Wissenschaft der Sprache*, die er 1861 am selben Ort gehalten hatte, auf die vergleichende Philologie gewirkt hatten. Max Müller identifizierte mit seinem vergleichenden, genealogischen Ansatz zwar Parallelen zwischen den Disziplinen, in seiner Praxis waren sie aber eher miteinander verflochten, als dass sie zueinander in einem Analogieverhältnis stünden. Seiner Theorie zufolge lagen die Wurzeln der mythologischen Erzählung in der Geschlechterzuweisung für Substantive und in der Verwendung bildlicher Sprache, während die Religion die Sprache ihrerseits stabilisierte. Max Müller teilte die Religionen in drei Familien oder Strömungen ein, die mit dem sprachlichen Erbe der noahschen Genealogie übereinstimmten: die semitische „Verehrung *Gottes in der Geschichte*" (Müller 1874, 140), die „arische" „Verehrung *Gottes in der Natur*" (Müller 1874, 142) und die weniger weltgeschichtliche turanische Verehrung einer Vielzahl von Geistern, einschließlich der Geister der Vorfahren:

> [D]ie einzige, wahrhaft wissenschaftliche und genetische Classification der Religionen [beruht] auf derselben Grundlage als die Classification der Sprachen, und zwar aus dem Grunde, weil in der frühesten Entwickelung des menschlichen Geistes Sprache, Religion und Volksbewusstsein [nationality] auf das Engste verwachsen sind, so dass die Zusammengehörigkeit alter Völker sich weit mehr durch diese Kennzeichen als durch jene physischen Eigenschaften des Blutes, des Schädels, oder des Haarwuchses bethätigt, auf welche Ethno-

---

[348] Chamberlain (1912, Bd. 1, 256–257) behauptete, es sei gesichert, dass Jesus von Geburt an nicht jüdisch gewesen sei, dass auch „Arier*innen" in Galiläa gelebt hätten und nur die Juden*Jüdinnen sich von der Mischung der „Rassen" fernhielten. Während er erklärte, dass Spekulationen darüber, ob Jesus demnach ein „Arier" gewesen sei, unmöglich zu beantworten seien, legt seine Beschreibung den Schluss auf ein „arisches" Erbe nahe.

logen bisher vergebens versucht haben, eine Classification des menschlichen Geschlechts [human race] zu errichten. (Müller 1874, 128)

Während Max Müller eine solche bedeutsame menschliche Kollektiveinheit auf Englisch als *nation* bezeichnet (und hier den Ausdruck „human race" nur für die Gesamtheit der Menschen verwendet), verwendet er anderswo häufig für die Kollektiveinheit das Wort *race*. In seinen Vorlesungen über Religion räumt er der Religion bei der Festigung eines Volkes den Vorrang ein: Die Nationalität bestehe darin, dass „alle [...] demselben großen Vater der Götter und Menschen angehörten" (Müller 1874, 132). Es handelt sich gewissermaßen um eine Glaubensgeschwisterschaft.

Nachdem Max Müller festgesetzt hat, dass sprach- und religionswissenschaftliche Klassifizierungen übereinstimmen *sollten*, muss er erklären, warum dem nicht so ist, und Klassifizierungsmethoden entwickeln, wenn sie voneinander abweichen. Seine Behauptung, dass die Religion über der Sprache stehen müsse, erweist sich als unvereinbar mit den tatsächlichen Stammbäumen, die er in der zweiten Vorlesung zeichnet (Abb. 5.2). In diesem Bild und seiner Erläuterung sehen wir, dass eine Religion – der Buddhismus – aus der Sprachfamilie, in der sie entstand, zu den Sprecher*innen einer anderen Sprachfamilie, dem Turanischen, überging. Analog dazu wurde das Christentum, „eine Weiterentwicklung des Mosaismus", „von Semitischen auf Arischen Boden verpflanzt", und erst dann „entwickelte es sein wahres Wesen, und erhielt es seine welthistorische Bedeutung" (Müller 1874, 97–98). Der Islam behält nicht einmal das Privileg der Abstammung vom Judentum, die er mit dem Christentum gemein hätte, sondern entspringt in Max Müllers Formulierung „von demselben Stamme als die Religion Abrahams", nämlich einer semitischen Wurzel, die älter sei als das Judentum selbst (Müller 1874, 96). Max Müller kehrt hier Lessing um, für den das Christentum ein Pfropfen auf dem jüdischen Stamm war, und pfropft stattdessen das Christentum als Reiser einer jüdischen Wurzel auf einen „arischen" Stamm. Seine christlichen Europäer*innen schließen sich der semitischen „Rasse" nicht durch ein gemeinsames religiöses Erbe an, wie seine Theorie nahelegt. Vielmehr schaffen Schwestersprachen „arische Brüder" (Max Müller 1848, 349):[349] „[S]o weisen auch die arischen Sprachen zusammen auf eine frühere Sprachperiode hin, als die Urahnen der Indier, Perser,

---

[349] Wie Trautmann (1997, 179) anmerkt, war dieser Begriff der Beitrag Max Müllers zur „orientalistischen Liebesgeschichte Britisch-Indiens". Spät in seinem Leben ändert Max Müller das Wort *brethren* (eher: Brüder im Geiste, spirituelle Brüder) in das verwandte Wort *brother*, wenn er behauptet, dass Inder „als unsere Brüder [*brothers*] in Sprache und Denken anerkannt wurden" (Max Müller 1892, 34). Ich danke Thomas Trautmann, dass er beide Formulierungen zitiert hat. Max Müller bezieht sich hier auf eine „Bruderschaft des semitischen Sprechens" (Max Müller 1892, 33).

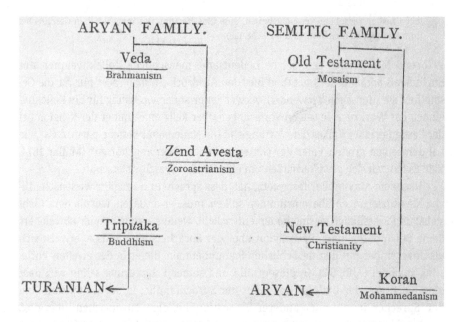

Abb. 5.2: Friedrich Max Müller, Stammbaum der Geschichte der Religionen, aus: *Einleitung in die vergleichende Religionswissenschaft*, 1873. University of Pennsylvania Library.

Griechen, Römer, Slaven, Celten und Germanen innerhalb desselben Bezirkes, ja unter demselben Dache zusammenlebten." (Max Müller 1863, 176)

Dieser Bezirk, diese Hauswirtschaft war ebenso wie jeder spekulative geografische Ausgangspunkt „die uralte Heimath der ganzen *arischen Race*" (Müller 1863, 176, [meine Hervorhebung]). Den Begriff „Aryan race" (Müller 1866, 237) brachte Max Müller vor allen anderen Denker*innen des neunzehnten Jahrhunderts in den allgemeinen Sprachgebrauch des Englischen. Mit der Verdrängung der Familienmetapher durch die des Wohnorts gründet Max Müller die „Rasse" eher in Sprache und gemeinsamer Kultur als in biologischer Abstammung, obwohl er zugleich ein gemeinsames Erbe erwähnt, das in Erziehung und Erfahrung verwurzelt sei.[350] Trotz seiner Vorliebe für kulturelle Kriterien hatten seine organischen Metaphern und die Aneignung des Begriffs „Rasse" den vorhersehbaren Effekt, den „Rassen"-Diskurs der Zeit zu stärken. Thomas Trautmann versuchte,

---

[350] Masuzawa (2005) und Trautmann (1997) betonen dieses nichtbiologische Element in Max Müllers Denken.

Max Müller zu rehabilitieren, indem er seine Motivation im Aufzeigen einer Familienverwandtschaft von Europäer*innen und Inder*innen verortete.[351] Diese Inklusivität auf der einen Seite war jedoch untrennbar mit einer Exklusivität auf der anderen verbunden. Die Ur-„Arier*innen" „lebten gemeinsam unter demselben Dach, getrennt von den Vorfahren der semitischen und turanischen Rassen" (Max Müller 1854, 30).

Im späten neunzehnten Jahrhundert hatte der Philologe Ernest Renan die Idee einer Religionswissenschaft nach Frankreich gebracht, und zwar als „eine *vergleichende Mythologie*, in der Religionen nach Rassen und Familien eingeteilt werden, die Verwandlung der primitiven Mythen durch verschiedene organische Prozesse beschrieben wird und es keine *Willkür* gibt." (Renan 1895a, 29, Anm. 1) Renans „Rassen" hängen so wenig mit Blut zusammen wie die von Max Müller, und doch wurden sie ebenso vorhersehbar aufgrund ihrer gemeinsamen Rhetorik mit diesem Diskurs verbunden. Renan beschreibt das Verhältnis von Christentum zu Judentum ähnlich ausweichend; er nennt das Judentum den „Mutterschoß" des Christentums und folgt Lessing auch ganz direkt, wenn er behauptet, dass „Israel der Stamm gewesen ist, auf den der Glaube der menschlichen Rasse [das heißt das Christentum] gepfropft worden ist." (Renan 1895b, 94, 95) Diese organischen und genealogischen Metaphern begründen die historische Zugehörigkeit als eine Stiefverwandtschaft. Die Allgegenwärtigkeit dieser Figuren lässt sich auch an der Zurückweisung all dieser organischen Metaphern seitens des noch fanatischeren Antisemiten Paul de Lagarde (1994a, 225) ablesen, der darauf bestand „daß Judentum und Evangelium […] sich nicht verhalten wie die Blüte zum Baume oder der Baum zur Wurzel oder die Wurzel zum Samenkorne, sondern wie ein Ding zu einem ganz andern zweiten Dinge."

Renan kombiniert den sprachwissenschaftlichen Konsens zur geistigen Geschicklichkeit des Indoeuropäischen, die den Sprecher*innen agglutinierender Sprachen abgesprochen wird, mit den Theorie aus der frühen physischen Anthropologie zu Einflüssen aus der Umgebung.

> Nach dem arabischen oder semitischen Verständnis […] ist die Wüste monotheistisch – erhaben in ihrer immensen Einheitlichkeit, sie zeigt gleich von Beginn an die Idee des Unendlichen, nicht jedoch das Gefühl fruchtbaren Tuns, das eine unaufhörlich schöpferische Natur in der indoeuropäischen Rasse hervorgerufen hat. Deshalb war Arabien schon immer das Bollwerk des Monotheismus. Die Natur spielt in den semitischen Religionen keine Rolle. […]

---

351 Ahmed (2018, 30) analysiert die Art und Weise, wie das „Ariertum", das er als „fast so grundlegend für den Kolonialismus wie für den Nationalismus und den Faschismus" bezeichnet, als Teil einer umfassenderen Ideologie Einheimische zugunsten ihrer Texte entmachtet, die aber nur von europäischen Wissenschaftlern richtig interpretiert werden konnten (vgl. Ahmed 2018, u. a. 38).

> Die äußerste Einfachheit des semitischen Geistes, der keine Ausdehnung kennt, keine Vielfalt, keine bildenden Künste, keine Philosophie, keine Mythologie, kein politisches Leben, keinen Fortschritt, hat keinen anderen Zweck. (Renan 1895a, 48–49)

Das hier entworfene Bild des Semiten als eines wüstenbewohnenden, stammesgebundenen, religiösen Fanatikers sollte uns heute erschreckend vertraut vorkommen, wenn nicht mehr auf die Semit*innen im Allgemeinen beziehen, sondern auf die Muslim*innen des Nahen Ostens. Es könnte gegen verbreiteten gegenwärtigen Vorurteile heilsam sein, darüber nachzudenken, dass jeder Begriff in Renans Rhetorik zu seiner Zeit einen Widerhall in der sogenannten Judenfrage fand, obwohl Renan selbst seine Darstellung nicht auf zeitgenössische europäische Juden*Jüdinnen anwandte. Von der jüdischen Entfremdung vom Boden und der Natur ist es nur ein kleiner Schritt zum jüdischen urbanen Kosmopolitismus, zu Verschlagenheit und Wurzellosigkeit.[352] Ihr versteinerter Glaube hindere sie daran, so Renan, sich am politischen und philosophischen Leben zu beteiligen. Selbst der jüdische Monotheismus, der einzige nützliche Beitrag, resultiere aus einer fehlerhaften Vorstellung, die nicht in der Lage gewesen sei, die mythologische Fülle benachbarter Bevölkerungen zu erzeugen. Der stark ausgeprägte „arische" Geist hingegen habe die Ausdehnung, die sich in Konjugation und Deklination zeige, auf die Schaffung von Kunst und Kultur und auf die triumphale Eroberung minderwertiger Kulturen angewandt.[353] Die Erhöhung einer mit der „arischen" Mythologie gleichgesetzten Sonnen-, Natur- und Körperverehrung verbreitete sich bei populären Schriftsteller*innen und Figuren des öffentlichen Lebens von Wagner über Christian Lassen bis Houston Stewart Chamberlain, aber auch in der gesamten Populärkultur.[354]

Jüdische Denker*innen trugen auch zu Debatten über Identitätsmerkmale bei und bestritten im Allgemeinen eine Gemeinsamkeit der biologischen Abstammung als Voraussetzung für ein nationales Kollektiv.[355] Moritz Lazarus, der deutsch-jüdische Mitbegründer der Völkerpsychologie, hielt und veröffentlichte 1880 einen Vortrag mit dem Titel „Was heißt national?" an der Hochschule für die Wissenschaft des Judentums. Lazarus (1880, 13) lehnt die Kategorien von biologi-

---

[352] Man beachte Max Müllers ganz ähnliche Klassifizierung der Religionen weiter oben, wonach die „Arier*innen" Gott in der Natur und die Semit*innen Gott in der Geschichte anbeteten.
[353] Eine vollständigere historische Aufbereitung dieser Stereotype findet sich bei Ardivsson 2006; Poliakov 1993; Olender 1992; Römer 1985.
[354] Insbesondere zur Geschichte der Neuerschaffung des Christentums als eine „arische" Naturmythologie vgl. Arvidsson 2006.
[355] Wobei Sander Gilman (1986) analysierte, in welchem Maße viele jüdische Schriftsteller*innen negative Stereotypen jüdischer Merkmale, einschließlich sprachlicher Besonderheiten, und Programme zu deren Ausmerzung akzeptierten.

scher „Rasse", Sprache und Religion als Kriterien für die nationale Identität ab und akzeptiert den Begriff eines „Volkes", insoweit er ihn vergeistigt: „Der Begriff Volk beruht auf der subjektiven Ansicht der Glieder des Volkes selbst von sich selbst, von ihrer Gleichheit und Zusammengehörigkeit." Eine solche Formulierung beruht auf dem Begriff einer Gruppenpsychologie, der die Grundlage für die von Lazarus und seinem Schwager Heymann Steinthal begründete Disziplin bildet. Sie ist jedoch auch eine hoffnungslose Zirkeldefinition. Die Definition der Nation als Geist beschränkte sich nicht auf jüdische Denker*innen. Renan kommt in seinem eigenen Vortrag „Was ist eine Nation?", der 1882 an der Sorbonne gehalten und einige Jahre später veröffentlicht wurde, Lazarus' Schlussfolgerungen sehr nahe. Renan (1993, 308) fügt die Geografie zu Lazarus' Liste der abzulehnenden Kriterien für eine nationale Identität hinzu und begründet die Nation mit dem „gemeinsame[n] Besitz eines reichen Erbes an Erinnerungen [...] [und dem] Wunsch zusammenzuleben". Selbst in dieser bürgerlichen Formulierung sollten wir beachten, dass die Genealogie eine Rolle spielt, obwohl es sich um eine Genealogie handelt, die eine freiwillige Zusammenfügung erlaubt. Eine Nation ist laut Renan (1993, 307) „eine spirituelle Familie" (vgl. Lazarus 1880, 12), in der „die Ahnen [...] uns zu dem gemacht [haben], was wir sind" (Renan 1993, 308). Während die Kriterien für die Begründung kollektiver Identität somit von „Rasse", Religion, Sprache und Geografie bis zum gemeinsamen Wunsch nach einer geteilten Identität reichten, bewegte sich die herrschende Episteme der Verwandtschaft frei zwischen den Begriffen.

Die Idee, dass Religion von einem Stamm zum anderen springe, verbindet einen spirituellen mit einem biologischen Konzept der kollektiven Identität. Die Genealogien Jesu und des Übergangs des religiösen Denkens waren mit der Genealogisierung der Bevölkerungsgruppen verflochten. In diesem letzten Fall verlangt die Konstruktion einer bevorzugten Abstammungslinie eine sie verstärkende Regulierung der Vermischung. Dieser Kontrolldrang ergibt sich aus der Paranoia erzeugenden genealogischen Epistemologie und braucht dafür keine soziologischen Tatsachen als Provokation. Obwohl dieselben Denker*innen gerade dabei waren, die Ranken, die Judentum und Christentum verbanden, zu beschneiden, konnten sie die Juden*Jüdinnen als die reinsten Praktizierenden einer segregationistischen Mentalität in ihren sexuellen Gewohnheiten tadeln. Moritz Lazarus (1880, 25) bemerkt und bestreitet die Wichtigkeit der Idiosynkrasie, mit der „bei den Juden [...] allerdings die Grenzen der Glaubenseinheit mit denen der Stammeseinheit zusammen[fallen]". Er erinnert damit an die Theorie der unabhängig von der Mischehe bestehenden bürgerlichen Brüderlichkeit, die Moses Mendelssohn (2005, 137–142) ein Jahrhundert zuvor aufgestellt hatte. Die jüdische Abneigung gegen Mischehen spielte jedoch eine große Rolle von der einflussreichen Rassentheorie Arthur de Gobineaus in der Mitte des neunzehnten Jahrhunderts bis zur virulent antisemitischen

Lehre von Paul de Lagarde (1994b, 13–14) und sollte vom vielgelesenen Antisemiten Houston Stewart Chamberlain (1912, Bd. 1, 302) zum Ursprung des „Rassendenkens" erklärt werden.

Gobineau war ein Polygenetiker der „Rassen", dessen *Versuch über die Ungleichheit der Menschenracen* die Dynamik von Anziehung und Abstoßung, die die Rassentheorie in ihrer ganzen Geschichte vorantrieb, kurz und bündig zusammenfasste (vgl. Gobineau 1902, 38). Dem „geheimen Widerwillen gegen die Kreuzungen", die jeder Menschenstamm empfinde, den aber nur die Juden*Jüdinnen und einige andere hartnäckig verfolgten, werde mit dem Sexualtrieb kontrastiert, der bei den stärksten „Rassen" am stärksten sei (Gobineau 1902, 37). Die jüdische Unveränderlichkeit, die durch Inzucht erreicht werde, liefert Gobineau den Hauptbeweis für die Unauslöschlichkeit der „Rasse". Andererseits sei jenes „auserlesene[ ], herrschende Volk", das dazu getrieben werde, andere, schwächere Gruppen zu erobern, „als solches mit einem entschiedenen Hange ausgerüstet, sich mit einem anderen Blute zu vermischen", und degeneriere daher (Gobineau 1902, 39). Gobineau überträgt hier die Auserwähltheit vom Judentum auf die „Arier". Gobineaus Rassentheorie wurde in ihrem Fatalismus gegenüber der Möglichkeit, die „Rassenreinheit" auch durch eine Theorie der Polygenese zu gewährleisten, als „tragisch" bezeichnet, weil er die Triebfeder für die fortschreitende Verschlechterung der sogenannten „überlegenen Rassen" in ihren überlegenen Antrieben verortet (Rose 1992, 139). Heterogene Gesellschaften seien stolz darauf, sich auf Ungleichheit zu berufen, aber sie erlägen unweigerlich der Vermischung, und sobald „die Mehrzahl der Staatsbürger in ihren Adern gemischtes Blut fließen fühlt, dann fühlt sie sich damit zugleich berufen, unter Umwandlung des nur für sie Thatsächlichen in eine allgemeine und unbeschränkte Wahrheit zu versichern, daß alle Menschen gleich seien" (Gobineau 1902, 47); „Klügler von gemischter Herkunft" – und dazu zählt Gobineau Percy Shelley – erklärten sodann: „Alle Menschen sind Brüder." (Gobineau 1902, 47–48)

Chamberlain, der Gobineau auf Drängen seiner zukünftigen Schwiegermutter Cosima Wagner las, kehrt in seinen um die Jahrhundertwende populären *Grundlagen des neunzehnten Jahrhunderts* (1899) immer wieder zur Idee einer weit verbreiteten „Rassenmischung" und der jüdischen Ausnahme zurück. Im Gegensatz zu Gobineau spricht sich Chamberlain nicht gänzlich gegen „Rassenmischung" aus. Er folgt einer eugenischen Analogie zur Tierzucht und schlägt vor, dass gute „Menschenrassen" durch umsichtige Kreuzung, gefolgt von langen Perioden der Endogamie, gezüchtet werden könnten, um die erwünschten Eigenschaften zu bewahren. Die jüdische Praxis der Endogamie hingegen bewahre lediglich einen vertrockneten Materialismus (vgl. Chamberlain 1912, Bd. 2, 304), der kaum als Religion bezeichnet werden könne (vgl. Chamberlain, Bd. 1, 251) und dessen „Grundgesetz" die „Reinheit der Rasse" sei (Chamberlain Bd. 1, 301). Mit anderen Worten ist es laut Chamberlain die Schuld der Juden*Jüdinnen selbst, wenn sie sich weigerten, sich der Bruderschaft der anderen Völker anzuschließen.

Von der Sprache zur Kunst: Reflexionen und Tiefe

Wenig verwunderlich freundete sich Richard Wagner mit Arthur de Gobineau an und reagierte nach einer Begegnung mit ihm im Jahr 1876 enthusiastisch auf sein Werk. Ein Mitglied aus Wagners Zirkel, Ludwig Schemann, übersetzte Gobineau 1902 ins Deutsche. In Deutschland stärkte Wagner die Verbindungen zwischen den Begriffen Religion, Volk, Sprache und Theorien der Kreativität; das Wort „Rasse" verwendete er hingegen erst spät im Leben. In seinem zu Recht berüchtigten Aufsatz *Das Judenthum in der Musik* (1850) sprach Wagner eher von „Glaubensgenossen" (Wagner 1869, 18), „Stammesgenossen" (Wagner 1869, 32) und meist von „Volk" oder „Stamm".[356]

Wagners zentrale These in diesem Aufsatz beruht auf Sprachwissenschaft und Ethnografie: Juden*Jüdinnen seien unfähig, etwas zu *schaffen*; sie könnten keine eigentlich neuen Ideen oder Formen hervorbringen. Wagner verwirft die Pfropfenanalogien von Lessing, Renan und Max Müller und trennt das Judentum von seinen eigenen Wurzeln, da es selbst von seinem ursprünglichen Boden getrennt sei. Der Jude lebe als Außenseiter „in einem zersplitterten, bodenlosen Volksstamme, welchem alle Entwickelung aus sich versagt bleiben mußte, wie selbst die eigenthümliche (hebräische) Sprache dieses Stammes ihm nur als eine todte erhalten ist" (Wagner 1869, 15). Damit man nicht auf den Gedanken kommt, nur ein unglücklicher Zufall habe die Juden*Jüdinnen in einer fremden Sprache und Kultur stranden lassen, stellt Wagner hier keinen kausalen, sondern einen analogen Zusammenhang her. Juden*Jüdinnen hätten kein Potenzial für die originelle Schöpfung in der „fremden Sprache", die „[u]nsere ganze europäische Civilisation und Kunst" sei (Wagner 1869, 15). Aber sie hätten sich auch als unfähig erwiesen, ihre eigene hebräische Sprache am Leben zu erhalten; es fehle das Prinzip der Vitalität. Weil die Philologie die Sprache als mit dem Geist intim verwoben postulierte, verwies das Fehlen des einen gleichsam auf das Fehlen des anderen. Dass „der Jude" nicht in der Lage sei, sich überhaupt „seinem Wesen entsprechend, eigenthümlich und selbständig kundzugeben" (Wagner 1869, 14), hat laut Wagner zwangsläufig zur Folge, dass er „keine wahre Leidenschaft" habe (Wagner 1869, 24). Wie Gobineau (1902, 264) besteht Wag-

---

356 Vgl. Fischer 2000 sowie Rose (1992, 80) der feststellt, dass Wagner damals zwar Juden immer noch als ein „Volk" und nicht als „Rasse" bezeichnet habe, seine Haltung aber nicht „gänzlich dessen entbehrt, was heute vielleicht ein ‚genetisches' Element genannt werden würde".

ner (1869, 14) darauf, dass „[d]er Jude [...] die Sprache der Nation [...] immer als Ausländer" spreche. Der Jude, der Deutsch spreche, aber zugleich auch nicht spreche, der nicht Kunst, sondern Kunstgriffe schaffe, sei demnach ein Nachahmer, der nachspreche und nachkünstele (Wagner 1869, 15); seine Stimme sei keine recht menschliche, sondern ein papageienhaftes Nachplappern oder ein Nachäffen (Wagner 1869, 20). Wir sehen hier Anzeichen einer Dynamik von „fast dasselbe, aber nicht ganz", die Homi Bhabha in der Beziehung zwischen Kolonisierten und Kolonisierenden aufzeigte (1984, 128, 130). Eine solche koloniale Mimikry, die der Möglichkeit der Repräsentation trotzt, leitet in der dominanten oder kolonialen Macht jene „Zwillingsfiguren von Narzissmus und Paranoia ein, die sich wütend und unkontrolliert wiederholen" (Bhabha 1984, 132).[357] Wir finden bei Wagner sicherlich Anzeichen für beides. Eine Sehnsucht nach der reinen Mimesis und einer Kontrolle der Reinheit zeigt sich nicht nur in Wagners Aufsatz über das *Judenthum in der Musik*, sondern auch in seiner ästhetischen Theorie und seinen Opern selbst.

Erst ein Jahr nach der Veröffentlichung von *Das Judenthum in der Musik* stellte Wagner seine Theorie von der Form des Musikdramas auf, heute bekannt als *Gesamtkunstwerk*, als dessen Wegbereiter er sich sah. Man könnte Wagners *Gesamtkunstwerk* mit Lessings Auseinandersetzung mit dem Drama als der idealen Kombination von Wortkunst und bildender Kunst in einen Zusammenhang stellen. Für Lessing eignet sich die Erzählung ideal für die Handlung und die bildende Kunst zur Darstellung von Gegenständen. Die dramatische Form bietet somit, wie wir zuvor gesehen haben, eine einzigartige Gelegenheit, sowohl die kollektive als auch die persönliche Geschichte in die Interpretation von Körpern einzubringen. Lessing nutzte diese Eigenschaft des Dramas, um jeder Vorstellung von Vererbung als eine Art direkter Mimesis vorzubeugen. Das Visuelle und das Verbale ergänzen sich also für Lessing nicht, sondern verkomplizieren einander, indem sie auf die wechselseitige Beeinflussung verschiedener Arten von Vererbung und Einfluss verweisen. Wagner (1900, 101) spielt in seiner Abhandlung auf Lessing an, nur um sich genau in die entgegengesetzte Richtung zu bewegen, indem er musikalische Echos in Form von Leitmotiven einsetzt, die die leibliche Präsenz der Figuren auf der Bühne verstärken, und sich auf körperliche Beschwörungen identifizierbarer Typen stützt.[358] Auch wenn Wagner gleichzeitig

---

[357] Zwar bestehen erhebliche soziale und politische Unterschiede zwischen einem Leben in einer kolonisierten Bevölkerung und in einer Minderheitsbevölkerung, doch gibt es in den Erwartungen an Konformität und Assimilation auch Gemeinsamkeiten, die in den Postcolonial und Minority Studies gegenseitig produktiv gemacht wurden.

[358] Vgl. Botstein 2009, 171, zur Konvergenz von Klang und Erzählung, die durch oberflächliche Effekte erreicht wird. Zum Körper als Ideologie, zur musikalischen Mimesis und zur Benennung jüdischer Klischees bei Wagner vgl. insbesondere Weiner 1995. Es verwundert kaum, dass Wag-

viele Sinne anspricht, wäre es dennoch angemessen zu sagen, dass seine Kunstform sich auf das Statische stützt, das Lessing mit der bildenden Kunst in Verbindung brachte, und eine Typologie erzeugt, die mit der „visuellen Ideologie" des Rassismus in Zusammenhang steht (Mosse 1985, xii). Wagner (1900, 101–105) lehnt Lessings Betonung der Einbildungskraft ausdrücklich ab und greift stattdessen den heutigen affektiven Theorien der Filmwissenschaft voraus, indem er die Wirkung des Kunstwerks als durch die Sinne und nicht durch den Intellekt vermittelt theoretisiert. Rezeption ist körperlich, Repräsentation direkt. Die Beziehung zwischen Wagners Ästhetik und seiner Rassentheorie ist also eine analoge. Vererbung erscheint wie die Repräsentation als eine Art direkte Mimesis und umgekehrt. Bezeichnenderweise springt Thomas Mann (2002c, 156), wenn er Wagners Sympathie für die „Schaugestalt", einen „Typus", feststellt und kritisiert, zu einer rassifizierten Figur, die so karikiert ist, dass sie die Figuralität verliert: „ein – Mohr: er ist schwarz, [...] er ist kein Typus mehr, er ist ein Sinnbild, ein Symbol, – der erhöhte Statthalter all derer, welche in irgendeinem Sinne ‚schwarz' sind [...]." (Mann 2002c, 156) Das wagnersche Gesamtkunstwerk zielt also darauf ab, die Spuren seiner Performativität, die Lessing und Goethe so sehr schätzten, auszulöschen. Im Idealfall erzeugt die Resonanz zwischen Elementen der Performanz bei Wagner ein Gefühl der Unvermeidlichkeit, der Kunstgriff wird unsichtbar und die Darstellung nimmt die Aura der Realität an, ein Ziel, das Mann als den „aussichtsloseste[n] aller Ehrgeize" (Mann 2002c, 141) abtut.

Als letztem literarischen Werk in diesem Buch möchte ich mich daher Thomas Manns „Wälsungenblut" widmen, das eine umfassendere Wagner-Kritik enthält, als bislang festgestellt wurde, und als solche eine Hinterfragung der genealogischen Struktur des Antisemitismus mit sich bringt. Manns Novelle vollendet ganz wie Wagners Oper *Die Walküre*, von der es seinen Titel entlehnt, die Ängste um die kollektive Identität in einem schamlosen Akt des Geschwisterinzests. Es gab einige ausgezeichnete kritische Betrachtungen dieser irritierenden, hypnotisierenden Geschichte. Sander Gilman (1998, 1986) und Alan Levenson (1994) betonen die Rolle des Geschwisterinzests in der Frage der jüdischen Endogamie, Marc Anderson (1996) analysiert die Mimikry als eine Verhöhnung der Assimilation, während Paul Levesque (1997) sich auf die ästhetische Rivalität zwischen Mann und Wagner konzentriert. Ich werde hier die Auffassung vertreten, dass der Zusammenhang zwischen diesen drei Anknüpfungspunkten der Erzählung eher ein notwendiger als ein zufälliger ist, was den aktuellen Konsens über den Anti-

---

ner eine Abneigung gegen Lessing hatte. Er schlug einmal vor – laut Cosima Wagner augenzwinkernd –, alle Juden zu einer Aufführung von *Nathan der Weise* einzuladen und dann das Theater zu verbrennen (Cosima Wagner 1977, Bd. 2, 852, Eintrag vom 18. Dezember 1881; vgl. auch Gay 2000, 253).

semitismus in Manns Novelle infrage stellt. Mann, so behaupte ich, spricht sich anhand eines ästhetischen Arguments zur Mimesis gegen natürliche Arten aus und umgekehrt. Sowohl die Ästhetik als auch die Kritik an der „Rasse" als Begriff zielen gleichermaßen auf Wagner.[359] Wenn die Geschwisterfigur in den Fokus rückt, werden wir beobachten, wie sie sich vom narzisstischen Spiegelbild zur Manifestation einer durchdringenden und doch nicht identischen Subjektivität verwandelt, die wir so häufig in Aktion gesehen haben, und hier die antisemitischen Stereotypen sabotiert, auf die Mann hinweist.[360]

Seine Novelle schafft meiner Auffassung nach eine Kluft zwischen Oberfläche und Tiefe, zwischen visueller Ideologie und Psychologie. Diese Kluft instanziiert die unterschiedlichen ästhetischen Modi, die Mann der Wagner-Oper und der narrativen Prosa zuschreibt, und ebenso die Unterscheidung zwischen einer Typologie der „Rassen" einerseits und einer Sichtweise des Charakters andererseits, die durch Fragen der kollektiven Identität von außen beeinflusst, aber nicht bestimmt wird. Die Erzählung enthält eine Reihe sich wiederholender visueller Spiegelungen, deren oberflächliche Übereinstimmung mit antisemitischen Stereotypen sorgsam zu dem Zweck aufgebaut ist, sie zu dekonstruieren. Da sie sich gegenseitig doppeln, können ihre beiden Hauptfiguren, die Zwillinge Siegmund und Sieglinde, narzisstische Selbstabsorption mit Exhibitionismus und voyeuristischen Freuden verbinden. Die Zwillinge wurden in ihrer Prahlerei mit dem sich gegenüberstehenden Pfauenpaar auf Sieglindes Kleid verglichen (vgl. etwa Finney 1983, 252). Doch der Pfau ist nicht nur ein Symbol für Putz und Pracht. Ovid zufolge versetzte Hera die hundert Augen ihres Wächters Argus in die Schwanzfedern des Pfaus, nachdem Hermes Argus getötet hatte. Die Vögel sind also sowohl zur Schau gestellte Geschöpfe als auch Beobachter. Selbst das Leben von Siegmund und Sieglinde besteht aus „reich behangenen Tage[n] mit leeren Augen" (Mann 2004a, 444). Die beiden inzestuösen Episoden der Geschichte – zweitere wird vollzogen – sind Höhepunkt von Siegfrieds Selbstprüfung vor einem Spiegel. Er schließt die Augen, die Sieglinde dann küsst, und tauscht sein visuelles Abbild gegen die taktilen Zusicherungen sei-

---

[359] Vgl. auch Engelstein 2004, wo ich Manns Novelle im Hinblick auf ein Jahrhundert des Orientalismus analysiere. In diesem Beitrag kam ich jedoch zu dem Schluss, dass Mann eine Theorie der rassifizierten Typen wiederhole. Diese Interpretation überzeugt mich nicht mehr.

[360] Seit diese Geschichte in den 1990er Jahren kritische Aufmerksamkeit erregte, wurde sie konsequent als antisemitisch gelesen, wenn auch in unterschiedlichem Maße abgemildert, entweder anhand von Manns Identifikation mit Siegmund als gescheitertem Künstler oder in Parallelen zwischen dem Inzest und seinen eigenen homosexuellen Neigungen. Zum Ersteren vgl. etwa Kontje 2008 und zum Letzteren Anderson 1996. Nach der Veröffentlichung dieses Buches in englischer Sprache vertrat Fabian Bauer (2022, 141) die Ansicht, dass die Novelle selbst nicht antisemitisch sei, sondern vielmehr das Dilemma deutscher Juden*Jüdinnen in einer deutschen Gesellschaft aufzeige, die nicht einmal „mustergültig assimilierte Juden" akzeptiere.

nes „Ebenbild[s]", seiner Zwillingsschwester (Mann 2004a, 444). Er scheint mit ihr zu erreichen, wonach sich Narziss nur sehnen kann. Selbst Siegmunds stotternde Worte der Verführung und deren Rechtfertigung beruhen auf der wesenhaften Einheit des Paares als Spiegelbilder: „Du bist ganz wie ich, [...] Alles ist ... wie mit mir" (Mann 2004a, 462). Der Inzest verwandelt sich somit in eine Art Masturbation, eine Verweigerung des Geschlechtsverkehrs mit einer „Anderen", die eine Interpretation der Szene als antisemitische Anklage gegen jüdische Inzucht und sexuelle Perversität zu rechtfertigen scheint.

Eine solche Interpretation wird durch die zahlreichen bildlichen Beschreibungen der assimilierten jüdischen Familie Aarenhold gestützt, die eine aus anthropologischen Quellen vertraute Typologie der „Rassen" wiederherstellen. Insbesondere Gobineaus Darstellung verdient hier etwas mehr Aufmerksamkeit:

> Ihr Typus [d. h. der Juden] ist sich trotzdem gleich geblieben [...]. So zeigen sich die kriegerischen Rechabiten der arabischen Wüsten, so auch die friedlichen portugiesischen, französischen, deutschen und polnischen Israeliten. Ich habe Gelegenheit gehabt, einen dieser letzteren Klasse angehörenden Mann mir genauer anzusehen. Seine Gesichtsbildung verrieth vollkommen seine Herkunft. Seine Augen zumal waren unvergeßlich. Dieser Bewohner des Nordens, dessen unmittelbare Vorfahren seit mehreren Generationen im Schnee lebten, schien ganz frisch von den Strahlen der syrischen Sonne gebräunt zu sein. So sind wir zu der Annahme gezwungen, daß das Gesicht des Semiten in seinen hauptsächlichsten und wahrhaft charakteristischen Zügen das Aussehen bewahrt hat, das wir auf den vor drei- oder viertausend Jahren und früher ausgeführten aegyptischen Malereien erblicken; und dieser Anblick findet sich immer gleich auffallend, gleich kenntlich, unter den mannigfaltigsten und grell abstechendsten klimatischen Verhältnissen wieder. Die Uebereinstimmung der Abkömmlinge mit den Vorfahren beschränkt sich aber nicht auf die Gesichtszüge: sie besteht ebenso in dem Bau der Glieder und in der Charakteranlage fort. Die deutschen Juden sind insgemein kleiner und zeigen einen hagereren Bau, als die Menschen europäischer Race, unter denen sie sei [sic] Jahrhunderten leben. (Gobineau 1902, 163–164)

Jedes der von Gobineau in diesem Absatz aufgezählten körperlichen Merkmale taucht in Manns Geschichte auf, von Sieglindes Blick, der als „groß und schwarz, prüfend, erwartungsvoll, fragend" (Mann 2004a, 436) beschrieben wird, und ihren Schultern, „ein wenig zu hoch und wagerecht [sic], wie man es an ägyptischen Statuen sieht" (Mann 2004a, 456),[361] bis hin zur schlanken, „[e]phebenhaften [...] Gestalt" (Mann 2004a, 430) Siegmunds und der Hautfarbe ihrer Mutter, die „wie von einer fremden, heißeren Sonne verdorrt" war (Mann 2004a, 429). Während Gobineau die charakteristische Form jüdischer Gliedmaßen nicht spezifiziert, ist Mann

---

361 Hier fällt auf, dass Sieglinde eher den ägyptischen Statuen *von Ägypterinnen* ähnelt als den von Gobineau erwähnten Malereien versklavter Juden*Jüdinnen, wodurch die Typisierung subtil untergraben wird.

besessen von den „langen und schmalen Hände[n]" der beiden Zwillinge, die ständig ineinander verschränkt sind und ihre größte Ähnlichkeit ausmachen (Mann 2004a, 431). Die Familie weist auch über diese Beschreibung hinaus eine Vielzahl von stereotypen Merkmalen auf, von Schwester Märits Hakennase bis hin zu Siegmunds starker Behaarung. Gobineau betrachtete die vermeintliche Unveränderlichkeit dieser Merkmale als Folge der jüdischen Endogamie. Vorhersehbarerweise verstärkt sich die Unterscheidungskraft von Merkmalen der „Rasse" in den Momenten vor und nach der inzestuösen Handlung.

Die Novelle spiegelt im Rückgriff auf die Typologie und im Vollzug des Inzests Wagners Oper, die in der Geschichte auch vorkommt, wenn die Zwillinge, die nach Wagners Hauptfiguren benannt sind, eine Aufführung der *Walküre* besuchen, bevor sie deren sexuellen Höhepunkt nachspielen. Und doch macht die Wiederholung Diskrepanzen sichtbar, die nicht bloß auf ein einfaches, einseitig ausgerichtetes Modell der Nachahmung schließen lassen. Wie Mann selbst in seinem Aufsatz „Zur jüdischen Frage" (1921) feststellte, sollte die Beschreibung des „verhaßte[n], respektlose[n] und gotterwählte[n] Geschlecht[s], aus welchem das Zwillingspaar seine Not und sein Leid zu so freier Wonne vereint" (Mann 2004a, 457), „Verwirrung: des Lesers nämlich, der nicht mehr weiß, von welchem Geschlechte denn eigentlich die Rede ist", hervorrufen (Mann 2002d, 434). Bei Wagner wie bei Gobineau ist die Zuschreibung der Auserwähltheit von den Juden*Jüdinnen auf die „Arier*innen" übergesprungen. Mann sieht Wagner in einer Zwickmühle und spiegelt ihm seine „arischen" Halbgötter als entlarvte Juden*Jüdinnen zurück.[362] Levesque (1997) interpretiert Manns Methode hier als nachlässige Ausnutzung der antisemitischen Tendenzen des Wagnerpublikums und sein Motiv als Vergeltung für Wagners Abwertung der Prosa zugunsten seiner eigenen musikalischen Kunstform. Manns Analyse von Wagner geht jedoch darüber hinaus. „Wälsungenblut" soll Wagners Behauptung der dilettantischen Prosa nicht bloß rächen, sondern auch widerlegen, indem insbesondere gezeigt wird, welche einzigartige Fähigkeit in der narrativen Fiktion der Novelle steckt, die sie Mann zufolge über Wagners Kunstform erhebt. In „Versuch über das Theater", einem Essay, der nur zwei Jahre nach der Erzählung geschrieben wurde, schreibt Mann, dass das Theater – mit dem er in erster Linie Wagner meint – sich auf „stereotype[ ] […] Figuren" stütze, während der Roman „genauer, vollständiger, wissender, gewissenhafter, tiefer als das Drama" sei (Mann 2002c, 129–130). In der Novelle, einem Versuch, tief einzutauchen und zugleich die Oberflächeneffekte und oberflächlichen Vorurteile zu erforschen, sind Juden*Jüdinnen nicht nur Mittel zum Zweck. Mann will zeigen, dass bestimmte formale Wiederholun-

---

[362] Levesque (1997) liest die Erzählhaltung gegenüber diesen beiden Zielen als eine scharfzüngige.

gen den Eindruck starrer und unveränderlicher Strukturen hervorrufen können, indem er diese Reaktion in einer Imitation Wagners selbst hervorruft. Anhand der Figur des Mohren, der durch das Theater karikiert wird, greift er sowohl den gewünschten wagnerianischen Effekt an als auch die um ihn herum errichtete Kunstform als Komplizen einer gefährlichen Form des typologischen Denkens, die Interpretation und Urteil aufhebe. Noch mehr möchte Mann allerdings aufzeigen, dass die Prosa diese oberflächliche Wirkung übertreffen und durch ein Spiel von Mehrdeutigkeiten ein nuanciertes, komplexes Bild der Psychologie und eine Offenheit einführen könne, die eher ästhetische Stärke als Schwäche signalisiere. Wenn Mann einerseits die Wagner-Oper mit der Typologie der „Rassen" in Korrelation bringt, arrangiert er andererseits seine eigene Novelle als ein Experiment mit mehrdeutigen kulturellen Verhaltensweisen.

Siegmunds Anstiftung zum Inzest mit Sieglinde ist keineswegs eine einfache, direkte Affektübertragung vom Musikdrama auf das Leben. Dass die Oper die Illusion nicht zu transzendieren vermag, wird in der Beschreibung der Kunstgriffe aus der Operntechnik und weiterer Bühneneffekte, die Wagner zum Verschwinden bringen wollte, wiederholt gezeigt, ebenso wie in Sieglindes Unterbrechung der Handlung und in der Kritik der Zwillinge an Gesang und Orchester. Dennoch gelingt im Gegensatz zu Wagners eigener Theorie ein Effekt. Dieser Effekt ist keine direkte Manipulation der Sinne, sondern eine Einladung an Siegmund zur affektiven Betrachtung seiner eigenen Gefangenschaft in einer Isolation, die aus „Üppigkeit und Verstandeshelle" entsteht (Mann 2004a, 456). Als Siegmund nach Hause zurückkehrt, überlegt und entscheidet er, nimmt auf dem luxuriösen Eisbärenteppich, der das raue Bärenfell der Oper nachahmt, eine theatralische – und komische – Pose ein. Er lässt sich weder von der Oper mitreißen noch ist anzunehmen, dass er eine angeborene sexuelle Perversion hätte; vielmehr folgt er mit selbstbewusster Ironie einem Aufruf der Vorurteile, zugleich als Rache und als Experiment. Im jiddischen Schluss der ursprünglichen Version der Erzählung, in dem Siegfried über Sieglindes Verlobten sagt: „Beganeft [bestohlen] haben wir ihn, – den Goy [Nicht-Juden]" (Mann 2004a, 463), hat die Kritik einen Einbruch eines unterdrückten, aber unauslöschlichen „rassischen" Wesens von besonders hässlicher Art gesehen (vgl. Gilman 1998, 164).[363] Der Satz, der ganz und gar nicht mit Siegmunds bisherigen Sprachgewohnheiten übereinstimmt, ist jedoch als eine ironische Aneignung der Zwickmühle der Assimilation plausibler, das heißt als ein selbstbewusster, wenn auch düsterer und verzweifelter Kommentar zur unüberwindlichen Kluft nämlich, die Assimilation in Mimikry verwandelt, indem sie *alle* Authentizität untergräbt. Der Satz ist schließlich nicht Jiddisch, sondern in Grammatik und Wortschatz Hoch-

---

363 Vaget liefert einen guten Überblick über die ursprüngliche Rezeptionsgeschichte dieser Zeile.

deutsch, bis auf zwei Wörter: *beganeft*, das den selbst vollzogenen *Diebstahl* meint, und *Goy*.[364] Grammatik verbindet, wenn es nach der Sprachwissenschaft geht, die Sprache mit ihrer Herkunft und besteht über Generationen hinweg, im Gegensatz zum leicht entlehnbaren Wortschatz. Siegmunds Redewendung ist hier daher keine Reversion, sondern eine Subversion. Sein künstlicher Gebrauch des Jiddischen zeigt, dass er gerade das Schlimmste, was von ihm erwartet wird, in seiner Sprache und seinen Gewohnheiten genau versteht und sich dafür entscheidet, es zu tun. Seine Klarheit erinnert an W. E. B. Du Bois' gespaltenes Bewusstsein, wonach das Mitglied einer abgewerteten Gruppe sich seiner selbst immer durch die Perspektive des Vorurteils bewusst ist. Mit dem Stereotyp eins zu werden, ist gleichzeitig ein Akt der Ironie und der Frustration oder der Verzweiflung (vgl. Du Bois 2008, 34). Die Ironie ist also eine der Figur und auch des Autors, mehr noch: sie ist nicht lediglich eine Technik des Autors, sondern auch das Ziel. Im krassen Gegensatz zum Drama zeigt die Geschichte eine unerbittlich distanzierte extradiegetische Erzählinstanz, die eine „Indirektheit" demonstriert, die Mann (2002c, 132–133) als „Bedingung und Merkmal aller gestaltenden Kunst" feiert, im Gegensatz zu Wagners gewünschter „direkte[r] Wirkung" (Mann 2002c, 158).

Nicht nur heutige Leser*innen finden den letzten Satz von Manns Erzählung skurril – sein besorgter Verleger zwang ihn, ihn zu ändern. Sein stattdessen gewähltes Ende ist aufschlussreich. Wenn auch nicht genauso pointiert, so dreht doch auch hier Siegmund den Spieß gegen Wagner um, indem er behauptet, dass Sieglindes zukünftiger Ehemann ihnen dankbar sein solle: „Er wird ein minder triviales Dasein führen, von nun an." (Mann 2004b, 341) Die Entscheidung für das Wort *trivial* ist nicht trivial. Siegfrieds eigene dürftige künstlerische Streifzüge scheinen Wagners Darstellung der jüdischen Kunst zu verkörpern, die „nur das Gleichgiltige [sic] und Triviale sein [konnte], weil sein ganzer Trieb zur Kunst ja nur ein luxuriöser, unnöthiger war." (Wagner 1869, 19) Tatsächlich erkennt Siegfried seine eigene Kunst als „zum Lächeln" an, jedoch nicht durch eine angeborene Unfähigkeit verhindert, sondern durch den „überladen[en]" Reichtum der „Bedingungen seines Daseins" (Mann 2004a, 442). Diese Existenz selbst ist jedoch, wie der Schluss nahelegt, nicht trivial. Das Leben als Jude in Deutschland hat ihm ein tiefes Bewusstsein seiner selbst und anderer sowie des Einflusses der Umstände verliehen, das dem*der gewöhnlichen Deutschen abgeht. In „Die Lösung der Judenfrage", einem Aufsatz, den er zwei Jahre nach seiner Novelle verfasste, verweist Mann auf den psychologischen Druck, der auf den Juden*Jüdinnen laste,

---

364 Das jiddische Wort für *wir* ist *mir*, das männliche Pronomen im Akkusativ (wie auch im Dativ) ist im Jiddischen *ihm*, nicht *ihn*, und der bestimmte Artikel *dem*, nicht *den*. Siegmund verwendet also eher deutsche als jiddische Flexionen.

als Erklärung für die „außerordentlichen Daseinsformen [...], die sich, in einem erhabenen oder anrüchigen Sinne von der gemeinen Norm ausgezeichnet [...] erhalten". (Mann 2002b, 174) Siegmund fällt sicherlich in die letztere Kategorie. In beiden Fällen verwandelt dieser innere Konflikt die Jüdinnen*Juden für den Künstler jedoch in „Brüder", und um „dieser Verwandtschaft willen wird er sie lieben" (Mann 2002b, 175).

Im krassen Gegensatz zur Territorialisierung von Rassentheoretiker*innen wie Gobineau oder Ethnograf*innen wie Renan deterritorialisiert Mann in seiner Novelle seine Figur und zeigt sie zugleich dabei, wie sie dasselbe tut. Dieselbe Deterritorialisierung wird im sehr überdeterminierten „Osten", dem Herkunftsort von Herrn Aarenhold, auf das Territorium selbst projiziert (Mann 2004a, 434). Dieser Osten verbindet das Osteuropa, aus dem die älteren Aarenholds ausgewandert sind, nicht nur mit dem Nahen Osten – der implizierten ursprünglichen Heimat der Vorfahren der Aarenholds –, sondern sogar mit Indien.[365] Ebendieser mit vielfältigen Bedeutungen aufgeladene „Osten" führt die Leser*innen in die Geschichte ein, wenn er die Familie beim Mittagessen zeigt:

> Da es sieben Minuten vor zwölf war, kam Wendelin in den Vorsaal des ersten Stockes und rührte das Tamtam. Breitbeinig, in seinen veilchenfarbenen Kniehosen, stand er auf einem altersblassen Gebetsteppich und bearbeitete das Metall mit dem Klöppel. Der erzene Lärm, wild, kannibalisch und übertrieben für seinen Zweck, drang überall hin: [...] hinab und hinauf durch das ganze Haus, dessen gleichmäßig erwärmte Atmosphäre durchaus mit einem süßen und exotischen Parfum geschwängert war. (Mann 2004a, 429)

Die Abendglocke ist ein Tamtam, ein Gong, der nach Grimms Wörterbuch entweder aus Indien oder aus der Türkei stammt; er steht vor einem Gebetsteppich, vermutlich einem islamischen.[366] Der exotische Duft verweist ebenso wie der Stock und die Wildheit auf verschiedene Varianten eines primitiven Ostens. Und doch ist die ganze Inszenierung künstlich. Der Gebetsteppich wird entweiht und als Matte verwendet; der Stock dient als trivialer Gonghammer; das Tamtam ruft die Familie zum Essen, das nicht im Geringsten kannibalisch ist. Die verworrene Mischung in dieser Beschreibung enthüllt die Unschärfe und die Ungereimtheiten der Spekulationen über Herkunft in Rassentheorien Diese Formen des Ostens stellen weder eine authentische jüdische Vergangenheit noch eine Manifestation der wahren Familienidentität dar. Vielmehr verbindet der Krimskrams die Familie mit europäischen Normen des Sammelns, auch wenn sie es damit übertreibt. Als

---

365 Todd Kontje (2008, 114) stellt die „Nähe des europäischen Orientalismus und der Sprache des Antisemitismus" fest.
366 Der Wechsel zwischen dem Barbarischen und dem Kultivierten in Manns Geschichte wurde von der Kritik festgestellt; vgl. insb. Kluge 1992.

Fetische führen die Objekte zu einem Leitmotiv der vorliegenden Studie zurück: Nicht in den Kulturen, aus denen sie stammen, sind sie Fetische, sondern sollten im Europa des Fin de siècle als Zeichen der europäischen Beherrschung „primitiver" Erdteile und der Überlegenheit über den „primitiven" Glauben fungieren. Anne McClintock (1995) zeigt aber eloquent auf, inwiefern solche Objektbeziehungen stattdessen die entgegengesetzte Machtstruktur inszenieren und den Objekten Handlungsmacht verleihen. Hier verwandelt die Unklarheit, auf welcher Seite der Trennwand die Familie steht, die Spiegelbeziehung potenziell in eine endlose Reihe von Zerrspiegeln.

Die feindselige Rezeption von Manns Novelle zeigt, dass sein Verständnis für die sehr realen und gerechtfertigten Befindlichkeiten, die durch die Novelle selbst beleuchtet werden, zu schwach ausgeprägt war und dass er möglicherweise zu viel Vertrauen ins Publikum setzte, seine Indirektheit zu durchdringen. Mann beschäftigt sich außerdem mit einer Trennung von Körper und Geist, die nicht, wie ich im Epilog darlegen werde, der vielversprechendste Weg aus dem Dilemma der menschlichen Vielfalt ist. „Wälsungenblut" stützt die Stereotypen der „Rassen", die darin auftauchen, keineswegs, sondern bietet damit vielmehr einen Einblick in quälende Versuche der Selbstidentifizierung. Dass die Zwillinge ihre Beziehung kurz vor Sieglindes Heirat vollziehen, deutet nicht nur auf Siegmunds Ärger über den Verlust seiner Schwester hin, sondern auch darauf, dass er die narzisstische Dynamik als eine Illusion erkennt. Sieglinde ist am Ende nicht sein „Ebenbild" (Mann 2004a, 444), sondern ein „ungleiches Gleiches", um George Eliot (2005, Bd. 2, 323) aus dem vorherigen Kapitel zu zitieren. Ihr bevorstehender Weggang, der ihm einen „Germanen" als Schwager verschaffen würde, zwingt ihn, sich mit Begriffen von Verwandtschaft und Typus auseinanderzusetzen, die durchlässig und doch widerspenstig sind (Mann 2004a, 446). Sollte sich in naher Zukunft herausstellen, dass Sieglinde schwanger ist, bedeutet das nicht, dass es den Zwillingen gelungen ist, ein reines jüdisches Erbe für die nächste Generation zu sichern, sondern nur die Vaterschaft zutiefst ungewiss zu machen.[367] Eine solche Zukunft bleibt natürlich eine fiktive Projektion, die für die nächste Generation deutscher Juden*Jüdinnen viel angenehmer wäre als ihr tatsächliches Leben und Sterben. Und diese Zukunft lauert bedrohlich jenseits ihrer Ränder.

✳✳✳

Der Holocaust kann in dieser Studie ebenfalls nicht behandelt werden. Ich möchte meine Erkundung jedoch mit einem zusätzlichen Exkurs in diese Richtung been-

---

[367] Im Gegensatz zu John Whittons (1989, 42–43) Annahme, dass die Zwillinge hier reinblütige Nachkommen zeugen.

den, indem ich mich einem fanatischen Antisemiten des späten neunzehnten Jahrhunderts widme, der in diesem Kapitel bereits aufgetaucht ist: Paul de Lagarde. Die berüchtigtste Passage in seinem Aufsatz *Juden und Indogermanen* (1887, 339) beschreibt die Juden*Jüdinnen als eine ansteckende Infektion: „Mit Trichinen und Bacillen wird nicht verhandelt, Trichinen und Bacillen werden auch nicht erzogen, sie werden so rasch und so gründlich wie möglich vernichtet."[368] Für unsere Zwecke ist jedoch eine andere Passage ebenso bedeutsam. Lagarde behauptet, dass atavistische Juden*Jüdinnen, die seit Tausenden von Jahren staatenlos lebten, unfähig seien, am Leben eines modernen Staates teilzuhaben. Sie stünden „den Aufgaben etwa des deutschen Staatslebens in der Unbefangenheit gegenüber [...], in welcher eine Dohle über ein in einem Garten aufgeschlagen liegendes Exemplar der Antigone und Iphigenie [...] hinwegfliegt" (Lagarde 1887, 344).

Die Behauptung ist als Analogie formuliert, und doch fällt die Wahl nicht willkürlich auf die Dohle. In *Äsops Fabeln* versucht dieser Vogel, Tauben nachzuahmen, um von ihnen zu stehlen, wird aber entlarvt, und in der von den Grimms aufgeschriebenen deutschen Sage *Der schweidnitzer Ratsmann* stiehlt eine Dohle für ihren korrupten Meister Goldmünzen aus der Stadtkasse (vgl. Grimm 1816, 460–462). Darüber hinaus war die Dohle dafür bekannt, die menschliche Sprache sowie die Rufe anderer Vögel nachzuahmen. Sie ist weder schön noch musikalisch und vereint so eine verblüffende Zahl antisemitischer Stereotype. Wir müssen daher davon ausgehen, dass die mit dem Vogel angedeuteten Juden*Jüdinnen für die spezifische Kultur, die Lagarde als exemplarisch darstellt – ein „arisches" Amalgam der griechischen und deutschen Klassik, das in einer Ausgabe oder einem *Exemplar* der zwei berühmtesten Schwestern des neunzehnten Jahrhunderts veranschaulicht wird, nämlich Antigone und Iphigenie –, ähnlich unempfänglich sein sollen. Für die Epoche strahlten diese Schwestern eine Art selbstlose Liebe aus; sie exemplifizierten nicht nur die Familie, sondern ermöglichten auch die bürgerliche Sphäre, indem sie deren Grundlage und Motivation bereitstellten. Auch dafür sollen die nichtbürgerlichen Juden*Jüdinnen unempfänglich gewesen sein. Als Schwestern, die niemals Ehefrauen oder Mütter werden würden, waren Antigone und Iphigenie auch Symbole der sexuellen Reinheit. Da sie hier jedoch offen in einem Garten liegen, ist ihre sexuelle Verwundbarkeit kaum zu überse-

---

[368] Roberto Esposito (2008, 122) sieht im Nazismus, der die lebende Einheit als Nation oder „Rasse" auffasse, einen Kollaps von Politik und Biologie, der erbliche Formen der Kontamination (Abstammung) mit einer Logik der Ansteckung (Verbindung) vermische und auf diese Weise die beiden Aspekte von Identitätskontrolle kombiniere, denen ich in diesem Buch nachgehe. Die gewählte biopolitische Antwort war eine Kombination von „Rassenhygiene" und „Desinfektion" in der Form des Genozids (vgl. Esposito 2008, 110–145). Beide Stränge finden wir hier bei Lagarde wieder.

hen. Die habgierige jüdische Dohle verkörpert eine Bedrohung für „arische" Frauen und die „arische" Kultur, die sie hier repräsentieren, und doch wird dem Juden in erster Linie vorgeworfen, die sexuelle Einladung der Schwester auszuschlagen, die aus ihm einen *Bruder*, einen Mitbürger machen würde.

Ich habe in diesem Buch die Ansicht vertreten, dass die Geschwister-Logik die Unsicherheit aller Grenzen offenbart, die die Integrität der Selbstidentität gewährleisten würden. Was hier als Schutzbedürfnis der Schwester erscheint, steht also für die Bedrohung der eigenen Identität der Erzählinstanz, die sowohl in der mit ihm synekdochisch verwobenen Fähigkeit der Schwester liegt, ihn mit einem anderen zu verwickeln, als auch in ihrer Sexualität, die Verwandtschaft erzeugt und den Juden in einen Bruder verwandeln kann. Die in der Passage ersichtliche Paranoia vermengt antisemitischen Rassismus mit einer Frauenfeindlichkeit, die weibliche Sexualität kontrolliert, um Vermischungen zu verhindern.

Epilog: Die Erzeugung von Disziplinen

In dieser Studie haben wir die Verbreitung der Genealogie als die dominante Struktur für die Organisation von Wissen im neunzehnten Jahrhundert verfolgt, wobei die Geschwister-Logik als ein Splitter im System angesehen wurde, sowohl konstitutiv für Einzelelemente als auch stets auf vielfältige Weise vermischt, was die Möglichkeit der Integrität einer Einheit und der Etablierung natürlicher Arten untergrub. In der hier ausgearbeiteten Genealogie der genealogischen Disziplinen sind die vergleichende Anatomie, die vergleichende Philologie, die Kulturgeschichte und die Rassentheorie um 1800 (oft mit anderen zusammen) die gemeinsamen Vorläufer von Disziplinen mit so wenig offensichtlichen zeitgenössischen Verknüpfungen: biologische Anthropologie, Kulturanthropologie, Evolutionsbiologie, Sprachwissenschaft, Religionswissenschaft, Psychoanalyse, Politikwissenschaft, einzelsprachliche Literaturwissenschaften und vergleichende Literaturwissenschaft. Diese Fachgebiete mussten sich voneinander abgrenzen und sich von ihren Geschwistern unterscheiden. Wie wir in Kapitel 4 gesehen haben, trennten sich die „Naturwissenschaften" von den „Geisteswissenschaften" insbesondere aufgrund der Frage der kausalen Erklärungskraft, die dem Zufall, der Kontingenz und der Handlungsmacht in sich entwickelnden Systemen zugewiesen wird, das heißt in der Frage des Geltungsbereichs von Geschichte oder Naturgesetz. In den Grenzbereichen zwischen den Disziplinen übte die Geschwister-Logik weiterhin ihre herkömmlichen Vorrechte aus. Die Familienstruktur war nicht nur ein Modell, sondern auch Gegenstand der hier behandelten theoretischen Überlegungen. Ihre Verschränkung in Natur und Kultur war sogar in einer Zeit offensichtlich, als die beiden entschieden getrennt werden sollten. Passenderweise haben sich die genealogischen Disziplinen und ihre Nachfahren durch Spekulationen über die undeutlichen Grenzen, die sich in Inzesttheorien manifestierten, in Abgrenzung voneinander definiert. Und hier können wir vielleicht aus der disziplinären Di- oder Trichotomie wieder aufblicken und Wege finden, um Hybridität zu erkennen und umzusetzen, ohne abweichende Methodiken abzuwerten.

Theorien über Inzestaversion waren schon immer Grenzsteine in der Selbstdefinition von Disziplinen. Johann Heinrich Zedler, dessen *Universal-Lexicon* (1731–1754) die umfassendste deutschsprachige Enzyklopädie des achtzehnten Jahrhunderts war, fängt etwas von dem gegenwärtigen Problem der Disziplinen bei der Beschäftigung mit Inzest ein, obwohl seine Darstellung der modernen Unterteilung in einzelne Fachgebiete vorausgeht. Das Inzestverbot versteht er nicht als ein Natur*gesetz*, weil sich die ersten Menschen ohne Inzest nie hätten vermehren können, und schafft daraufhin eine neue Kategorie, um die Natur an die Kultur zu binden, die des Natur*rechts*. In seinem Eintrag zu *Blutschande* schreibt er:

> Wir wollen uns keinesweges in Streit einlassen, wie weit dem Rechte der Natur, in Ansehung, daß es eine Disciplin ist, die Grenzen zu setzen sind. Honestum, utile und justum sind keinesweges Opposita, sondern Species und Genus. Das Honestum und utile, wenn es wahrhafftig nützlich ist, ist zugleich Justum. Will man aber eine a parte Disciplin von dem honesto und utili machen, so kan es unsertwegen geschehen, wenn man uns nur zugiebt, daß dasjenige, was ehrlich und nützlich ist, auch recht sey. [...] Wir setzen demnach diesen Satz zum Grunde: Wodurch der Nutzen der Gesellschafft befördert wird, dasselbe ist recht. (Zedler 1731–1754, Bd. 4, 253)[369]

Zedler liefert am Ende dieser Passage zur Inzestvermeidung ein geschicktes Argument, die Grenzen der Disziplinen zu erweitern, um die *Rechte* der Natur, das *Recht* in Sinne der Gerechtigkeit und den Nutzen für die Gesellschaft in Beziehung zu setzen. Natürlich ist für Zedler, der immer noch im Schatten des von Thomas von Aquin beschriebenen Naturrechts arbeitet, Gott der Ermöglicher einer Verbindung zwischen Natur und Ethik.[370]

Um die Wende zum neunzehnten Jahrhundert hatte sich die moderne Konfiguration von Natur, Kultur und Ethik herausgebildet, was zu etlichen Vorschlägen rund um das Thema Inzest führte, die ausgesprochen vertraut erscheinen. In der Wahl, die sich zwischen Inzestaversion als Instinkt oder Inzestverbot als Sitte entwickelte, können wir erkennen, wie sich das Recht der Natur und das Recht der Gerechtigkeit voneinander entfernen, da Natur und Sitte in dezidiert unterschiedliche Disziplinen sortiert werden. Als das göttliche Naturgesetz in empirische Naturgesetze überging, wurde eine neue Grundlage für die Annahme geschaffen, dass die Inzestaversion angeboren sei. Nach Jeremy Benthams Darstellung der damaligen Sichtweisen wurde die Aversion nicht mehr als göttliches Verbot der Liederlichkeit interpretiert, sondern als Verteidigung gegen die sonst drohende Neigung der Art, zu degenerieren (vgl. Bentham 1896, 221; vgl. auch Aldridge 1951; Wilson 1984b, 249–270). Immanuel Kant (1932c, 166–168) hielt in „Über den Gebrauch teleologischer Principien in der Philosophie" (1788) an einer solchen Ansicht fest und schrieb, dass die Natur ein Interesse daran habe, die Vielfalt unter den Menschen zu bewahren, damit die Merkmale sich an verschiedene Umgebungen anpassen könnten, und eine solche Vielfalt sei durch Inzucht bedroht. Er deutet an derselben Stelle eine analoge Aversion gegen die Vermischung von „Rassen" aus demselben

---

[369] Wie Christina von Braun (1995) nachweist, bedeutete der Begriff *Blutschande*, der sich an der Wende zum neunzehnten Jahrhundert auf Inzest bezog, an der Wende zum zwanzigsten Jahrhundert üblicherweise Vermischung von „Rassen". Es ist dabei natürlich relevant, dass *Blutschande* wiederum auf die beiden einzigen Eheoptionen angewandt wurde, die Juden*Jüdinnen in der Diaspora zur Verfügung standen.

[370] Für eine Geschichte der Inzestaversion im Zusammenhang mit kirchlichen Lehren vgl. Sabean 2023.

Grund an, wie in Kapitel 5 erörtert wurde. Dieser Satz wirft die im Titel seines Aufsatzes bereits angedeutete drängende Frage auf, wie der Zweck die Funktion in der Natur regulieren kann. Kant trug zur entstehenden Biologie mit einer philosophischen Legitimation des teleologischen Denkens bei, um die Funktion von Teilen, etwa Organen, in natürlichen Systemen, etwa Organismen, zu erklären. Während die Natur keinen zwingenden Beweis für die Existenz Gottes oder einer Handlungsmacht in oder hinter der Natur bereitstelle, könne die Naturwissenschaft nur fortschreiten, wenn es der Vernunft erlaubt sei, den Zweck so aufzufassen, *als ob* ein solcher Schöpfer anwesend wäre. Kants Brückenschlag zwischen Zweck und Natur machte selbst vor menschlichen Neigungen oder Fähigkeiten nicht halt, sondern schloss sie mit ein, wie aus seinen Klassifizierungen der „Rassen" deutlich wird (vgl. Kant 1932c, 170–172).[371] Dennoch postulierte er eine menschliche Vernunftbegabung und damit auch die von der Vernunft beherrschten ethischen Imperative als völlig unabhängig von den Naturkräften. Die Inzestaversion verbleibt also in seiner Definition auf der Seite der Natur – ein Instinkt ohne ethische Kraft.

Bentham bestätigte diese Kluft zwischen Natur und Kultur in seiner Behauptung, dass keine instinktive Reaktion die Grundlage für ein ethisches Verbot bilden könne:

> „Von Natur aus", so heißt es, „besteht eine Abscheu vor solchen Ehen." […] Dieses Argument allein kann aber kein ausreichender Grund für das Verbot irgendeiner Handlung sein. Wäre die Abscheu ein echte, wäre das Gesetz nutzlos. Warum verbieten, was niemand tun will? Gibt es jedoch keine Abscheu, hilft die Vernunft nicht weiter; die vulgäre Moral hätte keine Argumente mehr für ein Verbot der fraglichen Akte, denn die ganze auf natürlicher Abscheu beruhende Argumentation wird durch die entgegengesetzte Annahme aufgehoben. Kommt es bei der Neigung des Begehrens einzig auf die Natur an, müssen wir auch ihrem Urteil entsprechen, wie immer es auch lauten mag. (Bentham 1896, 219–220)

Bentham führt hier zwei verschiedene Argumente an. Erstens werden Gesetze eingeführt, um das Begehren einzuschränken, statt bloß die bestehenden Aversionen zu kodifizieren. Und zweitens darf keine natürliche Reaktion mit einer ethischen Haltung verwechselt oder dazu benutzt werden, sie zu legitimieren. Entgegen Zedlers Behauptung postuliert er damit das Verhältnis von Moral und Natur als ein antagonistisches. Die Natur ist auf klare Grenzen beschränkt, die ihren Forscher*innen die Zuständigkeit für Fragen der Ethik oder der Sitten verwehren. Wer diese Bereiche zu vermengen versuchte – die *vulgären Moralisten* –, wird als Scharlatan entlarvt.

---

371 Vgl. auch Kants Anmerkungen zu seinen anthropologischen Vorlesungen, in denen er einen stark hierarchischen Blick auf die (Un-)Fähigkeiten einer jeden „Rasse" wirft (Kant 1902 ff., Bd. 25/2, 1187, Bd. 15/2, 878; vgl. auch Engelstein 2008, 228–232).

Es gab jedoch um die Wende des neunzehnten Jahrhunderts auch Versuche, einen wahrgenommenen Zusammenhang zwischen menschlicher Aversion und natürlicher Schädlichkeit zu berücksichtigen.[372] Noah Webster (1789) und Samuel Taylor Coleridge (1803) kamen auf beiden Seiten des Atlantiks unabhängig voneinander zu derselben Erklärung für die Inzestaversion: Die kulturelle Evolution verwandle demnach einen natürlichen Imperativ in ein affektives Verbot. Coleridge stützt sich nicht mehr auf die Existenz Gottes, sondern auf den *Glauben* an das Göttliche und spekuliert, dass eine frühe Gesellschaft die Geschwisterehe mit katastrophalen und weithin zu beobachtenden Ergebnissen praktiziert habe.[373] Als sich die menschliche Bevölkerung auf dem Globus ausgebreitet habe, habe sie nicht die Erinnerung an die konkreten Beispiele mit sich getragen, sondern das Trauma, das als Ausdruck göttlicher Rache und in der Aufforderung jeder Generation an die nächste performativ revitalisiert werde (Coleridge 1957, Bd. 1, 1637, Eintrag von November 1803). Prägnanter formuliert es Webster (1790, 322): „Aberglaube ist oft wach, wenn die Vernunft schläft."

Coleridge (1957, 1636) kombiniert diese Erklärung mit einer Darstellung über die *sozialen* Vorteile der Trennung „der schwesterlichen und brüderlichen von der ehelichen Liebe", sodass „das Herz zwei Arten der Liebe hat statt eine". Obwohl er keine der beiden als stärker als die andere bezeichnet, dient die Geschwisterbindung als Ausgangspunkt für die Abstufungen der Bindung, die jede Person in eine breitere Gemeinschaft einbezieht und eine Abfolge einleitet: „Schwester, Ehefrau, Kind, Onkel, Cousin, einer von unserem Blut usw. bis zum bloßen Nachbarn, Stadt- oder Landbewohner" (Coleridge 1957, 1637). Die Schwester kann der Ehefrau in dieser Liste zumindest teilweise aus chronologischen Gründen vorausgehen – die „Übung", die ein Mann durch seine Beziehung zu seiner Schwester erhalte, verfeinere und stärke die eheliche Liebe (Coleridge 1957, 1637). Der Unterschied ist jedoch auch ein struktureller, und zwar genau in der Weise, wie in Kapitel 2 erörtert

---

[372] Die Vorstellung, dass Ehen zwischen engen Blutsverwandten zu Geburtsfehlern, gesundheitlichen Beeinträchtigungen oder verminderter Fruchtbarkeit führten, war im späten achtzehnten Jahrhundert weit verbreitet, wurde jedoch nicht allgemein akzeptiert. Die Annahme, dass Inzucht bei Tieren und Pflanzen weit verbreitet und unproblematisch sei, wurde gerade erst infrage gestellt, etwa von Christian Conrad Sprengel im Jahr 1793, der durch sorgfältige Beobachtung nachwies, dass hermaphroditische Pflanzen über eine Reihe von Mechanismen verfügten, um eine Selbstbefruchtung zu verhindern. 1891 bemerkte Edvard Westermarck (1893, 334–338), dass Inzucht für Tiere schädlich sei, und in späteren Auflagen argumentierte er gegen den verbreiteten Glauben, dass Tiere regelmäßig Inzucht betrieben (vgl. Westermarck 1922, Bd. 2, 223–224).

[373] Im Gegensatz zu Webster identifiziert Coleridge diese negativen Folgen nicht eindeutig als physiologische. Angesichts seiner Prämisse über die soziale Bedeutung der Trennung der Geschwisterliebe von der ehelichen Liebe, die im Folgenden behandelt wird, wäre es möglich, über eine kulturelle Katastrophe zu spekulieren, wenn die beiden miteinander vermengt würden.

wurde: Eheliche Liebe gilt als einheitlich und partikular, während die Geschwisterliebe verallgemeinerbarere Sympathiebindungen begründet und die Ethik anleitet. Inmitten einer romantischen Umarmung von Brüderlichkeit, Schwesterlichkeit und lateralen Assoziationen im Allgemeinen lässt Coleridge die Beziehung des Kindes zu den Eltern, die Robert Filmer im siebzehnten Jahrhundert zur Grundlage der Regierungsführung und sozialen Ordnung gemacht hatte, völlig aus. Als Percy Shelley 1817 das Inzestverbot zu einer Frage der „Konvention" erklärte, folgte er damit den kulturellen Ansichten der Zeit. Er befand sich aber sicherlich in der Minderheit, wenn es darum ging, dem moralischen Sinn zu verbieten, „seine Energien zu verschwenden, um Handlungen zu vermeiden, die nur Verbrechen der Konvention sind", und damit die Aufhebung der Inzestverbote mit einer sozialen und politischen Revolution zu verbinden (Shelley 2000, 47).[374]

Als sich die modernen Disziplinen im Laufe des neunzehnten und zwanzigsten Jahrhunderts und bis ins einundzwanzigste Jahrhundert hinein zunehmend voneinander abschotteten, verschärfte sich der Streit um den Inzest: Jede Behauptung über Aversionen, Tabus oder ethische Verbote stellt nicht nur die Mächte der Natur gegen die Mächte der Kultur, sondern erhebt auch Anspruch auf die Zuständigkeit und damit Legitimität der Disziplin, die das jeweilige Argument formuliert. Inzesttheorien begründen und differenzieren somit Forschungsgebiete auf dünnem Eis. Das Rätsel des Inzests ist das Rätsel der *Anthropologie* in ihrem ursprünglichen Sinne, das Geheimnis des Menschen als Geist und Natur, als Vernunft und Tier. Während die Anthropologie des achtzehnten Jahrhunderts die Synthese dieser beiden Elemente untersuchte, kam die Fülle der institutionellen Disziplinen in den folgenden Jahrhunderten einer Zentrifugalkraft gleich, die schuf, was C. P. Snow (1967) bekanntermaßen *Die zwei Kulturen*, nennen würde. Diese beiden Kulturen besetzten jedoch nicht einfach separate Gebiete, sondern kämpften um die Aneignung von Territorien hinter einer Grenze, die von beiden Seiten als gleichermaßen fest angesehen wurde. In der zweiten Hälfte des neunzehnten Jahrhunderts nahmen die gleichen Alternativen zur Konzeptualisierung

---

374 William Paley, auch wenn er die Vermeidung sexueller Beziehungen zwischen nächsten Blutsverwandten „ein Naturgesetz" nannte (Paley 1860, 126), forderte, dass „auf jede erdenkliche Weise eine Abscheu vor inzestuösen Verbindungen anerzogen" werden müsse (Paley 1860, 125), denn andernfalls gäbe es keine Garantie für Keuschheit in den Familien. Sein Naturgesetz war also entweder nicht angeboren oder ohne äußere Verstärkung unzureichend stark. Paley kommentierte, wie so viele zu diesem Thema, die Gesellschaften, in denen bekanntermaßen Geschwisterehen geschlossen wurden: Ägypter, Phönizier und Hebräer – wie Abrahams Ehe mit seiner Halbschwester Sarah beweist. Dieses Beispiel würde besonders im antisemitischen späten neunzehnten bis mittleren zwanzigsten Jahrhundert populär werden (vgl. etwa Westermarck 1893, 294).

von Inzest robustere Formen an, und es entstanden zwei neue Disziplinen: die Verwandtschaftsethnologie und die Soziobiologie.

Zu behaupten, dass Inzestverbote universell seien – wie auch Fachgebiete auf beiden Seiten der disziplinären Kluft –, ist fragwürdig, denn Inzest wird gerade erst durch sein Verbot definiert. Inzest und Verwandtschaft bedingen sich gegenseitig, ihre Definitionen sind voneinander abhängig. Die Bruchlinien innerhalb des Begriffs der Verwandtschaft selbst wird besonders gut durch das englische Wort dafür beleuchtet. Das alte englische Wort *kin* bezeichnete bis zum Ende des neunzehnten Jahrhunderts diejenigen Personen, die von den Europäer*innen als Verwandte [*kinsfolk*] angesehen wurden, die durch Abstammung über die mütterliche und auch über die väterliche Linie verbunden waren. Angeheiratete Verwandtschaft war dabei ausgeschlossen. Das Wort *kinship* hingegen ist im späten neunzehnten Jahrhundert entstanden und erhielt bei der Begriffsbildung die Konnotation, dass jede Produktion von Verwandten [*kin*] ein System bildete, die von einer Theorie abhänge, die nunmehr von Gesellschaft zu Gesellschaft eine andere sei. Bis zum frühen zwanzigsten Jahrhundert hatte sich in der Verwendung des Wortes *kin* eine Zweiteilung etabliert, die noch immer besteht. Die im zwanzigsten Jahrhundert entstehende Genetik übernahm die ältere Bedeutung, um genetisch Verwandte zu beschreiben. Diese Definition ist in der Biologie und Evolutionspsychologie noch immer gängig. Die im späten neunzehnten Jahrhundert entstehende Kulturanthropologie hingegen definierte *kinship* anhand der sozialen Anerkennung im ausdrücklichen Gegensatz zur biologischen Verwandtschaft. Erst ein weiteres Jahrhundert später äußerte David Schneider (1984) seine Grundsatzkritik an der Verwandtschaftsethnologie [*kinship studies*], die die „soziale Verwandtschaft" [*social kinship*] von Anfang an auf eine Idee der „natürlichen Verwandtschaft" [*natural kinship*] brachte. Während europäische Ethnolog*innen soziale Verwandtschaftsformen außerhalb Europas mit sogenannter natürlicher Verwandtschaft verglichen und als deren fiktive Form ansahen, stellten sie die Universalität der europäischen Priorisierung des Blutes als Grundlage für die Bindung nie infrage.[375]

Die Verwandtschaftsethnologie [*kinship studies*] begann mit drei Büchern, die in einem einzigen Jahrzehnt veröffentlicht wurden und kulturelle Geschichten familiärer Beziehungen zu rekonstruieren versuchten: *Das Mutterrecht* (1861) des Schweizer Juristen Johann Jakob Bachofen, *Primitive Marriage* (1865) des schotti-

---

375 Ausgezeichnete neuere Arbeiten zur Verwandtschaft folgten Schneiders Kritik, die oft auf neue Praktiken des Verwandtseins angewendet wird, das aus Fortpflanzungstechnologie und gleichgeschlechtlichen Beziehungen entsteht, insbesondere vor der Entscheidung des Obersten Gerichtshofs der USA im Juli 2015, welche die gleichgeschlechtliche Ehe legalisierte (vgl. Strathern 2005; Carsten 2004; Franklin 2007; Butler 2009; Franklin und McKinnon 2001; Conrad und Nair 2010).

schen Anwalts John Ferguson McLennan und *Systems of Consanguinity & Affinity of the Human Family* (1871, gefolgt von *Die Urgesellschaft*, 1877) des amerikanischen Anwalts Lewis Henry Morgan (vgl. Bachofen 1993; McLennan 1970; Morgan 1997, 1987).[376] Angesichts einer Fülle von Systemen der Organisation familiärer Beziehungen über Zeit und Raum waren sie gezwungen, sich kreativ auszudrücken, um solche Strukturen überhaupt zu nennen. Diese Studien, aus denen die moderne Anthropologie hervorging, untersuchten aktuelle und vergangene Verwandtschaftsformationen mithilfe einer vergleichenden Methode, wie in den Kapiteln 4 und 5 ausführlich dargestellt, und generierten Genealogien von Verwandtschaftssystemen, während sie Geografie mit Geschichte verbanden und damit der in Kapitel 4 erörterten Logik Johann Gottfried Herders folgten. McLennan (1970, 13) betont ausdrücklich eine verschobene Chronologie, wodurch die verschiedenen außereuropäischen Gesellschaften auf ein früheres Zivilisationsniveau verwiesen wurden: „Diese Fakten von heute sind gewissermaßen die älteste Geschichte". Morgan (1877, 6) spricht in *Die Urgesellschaft* von „ethnischen Epochen" [*ethnical periods*], die eher von den Gegebenheiten als von der Zeit abhingen. Kulturanthropologie wird damit zugleich Kulturgeschichte. Nicht zufällig lautet das erste Wort in Morgans *Systems of Consanguinity & Affinity of the Human Family* „Philology" (Morgan 1997, xxi). Wie McLennan hoffte Morgan, die genealogischen Entdeckungen der Sprachwissenschaft zu erweitern, indem er ein Phänomen untersuchte, das als noch konservativer und langsamer zu ändern galt als die Sprache, nämlich die Familienstruktur: „Verwandtschaftssysteme", behauptete er, „wurden als übermittelte Systeme ab den frühesten Zeiten der menschlichen Existenz auf der Erde auf dem Wege des Blutes weitergegeben" (Morgan 1997, xxii). Trotz dieses Einstiegs lässt Morgan, ganz wie McLennan, eine Divergenz zwischen Blutsverwandtschaft und dem Selbstverständnis von Verwandtschaft innerhalb einer Kultur [*social kinship*] zu, ohne die Erwartung aufzugeben, dass jede Anerkennung von Verwandtschaft den Glauben an eine körperliche genealogische Verbindung mit sich bringe. Morgan verwendet daher den Ausdruck „Systeme der Blutsverwandtschaft" [*sys-*

---

376 Es ist kein Zufall, dass McLennan, Morgan und Bachofen alle Juristen waren. Wie in Kapitel 4 erwähnt, wurde der erste bildliche Stammbaum gezeichnet, um die Entwicklung der Rechtssysteme zu veranschaulichen. Verwandtschaftssysteme, wie die anthropologische Feldforschung sie sich vorstellte und übernahm, waren juristischer Natur und konzentrierten sich auf die Vererbung und Verteilung von Rechten, Privilegien und Verboten. Sowohl McLennan als auch Morgan wurden von der Arbeit des britischen Anwalts Henry Maine an *Ancient Law* (1861) beeinflusst, der detaillierte Berichte über das römische Familienrecht enthielt. Maine konzentrierte sich jedoch hauptsächlich auf das alte Rom und wies der menschlichen Geschichte keine sonderlich längere Dauer zu. Bachofens Buch, das gleichzeitig mit dem von Maine erschien, und die folgenden Werke von McLennan und Morgan eröffneten längere Einblicke in die antike Vergangenheit.

tems of consanguinity], um einerseits die Rolle der Konvention zu betonen (*systems*), andererseits aber zugleich auch die Identifizierung einer Blutsverwandtschaft (*consanguinity*) als vermeintliches Ziel jeder Verwandtschaftsbenennung beizubehalten. Alle drei Studien konzentrierten sich auf sexuelle Beziehungen und die Abstammung – sowohl auf Allianz als auch auf Filiation –, die natürlich durch Fortpflanzung miteinander verbunden sind. Daher spielten Inzesttabus von Anfang an eine zentrale Rolle.

Die alten Verwandtschaftssysteme, die diese drei Texte postulierten, standen in einem starken Kontrast zur europäischen Familie, die aus römischen Vorbildern hervorging, und verdrängten oder beseitigten die Vaterschaft zugunsten matriarchaler Systeme, die die Geschwister in den Mittelpunkt der Verwandtschaftskonstellationen stellten. In Bachofens (1993, 11) „Gynaikokratie" zum Beispiel spielt die Ehe keine Rolle, sodass das wichtigste Verwandtschaftsverhältnis zwischen Schwestern besteht und männliche Verwandtschaft durch Mutter und Schwestern bestimmt wird. Die Mutterschaft war für Bachofen (1993, 13) eine Art materielles Substrat der Geschichte, das aufgrund seiner mangelnden Differenzierung die Verwandtschaftsverhältnisse nivelliere; in der Gynaikokratie kenne das Heimatland „nur Brüder und Schwestern". Nur das geistige Voranschreiten, das für die Anerkennung der Vaterschaft notwendig sei, führe zu Fortschritt und Individuation (Bachofen 1993, 48). Ein Jahrzehnt später sprach sich Morgan für eine auch bereits von McLennan angedeutete Phase der kulturellen Entwicklung aus, in der jeder Stamm eine Familie und Brüder und Schwestern jeder Generation zugleich Ehemänner und Ehefrauen gewesen seien.[377] In *Primitive Marriage* führte McLennan nicht nur die Begriffe „Exogamie" und „Endogamie" ein, sondern auch eine Reihe von primären Zuneigungen, die sich von Coleridges Äußerungen unterschieden:

> Die Zuneigung des Kindes gegenüber seinen Eltern sowie gegenüber seinen Geschwistern kann instinktiv sein. Beide sind offensichtlich unabhängig von jeder Theorie der Verwandtschaft, ihres Ursprungs oder ihrer Folgen; sie unterscheiden sich von der Wahrnehmung der Einheit des Blutes, von der die Verwandtschaft abhängt; und sie können schon lange existiert haben, bevor die Verwandtschaft zum Gegenstand des Denkens wurde (McLennan 1970, 63).

---

[377] McLennan (1970, 22) schreibt, dass jeder primitive endogame Stamm, „eine unregierte Bruderschaft", sich nicht am Kauf oder Tausch von Frauen beteiligte, weil alles Eigentum gemeinsames sei. Wenn eine solche Gruppe nicht durch Streitigkeiten über Frauen gespalten werden sollte, müssten sie die Harmonie durch „Gleichgültigkeit und Promiskuität" aufrechterhalten haben (McLennan 1970, 69).

McLennans vertikale und horizontale Achsen spiegeln die beiden Pole wider, die im neunzehnten Jahrhundert die genealogische Epistemologie bestimmten und im zwanzigsten Jahrhundert das Rückgrat der strukturalen Anthropologie bilden sollten. Hier offenbaren sie eine mystische Existenz, die vor der sozialen Praxis der Verwandtschaft liegt und über sie hinausgeht, und zwar in einer Zeit, deren Existenz in der späteren strukturalen Anthropologie infrage gestellt wird. Laut Bachofen, McLennan und Morgan korrelierte der zivilisatorische Fortschritt mit Patrilinearismus, Differenzierung, Besitz und der Privatisierung der Familie. Der Forschungsgegenstand, um den sich die neue Disziplin konsolidierte, war somit der stufenweise Fortschritt zur Zivilisation durch die männliche Transzendenz der weiblichen Natur. Die Verwandtschaftsethnologie bildete den Kern einer neuen Reihe von Disziplinen: den Sozialwissenschaften.

Gleichzeitig entstand aus ebendiesem Kreis eine weitere Disziplin, die ihre kausalen Erklärungen in die entgegengesetzte Richtung lenkte, nämlich die Soziobiologie oder Eugenik. Die Soziobiologie griff bereitwillig auf, was Laura Otis (1999, 3) das „organische Gedächtnis" der Vererbung nannte, das „die Vergangenheit *in* den Einzelnen, *in* den Körper, *in* das Nervensystem verlegte". Die Vererbung, nach Theorien von Cesare Lombroso und Francis Galton, kontrollierte nicht nur die Physiologie, sondern auch den Charakter und die Neigungen von der Kriminalität bis zur Intelligenz. Dieser Logik folgend argumentierte Edvard Westermarck 1891 in *Geschichte der menschlichen Ehe*, dass die Aversion gegen den Geschlechtsverkehr unter Geschwistern eine angeborene, erbliche Anpassung sei. Westermarck wusste sehr genau, dass die Formen von Verwandtschaft und Allianz, die das Inzesttabu abdeckt, sehr unterschiedlich sind. Er lehnt die Weitergabe einer Aversion durch einen von Coleridge und Webster beschriebenen performativen Fluch ab und betont, dass kein Vorteil, der durch exogame Ehen vermittelt werde, ausreichen könnte, um das fehlende *Begehren* nach nächster Endogamie auszugleichen (vgl. Westermarck 1893, 318–319). Er spricht daher von

> eine[m] angeborenen Widerwillen gegen den geschlechtlichen Verkehr zwischen Personen [...], die von früher Jugend auf beisammen leben, und daß dieses Gefühl, da solche Personen in den meisten Fällen blutsverwandt sind, sich hauptsächlich als Abscheu gegen den Geschlechtsverkehr mit nahen Verwandten bekundet (Westermarck 1893, 320–321).

Dieser Widerwille „hat Verbote [...] hervorgerufen" und sich dann auf entferntere Verwandte und andere ausgebreitet, die durch Heirat oder Adoption als Ergebnis einer „Gedankenverkettung" (Westermarck 1893, 330–331) verbunden gewesen seien. Schließlich kommt Westermarck zu dem Schluss,

> dass nicht in erster Linie der Grad der Blutsverwandtschaft, sondern das enge Zusammenleben die Verbotsgesetze gegen Verwandtenehen bestimmt. [...] Das Ausmaß, in dem Verwandte

> in unterschiedlichen Nationen nicht heiraten dürfen, hängt klar mit ihrem engen Zusammenleben zusammen. Es gibt eine so starke Koinzidenz (belegt durch statistische Daten) zwischen Exogamie und dem „klassifikatorischen System der Verwandtschaft" – das zu einem großen Teil aus dem engen Zusammenleben einer beträchtlichen Anzahl von Verwandten stammt –, dass sie tatsächlich als zwei Seiten einer Institution betrachtet werden müssen. (Westermarck 1891, 544)

Obwohl diese bemerkenswerte Passage anerkennt, dass Verwandtschaftssysteme und Inzestverbote einander gegenseitig begründen, verbindet Westermarck beide mit der Natur als einziger kausaler Instanz. Nicht das Verwandtschaftssystem bestimmt die Lebensumstände, sondern die Lebensumstände bestimmen die Verwandtschaftsklassifizierungen. Wer zusammenlebt, ist „Verwandter", vor und unabhängig von einem System, das sie als solche bezeichnet. In der Tat müssten sie in signifikant vielen Fällen nahe genetische Verwandte sein, damit eine Aversion, die auf dem Zusammenleben beruht, wirksam ist. Wo das Soziale in Gesetzen oder Klassifizierungssystemen unweigerlich aufzutauchen scheint, sieht Westermarck die Praktiken verankert, die der Natur entspringen sollen. Westermarck ist so sehr darauf bedacht, das Soziale als Ursache auszulöschen, dass er die Ehe selbst definiert als

> eine mehr oder minder dauernde Verbindung zwischen Männchen und Weibchen, über die Fortpflanzungsthätigkeit hinaus bis nach der Geburt des Sprößlings anhaltend. Die Ehe kommt bei vielen niedrigeren Tiergattungen vor, bildet bei den menschenähnlichen Affen die Regel und ist bei den Menschen allgemein. (Westermarck 1893, 538)

Wir stoßen hier auf eine Vermengung, die mit dem übereinstimmt, was E. O. Wilson ein Jahrhundert später, 1998, „Die Einheit des Wissens" [*consilience*] nennt: „Wissenschaftler pflegen sich mit den Themen Verhalten und Kultur aus der jeweiligen Perspektive ihrer Disziplin zu befassen – Anthropologie, Psychologie, Biologie und so fort. Ich aber behaupte, daß es in Wirklichkeit nur einen einzigen Erklärungsansatz gibt" (Wilson 1998, 355), nämlich den biologischen.

Sigmund Freud und Claude Lévi-Strauss begründeten jeweils Disziplinen, die die Natur als eine einheitliche Erklärung und Westermarcks Logik der Verwandtschaft, der Inzestaversion und damit der Konstitution des Menschen überhaupt ablehnen. Westermarck betonte das Animalische des Menschen als Ausdruck eines Instinkts, der das Sexualverhalten leite, Freud und Lévi-Strauss hingegen sahen im Inzesttabu den grundlegenden Moment, in dem die Kultur an die Stelle der Natur trete. Die freudsche Psychoanalyse postuliert sowohl eine präödipale als auch eine ödipale erotische Bindung an die Mutter. Die Verschiebung von der einen zur anderen markiere die Entstehung des *Subjekts* durch Individuation, während die anschließende Internalisierung des Inzestverbots sowohl ontogenetisch als auch phylogenetisch *Ethik* und *Kultur* hervorbringe. Die Verknüpfung von Ontogenese und Phylogenie durch das Inzesttabu legitimiert dann sowohl die Einzel- als auch die Gruppenpsychologie als Gegenstände der Psychoanalyse. Auch die moderne Anthropologie wurde durch die Verwandtschaftsethnologie definiert, die sich um das Inzesttabu strukturiert. Lévi-Strauss stellt unmissverständlich fest:

> Zweifellos ist die biologische Familie vorhanden und setzt sich in der menschlichen Gesellschaft fort. Was aber der Verwandtschaft ihren Charakter als soziale Tatsache verleiht, ist nicht das, was sie von der Natur beibehalten muß: es ist der wesentliche Schritt, durch den sie sich von ihr trennt. Ein Verwandtschaftssystem besteht nicht aus den objektiven Bindungen der Abstammung oder der Blutsverwandtschaft zwischen den Individuen; es besteht nur im Bewußtsein der Menschen [...]. (Lévi-Strauss 1967, 66)

Damit wird nicht nur etwas über die Zuständigkeit einer Wissenschaft der menschlichen Gesellschaft und des menschlichen Verhaltens gesagt, sondern auch über die Möglichkeit, die Natur von der Kultur abzugrenzen, so ist gemäß der Kulturanthropologie „das Inzestverbot gleichzeitig an der Schwelle der Kultur, in der Kultur und, in gewissem Sinne (wie wir zu zeigen versuchen werden), die Kultur selbst" (Lévi-Strauss 1984, 57). Es ist hier entscheidend zu beachten, dass Lévi-Strauss das Inzesttabu sowohl an der Grenze zwischen Natur und Kultur *als auch* fest auf der kulturellen Seite dieser Grenze verortet: das Inzesttabu „bildet [...] nicht einen an sich schon natürlichen Übergang zwischen Natur und Kultur, was undenkbar wäre" (Lévi-Strauss 1984, 57). Für Lévi-Strauss ist die Natur ein Substrat und die Kultur übergeordnet. Jacques Lacan erfindet dann sowohl die freudsche Kastration als auch Lévi-Strauss' Tausch neu, um das Inzestverbot als das Scharnier zwischen dem Realen und dem Symbolischen zu positionieren: Das Gesetz des Vaters ist (wie bei Bachofen) die Initiation der Differenz und damit der Sprache und Kultur.

Als Freud zu Beginn des zwanzigsten Jahrhunderts die Mutter zum primären erotischen Objekt erklärte, verwandelte er die zwei getrennten Momente des Liebens bei Samuel Coleridge in einen Ersatz für die Mutter, indem er die laterale der vertikalen Achse vollständig unterordnete und die Inzestdebatte von den Geschwistern auf den generationenübergreifenden Geschlechtsverkehr verlagerte.[378] Wir sollten nicht vergessen, dass nicht nur die Kulturanthropologie, sondern auch die Psychoanalyse der Verwandtschaftsethnologie verpflichtet waren, da Letztere be-

---

[378] Sander Gilman (1998, 172) hat überzeugend dargelegt, dass die von Freud angezettelte Revolution im Inzestdiskurs zum Teil ein Akt der Ablenkung war, der durch die Rassentheorie der Zeit motiviert war, die, wie in Kapitel 5 erörtert, Juden*Jüdinnen mit Geschwisterinzest in Verbindung brachte. Die Eltern-Kind-Orientierung des Ödipuskomplexes diente somit dazu, die Psychoanalyse vor einem Angriff gegen sie als „jüdische Wissenschaft" zu schützen.

reits die Zivilisation und die Initiierung höheren Denkens wie der Ethik mit dem Aufstieg des Vaters und der Etablierung einer Ordnung in Verbindung gebracht hatten, in der die Söhne dem Vater nachfolgten. Während die frühere Verwandtschaftsethnologie vor der Vater-Sohn-Dynamik auch eine frühere Epoche der gemeinschaftlichen Geschwisterschaft in den Blick nahm, tilgten Freud und Lévi-Strauss diese Option aus ihrer Vorstellungswelt. Beide setzten das Menschliche mit Kultur und Kultur mit universellen Gesellschaftsformationen gleich, in denen der Tauschpartner [*agent of exchange*] zum Subjekt der Patrilinearität durch die Abjektion des Mütterlichen wurde

Gewiss haben wir Freud die Verdrängung der *Antigone* durch *Ödipus Rex* als die beispielhafte klassische Tragödie zu verdanken, doch Freud war natürlich nicht allein für das Schwinden der theoretischen und kulturellen Bedeutung der Geschwister-Logik zu Beginn des zwanzigsten Jahrhunderts verantwortlich. Als das neunzehnte Jahrhundert endete, schrumpfte die Familie und damit auch die Anzahl Cousins und Cousinen, die als Heiratspartner*innen zur Verfügung standen. Warnungen aus Biologie und Eugenik vor der möglichen Schädlichkeit von Ehen mit nahen Verwandten wurden lauter. Frauen gewannen ein gewisses Maß an Unabhängigkeit von ihren Familienverbänden, indem sie ihre Ehepartner in der Schule oder sogar am Arbeitsplatz kennenlernten. Derweil hatte sich die frühe Neuzeit der kulturellen Begegnung, die im siebzehnten bis neunzehnten Jahrhundert die Bildung und Abgrenzung neuer kollektiver Identitäten hervorgebracht hatte, in ein Zeitalter des Kolonialismus und der Globalisierung gewandelt, das die Europäer*innen um die Wende des zwanzigsten Jahrhunderts fest in dem Gerüst hielt, das sie errichtet hatten, um ihre eigene Vorherrschaft zu bewahren. Gleichzeitig zog sich der Historismus, der die Wissensbildung des vorigen Jahrhunderts dominiert hatte, allmählich zurück. Die strukturelle Sprachwissenschaft, ein Ansatz, der auf die Nichtentwicklung bezogene Gemeinsamkeiten der Sprache über Raum und Zeit hinweg betonte, schloss sich der vergleichenden Sprachwissenschaft an und folgte ihr bald als Mittelpunkt der Disziplin. Lévi-Strauss' strukturale Anthropologie suchte ebenso wie die strukturelle Sprachwissenschaft, die sie inspirierte, nach zeitlosen Universalien. Wie wir in Kapitel 3 gesehen haben, beruhte die strukturale Anthropologie auf der Schwester, aber nur als ein Objekt, das eingetauscht werden sollte, um exogame Bindungen zu schaffen, und nicht als Akteurin, deren Handeln von Bedeutung gewesen wäre. Wenn auch die Geschwister-Logik in all diesen Bereichen an Bedeutung verlor, spielte sie in einer neuen Disziplin eine entscheidende Rolle. Das Regime der Genetik beförderte Zwillinge bei einem ihrer wichtigsten Bestrebungen, nämlich der Identifizierung und Trennung angeborener und erlernter Merkmale, in den Status einer überragenden experimentellen Kontrollgruppe. Geschwister markierten also weiterhin eine schwierige Grenze, nämlich die zwischen Natur und Kultur, verkörperten aber nun die Erwartung, dass solche lästigen Probleme gelöst werden könnten. Die Konvergenz dieser Trends, fort von der Geschwister-Logik des neunzehnten Jahrhunderts, ist offensichtlich.

In der zweiten Hälfte des zwanzigsten Jahrhunderts verlor die Soziobiologie aufgrund ihrer Verbindung mit der Eugenik des Holocausts ihren institutionellen Status, die Grundzüge ihrer Argumente sind jedoch nicht verschwunden. Ihre aktuelle Nachfahrin, die Evolutionspsychologie, geht von der Prämisse aus, dass menschliche Verhaltensweisen als evolutionäre Anpassungen erklärt werden können. Die Soziobiologie befasste sich mit Bevölkerungsstatistiken und analysierte großräumige Trends; die Evolutionspsychologie interessiert sich zwar immer noch für menschliche Universalien anhand von statistischen Analysen, versucht nun aber, eine Korrelation zwischen angeblich durch Evolution entstandenem menschlichem Verhalten mit individuellen mentalen Erfahrungen herzustellen. Nicht nur das Verhalten, sondern auch die Überzeugungen und Emotionen, die es motivieren, so argumentiert die Evolutionspsychologie, beeinflussen Fitness und Überleben, können genetisch codiert werden und sind daher Anpassungsdruck ausgesetzt. Angesichts der erblichen Nachteile der Inzucht scheint ein angeborener Mechanismus zur Vermeidung von Inzucht ein Test für die Plausibilität der Disziplin darzustellen.[379] Es überrascht daher nicht, dass die Evolutionspsychologie Edvard Westermarck zu ihrem Schutzpatron erklärt hat.

Obwohl oder vielleicht gerade weil die Inzuchtvermeidung für die Disziplin so grundlegend ist, beruht die große Gewissheit auf sehr schwachen Beweisen, in erster Linie auf Studien von Arthur Wolf, die in den 1960er Jahren mit *Simpua*-Ehen in Taiwan beginnen – bei denen eine zukünftige Ehefrau von der Familie ihres zukünftigen Gatten adoptiert wird, während beide noch Kinder sind –, und in den 1970er und 1980er Jahren von Joseph Shepher über israelische Kibbuzim, in denen Kinder kollektiv aufgezogen wurden. Wolf maß „Aversion" anhand von Fruchtbarkeits- und Scheidungsraten (vgl. Wolf und Huang 1980). Shepher (1983)

---

379 Die Behauptung, dass menschlicher Inzest zwangsläufig den Bevölkerungen schade, ist immer noch umstritten. Alan Bittles (2005) schrieb über die Schwierigkeit, Daten für eine statistische Analyse der Auswirkungen von Eltern-Kind- oder Geschwister-Inzest auf Nachkommen zu sammeln, aufgrund der sehr geringen Zahl der als solchen gemeldeten Geburten und des unverhältnismäßigen Prozentsatzes in dieser kleinen Stichprobe, die aus Kontrollgründen ausgeschlossen werden müssen. Bittles (2005, 39–60) konnte jedoch eine statistische Analyse von Vetternehen in Gebieten durchführen, in denen solche Ehen nicht stigmatisiert werden, und stellte fest, dass die Sterblichkeitsrate bei Kindern bis zum Alter von zehn Jahren um 4,4 Prozent höher ist als bei Ehen zwischen Nichtblutsverwandten. Gregory C. Leavitt (2002) hingegen rekapituliert die Geschichte der Beweise, dass Inzucht in kleinen Populationen nicht schädlich und sogar von Vorteil sein könnte, weil schädliche Gene sich schnell selbst eliminierten. Kulturen mit wankenden Präferenzen in Ehen wären dann am schädlichsten.

beobachtete sehr niedrige Heiratsraten unter den gemeinsam aufgewachsenen Kibbuz-Kindern und keine zwischen denen, die vor dem sechsten Lebensjahr gemeinsam erzogen wurden. Alternative Interpretationen dieser Daten sind jedoch ebenfalls plausibel.[380] Neuere Ansätze zu angeborenen Aversionen beziehen sich auf mehrere potenzielle Reize für die *Verwandtenerkennung*, die nicht nur das Zusammenleben in der Kindheit, sondern auch Körpergeruch, körperliche Ähnlichkeit und die Beobachtungen der eigenen Mutter beim Stillen eines anderen Kindes umfassen (vgl. insb. Lieberman et al. 2007; Rantala und Marcinkowska 2011).[381] Die (unbewusste) Einschätzung eines Verwandtschaftsverhältnisses anhand dieser Mechanismen löst laut Evolutionspsychologie nicht nur eine sexuelle Aversion, sondern auch eine Verwandtenselektion und damit ein altruistisches Verhalten gegenüber genetisch Verwandten aus.[382] Darüber hinaus dient das Inzesttabu, das Westermarck und die zeitgenössische Evolutionspsychologie als Erweiterung der angeborenen Aversion theoretisieren, jetzt als Grundlage für ein Forschungsgebiet über das Angeborensein der Moralempfindung (vgl. Lieberman et al. 2003; Fessler und Navarrete 2004; Borg et al. 2008).[383] Solche auf Abscheu beruhenden Theorien funktionieren ganz anders als die des achtzehnten Jahrhunderts, die sich – wie in Kapitel 3 behandelt wurde – aus Sympathie ableiteten. Die aktuelle Forschung weicht der Frage aus, was das Ethische sein könnte, und widmet sich stattdessen der Entwicklung von Verboten als Kodifizierung von Aversionen und vereint damit Zedlers beide Rechte auf eine neue Weise.

Die Evolutionspsychologie bietet eine Art umgekehrte Geschwister-Logik, indem sie sich den Geschwistern als zentralem Fokus des Inzesttabus und der Verwandtschaft als entscheidender Motivation für das Verhalten zuwendet und das Subjekt dabei auflöst, aber nur, indem sie einen zugrunde liegenden angeborenen Mechanismus setzt, der das Geschlecht und das Selbst letztlich reifiziert,

---

380 Eine neuere soziologische Studie von Eran Shor und Dalit Simchai (2009) zeigte, dass die einzigartigen Bindungen der intensiven Bezugsgruppe des Kibbuz Druck auf die Paarbildung ausgeübt hat. Anhand von Interviews mit den ehemaligen Kibbuz-Kindern stellten Shor und Simchai fest, dass häufig von einer sexuellen Anziehung berichtet werde, bei sehr wenig Eigenberichten über sexuelle Aversion.
381 Interessanterweise gibt es nun auch Studien, die nahelegen, dass Familienähnlichkeiten die sexuelle Attraktivität steigern. R. Chris Fraley und Michael J. Marks (2010) postulieren eine Aversion, die eine Anziehung überlagern soll, wodurch im Zusammenspiel die sexuellen Vorlieben auf eine Bandbreite zwischen Inzest und Exogamie gelenkt werde.
382 J. B. S. Haldane soll bei der Erläuterung der Funktionsweise der Verwandtenselektion scherzhaft gesagt haben, dass er sein Leben nicht für das seines Bruders geben würde, wohl aber für zwei Brüder oder acht Cousins (vgl. Smith 1976, 247).
383 Zu einigen Problemen eines solchen Ansatzes vgl. Durham 2005; Nussbaum 2010.

statt sie aufzulösen. Die Antwort auf solche Ansätze kann nicht eine erneute Abjektion der Materialität und Mutterschaft und die Abwertung lateraler Bindungen sein, wie sie in Psychoanalyse und Kulturanthropologie noch herumspuken. Viele Geisteswissenschaftler*innen sind jedoch nach wie vor nicht dazu bereit, die disziplinären Grenzgebiete zu betreten, indem sie Embodiment als mehr als eine Bedingung für körperlose mentale Kogitation erachten. Durchlässige Grenzen sind jedoch produktive Orte, und allmählich zeichnet sich ein gründliches interdisziplinäres Denken ab. In den Naturwissenschaften untersucht die aufblühende Disziplin der Epigenetik – *jenseits* der Genetik –, inwieweit die Aktivität von Genen in den Umweltfluss integriert wird. Der größte Teil des menschlichen Genoms ist meist inaktiv, aber der Status der Gene kann sich im Verlaufe eines Lebens verändern, sie können aktiv oder inaktiv werden. Diese neue Konfiguration von an- und ausgeschalteten Genen wird an die Nachkommen weitergegeben, was uns zu Jean-Baptiste Lamarcks Theorie der Vererbung erworbener Eigenschaften zurückführt. Die Ursachen für solche epigenetischen Veränderungen werden oft als „Umgebungsreize" bezeichnet, aber die Disziplin berücksichtigt den Umstand, dass die „Umgebung" sowohl innen als auch außen existiert und dass die strikte konzeptionelle Aufrechterhaltung einer Grenze zwischen Organismus und Umgebung in der Praxis unproduktiv ist. Die im Laufe der Biologiegeschichte ständig neu theoretisierte Grenze zwischen Organismus und Umwelt wird derzeit auch auf andere Weise durchbrochen, etwa durch die neue Betonung der menschlichen Symbiose mit den vielfältigen Mikrobiota, die in uns leben.

Auch Geisteswissenschaftler*innen verteidigen allmählich nicht mehr ausschließlich den kulturellen Erklärungsansatz und entwickeln Theorien des Affekts, des Posthumanen, des menschlichen Tieres sowie Embodiment-Philosophien, die sich auf Differenz statt Identität und Handeln statt stabiler Essenz konzentrieren.[384] Die Geschwister-Logik ergänzt eine Philosophie der Differenz jedoch entscheidend, indem sie stattdessen eine Theorie des Differenziellen anbietet, ein Verständnis von partiellen Fügungen, die innerhalb der Differenz zurückerlangt werden, eine Vielzahl von Unterschieden und Gleichheiten, die das in einem synekdochischen Netzwerk von Aktionen, Interaktionen und Intraaktionen Differenzierte miteinander verbinden. Ich habe in diesem Buch gezeigt, wie durch die Geschwister-Logik Rhizome entstehen, die die Logik von Genealogie von innen heraus zerrütten, ohne das menschliche Verkörpertsein aufzugeben, wobei das Materielle ebenso wie die sozialen Elemente des Verwandtseins begrüßt werden, Objekte wie Subjekte durchlaufen und die wechselseitige Interaktion von Ge-

---

384 Zu den grundlegenden Arbeiten gehören die von Félix Guattari und Gilles Deleuze, Katherine Hayles, Donna Haraway, Carey Wolfe, Jacques Derrida, Elizabeth Grosz und Jane Bennett.

schichte, Kontingenz und dem materiell Gegebenen offenbaren. Die Geschwister-Logik erfüllte diese Funktionen bereits zu Beginn des Humanismus und der genealogischen Wissenschaften, bevor sie von unproduktiven Gewissheiten und Reifizierungen überholt wurde. Ich plädiere nicht für eine anachronistische Rhetorik der Brüderlichkeit oder Geschwisterlichkeit, die, wie wir gesehen haben, allzu leicht in Ideologien von Nation oder „Rasse" einverleibt werden kann. Die Wiederbelebung der Geschwisterdynamik sollte es uns jedoch ermöglichen, darüber hinauszugehen, im Interesse eines gemeinsamen politischen Handelns, das eher durch Muster von Allianzen als durch Identität erzeugt wird; einer demokratischen partizipativen Politik, die sich nicht von einer familiär codierten materiellen und erotischen Komponente trennt; eines Zugangs zu unseren gemeinsamen tierischen und organismischen Prozessen und der Umwandlung epistemologischer Kategorien in epistemologische Praktiken. Mit anderen Worten sollte es der Geschwister-Logik erlaubt sein, die von ihr hervorgebrachte und sie hervorbringende Genealogie aufzulösen und freizusetzen.

Literaturverzeichnis

Abel, Elizabeth, Marianne Hirsch und Elizabeth Langland. „Introduction". *The Voyage In: Fictions of Female Development*. Hanover, NH: University Press of New England, 1983. 1–19.
Adelung, Johann Christoph. *Grammatisch-kritisches Wörterbuch der hochdeutschen Mundart*. Wien: Bauer, 1811; https://lexika.digitale-sammlungen.de/adelung/online/angebot, 30.09.2023.
Ahlzweig, Claus. *Muttersprache-Vaterland: Die deutsche Nation und ihre Sprache*. Opladen: Westdeutscher Verlag, 1994.
Ahmed, Siraj. *Archeology of Babel: The Colonial Foundations of the Humanities*. Stanford, CA: Stanford University Press, 2018.
Aischylos. *Die Orestie*. Übersetzt von Emil Staiger. Stuttgart: Reclam, 1987.
Akram, Muhammad. „Emergence of the Modern Academic Study of Religion: An Analytical Survey of Various Interpretations." *Islamic Studies* 55.1 (2016): 9–31.
Al-Shammary, Zahim M. M. *Lessing und der Islam*. Berlin und Tübingen: Schiler, 2011.
Aldridge, Alfred Owen. „The Meaning of Incest from Hutcheson to Gibbon". *Ethics* 61.4 (1951): 309–313.
Allert, Beate I. *G.E. Lessing: Poetic Constellations between the Visual and the Verbal*. Heidelberg: Synchron, 2018.
Alter, Stephen G. *Darwinism and the Linguistic Image: Language, Race, and Natural Theology in the Nineteenth Century*. Baltimore: Johns Hopkins University Press, 1999.
Amariglio, Jack und Antonio Callari. „Marxian Value Theory and the Problem of the Subject: The Role of Commodity Fetishism". *Fetishism as Cultural Discourse*. Hgg. Emily Apter und William Pietz. Ithaca: Cornell University Press, 1993. 186–216.
Anderson, Mark. „Jewish' Mimesis? Imitation and Assimilation in Thomas Mann's ‚Wälsungenblut' and Ludwig Jacobowski's *Werther, der Jude*". *German Life and Letters* 49.2 (1996). 191–204.
Angress, Ruth Klüger. „‚Dreams That Were More Than Dreams' in Lessing's Nathan". *Lessing Yearbook* 3 (1971): 108–127.
Appadurai, Arjun. „Introduction: Commodities and the Politics of Value". *The Social Life of Things: Commodities in Cultural Perspective*. Hg. Arjun Appadurai. Cambridge: Cambridge University Press, 1986. 3–63.
Apter, Emily und William Pietz. *Fetishism as Cultural Discourse*. Ithaca: Cornell University Press, 1993.
Archibald, J. David. *Aristotle's Ladder, Darwin's Tree: The Evolution of Visual Metaphors for Biological Order*. New York: Columbia University Press, 2014.
Armstrong, Nancy. *How Novels Think: The Limits of Individualism from 1719–1900*. New York: Columbia University Press, 2005.
Arvidsson, Stefan. *Aryan Idols: Indo-European Mythology as Ideology and Science*. Übersetzt von Sonia Wichmann. Chicago: University of Chicago Press, 2006.
Atkinson, Quentin D. und Russell D. Gray. „Curious Parallels and Curious Connections – Phylogenetic Thinking in Biology and Historical Linguistics". *Systematic Biology* 54.4 (2005): 513–526.
Auerbach, Nina. „The Power of Hunger: Demonism and Maggie Tulliver". *Nineteenth-Century Fiction* 30.2 (1975): 150–171.
Aurnhammer, Achim. *Androgynie. Studien zu einem Motiv in der europäischen Literatur*. Köln: Böhlau, 1986.
Aveling, Edward und Eleanor Marx-Aveling. „Shelley als Sozialist". *Die neue Zeit: Revue des geistigen und öffentlichen Lebens*. 6.12 (1888), 540–550.

https://doi.org/10.1515/9783111248073-011

Bachofen, Johann Jakob. *Das Mutterrecht. Eine Untersuchung über die Gynaikokratie der alten Welt nach ihrer religiösen und rechtlichen Natur*. Auswahl hg. von Hans Jürgen Heinrichs. Frankfurt am Main: Suhrkamp, 1993.

Baird, Robert J. „How Religion Became Scientific". *Religion in the Making*. Hgg. Arie L. Molendijk und Peter Pels. Leiden: Brill, 1998. 205–230.

Balibar, Étienne. „Fichte und die ‚innere Grenze'. Über die ‚Reden an die deutsche Nation'". *Der Schauplatz des Anderen: Formen der Gewalt und Grenzen der Zivilität*. Übersetzt von Thomas Laugstien. Hamburg: Hamburger Edition, 2006. 122–145.

Balibar, Étienne und Immanuel Wallerstein. *Rasse Klasse Nation. Ambivalente Identitäten*. Übersetzt von Michael Haupt und Ilse Utz. Hamburg: Argument, 1990.

Bapteste, Eric, Leo van Iersel, Axel Janke, Scot Kelchner, Steven Kelk, James O. McInerney et al. „Networks: Expanding Evolutionary Thinking". *Trends in Genetics* 29.8 (2013): 439–441.

Baudrillard, Jean. „Fetishism and Ideology: the Semiological Reduction". *For a Critique of the Political Economy of the Sign*. Übersetzt von Charles Levin. St. Louis: Telos, 1981. 88–101.

Bauer, Volker. *Wurzel, Stamm, Krone: Fürstliche Genealogie in frühneuzeitlichen Druckwerken*. Wolfenbüttel: Ausstellungskataloge der Herzog August Bibliothek, 2013.

Bauer, Fabian. „Antisemitischer Hass und die Problematik der Assimilation in Thomas Manns *Wälsungenblut*". *Menschen als Hassobjekte: Interdisziplinäre Verhandlungen eines destruktiven Phänomens*, Teil 2. Hgg. Arletta Szmorhun und Paweł Zimniak. Göttingen: Vandenhoeck & Ruprecht, 2022. 129–144.

Becker-Cantarino, Barbara. „Patriarchy and German Enlightenment Discourse: From Goethe's *Wilhelm Meister* to Horkheimer and Adorno's *Dialectic of Enlightenment*". *Impure Reason: Dialectic of Enlightenment in Germany*. Hgg. W. Daniel Wilson und Robert Holub. Detroit: Wayne State University Press, 1993. 48–64.

Beer, Gillian. *Darwin's Plots: Evolutionary Narrative in Darwin, George Eliot and Nineteenth-Century Fiction*. London: Routledge and Kegan Paul, 1983.

Beer, Gillian. *George Eliot*. Brighton: Harvester, 1986.

Beiko, Robert G. „Gene Sharing and Genome Evolution: Networks in Trees and Trees in Networks". *Biology and Philosophy* 25 (2010): 659–673.

Benes, Tuska. *In Babel's Shadow: Language, Philology and the Nation in Nineteenth-Century Germany*. Detroit: Wayne State University Press, 2008.

Benjamin, Jessica. *The Bonds of Love: Psychoanalysis, Feminism, and the Problem of Domination*. New York: Pantheon, 1988.

Benjamin, Jessica. *Shadow of the Other: Intersubjectivity and Gender in Psychoanalysis*. New York: Routledge, 1998.

Benne, Christian. *Nietzsche und die historisch-kritische Philologie*. Berlin: De Gruyter, 2005.

Bennett, Benjamin. „Reason, Error and the Shape of History: Lessing's Nathan and Lessing's God". *Lessing Yearbook* 9 (1977): 60–80.

Bennett, Jane. *Vibrant Matter: A Political Economy of Things*. Durham, NC: Duke University Press, 2010.

Bentham, Jeremy. *Theory of Legislation*. Übersetzt nach der von Pierre Étienne Louis Dumont herausgegebenen französischen Ausgabe von R. Hildreth. London: Kegan Paul, Trench, Trübner, 1896.

Bernasconi, Robert. „Who Invented the Concept of Race? Kant's Role in the Enlightenment Construction of Race". *Race*. Hg. Robert Bernasconi. Malden, MA: Blackwell, 2001.

Bhabha, Homi. „Of Mimicry and Man: The Ambivalence of Colonial Discourse". *October* 28 (1984): 125–133.

Bibel. *Lutherbibel*. Revidierter Text 1984. Durchgesehene Ausgabe. Stuttgart: Deutsche Bibelgesellschaft, 1999; https://www.die-bibel.de/bibeln/online-bibeln/lesen/LU84, 30.09.2023.

Bindman, David. *Ape to Apollo: Aesthetics and the Idea of Race in the Eighteenth Century*. Ithaca: Cornell University Press, 2002.

Birus, Hendrik. „Das Rätsel des Namen in Lessings ‚Nathan der Weise'". *Lessings „Nathan der Weise"*. Hg. Klaus Bohnen. Darmstadt: Wissenschaftliche Buchgesellschaft, 1984. 290–327.

Bittles, Alan. „Genetic Aspects of Inbreeding and Incest". *Inbreeding, Incest, and the Incest Taboo: The State of Knowledge at the Turn of the Century*. Hgg. Arthur Wolf und William Durham. Stanford, CA: Stanford University Press, 2005. 38–60.

Black, Anthony. *Guild & State: European Political Thought from the Twelfth Century to the Present*. New Brunswick, NJ: Transaction, 2003.

Blake, Kathleen. „Between Economies in *The Mill on the Floss*: Loans Versus Gifts, or, Auditing Mr. Tulliver's Accounts". *Victorian Literature and Culture* 33 (2005): 219–237.

Blondel, Eric. „The Quesiton of Genealogy". *Nietzsche, Genealogy, Morality: Essays on Nietzsche's Genealogy of Morals*. Hg. Richard Schacht. Berkeley, Los Angeles und London: University of California Press, 1994. 306–317.

Blumenbach, Johann Friedrich. *Über den Bildungstrieb und das Zeugungsgeschäfte*. Göttingen: Dieterich, 1781.

Blumenbach, Johann Friedrich. *Über die natürlichen Verschiedenheiten im Menschengeschlechte*. Übersetzt und hg. von Johann Gottfried Gruber. Leipzig: Breitkopf und Härtel, 1798.

Blundell, Mary Whitlock. *Helping Friends and Hurting Enemies: A Study in Sophocles and Greek Ethics*. Cambridge: Cambridge University Press, 1989.

Böckh, August. *Über die Antigone des Sophokles. Nebst: Nachträgliche Bemerkungen*. Berlin: Dümmler, 1826.

Boes, Tobias. *Formative Fictions: Nationalism, Cosmopolitanism, and the Bildungsroman*. Ithaca: Cornell University Press, 2012.

Böhme, Hartmut. *Fetischismus und Kultur. Eine andere Theorie der Moderne*. Reinbek bei Hamburg: Rowohlt, 2006.

Boone, Joseph und Deborah E. Nord. „Brother and Sister: The Seductions of Siblinghood in Dickens, Eliot, and Brontë". *Western Humanities Review* 46.2 (1992): 164–188.

Borg, Jana Schaich, Debra Lieberman und Kent A. Kiehl. „Infection, Incest, and Iniquity: Investigating Neural Correlates of Disgust and Morality". *Journal of Cognitive Neuroscience* 20.9 (2008): 1529–1546.

Botstein, Leon. „German Jews and Wagner". *Richard Wagner and His World*. Hg. Thomas S. Grey, 151–197. Princeton: Princeton University Press, 2009.

Bouchard, Frédéric. „Symbiosis, Lateral Function Transfer and the (Many) Saplings of Life". *Biology and Philosophy* 25 (2010): 623–641.

Bouquet, Mary. „Family Trees and Their Affinities: The Visual Imperative of the Genealogical Diagram". *Journal of the Royal Anthropological Institute* 2.1 (1996): 43–66.

Bowler, Peter. *Evolution: The History of an Idea*. Berkeley: University of California Press, 1983.

Braun, Christina von. „*Blutschande*: From the Incest Taboo to the Nuremberg Racial Laws". *Encountering the Other(s): Studies in Literature, History, and Culture*. Hg. Gisela Brinker-Gabler. Albany: State University of New York Press, 1995. 127–148.

Bray, Alan. *The Friend*. Chicago: University of Chicago Press, 2003.

Bredekamp, Horst. *Darwins Korallen. Frühe Evolutionsmodelle und die Tradition der Naturgeschichte*. Berlin: Wagenbach, 2006.

Broszeit-Rieger, Ingrid. „Paintings in Goethe's Wilhelm Meister Novels: The Dynamics of Erecting and ‚Eroding' the Paternal Law". *Goethe Yearbook* 13 (2005): 105–124.
Broszeit-Rieger, Ingrid. „Transgressions of Gender and Generation in the Families of Goethe's Meister". *Romantic Border Crossings*. Hgg. Jeffrey Cass und Larry Peer. Aldershot: Ashgate, 2016. 75–85.
Brown, B. Ricardo. *Until Darwin, Science, Human Variety and the Origins of Race*. London: Pickering and Chatto, 2010.
Brown, Jane K. „Goethe: The Politics of Allegory and Irony". *The Politics of Irony: Essays in Self-Betrayal*. Hgg. Daniel W. Conway und John E. Seery. New York: St. Martin's, 1992. 53–71.
Brown, Jane K. „Faust als Revolutionär: Goethe zwischen Rousseau und Hannah Arendt". *Goethe-Jahrbuch* 126 (2009): 79–89.
Brown, Kathryn und Anthony Stephens. „‚Hinübergehn und unser Haus entsühnen'. Die Ökonomie des Mythischen in Goethes Iphigenie". *Jahrbuch der deutschen Schillergesellschaft* 32 (1988): 94–115.
Buber, Martin. „Zwei Glaubensweisen". *Lust an der Erkenntnis: Die Theologie des 20. Jahrhunderts*. Hg. Karl-Josef Kuschel. München: Piper, 1986. 206–212.
Buckley, Jerome. *Season of Youth: The Bildungsroman from Dickens to Golding*. Cambridge, MA: Harvard University Press, 1974.
Burckhardt, Sigurd. „‚Die Stimme der Wahrheit und der Menschlichkeit': Goethes ‚Iphigenie'". *Monatshefte* 48.2 (1956): 49–71.
Burke, Peter. „Reflections on the Origins of Cultural History". *Interpretation and Cultural History*. Hgg. Joan H. Pittock und Andrew Wear. New York: St. Martin's, 1991. 5–24.
Butler, Judith. *Das Unbehagen der Geschlechter*. Übersetzt von Kathrina Menke. Frankfurt am Main: Suhrkamp, 1991.
Butler, Judith. *Antigones Verlangen: Verwandtschaft zwischen Leben und Tod*. Übersetzt von Reiner Ansén. Frankfurt am Main: Suhrkamp, 2001.
Butler, Judith. *Kritik der ethischen Gewalt*. Erweiterte Ausgabe. Übersetzt von Reiner Ansén und Michael Adrian. Frankfurt am Main: Suhrkamp, 2007.
Butler, Judith. „Ist Verwandtschaft immer schon heterosexuell?" *Die Macht der Geschlechternormen*. Übersetzt von Karin Wördemann und Martin Stempfhuber. Frankfurt am Main: Suhrkamp 2009. 167–214.
Butler, Marilyn. „Byron and the Empire in the East". *Byron: Augustan and Romantic*. Hg. Andrew Rutherford. New York: St. Martin's, 1990. 63–81.
Byrne, Peter. „The Study of Religion: Neutral, Scientific, or Neither?" *Method & Theory in the Study of Religion* 9.4 (1997): 339–351.
Byron, George Gordon, Lord. „The Bride of Abydos. A Turkish Tale". *The Complete Poetical Works*. Band 3. Hg. Jerome McGann. Oxford: Clarendon 1981. 107–147.
Byron, George Gordon, Lord. *The Complete Poetical Works*. 7 Bände. Hg. Jerome McGann. Oxford: Clarendon, 1981.
Byron, George Gordon, Lord. „Die Braut von Abydos". *Lord Byron's sämtliche Werke*. Übersetzt von Adolf Böttger. Leipzig: Otto Wigand, 1841. 360–369.
Campbell, Lyle und William J. Poser. *Language Classification: History and Method*. Cambridge: Cambridge University Press, 2008.
Camper, Petrus (Peter). *On the Connexion between the Science of Anatomy and the Arts of Drawing, Painting, Statuary*. Übersetzt von T. Cogan. London: C. Dilly, 1794.
Canuel, Marc. *The Fate of Progress in British Romanticism*. Oxford: Oxford University Press, 2022.

Carhart, Michael. *The Science of Culture in Enlightenment Germany*. Cambridge, MA: Harvard University Press, 2007.
Carsten, Janet. *After Kinship*. Cambridge: Cambridge University Press, 2004.
Carter, Angela. *The Sadeian Woman and the Ideology of Pornography*. New York: Pantheon, 1978.
Cascardi, Anthony J. *The Subject of Modernity*. Cambridge: Cambridge University Press, 1992.
Cassirer, Ernst. *Zur Logik der Kulturwissenschaften*. Hamburg: Meiner, 2011.
Castoriadis, Cornelius. „Aeschylean Anthropology and Sophoclean Self-Creation of Anthropos". *Agon, Logos, Polis: The Greek Achievement and Its Aftermath*. Hgg. Johann P. Arnason und Peter Murphy. Stuttgart: Steiner, 2001. 138–154.
Caygill, Howard. *Art of Judgment*. Cambridge, MA.: Basil Blackwell, 1989.
Chamberlain, Houston Stewart. *Die Grundlagen des neunzehnten Jahrhunderts*. 2 Bände. München: Bruckmann, 1912.
Chambers, Ephraim. *Cyclopaedia or, A Universal Dictionary of Arts and Sciences*. London: James and John Knapton et al., 1728; https://artfl-project.uchicago.edu/content/chambers-cyclopaedia, 30.09.2023.
Chambers, Ephraim et al. *A Supplement to Mr. Chambers's Cyclopedia: or, Universal Dictionary of the Arts and Sciences*. 2 Bände. Hg. George Scott Lewis. O. Verl., 1753.
Chanter, Tina. *Whose Antigone? The Tragic Marginalization of Slavery*. Albany, NY: State University of New York Press, 2011.
Cohen-Vrignaud, Gerard. „Becoming Corsairs: Byron, British Property Rights and Orientalism Economics". *Studies in Romanticism* 50 (2011): 685–714.
Coleridge, Samuel Taylor. *The Notebooks. The Complete Works of Samuel Taylor Coleridge*. Band 1: *1794–1804*. New York: Pantheon, 1957.
Coles, Prophecy. *The Importance of Sibling Relationships in Psychoanalysis*. London: Karnac, 2003.
Comte, Auguste. *Die Soziologie. Die positive Philosophie im Auszug*. Übersetzt und hg. von Friedrich Blaschke auf der Grundlage der Übersetzung von J. H. v. Kirchmann. Stuttgart: Kröner, 1974.
Condillac, Etienne Bonnot de. *Essai über den Ursprung der menschlichen Erkenntnisse*. Übersetzt von Ulrich Ricken. Leipzig: Reclam, 1977.
Conrad, Ryan und Yasmin Nair (Hgg.). *Against Equality: Queer Critiques of Gay Marriage*. Lewiston, ME.: Against Equality Pub. Collective, 2010.
Coontz, Stephanie. *Marriage, a History: From Obedience to Intimacy or How Love Conquered Marriage*. New York: Viking, 2005.
Coovadia, Imraan. „George Eliot's Realism and Adam Smith". *Studies in English Literature, 1500–1900* 42.4 (2002): 819–835.
Corbett, Mary Jean. *Family Likeness: Sex, Marriage, and Incest from Jane Austen to Virginia Woolf*. Ithaca: Cornell University Press, 2008.
Daemmrich, Horst S. „The Incest Motif in Lessing's *Nathan der Weise* and Schiller's *Braut von Messina*". *Germanic Review* 42.3 (1967): 184–196.
Darwin, Charles. *Der Ursprung der Arten durch natürliche Selektion*. Übersetzt von Eike Schönfeld. Stuttgart: Klett-Cotta, 2018.
Darwin, Charles. *Die Abstammung des Menschen und die geschlechtliche Zuchtwahl*. Übersetzt von Heinrich Schmidt-Jena. Stuttgart: Kröner, 1966.
Daston, Lorraine und Glenn W. Most. „History of Science and History of Philologies". *Isis* 106.2 (2015): 378–390.
Davidoff, Leonore. „Where the Stranger Begins: The Question of Siblings in Historical Analysis". *Worlds Between: Historical Perspectives on Gender and Class*. Hg. Leonore Davidoff. New York: Routledge, 1995. 206–226.

Davidoff, Leonore. *Thicker Than Water: Siblings and Their Relations, 1780–1920*. Oxford: Oxford University Press, 2012.
Davidoff, Leonore und Catherine Hall. *Family Fortunes*. Überarbeitete Auflage. London: Routledge, 2002.
Dawe, Roger David (Hg.). *Sophocles: The Classical Heritage*. New York: Garland, 1996.
Dawson, P. M. S. *The Unacknowledged Legislator: Shelley and Politics*. Oxford: Clarendon Press, 1980.
Dean, Tim. *Beyond Sexuality*. Chicago: University of Chicago Press, 2000.
Degnan, James H. und Noah A. Rosenberg. „Gene Tree Discordance, Phylogenetic Inference and the Multispecies Coalescent". *Trends in Ecology & Evolution* 24.6 (2009): 332–340.
Dehrmann, Mark-Georg. *Studierte Dichter. Zum Spannungsverhältnis von Dichtung und Philologisch-Historischen Wissenschaften im 19. Jahrhundert*. Berlin: De Gruyter, 2015.
Deleuze, Gilles. „Sacher-Masoch und der Masochismus". Übersetzt von Gertrud Müller. Leopold von Sacher-Masoch: *Venus im Pelz*. Frankfurt am Main: Insel, 1980. 163–281.
Deleuze, Gilles und Félix Guattari. *Anti-Ödipus: Kapitalismus und Schizophrenie I*. Übersetzt von Bernd Schwibs. Frankfurt am Main: Suhrkamp, 1977.
Derrida, Jacques. *Politik der Freundschaft*. Übersetzt von Stefan Lorenzer. Frankfurt am Main: Suhrkamp, 2000.
Dick, Anneliese. *Weiblichkeit als natürliche Dienstbarkeit. Eine Studie zum klassischen Frauenbild in Goethes* Wilhelm Meister. Frankfurt am Main: Peter Lang, 1986.
Dickinson, Sara. „Russia's First ‚Orient': Characterizing the Crimea in 1787". *Kritika: Explorations in Russian and Eurasian History* 3.1 (2002): 3–25.
Dilthey, Wilhelm. *Das Erlebnis und die Dichtung*. Wiesbaden: Springer, 1922.
Dilthey, Wilhelm. *Der Aufbau der geschichtlichen Welt in den Geisteswissenschaften. Gesammelte Schriften*. Band 7. Hg. Bernhard Groethuyen. Stuttgart: Teubner, 1965.
Donovan, John. „Incest in *Laon and Cythna*: Nature, Custom, Desire". *Keats-Shelley Review* 2 (1987): 42–90.
Du Bois, W. E. B. *Die Seelen der Schwarzen*. Übersetzt von Jürgen und Barbara Meyer-Wendt. Freiburg im Breisgau: orange-press, 2008.
Duffy, Cian. *Shelley and the Revolutionary Sublime*. Cambridge: Cambridge University Press, 2005.
Durham, William. „Assessing Gaps in Westermarck's Theory". *Inbreeding, Incest, and the Incest Taboo: The State of Knowledge at the Turn of the Century*. Hgg. Arthur P. Wolf und William H. Durham. Stanford, CA: Stanford University Press, 2005. 121–138.
Eckermann, Johann Peter. *Goethes Gespräche mit Eckermann*. Berlin: Aufbau, 1955.
Eigen, Sara und Mark Larrimore. *The German Invention of Race*. Albany: State University of New York Press, 2006.
Eisenstein, Zillah. *The Radical Future of Liberal Feminism*. New York: Longman, 1981.
Elden, Stuart. „The Place of the Polis: Political Blindness in Judith Butler's *Antigone's Claim*". *Theory & Event* 8.1 (2005), https://doi.org/10.1353/tae.2005.0008 (30.09.2023).
Eliot, George. „The Morality of Wilhelm Meister". *The Leader* (21. Juli 1855): 703. C19: The Nineteenth-Century Index.
Eliot, George. „The Antigone and its Moral". *The Leader* 7 (29. März 1856): 306. C19: The Nineteenth-Century Index.
Eliot, George. „Notes on Form in Art". *Essays of George Eliot*. Hg. Thomas Pinney. New York: Columbia University Press, 1963. 431–436.
Eliot, George. *Die Mühle am Floss*. Übersetzt von Olga und Erich Fetter. Berlin und Weimar: Aufbau, 1967.

Eliot, George. „Brother and Sister". *The Complete Shorter Poems.* Hg. A. G. van den Broek. Band 2. London: Pickering & Chatto, 2005. 5–11.
Elshtain, Jean Bethke. „Antigone's Daughters". *Democracy* 2.2 (1982): 46–59.
Elshtain, Jean Bethke. „Antigone's Daughters Reconsidered: Continuing Reflections on Women, Politics, and Power". *Life-World and Politics: Between Modernity and Postmodernity.* Hg. Stephen K. White. Notre Dame, IN: University of Notre Dame Press, 1989. 222–235.
Endres, Johannes. „Nathan Disenchanted: Continuity and Discontinuity of Enlightenment in Schiller's The Bride of Messina". *Historical Reflecitons/Reflexions Historiques* 26.3 (2000): 405–427.
Engels, Friedrich. „Der Ursprung der Familie, des Privateigentums und des Staats. Im Anschluß an Lewis H. Morgans Forschungen". Karl Marx und Friedrich Engels. *Werke* (MEW), Band 21. Berlin: Dietz, 1962. 21–173.
Engelstein, Stefani. „Sibling Incest and Cultural Voyeurism in Günderode's *Udohla* and Thomas Mann's *Wälsungenblut*". *German Quarterly* 77.3 (2004): 278–299.
Engelstein, Stefani. *Anxious Anatomy: The Conception of the Human Form in Literary and Naturalist Discourse.* Albany: State University of New York Press, 2008.
Engelstein, Stefani. „The Allure of Wholeness: The Organism Around 1800 and the Same-Sex Marriage Debate". *Critical Inquiry* 39.4 (2013): 754–776.
Engelstein, Stefani. „Ismene on Horseback and Other Subjects". *Philosophy Today* 59.3 (2015). 562–565.
Engelstein, Stefani. „Coining a Discipline: Lessing, Reimarus, and a Science of Religion". *Fact and Fiction: Literature and Science in the European Context.* Hg. Christine Lehleiter. Toronto: University of Toronto Press, 2016. 221–246.
Erhart, Walter. „Drama der Anerkennung. Neue gesellschaftstheoretische Überlegungen zu Goethes *Iphigenie auf Tauris*". *Jahrbuch der deutschen Schillergesellschaft* 51 (2007): 140–165.
Errington, Joseph. *Linguistics in a Colonial World: A Story of Language, Meaning, and Power.* Malden, MA: Blackwell, 2008.
Esposito, Roberto. *Bíos: Biopolitics and Philosophy.* Übersetzt von Timothy Campbell. Minneapolis und London: University of Minnesota Press, 2008.
Estes, Steve. *„I Am A Man". Race, Manhood, and the Civil Rights Movement.* Chapel Hill: University of North Carolina Press, 2005.
Esty, Joshua. „Nationhood, Adulthood, and the Ruptures of *Bildung*: Arresting Development in The Mill on the Floss". *The Mill on the Floss and Silas Marner: George Eliot.* Hgg. Nahem Yousaf und Andrew Maunder. Basingstoke: Palgrave Macmillan, 2002. 101–121.
Ettinger, Bracha. „Transgressing With-In-To the Feminine". *Differential Aesthetics: Art Practices, Philosophy and Feminist Understandings.* Hgg. Penny Florence und Nicola Foster. Aldershot: Ashgate, 2000. 184–209.
Ettinger, Bracha. *The Matrixial Borderspace.* Hg. Brian Massumi. Minneapolis: University of Minnesota Press, 2006.
Europäische Union. „Die Europäische Hymne"; https://european-union.europa.eu/principles-countries-history/symbols/european-anthem_de, 24 7.2023.
Evans, William McKee. „From the Land of Canaan to the Land of Guinea: The Strange Odyssey of the ‚Sons of Ham'." *American Historical Review* 85.1 (1980): 15–43.
Fabian, Johannes. *Time and the Other: How Anthropology Makes Its Object.* New York: Columbia University Press, 2002.
Farquharson, R. H. „Lessing's Dervish and the Mystery of the Dervish-Nachspiel". *Lessing Yearbook* 18 (1986): 47–67.

Feldt, Jakob Egholm. *Transnationalism and the Jews: Culture, History, and Prophecy*. London: Rowman & Littlefield, 2016.
Fellman, Jack. „On Sir William Jones and the Scythian Language". *Language Sciences* 34 (1975): 37–38.
Fellman, Jack. „Further Remarks on the Scythian Language". *Language Sciences* 41 (1976): 19.
Ferguson, Harvie. *Modernity and Subjectivity: Body, Soul, Spirit*. Charlottesville: University Press of Virginia, 2000.
Fessler, Daniel M. T. und C. David Navarrete. „Third-Party Attitudes Toward Sibling Incest. Evidence for Westermarck's Hypotheses". *Evolution and Human Behavior* 25 (2004): 277–294.
Fichte, Johann Gottlieb. *Reden an die deutsche Nation*. Halle an der Saale: Otto Hendel, 1892.
Fichte, Johann Gottlieb. *Die Grundzüge des gegenwärtigen Zeitalters*. Hamburg: Meiner, 1978.
Fick, Monika. „Lessings *Nathan der Weise* und das Bild vom Orient und Islam in Theatertexten aus der zweiten Hälfte des 18. Jahrhunderts". *Wolfenbütteler Vortragsmanuskripte* 23 (2016). *Goethezeitportal*, 2017, http://www.goethezeitportal.de/db/wiss/lessing/fick_orient.pdf, 07.10.2023.
Filmer, Robert. *Patriarcha*. Auf der Grundlage der Übersetzung von H. Wilmans neu übersetzt und hg. von Peter Schröder. Hamburg: Meiner, 2019.
Filmer, Robert. *Patriarcha and Other Writings*. Hg. Johann Sommerville. Cambridge: Cambridge University Press, 1991.
Finney, Gail. „Self-Reflexive Siblings: Incest as Narcissism in Tieck, Wagner, and Thomas Mann". *German Quarterly* 56.2 (1983): 243–256.
Fischer, Jens Malte. „Richard Wagners Das Judenthum in der Musik". *Richard Wagner und die Juden*. Hgg. Dieter Borchmeyer, Ami Maayani und Susanne Vill. Stuttgart: Metzler, 2000. 35–54.
Flannery, Denis. *On Sibling Love, Queer Attachment and American Writing*. Hampshire: Ashgate, 2007.
Foley, Richard. „The Order Question: Climbing the Ladder of Love in Plato's Symposium". *Ancient Philosophy* 30 (2010): 57–72.
Foreman, Terry. „Lessing and the Quest for Religious Truth 200 Years On: His Role in the Current Anglophone Culture-War". *Lessing Yearbook* 32 (2000): 391–405.
Forster, Georg. „Etwas über die Menschenrassen" [1786]. *Sämmtliche Schriften*. Hg. Therese Forster. Leipzig: Brockhaus, 1843. 280–306.
Foucault, Michel. *Die Ordnung der Dinge: Eine Archäologie der Humanwissenschaften*. Übersetzt von Ulrich Köppen. Frankfurt am Main: Suhrkamp, 1974.
Foucault, Michel. *Der Wille zum Wissen*. Band 1: *Sexualität und Wahrheit*. Übersetzt von Ulrich Raulff und Walter Seitter. Frankfurt am Main: Suhrkamp, 1986.
Foucault, Michel. *Die Geburt der Biopolitik: Vorlesung am Collège de France 1978–1979*. Übersetzt von Jürgen Schröder. Hg. Michel Sennelart. Frankfurt am Main: Suhrkamp, 2004a.
Foucault, Michel. *Sicherheit, Territorium, Bevölkerung: Vorlesung am Collège de France 1977–1978*. Übersetzt von Claudia Brede-Konersmann und Jürgen Schröder. Hg. Michel Sennelart. Frankfurt am Main: Suhrkamp, 2004b.
Foucault, Michel. „Nietzsche, die Genealogie, die Historie". *Schriften in vier Bänden. Dits et Ecrits*. Band 2. Übersetzt von Michael Bischoff. Hgg. Daniel Defert und François Ewald. Berlin: Suhrkamp, 2014. 166–191.
Fowler, Frank M. „Matters of Motivation: In Defence of Schiller's *Die Braut von Messina*". *German Life and Letters* 39.2 (1986): 134–147.
Fraiman, Susan. „*The Mill on the Floss*, the Critics, and the Bildungsroman". *PMLA* 108.1 (1993): 136–150.

Fraley, R. Chris und Michael J. Marks. „Westermarck, Freud, and the Incest Taboo: Does Familial Resemblance Activate Sexual Attraction?" *Personality and Social Psychology Bulletin* 36 (2010): 1202–1212.
Franklin, Sarah. *Dolly Mixtures: The Remaking of Genealogy*. Durham, NC: Duke University Press, 2007.
Franklin, Sarah und Susan McKinnon (Hgg.). *Relative Values: Reconfiguring Kinship Studies*. Durham, NC: Duke University Press, 2001.
Franklin-Hall, L. R. „Trashing Life's Tree". *Biology and Philosophy* 25 (2010): 689–709.
Freud, Sigmund. *Massenpsychologie und Ich-Analyse*. Leipzig, Wien, Zürich: Internationaler Psychoanalytischer Verlag, 1921.
Freud, Sigmund. „Fetischismus". *Gesammelte Werke*. Hg. Anna Freud. Frankfurt am Main: S. Fischer, 1976.
Freytag, Gustav. *Soll und Haben*. München und Zürich: Droemer, 1957.
Frosch, Thomas. *Shelley and the Romantic Imagination: A Psychological Study*. Newark: University of Delaware Press, 2007.
Fulda, Daniel. *Schau-Spiele des Geldes*. Tübingen: Niemeyer, 2005.
Gailus, Andreas. „Forms of Life: Nature, Culture, and Art in Goethe's Wilhelm Meister's Apprenticeship". *Germanic Review* 87 (2012): 138–174.
Gallop, Jane. „The Liberated Woman". *Narrative* 13.2 (2005): 89–104.
Gamper, Michael. „Einleitung." *Experiment und Literatur. Themen, Methoden, Theorien*. Hg. Michael Gamper. Göttingen: Wallstein, 2010. 9–14.
Garber, John. „Von der Menschheitsgeschichte zur Kulturgeschichte. Zum geschichtstheoretischen Kulturbegriff der deutschen Spätaufklärung". *Kultur zwischen Bürgertum und Volk*. Hg. Jutta Held. Berlin: Argument, 1983. 76–97.
Gardt, Andreas. *Geschichte der Sprachwissenschaft in Deutschland vom Mittelalter bis ins 20. Jahrhundert*. Berlin: De Gruyter, 1999.
Garloff, Katja. „Sublimation and Its Discontents: Christian-Jewish Love in Lessing's Nathan der Weise". *Lessing Yearbook* 36 (2004/2005): 51–68.
Garloff, Katja. *Mixed Feelings: Tropes of Love in German Jewish Culture*. Ithaca: Cornell University Press, 2016.
Gay, Peter. „Wagner aus psychoanalytischer Sicht". *Richard Wagner und die Juden*. Hgg. Dieter Borchmeyer, Ami Maayani und Susanne Vill. Stuttgart: Metzler, 2000. 251–260.
Gilbert, Sandra M. und Susan Gubar. *The Madwoman in the Attic: The Woman Writer and the Nineteenth-Century Literary Imagination*. New Haven: Yale University Press, 1979.
Gilligan, Carol. *In a Different Voice: Psychological Theory and Women's Development*. Cambridge, MA: Harvard University Press, 1982.
Gilman, Sander. „Sibling Incest, Madness, and the ,Jews'". *Jewish Social Studies* 4.2 (1998): 157–179.
Gilman, Sander. *Jewish Self-Hatred: Anti-Semitism and the Hidden Language of the Jews*. Baltimore: Johns Hopkins University Press, 1986.
Gobineau, Arthur de. *Versuch über die Ungleichheit der Menschenracen*. Band 1. Übersetzt von Ludwig Schemann. Stuttgart: F. Frommann, 1902.
Goethe, Johann Wolfgang von. *Goethes Briefe. Goethes Werke*. 4. Abteilung. 8. Band. Weimar: Böhlau, 1890.
Goethe, Johann Wolfgang von. *Goethes Briefe. Goethes Werke*. 4. Abteilung. 10. Band. Weimar: Böhlau, 1892.
Goethe, Johann Wolfgang von. „Versuche zur Methode der Botanik". *Die Schriften zur Naturwissenschaft*. Hgg. Rupprecht Matthaei, Wilhelm Troll und K. Lothar Wolf. Band 10: *Aufsätze, Fragmente, Studien zur Morphologie*. Weimar: Böhlau, 1964. 129–144.

Goethe, Johann Wolfgang von. *Italienische Reise. Goethes Werke*. Hamburger Ausgabe in 14 Bänden. Hg. Erich Trunz. Band 11: *Autobiographische Schriften III*. München: C. H. Beck, 2002a.

Goethe, Johann Wolfgang von. *Wilhelm Meisters Lehrjahre. Goethes Werke*. Hamburger Ausgabe in 14 Bänden. Hg. Erich Trunz. Band 7: *Romane und Novellen II*. München: C. H. Beck, 2002b. 7–610.

Goethe, Johann Wolfgang von. *Iphigenie auf Tauris. Goethes Werke*. Hamburger Ausgabe in 14 Bänden. Hg. Erich Trunz. Band 5: Dramatische Dichtungen III. München: C. H. Beck, 2005a. 7–67. [*Iphigenie* + Zeilennummer].

Goethe, Johann Wolfgang von. „West-östlicher Divan". *Goethes Werke*. Hamburger Ausgabe in 14 Bänden. Hg. Erich Trunz. Band 2: *Gedichte und Epen*. München: C. H. Beck, 2005b. 7–270.

Goetschel, Willi. „Lessing's ‚Jewish' Questions". *Germanic Review* 78.1 (2003): 62–73.

Goetschel, Willi. „Negotiating Truth: On Nathan's Business". *Lessing Yearbook* 28 (1996): 105–123.

Goldhill, Simon. „Antigone and the Politics of Sisterhood". *Laughing with Medusa: Classical Myth and Feminist Thought*. Hgg. Vanda Zajko und Miriam Leonard. Oxford: Oxford University Press, 2006. 141–161.

Goetschel, Willi. *Sophocles and the Language of Tragedy*. Oxford: Oxford University Press, 2012.

Gontier, Nathalie. „Depicting the Tree of Life: The Philosophical and Historical Roots of Evolutionary Tree Diagrams". *Evolution: Education and Outreach* 4 (2011): 515–538.

Goodman, Charlotte. „The Lost Brother, the Twin: Women Novelists and the Male-Female Double Bildungsroman". *Novel* 17.1 (1983): 28–43.

Gordon-Reed, Annette. *Thomas Jefferson and Sally Hemings: An American Controversy*. Charlottesville: University of Virginia Press, 1997.

Gourgouris, Stathis. *Does Literature Think? Literature as Theory for an Antimythical Era*. Stanford, CA: Stanford University Press, 2003.

Grammatikos, Alexander. *British Romantic Literature and the Emerging Modern Greek Nation*. Cham (CH): Palgrave Macmillan, 2018.

Gray, Richard. „Skeptische Philologie: Friedrich Schlegel, Friedrich Nietzsche und eine Philologie der Zukunft." *Nietzsche-Studien* 38 (2009): 39–64.

Greiner, Rae. „Sympathy Time: Adam Smith, George Eliot, and the Realist Novel". *Narrative* 17.3 (2009): 291–311.

Grene, David. „Introduction". Sophocles. *Sophocles I: Oedipus the King. Oedipus at Colonus. Antigone*. Übersetzt und mit einer Einführung versehen von David Grene. Chicago: University of Chicago Press, 1991. 1–8.

Griffith, Mark. „Commentary". Sophocles. *Antigone*. Hg. Mark Griffith. Cambridge: Cambridge University Press, 1999. 119–355.

Griffiths, Devin. *The Age of Analogy: Science and Literature Between the Darwins*. Baltimore: Johns Hopkins University Press, 2016.

Grimm, Jacob und Wilhelm Grimm. *Deutsches Wörterbuch*. 1854–1971; http://dwb.uni-trier.de/de/ 30.09.2023.

Grimm, Jacob und Wilhelm Grimm. *Deutsche Sagen*. Berlin: Nicolaische Buchhandlung, 1816.

Grossman, Jeffrey A. *The Discourse on Yiddish in Germany from the Enlightenment to the Second Empire*. Rochester, NY: Camden House, 2000.

Grosz, Elizabeth. *Becoming Undone: Darwinian Reflections on Life, Politics, and Art*. Durham, NC: Duke University Press, 2011.

Gruber, Howard E. „Darwins's ‚Tree of Nature' and Other Images of Wide Scope". *On Aesthetics in Science*. Hg. Judith Wechsler. Cambridge, MA: MIT Press, 1978. 121–142.

Grünbaum, Max. *Mischsprachen und Sprachmischungen*. Nr. 473 der Sammlung Gemeinverständlicher Wissenschaftlicher Vorträge, Hgg. Rudolf Virchow und Fr. von Holtzendorff. Berlin: Carl Habel, 1885.

Guillory, John. *Cultural Capital: The Problem of Literary Canon Formation*. Chicago: The University of Chicago Press, 1993.

Günderrode, Karoline von. *Gesammelte Werke*. 3 Bände. Hg. Leopold Goldschmidt-Gabrielli, Berlin: Verlag von O. Goldschmidt-Gabrielli, 1920–1922.

Gustafson, Susan. *Goethe's Families of the Heart*. New York, London, Oxford: Bloomsbury Academic, 2016.

Gurd, Sean. *Philology and Its Histories*. Columbus: Ohio State University Press, 2010.

Guthke, Karl S. „Die Geburt des Nathan aus dem Geist der Reimarus-Fragmente". *Lessing Yearbook* 36 (2004/2005): 13–49.

Habermas, Rebekka. *Frauen und Männer des Bürgertums*. Göttingen: Vandenhoeck & Ruprecht, 2000.

Haraway, Donna J. „Race: Universal Donors in a Vampire Culture". *Modest_Witness@Second_Millennium. FemaleMan©_Meets_OncoMouse^{TM}: Feminism and Technoscience*. London und New York: Routledge, 1997. 213–265.

Hardt, Michael und Antonio Negri. *Empire: Die neue Weltordnung*. Übersetzt von Thomas Atzert und Andreas Wirthensohn. Frankfurt am Main und New York: Campus, 2002.

Hardt, Michael und Antonio Negri. *Multitude: Krieg und Demokratie im Empire*. Frankfurt am Main und New York: Campus, 2004.

Harley, Alexis. *Autobiologies: Charles Darwin and the Natural History of the Self*. Lewisburg, PA: Bucknell University Press, 2015.

Harpham, Geoffrey Galt. „Roots, Races, and the Return to Philology". *Representations* 106.1 (2009): 34–62.

Harrisville, Roy A. und Walter Sundberg. *The Bible in Modern Culture: Baruch Spinoza to Brevard Childs*. Grand Rapids, MI.: Eerdmans, 2002.

Hart, Gail. *Tragedy in Paradise: Family and Gender Politics in German Bourgeois Tragedy 1750–1850*. Columbia, SC: Camden House, 1996.

Hegel, Georg Wilhelm Friedrich. *Phänomenologie des Geistes. Werke*. Hgg. Eva Moldenhauer und Karl Markus Michel. Band 3. Frankfurt am Main: Suhrkamp 1986a.

Hegel, Georg Wilhelm Friedrich. *Grundlinien der Philosophie des Rechts oder Naturrecht und Staatswissenschaft im Grundrisse. Werke*. Hgg. Eva Moldenhauer und Karl Markus Michel. Band 7. Frankfurt am Main: Suhrkamp, 1986b.

Hegel, Georg Wilhelm Friedrich. *Enzyklopädie der Philosophischen Wissenschaften im Grundrisse (1830). Dritter Teil: Die Philosophie des Geistes. Werke*. Hgg. Eva Moldenhauer und Karl Markus Michel. Band 10. Frankfurt am Main: Suhrkamp, 1986c.

Hegel, Georg Wilhelm Friedrich. *Vorlesungen über die Ästhetik III. Werke*. Hgg. Eva Moldenhauer und Karl Markus Michel. Band 15. Frankfurt am Main: Suhrkamp, 1986d.

Heidegger, Martin. *Hölderlins Hymne „Der Ister". Gesamtausgabe*. Band 53. Hg. Walter Biemel. Frankfurt am Main: Vittorio Klostermann, 1993.

Heidegger, Martin. *Einführung in die Metaphysik. Gesamtausgabe*. Band 40. Hg. Petra Jaeger. Frankfurt am Main: Vittorio Klostermann, 1983.

Held, Virginia. *The Ethics of Care: Personal, Political, and Global*. Oxford: Oxford University Press, 2006.

Helfer, Martha B. „Wilhelm Meister's Women". *Goethe Yearbook* 11 (2002): 229–254.

Helfer, Martha B. *The Word Unheard: Legacies of Anti-Semitism in German Literature and Culture*. Evanston, IL: Northwestern University Press, 2011.

Hellström, Nils Petter. „Darwin and the Tree of Life: The Roots of the Evolutionary Tree". *Archives of Natural History* 39.2 (2012): 234–252.

Hemphill, C. Dallett. *Siblings: Brothers and Sisters in American History*. Oxford: Oxford University Press, 2011.

Henao Castro, Andrés Fabián. *Antigone in the Americas. Democracy, Sexuality, and Death in the Settler Colonial Present*. New York: SUNY Press, 2021.

Herder, Johann Gottfried von. *Auch eine Philosophie der Geschichte zur Bildung der Menschheit*. Frankfurt am Main: Suhrkamp, 1967.

Herder, Johann Gottfried von. „Treatise on the Origin of Language". *Philosophical Writings*. Übersetzt und hg. von Michael N. Forster. Cambridge: Cambridge University Press, 2002.

Herder, Johann Gottfried von. „Abhandlung über den Ursprung der Sprache". *Sprachphilosophie: Ausgewählte Schriften*. Hg. Erich Heintel. Hamburg: Meiner, 2005. 1–87.

Hertz, Neil. *George Eliot's Pulse*. Stanford, CA: Stanford University Press, 2003.

Heschel, Susannah. „The Image of Judaism in Nineteenth-Century Christian New Testament Scholarship in Germany". *Jewish-Christian Encounters Over the Centuries: Symbiosis, Prejudice, Holocaust, Dialog*. Hgg. Marvin Perry und Frederick M. Schweitzer. New York: Peter Lang, 1994. 215–240.

Heschel, Susannah. *The Aryan Jesus: Christian Theologians and the Bible in Nazi Germany*. Princeton: Princeton University Press, 2008.

Heschel, Susannah. „German Jewish Scholarship on Islam as a Tool for De-Orientalizing Judaism". *New German Critique* 117.39 (2012): 91–107.

Heschel, Susannah. „The Rise of Imperialism and the German Jewish Engagement in Islamic Studies". *Colonialism and the Jews*. Hgg. Ethan B. Katz, Lisa Moses Leff und Maud S. Mandel. Bloomington: Indiana University Press, 2017. 54–80.

Hess, Jonathan. *Germans, Jews and the Claims of Modernity*. New Haven: Yale University Press, 2002.

Hess, Jonathan. *Reconstituting the Body Politic: Enlightenment, Public Culture and the Invention of Aesthetic Autonomy*. Detroit: Wayne State University Press, 1999.

Hirsch, Marianne. „Spiritual *Bildung*: The Beautiful Soul as Paradigm". *The Voyage In: Fictions of Female Development* Hgg. Elizabeth Abel, Marianne Hirsch und Elizabeth Langland. Hanover, NH: University Press of New England, 1983. 23–48.

Hjelde, Sigurd. *Die Religionswissenschaft & das Christentum. Eine historische Untersuchung über das Verhältnis von Religionswissenschaft & Theologie*. Leiden: Brill, 1994.

Hoenigswald, Henry M. „On the History of the Comparative Method". *Anthropological Linguistics* 5.1 (1963): 1–11.

Hogle, Jerrold E. *Shelley's Process: Radical Transference and the Development of His Major Works*. New York: Oxford University Press, 1988.

Hohendahl, Peter Uwe. „German Classicism and the Law of the Father". *Literary Paternity, Literary Friendship: Essays in Honor of Stanley Corngold*. Hg. Gerhard Richter. Chapel Hill: University of North Carolina Press, 2002. 63–85.

Hohkamp, Michaela. „Do Sisters Have Brothers? The Search for the ‚rechte Schwester'. Brothers and Sisters in Artistocratic Society at the Turn of the Sixteenth Century". *Sibling Relations and the Transformation of European Kinship, 1300–1900*. Hgg. David Warren Sabean und Christopher Johnson. Oxford: Berghan, 2011. 65–83.

Hölderlin, Friedrich. „Antigonae". *Sämtliche Werke und Briefe*. Band 2. Hg. Jochen Schmidt. Frankfurt am Main: Deutscher Klassiker Verlag, 1994. 859–912.

Holm, Gösta. „Carl Johan Schlyter and Textual Scholarship". *Saga Och Sed*. Hg. Dag Strömbäck, 48–80. Uppsala: A. B. Lundequistska Bokhandeln, 1972.

Homans, Margaret. „Eliot, Wordsworth, and the Scenes of the Sisters' Instruction". *Critical Inquiry* 8.2 (1981): 223–241.
Homans, Margaret. „Dinah's Blush, Maggie's Arm: Class, Gender, and Sexuality in George Eliot's Early Novels". *Victorian Studies* 36.2 (1993): 155–178.
Honig, Bonnie. *Antigone, Interrupted.* Cambridge: Cambridge University Press, 2013.
Hörisch, Jochen. *Gott, Geld, und Glück: Zur Logik der Liebe in den Bildungsromanen Goethes, Kellers und Thomas Manns.* Frankfurt am Main: Suhrkamp, 1983.
Horkheimer, Max und Theodor W. Adorno. *Dialektik der Aufklärung.* Max Horkheimer. *Gesammelte Schriften.* Band 5. Hg. Gunzelin Schmid Noerr. Frankfurt am Main: S. Fischer, 1987.
Horsch, Silvia. *Rationalität und Toleranz. Lessings Auseinandersetzung mit dem Islam.* Würzburg: Ergon Verlag, 2004.
Humboldt, Wilhelm von. *Über die Kawi-Sprache auf der Insel Java, nebst einer Einleitung über die Verschiedenheit des menschlichen Sprachbaues und ihren Einfluss auf die geistige Entwicklung des Menschengeschlechts.* Berlin: Königlich Preußische Akademie der Wissenschaften, 1836.
Hume, David. „Die Naturgeschichte der Religion". *Die Naturgeschichte der Religion. Über Aberglaube und Schwärmerei. Über die Unsterblichkeit der Seele. Über Selbstmord.* Übersetzt und hg. von Lothar Kreimendahl Hamburg: Meiner, 1984. 1–72.
Hunt, James. „The President's Address". *Journal of the Anthropological Society of London* 5 (1867): xliv–lxxi.
Hunt, Lynn. *The Family Romance of the French Revolution.* Berkeley: University of California Press, 1992.
Hutton, Christopher M. *Linguistics and the Third Reich: Mother-Tongue Fascism, Race and the Science of Language.* London: Routledge, 1999.
Hutton, Christopher M. *Race and the Third Reich: Linguistics, Racial Anthropology and Genetics in the Dialectic of* Volk. Cambridge: Polity, 2005.
Irigaray, Luce. *Das Geschlecht, das nicht eins ist.* Übersetzt von Gerlinde Koch, Monika Metzger, Hans-Joachim Metzger, Marèse Deschamps, Gisa Mechel, Sigrid Vagt et al. Berlin: Merve, 1979.
Irigaray, Luce. *Speculum: Spiegel des anderen Geschlechts.* Übersetzt von Xenia Rajewsky, Gabriele Ricke, Gerburg Treusch-Dieter und Regine Othmer. Frankfurt am Main: Suhrkamp, 1980.
Irigaray, Luce. *The Way of Love.* Übersetzt von Heidi Bostic und Stephen Pluhacek. London: Continuum, 2002.
Issatschenko, A. V. „Allgemeine Fragestellungen bei H. Schuchardt und in der heutigen Sprachwissenschaft". *Hugo Schuchardt. Schuchardt-Symposium 1977 in Graz.* Hgg. Klaus Lichem und Hans Joachim Simon. Wien: Verlag der Österreichischen Akademie der Wissenschaften, 1980.
Jacobs, Carol. „Dusting Antigone". *Modern Language Notes* 111 (1996): 889–917.
Jaeger, Hans. „Generations in History: Reflections on a Controversial Concept". *History & Theory* 24.3 (1985): 273–292.
Jarzebowski, Claudia. *Inzest: Verwandtschaft und Sexualität im achtzehnten Jahrhundert.* Köln: Böhlau, 2006.
Jensen, Anthony K. „Meta-Historical Transitions from Philology to Genealogy". *Journal of Nietzsche Studies* 44.2 (2013): 196–212.
John, David G. „Lessing, Islam and Nathan der Weise in Africa". *Lessing Yearbook* 32 (2000): 245–257.
Johnson, Christopher. *Becoming Bourgeois: Love, Kinship, and Power in Provincial France, 1670–1880.* Ithaca: Cornell University Press, 2015.
Johnson, Dirk R. *Nietzsche's Anti-Darwinism.* Cambridge: Cambridge University Press, 2010.
Jones, William. *Discourses Delivered Before the Asiatic Society.* 2 Bände. Hg. James Elmes. London: Charles S. Arnold, 1824.

Joris, Elisabeth. „Kinship and Gender: Property, Enterprise, and Politics". *Kinship in Europe: Approaches to Long-Term Development (1300–1900)*. Hgg. David Warren Sabean, Simon Teuscher und Jon Mathieu. New York: Berghahn, 2007. 231–257.

Joseph, Gerhard. „The Antigone as Cultural Touchstone: Matthew Arnold, Hegel, George Eliot, Virginia Woolf, and Margaret Drabble". *PMLA* 96.1 (1981): 22–35.

Kaiser, Gerhard. *Väter und Brüder: Weltordnung und gesellschaftlich-politische Ordnung in Schillers Werk*. Leipzig: Verlag der Sächsischen Akademie der Wissenschaften zu Leipzig, 2007.

Kant, Immanuel. *Kants gesammelte Schriften*. Hg. Königlich Preußische Akademie der Wissenschaften. Berlin: De Gruyter und Vorgänger, 1902 ff.

Kant, Immanuel. „Von den verschiedenen Racen der Menschen" [1775]. *Kants gesammelte Schriften*. Band 2: *Vorkritische Schriften II 1757–1777*. Hg. Königlich Preußische Akademie der Wissenschaften. Berlin und Leipzig: De Gruyter, 1912. 427–444.

Kant, Immanuel. „Bestimmung des Begriffs der Menschenrace" [1785]. *Kants gesammelte Schriften*. Band 8: *Abhandlungen nach 1781*. Hg. Königlich Preußische Akademie der Wissenschaften. Berlin und Leipzig: De Gruyter, 1923a. 89–106.

Kant, Immanuel. „Muthmaßlicher Anfang der Menschengeschichte" [1786]. *Kants gesammelte Schriften*. Band 8: *Abhandlungen nach 1781*. Hg. Königlich Preußische Akademie der Wissenschaften. Berlin und Leipzig: De Gruyter, 1923b. 107–124.

Kant, Immanuel. „Über den Gebrauch teleologischer Principien in der Philosophie" [1788]. *Kants gesammelte Schriften*. Band 8: *Abhandlungen nach 1781*. Hg. Königlich Preußische Akademie der Wissenschaften. Berlin und Leipzig: De Gruyter, 1923c. 157–184.

Katz, David S. *The Shaping of Turkey in the British Imagination, 1776–1923*. London: Palgrave Macmillan, 2016.

Kim, Joey S. „Disorienting ‚Shapes' in Shelley's *The Revolt of Islam*". *The Keats-Shelley Review* 32.2 (2018): 134–147.

Kippenberg, Hans. *Die Entdeckung der Religionsgeschichte. Religionswissenschaft und Moderne*. München: C. H. Beck, 1997.

Kißling, Magdalena. „Iphigenie als Ikone weißer Weiblichkeit: Schauplatz der Kulturen in Goethes *Iphigenie auf Tauris*". *Acta Germanica* 45 (2017): 105–118.

Kitson, Peter. „Byron and Post-Colonial Criticism: The Eastern Tales". *Palgrave Advances in Byron Studies*. Hg. Jane Stabler. Basingstoke: Palgrave Macmillan, 2007. 106–129.

Kittler, Friedrich. „Über die Sozialisation Wilhelm Meisters". *Dichtung als Sozialisationsspiel*. Hgg. Gerhard Kaiser und Friedrich Kittler. Göttingen: Vandenhoeck & Ruprecht, 1979. 13–124.

Kittler, Friedrich. *Aufschreibesysteme 1800/1900*. München: Fink, 1987.

Kluge, G. R. „Wälsungenblut oder Halbblut? Zur Kontroverse um die Schlußsätze von Thomas Manns Novelle". *Neophilologus* 76 (1992): 237–255.

Knodt, Eva M. „Herder and Lessing on Truth: Toward an Ethics of Incommunicability". *Lessing Yearbook* 28 (1996): 125–146.

Kofman, Sarah. „Rousseau's Phallocratic Ends". Übersetzt von Mara Dukats. *Feminist Interpretations of Jean-Jacques Rousseau*. Hg. Lynda Lange. University Park: Pennsylvania State University Press, 2002. 229–244.

Kontje, Todd. „Thomas Mann's ‚Wälsungenblut': The Married Artist and the ‚Jewish Question'". *PMLA* 123.1 (2008): 109–124.

Koschorke, Albrecht, Nacim Ghanbari, Eva Eßlinger, Sebastian Susteck und Michael Thomas Taylor. *Vor der Familie. Grenzbedingungen einer modernen Institution*. Konstanz: Konstanz University Press, 2010.

Krause, Robert. „Kultureller Synkretismus: Völkerkundliche Anthropologie und Ästhetik in den Sizilien-Dramen Voltaires, Goethes und Schillers". *Der ganze Mensch – die ganze Menschheit. Völkerkundliche Anthropologie, Literatur und Ästhetik um 1800.* Hgg. Stefan Hermes und Sebastian Kaufmann. Berlin: De Gruyter, 2014. 233–247.

Kreisel, Deanna. „Superfluity and Suction: The Problem with Saving in *The Mill on the Floss.*" *Novel* 35.1 (2001): 69–103.

Krimmer, Elisabeth. „Mama's Baby, Papa's Maybe: Paternity and *Bildung* in Goethe's *Wilhelm Meisters Lehrjahre*". *German Quarterly* 77.3 (2004): 257–277.

Krimmer, Elisabeth. „Abortive *Bildung*: Women Writers, Male Bonds, and Would-Be Fathers". *Challenging Separate Spheres: Female Bildung in Eighteenth- and Nineteenth-Century Germany.* Hg. Marjanne Gooze. Oxford: Peter Lang, 2007. 235–259.

Krimmer, Elisabeth. „To Err Is Male: *Bildung*, Education, and Gender in *Wilhelm Meister's Apprenticeship*". *Goethe's Wilhelm Meister's Apprenticeship and Philosophy.* Hgg. Sarah V. Eldridge und Allen Speight. New York: Oxford University Press, 2020. 106–133.

Kristeva, Julia. *Pouvoirs de l'horreur: Essai sur l'abjection.* Paris: Seuil, 1980.

Kristeva, Julia. *Powers of Horror: An Essay on Abjection.* Übersetzt von Leon Roudiez. New York: Columbia University Press, 1982.

Kucich, John. „George Eliot and Objects: Meaning as Matter in *The Mill on the Floss.*" *Dickens Studies Annual* 12 (1983): 319–340.

Kuper, Adam. *Incest and Influence: The Private Life of Bourgeois England.* Cambridge, MA: Harvard University Press, 2009.

Kurbjuhn, Charlotte. „Der Auftritt des Rächers bei Schiller und Kleist als Auftritt der Moderne". *Kleist-Jahrbuch* 2019: 91–118.

Kurz, Paul Michael. „The Philological Apparatus: Science, Text, and Nation in the Nineteenth Century." *Critical Inquiry* 47 (2021): 747–776.

Kuschel, Karl-Josef. *Vom Streit zum Wettstreit der Religion. Lessing und die Herausforderung des Islam.* Düsseldorf: Patmos, 1998.

Kuschel, Karl-Josef. *„Jud, Christ und Muselmann vereinigt"? Lessings „Nathan der Weise".* Düsseldorf: Patmos, 2004.

Lacan, Jacques. „Die Familie". Übersetzt von Friedrich A. Kittler. *Schriften III.* Weinheim und Berlin: Quadriga, 1986. 39–100.

Lacan, Jacques. *Die Ethik der Psychoanalyse: Das Seminar, Buch VII (1959–1960).* Übersetzt von Norbert Haas. Wien und Berlin: Turia + Kant, 2016.

Lagarde, Paul de. *Juden und Indogermanen. Eine Studie nach dem Leben.* Göttingen: Dieterische Universitätsbuchhandlung, 1887.

Lagarde, Paul de. „Die Religion der Zukunft". *Deutsche Schriften.* Berlin: Verlag der Freunde, 1994a. 209–258.

Lagarde, Paul de. „Über die gegenwärtigen Aufgaben der deutschen Politik". *Deutsche Schriften.* Berlin: Verlag der Freunde, 1994b. 3–33.

Lamport, Francis. „Virgins, Bastards and Saviors of the Nation: Reflections on Schiller's Historical Dramas". *Schiller: National Poet – Poet of Nations.* Hg. Nicholas Martin. Amsterdam: Rodopi, 2006. 159–177.

Landes, Joan. *Women and the Public Sphere in the Age of the French Revolution.* Ithaca: Cornell University Press, 1988.

Lang, George. *Entwisted Tongues: Comparative Creole Literatures.* Amsterdam: Rodopi, 2000.

Langland, Elizabeth. *Nobody's Angels: Middle-Class Women and Domestic Ideology in Victorian Culture.* Ithaca: Cornell University Press, 1995.

Latour, Bruno. *On the Modern Cult of the Factish Gods*. Übersetzt von Catherine Porter und Heather MacLean. Durham, NC: Duke University Press, 2010.

Lanzinger, Margareth. *Verwaltete Verwandtschaft. Eheverbote, kirchliche und staatliche Dispenspraxis im 18./19. Jahrhundert*. Wien: Böhlau, 2015.

Lazarus, Moritz. *Was heißt national? Ein Vortrag*. Berlin: Ferdinand Dümmlers Verlagsbuchhandlung, 1880.

Lazzaro-Weis, Carol. „The Female ‚Bildungsroman': Calling It Into Question". *National Women's Studies Association Journal* 2.1 (1990): 16–34.

Leask, Nigel. *British Romantic Writers and the East*. Cambridge: Cambridge University Press, 1992.

Leavitt, Gregory C. „The Incest Taboo? A Reconsideration of Westermarck". *Anthropological Theory* 7 (2002): 393–418.

Leibniz, Gottfried Wilhelm. *Neue Abhandlungen über den menschlichen Verstand. Philosophische Werke in vier Bänden*, Band 3. Übersetzt und hg. von Ernst Cassirer. Hamburg: Meiner, 1996.

Leonard, Miriam. „Lacan, Irigaray, and Beyond: Antigones and the Politics of Psychoanalysis". *Laughing with Medusa: Classical Myth and Feminist Thought*. Hgg. Vanda Zajko und Miriam Leonard. Oxford: Oxford University Press, 2006. 121–140.

Lessing, Gotthold Ephraim. „Gegensätze des Herausgebers". *Werke und Briefe*. Hg. Wilfried Barner, mit Klaus Bohnen, Gunter E. Grimm, Helmuth Kiesel, Arno Schilson, Jürgen Stenzel und Conrad Wiedemann. Band 8. Frankfurt am Main: Deutscher Klassiker Verlag, 1989. 312–350.

Lessing, Gotthold Ephraim. „Laokoon: oder über die Grenzen der Malerei und Poesie". *Werke und Briefe*. Hg. Wilfried Barner, mit Klaus Bohnen, Gunter E. Grimm, Helmuth Kiesel, Arno Schilson, Jürgen Stenzel und Conrad Wiedemann. Band 5/2. Frankfurt am Main: Deutscher Klassiker Verlag, 1990. 11–321.

Lessing, Gotthold Ephraim. *Nathan der Weise. Werke und Briefe*. Hg. Wilfried Barner, mit Klaus Bohnen, Gunter E. Grimm, Helmuth Kiesel, Arno Schilson, Jürgen Stenzel und Conrad Wiedemann. Band 9. Frankfurt am Main: Deutscher Klassiker Verlag, 1993. 483–627.

Lessing, Gotthold Ephraim. „Die Erziehung des Menschengeschlechts". *Werke und Briefe*. Hg. Wilfried Barner, mit Klaus Bohnen, Gunter E. Grimm, Helmuth Kiesel, Arno Schilson, Jürgen Stenzel und Conrad Wiedemann. Band 10. Frankfurt am Main: Deutscher Klassiker Verlag, 2001. 73–99.

Lettow, Susanne. „Re-articulating Genealogy: Hegel on Kinship, Race and Reproduction." *Hegel Bulletin* 42.2 (2019): 256–276.

Levenson, Alan. „Thomas Mann's *Wälsungenblut* in the Context of the Intermarriage Debate and the ‚Jewish Question'". *Insiders and Outsiders: Jewish and Gentile Culture in Germany and Austria*. Hgg. Dagmar Lorenz und Gabriele Weinberger. Detroit: Wayne State University Press, 1994. 135–143.

Leventhal, Robert S. „The Parable as Performance: Interpretation, Cultural Transmission and Political Strategy in Lessing's *Nathan der Weise*". *German Quarterly* 61.4 (1988): 502–527.

Levesque, Paul. „The Double-Edged Sword: Anti-Semitism and Anti-Wagnerianism in Thomas Mann's *Wälsungenblut*". *German Studies Review* 20.1 (1997): 9–21.

Lévi-Strauss, Claude. *Strukturale Anthropologie*. Übersetzt von Hans Naumann. Frankfurt am Main: Suhrkamp, 1967.

Lévi-Strauss, Claude. *Die elementaren Strukturen der Verwandtschaft*. Übersetzt von Eva Moldenhauer. Frankfurt am Main: Suhrkamp, 1984.

Lewes, George Henry. „Ages of Fetichism and Polytheism". *Comte's Philosophy of the Sciences*. London: Henry G. Bohn, 1853. 273–287.

Lewes, George Henry. „Studies in Animal Life". *Cornhill Magazine* 1.4 (1860): 438–447.

Librett, Jeffrey. „Enlightenment beyond Teleology: Religious Familiality and the Fundamental Gift in G. E. Lessing". *German Studies Review* 41.2 (2018): 235–251.

Lieberman, Debra, John Tooby und Leda Cosmides. „Does Morality Have a Biological Basis? An Empirical Test of the Factors Governing Moral Sentiments Relating to Incest". *Proceedings of the Royal Society London* 270 (2003): 819–826.

Lieberman, Debra, John Tooby und Leda Cosmides. „The Architecture of Human Kin Detection". *Nature* 445 (2007): 727–731.

Locke, John. *Versuch über den menschlichen Verstand*. Band I. Hamburg: Meiner, 1981.

Locke, John. *Zwei Abhandlungen über die Regierung*. Übersetzt von Hans Jörn Hoffmann. Hg. Walter Euchner. Frankfurt am Main: Suhrkamp, 1989.

Logan, Peter Melville. „George Eliot and the Fetish of Realism". *Studies in the Literary Imagination* 35.2 (2002): 27–51.

Loraux, Nicole. *Born of the Earth: Myth and Politics in Athens*. Übersetzt von Selina Stewart. Ithaca: Cornell University Press, 2000.

Lottmann, André. *Arbeitsverhältnisse. Der arbeitende Mensch in Goethes „Wilhelm Meister"-Romanen und in der Geschichte der Politischen Ökonomie*. Würzburg: Königshausen & Neumann, 2011.

Luhmann, Niklas. *Liebe als Passion: Zur Codierung von Intimität*. Frankfurt am Main: Suhrkamp, 1994.

Lukács, Georg. *Goethe und seine Zeit*. Berlin: Aufbau, 1953 [1947].

Lynch, Michael und Bruce Walsh. *Genetics and Analysis of Quantitative Traits*. Sunderland, MA.: Sinauer, 1998.

MacCannell, Juliet Flower. *The Regime of the Brother: After the Patriarchy*. Routledge: London, 1991.

MacLeod, Catriona. *Embodying Ambiguity: Androgyny and Aesthetics from Winckelmann to Keller*. Detroit: Wayne State University Press, 1998.

Mahl, Bernd. *Goethes ökonomisches Wissen. Grundlagen zum Verständnis der ökonomischen Passagen im dichterischen Gesamtwerk und in den „Amtlichen Schriften"*. Frankfurt am Main: Peter Lang, 1982.

Maierhofer, Waltraud. „Angelica Kauffmann Reads Goethe: Illustrations in the Goeschen Edition". *Sophie Journal* 2.1 (2012); https://mulpress.mcmaster.ca/sophiejournal/article/view/73, 30.09.2023.

Makdisi, Saree. *Romantic Imperialism: Universal Empire and the Culture of Modernity*. Cambridge: Cambridge University Press, 1998.

Malt, Johanna. *Obscure Objects of Desire: Surrealism, Fetishism and Politics*. Oxford: Oxford University Press, 2004.

Mann, Thomas. „Der Entwicklungsroman". *Essays II. 1914–1926*. Hg. und textkritisch durchgesehen von Hermann Kurzke unter Mitarbeit von Jöelle Stoupy, Jörn Bender und Stephan Stachorski. *Große kommentierte Frankfurter Ausgabe*. Hg. Heinrich Detering, Eckhard Heftrich, Hermann Kurzke, Terence J. Reed, Thomas Sprecher, Hans R. Vaget und Ruprecht Wimmer. Frankfurt am Main: S. Fischer, 2002a. 173–176.

Mann, Thomas. „Die Lösung der Judenfrage". *Essays I. 1893–1914*. Hg. und textkritisch durchgesehen von Heinrich Detering unter Mitarbeit von Stephan Stachorski. *Große kommentierte Frankfurter Ausgabe*. Hg. Heinrich Detering, Eckhart Hetrich, Hermann Kurzke, Terence J. Reed, Thomas Sprecher, Hans R. Vaget und Ruprecht Wimmer. Frankfurt am Main: S. Fischer, 2002b. 174–178.

Mann, Thomas. „Versuch über das Theater". *Essays I. 1893–1914*. Hg. und textkritisch durchgesehen von Heinrich Detering unter Mitarbeit von Stephan Stachorski. *Große kommentierte Frankfurter Ausgabe*. Hg. Heinrich Detering, Eckhart Hetrich, Hermann Kurzke, Terence J. Reed, Thomas Sprecher, Hans R. Vaget und Ruprecht Wimmer. Frankfurt am Main: S. Fischer, 2002c. 123–168.

Mann, Thomas. „Zur jüdischen Frage". *Essays II. 1914–1926*. Hg. und textkritisch durchgesehen von Hermann Kurzke unter Mitarbeit von Jöelle Stoupy, Jörn Bender und Stephan Stachorski. *Große kommentierte Frankfurter Ausgabe*. Hg. Heinrich Detering, Eckhard Heftrich, Hermann Kurzke,

Terence J. Reed, Thomas Sprecher, Hans R. Vaget und Ruprecht Wimmer. Frankfurt am Main: S. Fischer, 2002d. 427–438.

Mann, Thomas. „Wälsungenblut". *Frühe Erzählungen. 1893–1912.* Hg. Terence J. Reed unter Mitarbeit von Malte Herwig. *Große kommentierte Frankfurter Ausgabe.* Hg. Heinrich Detering, Eckhard Heftrich, Hermann Kurzke, Terence J. Reed, Thomas Sprecher, Hans R. Vaget und Ruprecht Wimmer. Frankfurt am Main: S. Fischer, 2004a. 429–463.

Mann, Thomas. „Wälsungenblut". *Frühe Erzählungen. 1893–1912.* Kommentar von Terence J. Reed unter Mitarbeit von Malte Herwig. *Große kommentierte Frankfurter Ausgabe.* Hg. Heinrich Detering, Eckhard Heftrich, Hermann Kurzke, Terence J. Reed, Thomas Sprecher, Hans R. Vaget und Ruprecht Wimmer. Frankfurt am Main: S. Fischer, 2004b. 314–341.

Marchand, Suzanne. *German Orientalism in the Age of Empire: Religion, Race, and Scholarship.* Washington, D. C.: German Historical Institute; New York: Cambridge University Press, 2009.

Marcus, Sharon. *Between Women: Friendship, Desire, and Marriage in Victorian England.* Princeton: Princeton University Press, 2007.

Marder, Elissa. „Anti-Antigone". *Diacritics* 49.2 (2021): 13–22.

Margolin, Sam. „,And Freedom to the Slave': Antislavery Ceramics, 1787–1865". *Ceramics in America.* Hg. Robert Hunter. Milwaukee: Chipstone Foundation, 2002: 81–109.

Marshall, David. *The Figure of the Theater: Shaftesbury, Defoe, Adam Smith, and George Eliot.* New York: Columbia University Press, 1986.

Martin, Raymond und John Barresi. *Naturalization of the Soul: Self and Personal Identity in the Eighteenth Century.* London: Routledge, 2000.

Martin, Raymond und John Barresi. *The Rise and Fall of Soul and Self: An Intellectual History of Personal Identity.* New York: Columbia University Press, 2006.

Marx, Karl. *Das Kapital: Kritik der politischen Ökonomie.* Erster Band. Karl Marx und Friedrich Engels. Werke (MEW) Band 23. Berlin: Dietz, 1983.

Masuzawa, Tomoko. *The Invention of World Religions, or, How European Universalism Was Preserved in the Language of Pluralism.* Chicago: University of Chicago Press, 2005.

Matory, J. Lorand. *The Fetish Revisited: Marx, Freud, and the Gods Black People Make.* Durham, NC, London: Duke University Press, 2018.

Mauss, Marcel. *Die Gabe: Form und Funktion des Austauschs in archaischen Gesellschaften.* Übersetzt von Eva Moldenhauer. Frankfurt am Main: Suhrkamp, 1990.

Max Müller, Friedrich. *Address Delivered at the Opening of the Ninth International Congress of Orientalists.* Oxford: Oxford University Press, 1892.

Max Müller, Friedrich. *Einleitung in die vergleichende Religionswissenschaft: vier Vorlesungen im Jahre MDCCCLXX an der Royal Institution in London gehalten.* Strassburg: Karl J. Trübner, 1874.

Max Müller, Friedrich. *Vorlesungen über die Wissenschaft der Sprache.* Übersetzt von Carl Böttger. Leipzig: Gustav Mayer, 1863.

Max Müller, Friedrich. *Lectures on the Science of Language.* London: Longmans, Green, 1866.

Max Müller, Friedrich. „Max Muller on Darwin's Philosophy of Language". *Nature* 7 (1872): 145 http://digital.library.wisc.edu/1711.dl/HistSciTech.Nature18721226, 30.09.2023.

Max Müller, Friedrich. „On the Relation of the Bengali to the Arian and Aboriginal Languages of India". *Report of the Meeting of the British Association for the Advancement of Science* 7. Held at Oxford in June 1847. London: John Murray 1848. 319–350.

Max Müller, Friedrich. *Suggestions for the Assistance of Officers in Learning the Languages of the Seat of War in the East.* London: Longman, Green, and Longmans, 1854.

May, Leila Silvana. *Disorderly Sisters: Sibling Relations and Sororal Resistance in Nineteenth-Century British Literature.* Lewisburg, PA: Bucknell University Press, 2001.

Mayer, Mathias. „Kraft der Sprache: Goethes ‚Lebenslied' im Kontext monadischen Denkens". *Monadisches Denken in Geschichte und Gegenwart*. Hg. Sigmund Bonk. Würzburg: Königshausen & Neumann, 2003. 113–131.

Mayr, Ernst. „Speciation Phenomena in Birds". *American Naturalist* 74.752 (1940): 249–278.

McClintock, Anne. *Imperial Leather: Race, Gender, and Sexuality in the Colonial Contest*. London: Routledge, 1995.

McInerney, James O., Davide Pisani, Eric Bapteste und Mary J. O'Connell. „The Public Goods Hypothesis for the Evolution of Life on Earth". *Biology Direct* 6.4 (2011); https://doi.org/10.1186/1745-6150-6-41, 30.09.2023.

McLaverty, James. „Comtean Fetishism in Silas Marner". *Nineteenth-Century Fiction* 36.3 (1981): 318–336.

McLean, Ian. „Female Nature and Education in Lessing's *Die Juden* and *Nathan der Weise*". *Lessing Yearbook* 49 (2022): 195–213.

McLennan, John F. *Primitive Marriage: An Inquiry Into the Origin of the Form of Capture in Marriage Ceremonies*. Hg. Peter Rivière. Chicago: University of Chicago Press, 1970.

Melas, Natalie. *All the Difference in the World: Postcoloniality and the Ends of Comparison*. Stanford, CA: Stanford University Press, 2007.

Meltzer, Françoise. „Theories of Desire: Antigone Again". *Critical Inquiry* 37.2 (2011): 169–186.

Mendelssohn, Moses. *Jerusalem oder über religiöse Macht und Judentum*. Hg. Michael Albrecht. Hamburg: Meiner, 2005.

Merrill, Bruce. „Rousseau's Influence on Schiller's Program of Aesthetic Regeneration." *Rousseau on Arts and Politics. Autour de la Lettre à d'Alembert*. Hg. Melissa Butler. Ottawa: Association nord-americaine des études Jean-Jacques Rousseau / North American Association for the Study of Jean-Jacques Rousseau, 1997. 191–200.

Metcalf, George J. „The Indo-European Hypothesis in the Sixteenth and Seventeenth Centuries". *Studies in the History of Linguistics: Traditions and Paradigms*. Hg. Dell Hymes. Bloomington: Indiana University Press, 1974. 233–257.

Miller, Paul Allen. „The Classical Roots of Poststructuralism: Lacan, Derrida, and Foucault". *International Journal of the Classical Tradition* 5.2 (1998): 204–226.

Minden, Michael. *The German Bildungsroman: Incest and Inheritance*. Cambridge: Cambridge University Press, 1997.

Minter, Catherine J. *The Mind-Body Problem in German Literature, 1770–1830: Wezel, Moritz, and Jean Paul*. Oxford: Clarendon, 2002.

Mitchell, Juliet. *Siblings: Sex and Violence*. Cambridge: Polity, 2003.

Mitchell, W. J. T. *What do Pictures Want? The Lives and Loves of Images*. Chicago: University of Chicago Press, 2005.

Mitchell, W. J. T. (dt.) *Das Leben der Bilder. Eine Theorie der visuellen Kultur*. Übersetzt von Achim Eschbach, Anna-Victoria Eschbach und Mark Halawa. München: C. H. Beck, 2008.

Molendijk, Arie L. *The Emergence of the Science of Religion in the Netherlands*. Leiden: Brill, 2005.

Molstad, David. „‚The Mill on the Floss' and ‚Antigone'". *PMLA* 85.3 (1970): 527–531.

Monorchio, Alessandra. „‚My Spirit ought / To Weave a Bondage of Such Sympathy': Sympathy, Enthusiasm and Revolution in *Laon and Cythna*." *The Keats-Shelley Review* 32.2 (2018): 123–133.

Moretti, Franco. *The Way of the World: The* Bildungsroman *in European Culture*. London: Verso, 1987.

Morgan, Lewis Henry. *Ancient Society, or, Researches in the Lines of Human Progress from Savagery through Barbarism to Civilization*. Chicago: Charles H. Kerr, 1877.

Morgan, Lewis Henry. *Die Urgesellschaft: Untersuchungen über den Fortschritt der Menschheit aus der Wildheit durch die Barbarei zur Zivilisation*. Übersetzt von W. Eichhoff, unter Mitwirkung von Karl Kautsky. Wien: Promedia, 1987.

Morgan, Lewis Henry. *Systems of Consanguinity & Affinity of the Human Family*. Lincoln: University of Nebraska Press, 1997.

Morpurgo Davies, Anna. *Nineteenth-Century Linguistics*. History of Linguistics IV. Hg. Giulio Lepschy. London: Longman, 1992.

Mosse, George L. *Towards the Final Solution: A History of European Racism*. Madison: University of Wisconsin Press, 1985.

Moxnes, Halvor. „Jesus the Jew: Dilemmas of Interpretation". *Fair Play: Diversity and Conflicts in Early Christianity*. Hgg. Ismo Dunderberg, Christopher Tuckett und Kari Syreeni. Leiden: Brill, 2001. 83–103.

Mühlhäusler, Peter. *Pidgin and Creole Languages*. London: University of Westminster Press, 1997.

Muller, Jean-Claude. „Early Stages of Language Comparison". *Kratylos* 31 (1956): 1–31.

Müller-Wille, Staffan. „Figures of Inheritance, 1650–1850". *Heredity Produced: At the Crossroads of Biology, Politics, and Culture, 1500–1870*. Hgg. Staffan Müller-Wille und Hans-Jörg Rheinberger. Cambridge, MA, und London: The MIT Press, 2007. 177–204.

Nersessian, Anahid. „Radical Love and Political Romance: Shelley After the Jacobin Novel". *Journal of English Literary History* 79.1 (2012): 111–134.

Nersessian, Anahid. *Utopia Limited: Romanticism and Adjustment*. Boston: Harvard University Press, 2015.

Nicholls, Angus. „Rhetorische Naturalisierung in der Sprachwissenschaft: August Schleicher, Friedrich Max Müller und ihre Kritiker". *Empirisierung des Transzendentalen. Erkenntnisbedingungen in Wissenschaft und Kunst, 1850–1920*. Hgg. Philip Ajouri und Benjamin Specht. Göttingen: Wallstein, 2019. 191–222.

Niekerk, Carl. „Der Anthropologische Diskurs in Lessings *Nathan der Weise*". *Neophilologus* 88 (2004): 227–242.

Nietzsche, Friedrich. *Nietzsches Werke*. Kritische Gesamtausgabe. Hgg. Giorgio Colli und Mazzino Montinari. Berlin: De Gruyter, 1967. [KGA].

Noddings, Nel. *Caring: A Feminine Approach to Ethics and Moral Education*. Berkeley: University of California Press, 1984.

Norberg, Jakob. *The Brothers Grimm and the Making of German Nationalism*. Cambridge und New York: Cambridge University Press, 2022.

Nowitzki, Hans-Peter. *Der wohltemperierte Mensch: Aufklärungsanthropologien im Widerstreit*. Berlin: De Gruyter, 2003.

Nussbaum, Felicity A. *The Autobiographical Subject: Gender and Ideology in Eighteenth Century England*. Baltimore: Johns Hopkins University Press, 1989.

Nussbaum, Martha. *The Fragility of Goodness: Luck and Ethics in Greek Tragedy and Philosophy*. Cambridge: Cambridge University Press, 1986.

Nussbaum, Martha. *From Disgust to Humanity: Sexual Orientation & Constitutional Law*. Oxford: Oxford University Press, 2010.

O'Malley, William Martin und John Dupre. „The Tree of Life: Introduction to an Evolutionary Debate". *Biology and Philosophy* 25 (2010): 441–453.

Oesterle, Günter. „Friedrich Schiller: *Die Braut von Messina*. Radikaler Formrückgriff angesichts eines modernen kulturellen Synkretismus oder fatale Folgen kleiner Geheimnisse". *Schiller und die Antike*. Hgg. Paolo Chiarini und Walter Hinderer. Würzburg: Königshausen & Neumann, 2008. 167–175.

Olender, Maurice. *The Languages of Paradise: Race, Religion, and Philology in the Nineteenth Century*. Übersetzt von Arthur Goldhammer. Cambridge, MA: Harvard University Press, 1992.
Oliver, Susan. *Scott, Byron and the Poetics of Cultural Encounter*. Basingstoke: Palgrave Macmillan, 2005.
O'Quinn, Daniel. *Engaging the Ottoman Empire: Vexed Meditations, 1690–1815*. Philadelphia: University of Pennsylvania Press, 2019.
Otis, Laura. *Membranes: Metaphors of Invasion in Nineteenth-Century Literature, Science, and Politics*. Baltimore: Johns Hopkins University Press, 1999.
Otis, Laura. *Organic Memory: History and the Body in the Late Nineteenth & Early Twentieth Centuries*. Lincoln: University of Nebraska Press, 1994.
Ovid [P. Ovidius Naso]. *Die Fasten*. Hg. übersetzt und kommentiert von Franz Bömer. Band I. Heidelberg: Carl Winter, 1957.
Ozouf, Mona. „*Freiheit, Gleichheit,Brüderlichkeit*". *Erinnerungsorte Frankreichs*. Übersetzt von Michael Bayer. Hg. Pierre Nora. München: C. H. Beck, 2005.
Packham, Catherine. „System and Subject in Adam Smith's Political Economy: Nature, Vitalism, and Bioeconomic Life". *Systems of Life: Biopolitics, Economics, and Literature on the Cusp of Modernity*. Hgg. Richard A. Barney und Warren Montag. New York: Fordham University Press, 2019. 93–113.
Paine, Thomas. *Common Sense, The Rights of Man, and Other Essential Writings*. New York: New American Library, 1969.
Pal-Lapinski, Piya. „'Byron Pasha' in Istanbul with Mozart and Rossini: The Seductions of Ottoman Sovereignty". *Byron Journal* 48.1 (2020): 1–15.
Paley, William. *Principles of Moral and Political Philosophy*. New York: Harper, 1860.
Parnes, Ohad. „Generationswechsel – eine Figur zwischen Literatur und Mikroskopie". *Fülle der combination: Literaturforschung und Wissenschaftsgeschichte*. Hgg. Bernhard J. Dotzler und Sigrid Weigel. München: Fink, 2005. 127–142.
Parnes, Ohad, Ulrike Vedder und Stefan Willer. *Das Konzept der Generation*. Frankfurt am Main: Suhrkamp, 2008.
Pateman, Carole. *The Sexual Contract*. Stanford, CA: Stanford University Press, 1988.
Pateman, Carole. *The Disorder of Women: Democracy, Feminism, and Political Theory*. Stanford, CA: Stanford University Press, 1989.
Paxton, Nancy L. *George Eliot and Herbert Spencer: Feminism, Evolutionism, and the Reconstruction of Gender*. Princeton: Princeton University Press, 1991.
Perry, Ruth. *Novel Relations: The Transformation of Kinship in English Literature and Culture, 1748–1818*. Cambridge: Cambridge University Press, 2004.
Pfau, Thomas. „*Bildungsspiele*: Vicissitudes of Socialization in *Wilhelm Meister's Apprenticeship*". *European Romantic Review* 21.5 (2010): 567–587.
Phelan, Peggy. *Mourning Sex: Performing Public Memories*. London: Routledge, 1997.
Pietsch, Theodore W. *Trees of Life: A Visual History of Evolution*. Baltimore: Johns Hopkins University Press, 2012.
Pietz, William. „The Problem of the Fetish, II: The Origin of the Fetish". *RES: Anthropology and Aesthetics* 13 (1987): 23–45.
Pietz, William. „Fetishism and Materialism: The Limits of Theory in Marx". *Fetishism as Cultural Discourse*. Hgg. Emily Apter und William Pietz. Ithaca: Cornell University Press, 1993.
Pinkard, Terry. *Hegel: A Biography*. Cambridge: Cambridge University Press, 2000.
Pinto-Correia, Clara. *The Ovary of Eve: Egg and Sperm and Preformationism*. Chicago: University of Chicago Press, 1997.

Platon. *Symposion.* Übersetzt und hg. von Barbara Zehnpfennig. Zweisprachige Ausgabe Griechisch-Deutsch. Hamburg: Meiner, 2000.

Poliakov, Léon. *Der arische Mythos: Zu den Quellen von Rassismus und Nationalismus.* Übersetzt von Margarete Venjakob. Hamburg: Junius, 1993.

Pollak, Ellen. *Incest and the English Novel, 1684–1814.* Baltimore: Johns Hopkins University Press, 2003.

Pollock, Griselda. „Beyond Oedipus: Feminist Thought, Psychoanalysis, and Mythical Figuration of the Feminine". *Laughing with Medusa: Classical Myth and Feminist Thought.* Hgg. Vanda Zajko und Miriam Leonard. Oxford: Oxford University Press, 2006. 67–117.

Pollock, Sheldon, Benjamin Elman und Ku-ming Kevin Chang (Hgg.). *World Philology.* Cambridge, MA: Harvard University Press, 2015.

Poovey, Mary. „Aesthetics and Political Economy in the Eighteenth Century: The Place of Gender in the Social Constitution of Knowledge". *Aesthetics and Ideology.* Hg. George Levine. New Brunswick, NJ: Rutgers University Press, 1994.

Poovey, Mary. „Writing About Finance in Victorian England: Disclosure and Secrecy in the Culture of Investment". *Victorian Investments: New Perspectives on Finance and Culture.* Hgg. Nancy Henry und Cannon Smith. Bloomington: Indiana University Press, 2009. 39–57.

Popkin, Richard. *The High Road to Pyrrhonism.* Indianapolis: Hackett, 1980.

Porter, James I. *Nietzsche and the Philology of the Future.* Stanford, CA: Stanford University Press, 2000.

Pourciau, Sarah. *The Writing of Spirit: Soul, System, and the Roots of Language Science.* New York: Fordam University Press, 2017.

Prater, Florian. *Schiller und Sophokles.* Zürich: Atlantis, 1954.

Prichard, James Cowles. *The Eastern Origin of the Celtic Nations Proved by a Comparison of Their Dialects with the Sanskrit, Greek, Latin, and Teutonic Languages: Forming a Supplement to Researches Into the Physical History of Mankind.* London: Houlston and Wright, 1857.

Priestly, T. M. S. „Schleicher, Celakovsky, and the Family-Tree Diagram". *Historigraphia Linguistica* 2.3 (1975): 299–333.

Prum, Richard. *The Evolution of Beauty: How Darwin's Forgotten Theory of Mate Choice Shapes the Animal World – and Us.* New York: Doubleday, 2017.

Quincey, Thomas de. „The Antigone of Sophocles as Represented on the Edinburgh Stage". *The Collected Writings of Thomas de Quincey.* Band 14. Hg. David Masson. Edinburgh: Adam and Charles Black, 1890. 360–388.

Rabinowitz, Nancy Sorkin und Lisa Auanger (Hgg.). *Among Women: From the Homosocial to the Homoerotic in the Ancient World.* Austin: University of Texas Press, 2002.

Ragan, Mark A. „Trees and Networks Before and After Darwin". *Biology Direct* 4.43 (2009); https://doi.org/10.1186/1745-6150-4-43, 30.09.2023.

Rancière, Jacques. *Die Aufteilung des Sinnlichen: Die Politik der Kunst und ihre Paradoxien.* Übersetzt von Maria Muhle, Susanne Leeb und Jürgen Link. Hg. Maria Muhle. Berlin: b_books, 2006.

Rank, Otto. *Das Inzest-Motiv in Dichtung und Sage. Grundzüge einer Psychologie des dichterischen Schaffens.* Leipzig: F. Deuticke, 1926.

Rantala, Markus J. und Urszula M. Marcinkowska. „The Role of Sexual Imprinting and the Westermarck Effect in Mate Choice in Humans". *Behavioral Ecology and Sociobiology* 65 (2011): 859–873.

Redfield, Marc. *Phantom Formations: Aesthetic Ideology and the „Bildungsroman".* Ithaca: Cornell University Press, 1996.

Redfield, Marc. *The Politics of Aesthetics: Nationalism, Gender, Romanticism.* Stanford, CA: Stanford University Press, 2003.

Renan, Ernest. „Religions of Antiquity". *Studies in Religious History*. Übersetzt von William M. Thomson. London: Mathieson, 1895a. 1–52.
Renan, Ernest. „History of the People of Israel". *Studies in Religious History*. Übersetzt von William M. Thomson. London: Mathieson, 1895b. 53–95.
Renan, Ernest. *Das Leben Jesu*. [O. Übers.nennung]. Zürich: Diogenes, 1981.
Renan, Ernest. „Was ist eine Nation?" Übersetzt von Henning Ritter. *Grenzfälle: Über neuen und alten Nationalismus*. Hgg. Michael Jeismann und Henning Ritter. Leipzig: Reclam, 1993. 290–311.
Richardson, Alan. „The Dangers of Sympathy: Sibling Incest in English Romantic Poetry". *Studies in English Literature* 25.4 (1985): 737–754.
Richardson, Alan. „Rethinking Romantic Incest: Human Universals, Literary Representation, and the Biology of Mind". *New Literary History* 31.3 (2000): 553–572.
Richardson, John. *Nietzsche's New Darwinism*. Oxford: Oxford University Press, 2004.
Riedel, Manfred. *Zwischen Tradition und Revolution. Studien zu Hegels Rechtsphilosophie*. Stuttgart: Klett-Cotta, 1982.
Ritschl, Friedrich. *Thomae Magistri sive Theoduli Monachi ecloga Vocum Atticarum*. Halle: Libraria Orphanotrophei, 1832.
Ritschl, Friedrich. *De emendandis Antiquitatum libris Dionysii Halicarnassensis commentation duplex*. Opuscula Philologica. Band 1. Leipzig: Aedebus B. G. Teubneri, 1866. 471–515.
Ritter, Joachim. *Hegel und die französische Revolution*. Köln: Westdeutscher Verlag, 1957.
Roberts, Hugh. *Shelley and the Chaos of History: A New Politics of Poetry*. University Park: Pennsylvania State University Press, 1997.
Robins, Robert H. „Leibniz and Wilhelm von Humboldt and the History of Comparative Linguistics". *Leibniz, Humboldt, and the Origins of Comparativism*. Hgg. Tullio de Mauro und Lia Formigari. Amsterdam: John Benjamins, 1990. 85–102.
Roe, Shirley. *Matter, Life, and Generation: Eighteenth-Century Embryology and the Haller- Wolff Debate*. Cambridge: Cambridge University Press, 1981.
Roisman, Hanna M. *Tragic Heroines in Ancient Greek Drama*. London: Bloomsbury Academic, 2021.
Romaine, Suzanne. *Pidgin & Creole Languages*. London: Longman, 1988.
Römer, Ruth. *Sprachwissenschaft und Rassenideologie in Deutschland*. München: Fink, 1985.
Rose, Jacquelin. *Sexuality in the Field of Vision*. London: Verso, 1986.
Rose, Paul Lawrence. *Wagner: Race and Revolution*. London: Faber and Faber, 1992.
Rosenfield, Kathrin. „Getting Inside Sophocles' Mind Through Hölderlin's Antigone". *New Literary History* 30.1 (1999): 107–127.
Rousseau, Jean-Jacques. *Emil oder Über die Erziehung*. Übersetzt von Ludwig Schmidts. Paderborn: Schöningh, 1978.
Rousseau, Jean-Jacques. *Julie oder Die neue Heloïse*. Aus dem Französischen von Johann Gottfried Gellius, vollständig überarbeitet und ergänzt von Dietrich Leube. München: Winkler, 1979.
Rousseau, Jean-Jacques. „Brief an d'Alembert über das Schauspiel". Aus dem Französischen von Dietrich Feldhausen. *Schriften*. Band I. Hg. Henning Ritter. Frankfurt am Main, Berlin und Wien: Ullstein, 1981. 333–474.
Rousseau, Jean-Jacques. „Essay über den Ursprung der Sprachen, worin auch über Melodie und musikalische Nachahmung gesprochen wird". *Musik und Sprache: Ausgewählte Schriften*. Übersetzt von Dorothea Gülke und Peter Gülke. Wilhelmshaven: Heinrichshofen's Verlag, 1984. 99–168.
Rousseau, Jean-Jacques. „Abhandlung über die Politische Ökonomie". *Politische Schriften*, Übersetzt von Ludwig Schmidts. Paderborn, München, Wien und Zürich: Schöningh, 1995a. 9–57.

Rousseau, Jean-Jacques. „Vom Gesellschaftsvertrag oder Prinzipien des Staatsrechts". *Politische Schriften*. Übersetzt von Ludwig Schmidts. Paderborn, München, Wien und Zürich: Schöningh, 1995b. 59–208.

Row, T. Letter. *Gentleman's Magazine* 56.2 (1786): 772.

Sabean, David Warren. *Kinship in Neckarhausen, 1700–1870*. Cambridge: Cambridge University Press, 1998.

Sabean, David Warren. „Kinship and Class Dynamics in Nineteenth-Century Europe". *Kinship in Europe: Approaches to Long-Term Development (1300–1900)*. Hgg. David Warren Sabean, Simon Teuscher und Jon Mathieu. New York: Berghahn, 2007. 301–313.

Sabean, David Warren und Christopher Johnson. *Sibling Relations and the Transformation of European Kinship, 1300–1900*. New York: Berghan, 2011.

Sabean, David Warren und Simon Teuscher. „Kinship in Europe: A New Approach to Long-Term Development". *Kinship in Europe: Approaches to Long-Term Development (1300–1900)*. Hgg. David Warren Sabean, Simon Teuscher und Jon Mathieu. New York: Berghahn, 2007. 1–32.

Sabean, David Warren, Simon Teuscher und Jon Mathieu (Hgg.). *Kinship in Europe: Approaches to Long-Term Development (1300–1900)*. New York: Berghahn, 2007.

Sade, Marquis de. *Die Philosophie im Boudoir*. Übersetzt von Rolf Busch. Gifkendorf: Merlin, 2013.

Saine, Thomas P. „Was *Wilhelm Meisters Lehrjahre* Really Supposed to Be a Bildungsroman?" *Reflection and Action: Essays on the* Bildungsroman. Hg. James N. Hardin. Columbia: University of South Carolina Press, 1991. 118–141.

Sammons, Jeffrey. „The Mystery of the Missing *Bildungsroman*, or: What Happened to Wilhelm Meister's Legacy?". *Genre* 14.1 (1981): 229–246.

Sammons, Jeffrey. „Heuristic Definition and the Constraints of Literary History: Some Recent Discourse on the Bildungsroman in English and German". *Dazwischen: Zum transitorischen Denken in Literatur und Kulturwissenschaft*. Hgg. Andreas Härter, Edith Anna Kunz und Heiner Weidmann. Göttingen: Vandenhoeck & Ruprecht, 2003.

Sanders, Valerie. *The Brother-Sister Culture in Nineteenth-Century Literature*. Basingstoke: Palgrave, 2002.

Sapp, Jan. *Genesis: The Evolution of Biology*. Oxford: Oxford University Press, 2003.

Schadewaldt, Wolfgang. „Antikes und Modernes in Schillers *Braut von Messina*". *Jahrbuch der deutschen Schillergesellschaft* 13 (1989): 286–307.

Schadewaldt, Wolfgang. „Hölderlin's Translations". *Sophocles: The Classical Heritage*. Hg. Roger David Dawe. New York: Garland, 1996. 101–110.

Schiebinger, Londa. *The Mind Has No Sex? Women in the Origins of Modern Science*. Cambridge, MA: Harvard University Press, 1989.

Schiller, Friedrich. *Die Braut von Messina*. *Schillers Werke*. Nationalausgabe. Band 10. Hgg. Norbert Oellers und Siegfried Seidel. Weimar: Böhlau, 1980. 17–125. [NA 10].

Schiller, Friedrich. *Schillers Werke*. Nationalausgabe. 43 Bände. Hgg. Norbert Oellers und Siegfried Seidel. Weimar: Böhlau 1948 ff. [NA+Bandnummer, Seitenangabe].

Schiller, Friedrich. „Über das Erhabene". *Sämtliche Werke*. Hg. Wolfgang Riedel. Band 5. München: Hanser, 1962. 792–809.

Schiller, Friedrich. „Über die ästhetische Erziehung des Menschen in einer Reihe von Briefen". *Schillers Werke. Nationalausgabe*. Band 20. Hgg. Norbert Oellers und Siegfried Seidel. Weimar: Böhlau, 1962. 309–412. [NA 20].

Schiller, Friedrich. „An die Freude". *Gedichte*. Hg. Georg Kurscheidt. *Werke und Briefe*. Band 1. Frankfurt am Main: Deutscher Klassiker Verlag, 1992. 248–251.

Schilson, Arno. „Dichtung und (religiöse) Wahrheit: Überlegungen zu Art und Aussage von Lessings Drama *Nathan der Weise*". *Lessing Yearbook* 27 (1995): 1–18.
Schlaffer, Hannelore. *Wilhelm Meister: Das Ende der Kunst und die Wiederkehr des Mythos*. Stuttgart: Metzler, 1980.
Schlegel, August Wilhelm. „Leben und dichterischer Charakter des Sophokles. Schätzung seiner Tragödien im einzelnen". *Vorlesungen über dramatische Kunst und Literatur. Erster Teil*. Stuttgart, Berlin, Köln und Mainz: Kohlhammer, 1966. 88–100.
Schlegel, Friedrich. „Fragmente [Athenäums-Fragmente]". *Kritische Friedrich-Schlegel-Ausgabe*. Band 2. Hg. Hans Eichner. Paderborn, München und Wien: Schöningh, 1967. 165–256.
Schlegel, Friedrich. *Über die Sprache und die Weisheit der Indier: Ein Beitrag zur Begründung der Altertumskunde*. Amsterdam: John Benjamins, 1977.
Schlegel, Friedrich. „[Über J. G. Rhode: Über den Anfang unserer Geschichte und die letzte Revolution der Erde. 1819]". *Kritische Friedrich-Schlegel-Ausgabe*. Hgg. Ernst Behler und Ursula Struc-Oppenberg. Band 8. Paderborn, München und Wien: Schöningh, 1975. 474–528.
Schlegel, Friedrich. *Lucinde*. Frankfurt am Main: Insel, 1985.
Schleicher, August. *Die deutsche Sprache*. Stuttgart: J. G. Cotta'scher Verlag, 1860.
Schleicher, August. *Die Darwinsche Theorie und die Sprachwissenschaft*. Weimar: Böhlau, 1863.
Schleicher, August. *Über die Bedeutung der Sprache für die Naturgeschichte des Menschen*. Weimar: Böhlau, 1865.
Schleicher, August. *Die Sprachen Europas in systematischer Übersicht*. Hg. Konrad Koerner. Amsterdam: John Benjamins, 1983.
Schlipphacke, Heidi. „‚Die Vaterschaft beruht nur überhaupt auf der Überzeugung': The Displaced Family in *Wilhelm Meisters Lehrjahre*". *Journal of English and Germanic Philology* 102 (2003): 390–412.
Schlipphacke, Heidi. *The Aesthetics of Kinship: Form and Family in the Long Eighteenth Century*. Lewisburg, PA: Bucknell University Press, 2023.
Schlözer, August Ludwig. *Vorstellung seiner Universal-Historie*. 2 Bände. Göttingen: Dieterich, 1772.
Schlözer, August Ludwig. „Von den Chaldäern". *Repertorium für biblische und morgenländische Literatur*. Band 8. Hg. Johann Gottfried Eichhorn. Leipzig: Weidmann Erben und Reich, 1781. 113–176.
Schmidt, Johannes. *Die Verwandtschaftsverhältnisse der Indogermanischen Sprachen*. Weimar: Böhlau, 1872.
Schmieder, Falko. „Zur Kritik der Rezeption des Marxschen Fetischbegriffs". *Marx-Engels Jahrbuch* (2005): 106–127.
Schmitt, Axel. „‚Die Wahrheit ruht unter mehr als einer Gestalt': Versuch einer Deutung der Ringparabel in Lessings ‚Nathan der Weise' ‚more rabbinico'". *Neues zur Lessing-Forschung*. Hgg. Eva J. Engel und Claus Ritterhoff. Tübingen: Niemeyer, 1998. 69–104.
Schnapp, Alain. „Antiquarian Studies in Naples at the End of the Eighteenth Century: From Comparative Archaeology to Comparative Religion". *Naples in the Eighteenth Century: The Birth and Death of a Nation State*. Hg. Girolamo Imbroglia. Cambridge: Cambridge University Press, 2000. 154–166.
Schneider, David M. *A Critique of the Study of Kinship*. Ann Arbor: University of Michigan Press, 1984.
Schneider, Helmut J. „Der Zufall der Geburt: Lessings Nathan der Weise und der imaginäre Körper der Geschichtsphilosophie". *Körper / Kultur: Kalifornische Studien zur deutschen Moderne*. Hg. Thomas W. Kniesche. Würzburg: Königshausen & Neumann, 1995. 100–124.
Schneider, Helmut J. *Genealogie und Menschheitsfamilie: Dramaturgie der Humanität von Lessing bis Büchner*. Berlin: Berlin University Press, 2011.

Schor, Naomi. *Breaking the Chain: Women, Theory, and French Realist Fiction*. New York: Columbia University Press, 1985.

Schor, Naomi. *Reading in Detail: Aesthetics and the Feminine*. New York: Methuen, 1987.

Schößler, Franziska. „Rationale Lebensführung und Bürgerliches Geschlechterprogramm. Zu Goethes *Wilhelm Meisters Lehrjahre* und dem Novellenzyklus *Unterhaltungen deutscher Ausgewanderten*". *Goethe und die Arbeit*. Hgg. Iuditha Balint, Miriam Albracht und Frank Weiher. Paderborn: Fink, 2018. 121–146.

Schrift, Alan. „Genealogy and the Transvaluation of Philology". *International Studies in Philosophy* 20.2 (1988): 85–95.

Schuchardt, Hugo. *The Ethnography of Variation: Selected Writings on Pidgins and Creoles*. Übersetzt und hg. von T. L. Markey. Ann Arbor: Karoma, 1979.

Schuchardt, Hugo. [Rezension zu] Max Grünbaum: *Mischsprachen und Sprachmischungen*. *Internationale Zeitschrift für allgemeine Sprachwissenschaft* 3 (1887): 291.

Schuchardt, Hugo. „Zu meiner Schrift, Slawo-deutsches und Slawo-italienisches". *Zeitschrift für die österreichischen Gymnasien* 37 (1886): 321–351.

Schwab, Raymond. *The Oriental Renaissance: Europe's Rediscovery of India and the East, 1660–1880*. Übersetzt von Gene Patterson-Black und Victor Reinking. New York: Columbia University Press, 1984.

Schwartz, Marie Jenkins. *Ties That Bound: Founding First Ladies and Slaves*. Chicago: University of Chicago Press, 2017.

Schwarz, Hillel. *The Culture of the Copy: Striking Likenesses, Unreasonable Facsimiles*. New York: Zone, 1996.

Schwarzenbach, Sibyl. *On Civic Friendship: Including Women in the State*. New York: Columbia University Press, 2009.

Scott, James F. „George Eliot, Positivism, and the Social Vision of ‚Middlemarch'". *Victorian Studies* 16.1 (1972): 59–76.

Scott, Michael. *Delphi: A History of the Center of the Ancient World*. Princeton: Princeton University Press, 2014.

Scriblerus Club (John Arbuthnot, Alexander Pope, Jonathan Swift, John Gay, Thomas Parnell und Robert Harley). *Memoirs of the Extraordinary Life, Works, and Discoveries of Martinus Scriblerus*. Hg. Charles Kerby-Miller. New York: Oxford University Press, 1988.

Sedgwick, Eve Kosofsky. „Tales of the Avunculate". *Tendencies*. Durham, NC: Duke University Press, 1993. 52–72.

Seidlin, Oskar. „Goethe's *Iphigenia* and the Humane Ideal". *Goethe: A Collection of Critical Essays*. Hg. Victor Lange. Englewood Cliffs: Prentice-Hall, 1968. 50–64.

Setton, Dirk. *Autonomie und Willkür. Kant und die Zweideutigkeit der Freiheit*. Berlin: De Gruyter, 2021.

Sha, Richard. *Perverse Romanticism: Aesthetic and Sexuality in Britain, 1750–1832*. Baltimore: Johns Hopkins University Press, 2009.

Shahar, Galili. „Ring/Ding: Objekt, Kunstwerk und die Darstellung von Macht bei Lessing und Wagner". *Erzählte Dinge. Mensch-Objekt-Beziehungen in der deutschen Literatur*. Hg. José Brunner. Göttingen: Wallstein 2015. 37–54.

Sharafuddin, Mohammed. *Islam and Romantic Orientalism: Literary Encounters with the Orient*. London: I. B. Tauris, 1994.

Sharpe, Eric J. *Comparative Religion: A History*. New York: Charles Scribner's Sons, 1975.

Shell, Marc. *The End of Kinship: Measure for Measure, Incest, and the Idea of Universal Siblinghood*. Stanford, CA: Stanford University Press, 1988.

Shell, Marc. *Children of the Earth: Literature, Politics, and Nationhood.* New York: Oxford University Press, 1993.
Sheer, Elizabeth. „Towards ‚a Common Home': Adoption and Commitment in *The Revolt of Islam*". *Keats-Shelley Journal* 70 (2021): 48–62.
Shelley, Percy Bysshe. *The Letters of Percy Bysshe Shelley.* 2 Bände. Hg. Frederick L. Jones. Oxford: Clarendon, 1964.
Shell, Marc. *Shelley's Poetry and Prose.* Hgg. Donald Reiman und Sharon Powers. New York: Norton, 1977.
Shell, Marc. „Laon und Cythna: Vorwort". *Ausgewählte Werke: Dichtung und Prosa.* Übersetzt von Manfred Wojcik. Hg. Horst Höhne. Frankfurt am Main: Insel, 1985a. 537–549.
Shell, Marc. „Verteidigung der Poesie". *Ausgewählte Werke: Dichtung und Prosa.* Übersetzt von Manfred Wojcik. Hg. Horst Höhne. Frankfurt am Main: Insel, 1985b. 621–665.
Shell, Marc. „Laon and Cythna". *The Poems of Shelley.* Band 2. Hgg. Kelvin Everest und Geoffrey Matthew. New York: Longman, 2000. 10–265.
Shepher, Joseph. *Incest: A Biosocial View.* New York: Academic, 1983.
Shor, Eran und Dalit Simchai. „Incest Avoidance, the Incest Taboo, and Social Cohesion: Revisiting Westermarck and the Case of the Israeli Kibbutzim". *American Journal of Sociology* 114.6 (2009): 1803–1842.
Simpson, David. *Fetishism and Imagination: Dickens, Melville, Conrad.* Baltimore: Johns Hopkins University Press, 1982.
Sjöholm, Cecilia. *The Antigone Complex: Ethics and the Invention of Feminine Desire.* Stanford, CA: Stanford University Press, 2004.
Slote, Michael. *The Ethics of Care and Empathy.* London: Routledge, 2007.
Smith, Adam. *Der Wohlstand der Nationen: Eine Untersuchung seiner Natur und seiner Ursachen.* Übersetzt von Horst Claus Recktenwald. München: C. H. Beck, 1974.
Smith, Adam. *Theorie der ethischen Gefühle.* Übersetzt von Walther Eckstein. Hamburg: Meiner, 1985.
Smith, Jonathan Z. *Relating Religion: Essays in the Study of Religion.* Chicago und London: The University of Chicago Press, 2004.
Smith, Maynard. „Letters: Haldane". *New Scientist* 7.101 (1976): 247.
Snow, C. P. *Die zwei Kulturen.* Übersetzt von Grete und Karl-Eberhardt Felten. Stuttgart: Ernst Klett, 1967.
Sophocles. *Antigone* (Griechisch). Hg. Mark Griffith. Cambridge: Cambridge University Press, 1999.
Sophocles. „Antigone". *Sophocles I: Oedipus the King. Oedipus at Colonus. Antigone.* Übersetzt und mit einer Einleitung versehen von David Grene. *The Complete Greek Tragedies.* Hgg. David Grene und Richard Lattimore. Chicago: University of Chicago Press, 1991a. 159–212.
Sophocles. *Oedipus at Colonus* (Griechisch). *Sophocles Fabulae.* Hg. Hugh Lloyd-Jones. Cambridge: Harvard University Press, 1994. 409–599.
Sophocles. „Oedipus at Colonus". *Sophocles I: Oedipus the King. Oedipus at Colonus. Antigone.* Übersetzt und mit einer Einleitung versehen von David Grene. *The Complete Greek Tragedies.* Hgg. David Grene und Richard Lattimore. Chicago: University of Chicago Press, 1991b. 77–157.
Sophokles. „Antigone". *Tragödien.* Übersetzt von Wolfgang Schadewaldt. Hg. Bernhard Zimmermann. Düsseldorf und Zürich: Artemis & Winkler, 2002a. 134–259. [*Antigone* + Zeilennummer].
Sophokles. „Ödipus auf Kolonos". *Tragödien.* Übersetzt von Wolfgang Schadewaldt. Hg. Bernhard Zimmermann. Düsseldorf und Zürich: Artemis & Winkler, 2002b. 406–490. [*Kolonos* + Zeilennummer].
Sprengel, Christian Konrad. *Das entdeckte Geheimnis der Natur im Bau und in der Befruchtung der Blumen.* Berlin: Vieweg, 1793.

Stafford, Barbara Maria. *Visual Analogy: Consciousness as the Art of Connecting*. Cambridge, MA: MIT Press, 2001.
Staum, Martin. *Labeling People: French Scholars on Society, Race and Empire, 1815–1848*. Montreal: McGill-Queen's University Press, 2003.
Steiner, George. *Antigones*. New York: Oxford University Press, 1984.
Steiner, George. *Die Antigonen*. Übersetzt von Martin Pfeiffer. Berlin: Suhrkamp, 2014.
Stepan, Nancy. *The Idea of Race in Science: Great Britain 1800–1960*. Basingstoke: Macmillan, 1982.
Stević, Aleksander. „The Genre of Disobedience: Is the Bildungsroman beyond Discipline?" *Seminar: A Journal of Germanic Studies* 56.2 (2020): 158–173.
Stoler, Ann Laura. *Race and the Education of Desire: Foucault's* History of Sexuality *and the Colonial Order of Things*. Durham, NC: Duke University Press, 1995.
Stone, Lawrence. *The Family, Sex and Marriage in England 1500–1800*. New York: Harper and Row, 1977.
Strathern, Marilyn. *Kinship, Law, and the Unexpected: Relatives Are Always A Surprise*. New York: Cambridge University Press, 2005.
Stratton, Jon. *The Desirable Body: Cultural Fetishism and the Erotics of Consumption*. Manchester: Manchester University Press, 1996.
Strauss, Jonathan. *Private Lives, Public Deaths: Antigone and the Invention of Individuality*. New York: Fordham University Press, 2013.
Stroumsa, Guy G. *A New Science: The Discovery of Religion in the Age of Reason*. Cambridge, MA: Harvard University Press, 2010.
Szombathy, Zoltan. „Genealogy in Medieval Muslim Societies". *Studia Islamica* 95 (2002): 5–35.
Talbert, Charles H. *Introduction to Fragments by Hermann Samuel Reimarus*. Übersetzt von Ralph S. Fraser. Philadelphia: Fortress, 1970.
Tang, Chenxi. „Literary Form and International World Order: From *Iphigenie* to *Pandora*". *Goethe Yearbook* 25 (2018): 183–201.
Taxidou, Olga. *Tragedy, Modernity and Mourning*. Edinburgh: Edinburgh University Press, 2004.
Taylor, Charles. *Quellen des Selbst. Die Entstehung der neuzeitlichen Identität*. Übersetzt von Joachim Schulte. Frankfurt am Main: Suhrkamp, 1996.
Thomason, Sarah Grey und Terrence Kaufman. *Language Contact, Creolization, and Genetic Linguistics*. Berkeley: University of California Press, 1988.
Timm, Annette und Joshua Sanborn. *Gender, Sex and the Shaping of Modern Europe: A History from the French Revolution to the Present Day*. Oxford: Berg, 2007.
Timpanaro, Sebastiano. *The Genesis of Lachmann's Method*. Übersetzt und hg. von Glenn W. Most. Chicago: University of Chicago Press, 2005.
Titzmann, Michael. „Literarische Strukturen und kulturelles Wissen: Das Beispiel inzestuöser Situationen in der Erzählliteratur der Goethezeit und ihrer Funktionen im Denksystem der Epoche". *Erzählte Kriminalität. Zur Typologie und Funktion von narrativen Darstellungen in Strafrechtspflege, Publizistik und Literatur zwischen 1770 und 1920*. Hg. Jörg Schönert. Tübingen: Niemeyer, 1991.
Tobin, Robert. *Warm Brothers: Queer Theory and the Age of Goethe*. Philadelphia: University of Pennsylvania Press, 2000.
Toepfer, Georg. „Terminologische Entdifferenzierung in zwei gegenläufigen Übertragungsvorgängen: ‚Geschichte' und ‚Evolution' der Kultur und Natur". *Forum Interdisziplinäre Begriffsgeschichte* 3 (2014): 28–46.
Trautmann, Thomas. *Lewis Henry Morgan and the Invention of Kinship*. Berkeley: University of California Press, 1987.
Trautmann, Thomas. *Aryans and British India*. Berkeley: University of California Press, 1997.

Tronto, Joan. *Moral Boundaries: A Political Argument for an Ethics of Care*. New York: Routledge, 1993.
Trüper, Henning. *Orientalism, Philology, and the Illegibility of the Modern World*. London, New York und Oxford: Bloomsbury Academic, 2020.
Turner, James. *Philology: The Forgotten Origins of the Modern Humanities*. Princeton: Princeton University Press, 2015.
Uerlings, Herbert, „*Ich bin von niedriger Rasse". (Post-)Kolonialismus und Geschlechterdifferenz in der deutschen Literatur*. Köln, Weimar und Wien: Böhlau, 2006.
Ulmer, William A. *Shelleyan Eros: The Rhetoric of Romantic Love*. Princeton: Princeton University Press, 1990.
Vaget, Hans Rudolf. „Sang réservé in Deutschland: Zur Rezeption von Thomas Manns *Wälsungenblut*". *German Quarterly* 57:3 (1984): 367–376.
Vedder, Ulrike. „Continuity and Death: Literature and the Law of Succession in the Nineteenth Century". *Heredity Produced: At the Crossroads of Biology, Politics, and Culture, 1500–1870*. Hgg. Staffan Müller-Wille und Hans-Jörg Rheinberger. Cambridge, MA, London: The MIT Press, 2007. 85–102.
Vekemans, Lot. *Schwester von*. Übersetzt von Eva Pieper. Berlin: Kiepenheuer-Medien, 2014.
Vermeulen, Han F. „Origins and Institutionalization of Ethnography and Ethnology in Europe and the USA, 1771–1845". *Fieldwork and Footnotes: Studies in the History of European Anthropology*. Hgg. Han Vermeulen und Arturo Alvarez Roldan. London: Routledge, 1995.
Vermeulen, Han F. „The German Invention of Völkerkunde: Ethnological Discourse in Europe and Asia, 1740–1798". *The German Invention of Race*. Hgg. Sara Eigen und Mark Larrimore. Albany: State University of New York Press, 2006. 123–145.
Vogl, Joseph. *Kalkül und Leidenschaft: Poetik des ökonomischen Menschen*. Zürich: Diaphanes, 2004.
Voss, Julia. *Darwins Bilder. Ansichten der Evolutionstheorie 1837–1874*. Frankfurt am Main: S. Fischer, 2007.
Wagner, Cosima. *Die Tagebücher*. 2 Bände. Hgg. Martin Gregor-Dellin und Dietrich Mack. München: Piper, 1977.
Wagner, Richard. *Das Judenthum in der Musik*. Leipzig: Weber, 1869.
Wagner, Richard. *Oper und Drama*. Berlin: Deutsche Bibliothek, 1900.
Wahrman, Dror. *The Making of the Modern Self: Identity and Culture in Eighteenth-Century England*. New Haven: Yale University Press, 2004.
Wallace, Alfred Russel. „Attempts at a Natural Arrangement of Birds". *Annals and Magazine of Natural History* 18 (1856): 193–214, https://www.biodiversitylibrary.org/page/2313232#page/215/mode/1up, 30.09.2023.
Wallace, Alfred Russel. „On the Law Which Has Regulated the Introduction of New Species". *Annals and Magazine of Natural History* 16 (1855): 184–196, http://people.wku.edu/charles.smith/wallace/S020.htm, 30.09.2023.
Watt, Ian. *The Rise of the Novel: Studies in Defoe, Richardson and Fielding*. Berkeley: University of California Press, 1957.
Webster, Noah. *A Collection of Essays and Fugitiv Writings: On Moral, Historical, Political and Literary Subjects*. Boston: I. Thomas and E. T. Andrews, 1790.
Wegmann, Thomas. *Tauschverhältnisse. Zur Ökonomie des Literarischen und zum Ökonomischen in der Literatur von Gellert bis Goethe*. Würzburg: Königshausen & Neumann, 2002.
Weigel, Sigrid. *Genea-Logik. Generation, Tradition und Evolution zwischen Kultur- und Naturwissenschaften*. München: Fink, 2006.
Weinbaum, Alys Eve. *Wayward Reproductions: Genealogies of Race and Nation in Transatlantic Modern Thought*. Durham, NC: Duke University Press, 2004.

Weineck, Silke-Maria. *The Tragedy of Fatherhood: King Laius and the Politics of Paternity in the West.* New York: Bloomsbury, 2014.

Weiner, Annette B. *Inalienable Possessions: The Paradox of Keeping-While-Giving.* Berkeley: University of California Press, 1992.

Weiner, Marc A. *Richard Wagner and the Anti-Semitic Imagination.* Lincoln: University of Nebraska Press, 1995.

Wellbery, David E. *The Specular Moment: Goethe's Early Lyric and the Beginnings of Romanticism.* Stanford, CA: Stanford University Press, 1996.

Westermarck, Edvard. *The History of Human Marriage.* London: Macmillan, 1891.

Westermarck, Edvard. (dt.) *Geschichte der menschlichen Ehe.* Übersetzt von Leopold Katscher und Romulus Grazer. Jena: Hermann Costenoble, 1893.

Westermarck, Edvard. *The History of Human Marriage.* New York: Allerton, 1922.

Whitney, William Dwight. „Strictures on the Views of August Schleicher Respecting the Nature of Language and Kindred Subjects". *Transactions of the American Philological Association* 2 (1871): 35–64.

Whitney, William Dwight. *Language and the Study of Language: Twelve Lectures on the Principles of Linguistic Science* [1867]. Hildesheim: Georg Olms, 1973.

Whitton, John. „Thomas Mann's *Wälsungenblut*: Implications of the Revised Ending". *Seminar* 25.1 (1989): 37–48.

Wier, Allison. *Sacrificial Logics: Feminist Theory and the Critique of Identity.* New York: Routledge, 1996.

Willer, Stefan. „,Epigenesis' in Epigenetics: Scientific Knowledge, Concepts, and Words". *The Hereditary Hourglass. Genetics and Epigenetics, 1868–2000.* Hgg. Ana Barahona, Edna, Suarez-Diaz und Hans-Jörg Rheinberger. Berlin: Max-Planck-Institut für Wissenschaftsgeschichte, 2010; https://www.mpiwg-berlin.mpg.de/Preprints/P392.PDF, 30.09.2023.

Wilpert, Gero von (Hg.). *Goethe-Lexikon.* Stuttgart: Kröner, 1998.

Wilson, Edward O. *Die Einheit des Wissens.* Übersetzt von Yvonne Badal. Berlin: Siedler, 1998.

Wilson, W. Daniel. *Humanität und Kreuzzugsideologie um 1780. Die „Türkenoper" im 18. Jahrhundert und das Rettungsmotiv in Wielands ,Oberon', Lessings ,Nathan' und Goethes ,Iphigenie'.* New York: Peter Lang, 1984a.

Wilson, W. Daniel. „Science, Natural Law, and Unwitting Sibling Incest in Eighteenth-Century Literature". *Studies in Eighteenth-Century Culture* 13 (1984b): 249–270.

Wingrove, Elizabeth. „Republican Romance". *Feminist Interpretations of Jean-Jacques Rousseau.* Hg. Lynda Lange. University Park: Pennsylvania State University Press, 2002. 315–345.

Winkler, Markus. *Von Iphigenie zu Medea. Semantik und Dramaturgie des Barbarischen.* Tübingen: Niemeyer, 2009.

Wolf, Arthur P. und Chieh-shan Huang. *Marriage and Adoption in China, 1845–1945.* Stanford, CA: Stanford University Press, 1980.

Wolfe, Carey. *What Is Posthumanism?* Minneapolis: University of Minnesota Press, 2010.

Wolff, Tristram. „Arbitrary, Natural, Other: J. G. Herder and Ideologies of Linguistic Will". *European Romantic Review* 27.2 (2016): 259–280.

Woolf, Virginia. *Ein Zimmer für sich allein.* Übersetzt von Antje Rávic Strubel. Zürich: Kampa, 2019.

Wright, T. R. „George Eliot and Positivism: A Reassessment". *Modern Language Review* 76.2 (1981): 257–272.

Wyhe, John van. „The Descent of Words: Evolutionary Thinking 1780–1880". *Endeavour* 29.3 (2005): 94–100.

Yasukata, Toshimasa. *Lessing's Philosophy of Religion and the German Enlightenment: Lessing on Christianity and Reason.* New York: Oxford University Press, 2002.

Yildiz, Yasemin. *Beyond the Mother Tongue: The Postmonolingual Condition*. New York: Fordham University Press, 2012.
Young, Robert. *Colonial Desire: Hybridity in Theory, Culture and Race*. London: Routledge: 1995.
Zajko, Vanda und Miriam Leonard (Hgg.). *Laughing with Medusa: Classical Myth and Feminist Thought*. Oxford: Oxford University Press, 2006.
Zammito, John H. „Policing Polygeneticism in Germany 1775: (Kames,) Kant, and Blumenbach". *The German Invention of Race*. Hgg. Sara Eigen und Mark Larrimore. Albany: State University of New York Press, 2006. 35–54.
Zedler, Johann Heinrich. *Grosses vollständiges Universal-Lexicon aller Wissenschafften und Künste*. 64 Bände. 4 Supplemente. Halle und Leipzig 1731–1754; http://www.zedler-lexikon.de/index.html, 30.09.2023.
Zeitlin, Froma. „Thebes: Theater of Self and Society in Athenian Drama". *Nothing to Do with Dionysus? Athenian Drama in Social Context*. Hgg. John Winkler und Froma Zeitlin. Princeton: Princeton University Press, 1990.
Zerilli, Linda. *Signifying Women: Culture & Chaos in Rousseau, Burke, and Mill*. Ithaca: Cornell University Press, 1994.
Žižek, Slavoj. *Das erhabene Objekt der Ideologie*. Übersetzt von Aaron Zielinski. Wien: Passagen, 2021.

Personenregister

Abel, Elizabeth 115
Adelung, Johann Christoph 162–163, 192, 221
Adorno, Theodor 82
Ahlzweig, Claus 162
Ahmed, Siraj 23, 192, 207, 255
Aischylos 47, 83, 87
Akram, Muhammad 223
Aldridge, Alfred Owen 272
Allert, Beate 235
Al-Shammary, Zahim 238
Alter, Stephen 157, 159, 178, 195
Amariglio, Jack 134
Anderson, Mark 261
Angress, Ruth Kluger 236
Appadurai, Arjun 133
Apter, Emily 133
Aquinas, Thomas 272
Archibald, J. David 178
Armstrong, Nancy 11
Arvidsson, Stefan 157, 175, 194, 247, 251, 256
Atkinson, Quentin 178
Auanger, Lisa 54
Auerbach, Nina 142
Aurnhammer, Achim 121
Austen, Jane 28, 225
Aveling, Edward 112

Bachofen, Johann Jakob 16, 276–279, 281
Baird, Robert 222
Balibar, Étienne 248
Bapteste, Eric 27, 175
Barresi, John 12
Baudrillard, Jean 133, 148
Bauer, Fabian 262
Bauer, Volker 179
Becker-Cantarino, Barbara 117, 123
Beer, Gillian 141, 202
Beiko, Robert 27
Benes, Tuska 157, 196
Benjamin, Jessica 48, 230
Benne, Christian 205
Bennett, Benjamin 230
Bennett, Jane 286
Bentham, Jeremy 272–273

Bernasconi, Robert 157
Bhabha, Homi 260
Bindman, David 217
Birus, Hendrik 233
Bittles, Alan 283
Black, Anthony 4, 74
Blake, Kathleen 138, 141
Blondel, Eric 208
Blumenbach, Johann Friedrich 21, 216, 219
Blundell, Mary Whitlock 49, 50
Böckh, August 139
Boes, Tobias 124
Böhme, Hartmut 172
Boone, Joseph 131
Borg, Jana Schaich 284
Botstein, Leon 260
Bouchard, Frédéric 27
Bouquet, Mary 178
Bowler, Peter 15, 183
Braun, Christina von 250, 272
Bray, Alan 17, 130
Bredekamp, Horst 17–18, 185
Brentano, Clemens 29
Brosses, Charles de 171
Broszeit-Rieger, Ingrid 117
Brown, Jane 126, 128
Brown, Kathryn 169
Brown, Ricardo 215
Buber, Martin 23, 252
Buckley, Jerome 141
Buffon, Comte de 25, 215, 216
Burke, Peter 157
Butler, Judith 14, 42, 48, 50–51, 54, 57, 62, 276
Butler, Marilyn 246
Byrne, Peter 22
Byron, Lord 29

Callari, Antonio 134
Campbell, Lyle 160, 166
Camper, Pieter 218
Canuel, Marc 95, 97
Carhart, Michael 157, 221
Carsten, Janet 276
Carter, Angela 83

Cascardi, Anthony 11
Cassirer, Ernst 174
Castoriadis, Cornelius 65–66
Caygill, Howard 148
Čelakovský, František 181–182
Chamberlain, Houston Stewart 252, 256, 258
Chambers, Ephraim 162
Chanter, Tina 64
Chateaubriand, Vicomte 28–29
Clarkson, Thomas 218
Cohen-Vrignaud, Gerard 246
Coleridge, Samuel Taylor 49, 274–275, 279, 281
Coles, Prophecy 41
Comte, Auguste 25, 29, 135–136, 215
Condillac, Etienne Bonnot de 160
Conrad, Ryan 276
Coontz, Stephanie 15, 113
Coovadia, Imraan 150
Corbett, Mary Jean 18, 30, 202

Daemmrich, Horst 88
Darwin, Charles 9, 158, 185, 187–188, 218
Daston, Lorraine 20, 175
Davidoff, Leonore 5, 15–18, 34, 117–118, 128–130, 215
Dawson, P. M. S. 96
Dean, Tim 48
Degnan, James H. 27
Dehrmann, Mark-Georg 6, 205
Deleuze, Gilles 14, 83, 113, 125, 145, 285
Derrida, Jacques 4–5, 42, 75–76, 285
Descartes, René 10
Dick, Anneliese 128, 204
Dilthey, Wilhelm 115, 191
Donovan, John 99
Du Bois, W. E. B. 266
Duffy, Cian 94, 96
Dupre, John 175
Durham, William 284

Eckermann, Johann Peter 39, 45, 53, 55
Eichhorn, Johann Gottfried 167
Eisenstein, Zillah 74
Elden, Stuart 63–64
Eliot, George 132, 134–140, 142–144, 149–150, 202–205, 236, 268

Elshtain, Jean Bethke 42
Endres, Johannes 87
Engels, Friedrich 5, 16, 33, 105, 110–113
Engelstein, Stefani 52–53, 57, 113, 122, 214, 224, 226, 232, 262, 273
Erhart, Walter 169
Errington, Joseph 157, 179, 194, 196, 198
Esposito, Roberto 208, 269
Estes, Steve 218
Esty, Joshua 115, 137, 140–141
Ettinger, Bracha 43–44, 46–48
Evans, Isaac 29, 144, 202
Evans, William McKee 20, 212

Fabian, Johannes 166
Farquharson, R. H. 229
Feldt, Jakob 237
Fellman, Jack 166
Ferguson, Harvey 11
Fessler, Daniel M. T. 284
Fichte, Johann Gottlieb 248, 251
Fick, Monika 231, 238
Filmer, Robert 77–78, 275
Finney, Gail 262
Fischer, Jens Malte 259
Flannery, Denis 95
Foley, Richard 92
Foreman, Terry 238
Forster, Georg 215–217, 219
Forster, Michael 164
Foucault, Michel 2–3, 6, 114, 126, 161, 206
Fowler, Frank M. 88
Fraiman, Susan 115
Fraley, R. Chris 284
Franklin, Sarah 276
Franklin-Hall, L. R. 175
Freud, Sigmund 75, 103, 113, 142
Freytag, Gustav 146
Frosch, Thomas 98
Fulda, Daniel 230

Gailus, Andreas 122, 125–126
Gallop, Jane 82–83
Gamper, Michael 27
Garber, John 157
Gardt, Andreas 157, 162, 166

Garloff, Katja 104, 174, 235
Gay, Peter 261
Geiger, Abraham 251
Gellert, Christian 224
Gilbert, Sandra M. 139
Gilligan, Carol 74
Gilman, Sander 30, 256, 261, 265, 281
Gobineau, Arthur de 217, 258–259
Goethe, Johann Wolfgang 31, 87, 92, 105, 116, 119, 123, 125, 127, 146, 167, 170, 202, 236
Goetschel, Willi 226–227, 230
Goldhill, Simon 43, 47, 52–54, 59
Gontier, Nathalie 178
Goodman, Charlotte 131
Gordon-Reed, Annette 220
Gourgouris, Stathis 51, 62, 65–67
Grammatikos, Alexander 240
Gray, Richard 206
Gray, Russell 178
Greiner, Rae 150
Grene, David 49, 51, 53, 58
Griffith, Mark 45, 49, 51, 54
Griffiths, Devin 8, 144, 199
Grimm, Jakob 19, 160, 192–193, 196
Grimm, Wilhelm 29, 269
Grossman, Jeffrey A. 190
Grosz, Elizabeth 31, 199, 218, 285
Gruber, Howard E. 178
Gruber, Johann Gottfried 219
Grünbaum, Max 190
Guattari, Félix 14, 113, 125, 145, 285
Gubar, Susan 139
Guillory, John 147
Günderrode, Karoline von 103, 224
Gurd, Sean 206
Gustafson, Susan 119
Guthke, Karl S. 228

Habermas, Rebekka 130
Haeckel, Ernst 159
Haldane, J. B. S. 284
Haraway, Donna 9–10, 285
Hardt, Michael 113
Harley, Alexis 7
Harpham, Geoffrey Galt 206
Harrisville, Roy A. 251
Hart, Gail 123

Hegel, Georg Wilhelm Friedrich 10, 39, 42–43, 50–51, 57–58, 61–64, 82
Heidegger, Martin 41, 65–66
Held, Virginia 74
Helfer, Martha B. 117, 122, 128, 227
Hellström, Nils Petter 178
Hemings, Sally 220
Hemphill, C. Dallett 218
Henao Castro, Andrés Fabián 64
Herder, Johann Gottfried 31, 160, 163–167
Hertz, Neil 138, 141, 144
Heschel, Susannah 250–252
Hess, Jonathan 85, 226, 251
Hirsch, Marianne 115, 139, 171
Hjelde, Sigurd 222
Hoenigswald, Henry 23, 159, 180, 206
Hogle, Jerrold 98
Hohendahl, Peter Uwe 86, 121
Hohkamp, Michaela 16, 19, 117
Hölderlin, Friedrich 42, 58
Holm, Gösta 179
Homans, Margaret 137, 141, 143, 202
Honig, Bonnie 52–53, 60
Hörisch, Jochen 124, 127
Horkheimer, Max 82
Horsch, Silvia 238
Humboldt, Wilhelm von 193–196
Hume, David 215, 223
Hunt, James 219
Hunt, Lynn 29, 75, 77, 121, 219
Hutton, Christopher M. 249

Irigaray, Luce 14, 42, 46, 48, 54
Issatschenko, A. V. 190

Jacobs, Carol 46
Jaeger, Hans 117
Janke, Axel 27, 175
Jarzebowski, Claudia 17, 129
Jefferson, Thomas 220
Jensen, Anthony K. 205
John, David G. 238
Johnson, Christopher 16–17, 117–118
Johnson, Dirk R. 208
Jones, William 22–23, 100, 162, 175, 191–192
Joris, Elisabeth 130
Joseph, Gerhard 139

Kaiser, Gerhard 86
Kant, Immanuel 216–217, 272–273
Katz, David S. 244
Kauffmann, Angelica 170
Kaufman, Terrence 189–190
Kelchner, Scot 27, 175
Kelk, Steven 27, 175
Kiehl, Kent A. 284
Kim, Joey S. 100
Kippenberg, Hans 222
Kißling, Magdalena 173
Kitson, Peter 244
Kittler, Friedrich 115, 117, 124, 162, 168
Kluge, G. R. 267
Knodt, Eva M. 230
Kofman, Sarah 80
Kontje, Todd 262, 267
Koschorke, Albrecht 87, 118
Krause, Robert 87, 96
Kreisel, Deanna 136, 141
Krimmer, Elisabeth 117, 119, 122–123, 128
Kristeva, Julia 14, 74
Kucich, John 137, 143
Kuper, Adam 16–17, 129–130
Kurbjuhn, Charlotte 90
Kurz, Paul Michael 179, 192
Kuschel, Karl-Josef 238

Lacan, Jacques 42–43, 46, 48–51, 53, 58
Lagarde, Paul de 249, 255, 258, 269
Lamarck, Jean-Baptiste de 182, 184
Lamport, Francis 87
Landes, Joan 74
Lang, George 190
Langland, Elizabeth 130
Lanzinger, Margareth 6–18, 117, 129
Latour, Bruno 135
Lazarus, Moritz 256–257
Lazzaro-Weis, Carol 115
Leask, Nigel 246
Leavitt, Gregory C. 283
Leibniz, Gottfried Wilhelm 166–167
Leonard, Miriam 62
Lessing, Gotthold Ephraim 28, 31, 35, 90–91, 149, 173, 208, 223–230, 232–239, 251, 253, 255, 259–261

Lettow, Susanne 16
Levenson, Alan 261
Leventhal, Robert S. 230–231
Levesque, Paul 261, 264
Lévi-Strauss, Claude 16, 109, 133, 281
Lewes, George Henry 135, 204
Lewis, Matthew Gregory 225
Librett, Jeffrey 229, 231, 237
Lieberman, Debra 284
Locke, John 11–13, 77–79
Logan, Peter Melville 136, 143
Long, Edward 215
Loraux, Nicole 61, 64
Lottmann, Andre 124–125
Luhmann, Niklas 130–131
Lukács, Georg 115
Lynch, Michael 19

MacCannell, Juliet Flower 4, 75, 110
MacLeod, Catriona 122
Mahl, Bernd 125
Maierhofer, Waltraud 170
Maine, Henry 277
Makdisi, Saree 246
Malt, Johanna 133
Man, Paul de 84
Mann, Thomas 115, 117, 261–268
Marchand, Suzanne 250
Marcinkowska, Urszula M. 284
Marcus, Sharon 17, 113
Marder, Elissa 42, 62
Margolin, Sam 218
Marks, Michael J. 284
Marshall, David 107, 150
Martin, Raymond 231
Marx, Eleanor 112
Marx, Karl 114, 133, 136–137
Masuzawa, Tomoko 157, 194, 254
Matory, J. Lorand 133
Mauss, Marcel 138–139
Max Müller, Friedrich 23, 35, 194–195, 199, 252–255
May, Leila Silvana 5, 30, 131–132, 139, 141–142
Mayer, Mathias 167
Mayr, Ernst 26, 200
McClintock, Anne 133, 268
McInerney, James O. 26

McKinnon, Susan 276
McLaverty, James 136
McLean, Ian 235
McLennan, John Ferguson 16, 277–278
Melas, Natalie 23, 192
Meltzer, Françoise 56
Mendel, Gregor 21
Mendelssohn, Moses 104, 257
Merrill, Bruce 93
Metcalf, George 162
Michaelis, Johann David 226
Miller, Paul Allen 42
Minden, Michael 116, 124
Minter, Catherine J. 210
Mitchell, Juliet 41, 44, 62, 86
Mitchell, W. J. T. 133–135
Molendijk, Arie L. 222
Molstad, David 139
Monorchio, Alessandra 102
Montesquieu, Baron de 224
Moretti, Franco 115
Morgan, Lewis Henry 16, 110–111, 277
Morpurgo Davies, Anna 157
Mosse, George L 217, 247, 261
Most, Glenn W. 20, 175
Moxnes, Halvor 251–252
Mozart, Wolfgang Amadeus 238
Mühlhäusler, Peter 190
Müller, Friedrich Max (Max Müller, Friedrich) 23, 35, 194–195, 199, 252–255
Muller, Jean-Claude 166
Müller-Wille, Staffan 187

Nair, Yasmin 276
Napoleon 17, 225
Navarrete, C. David 284
Negri, Antonio 113
Nersessian, Anahid 94, 102
Nicholls, Angus 160
Niekerk, Carl 227, 229
Nietzsche, Friedrich 6, 29, 205
Noddings, Nel 74
Norberg, Jakob 29, 192
Nord, Deborah E. 131
Nowitzki, Hans-Peter 210
Nussbaum, Felicity 50, 55, 284
Nussbaum, Martha 11

O'Connell, Mary J. 26
O'Malley, William Martin 175
O'Quinn, Daniel 244
Oesterle, Günter 86
Olender, Maurice 157, 221, 247, 256
Oliver, Susan 240
Otis, Laura 158, 279
Ovid 240
Ozouf, Mona 4, 74

Packham, Catherine 147
Paine, Thomas 88, 90
Paley, William 275
Pal-Lapinski, Piya 244, 246
Parnes, Ohad 117
Pateman, Carole 4, 75, 78–79, 81, 131
Paxton, Nancy L. 202
Perry, Ruth 130–131
Pfau, Thomas 262
Phelan, Peggy 53
Pietsch, Theodore W. 178, 183
Pietz, William 133–134, 146, 172
Pinkard, Terry 63
Pinto-Correia, Clara 21, 83, 214
Pisani, Davide 26
Platon 92
Plutarch 242
Poliakov, Léon 247, 251, 256
Pollak, Ellen 30
Pollock, Griselda 55
Pollock, Sheldon 206
Poovey, Mary 108, 139, 148
Popkin, Richard 215
Porter, James I. 205
Poser, William J. 160, 166
Pourciau, Sarah 160, 196
Prater, Florian 86
Prichard, James Cowles 210
Priestly, T. M. S. 181
Prum, Richard 218

Quincey, Thomas de 42

Rabinowitz, Nancy Sorkin 54
Ragan, Mark A. 27
Rancière, Jacques 84
Rank, Otto 28

Rantala, Markus J. 284
Redfield, Marc 84–85, 115, 122–124, 128, 148–149
Reimarus, Hermann Samuel 223, 225–226, 228, 230, 251
Renan, Ernest 210, 251, 255–257
Richardson, Alan 29, 121
Richardson, John 208
Riedel, Manfred 63
Ritschl, Friedrich 179–180, 187, 206
Ritter, Joachim 63
Roberts, Hugh 96, 101, 103
Robins, Robert H. 167
Roe, Shirley 21, 214
Roisman, Hanna M. 52, 55
Romaine, Suzanne 190
Römer, Ruth 247, 256
Rose, Jacquelin 48
Rose, Paul Lawrence 258–259
Rosenberg, Noah A. 27
Rosenfield, Kathrin 58, 60
Rousseau, Jean-Jacques 79–81, 84, 91, 93, 460
Row, T. 13

Sabean, David Warren 16–17, 34, 117–118, 130–131, 272
Sade, Marquis de 76, 82–83
Said, Edward 212
Saine, Thomas P. 116–117, 122
Sammons, Jeffrey 115
Sanborn, Joshua 75
Sanders, Valerie 131
Sapp, Jan 157
Saussure, Ferdinand de 2, 196
Say, Jean-Baptiste 182, 184, 285
Schadewaldt, Wolfgang 58, 86–87
Schemann, Ludwig 259
Schiebinger, Londa 57
Schiller, Friedrich 73, 85, 90
Schilson, Arno 230
Schlaffer, Hannelore 128
Schlegel, August Wilhelm von 57
Schlegel, Friedrich von 103, 115, 159, 192, 221–222
Schleicher, August 159, 180–183, 189, 195–198, 201, 206, 248
Schlipphacke, Heidi 117, 230

Schlözer, August Ludwig 160, 221
Schlyter, Carl Johan 179
Schmidt, Johannes 189, 201–202
Schmieder, Falko 133
Schmitt, Axel 230
Schnapp, Alain 228
Schneider, David 276
Schneider, Helmut 226, 230–231, 235, 237
Schor, Naomi 48
Schößler, Franziska 15, 127
Schrift, Alan 205
Schuchardt, Hugo 190
Schwab, Raymond 175
Schwartz, Marie Jenkins 220
Schwarz, Hillel 13
Schwarzenbach, Sibyl 74
Scott, James F. 136
Scott, Michael 242
Scriblerus Club 13
Sedgwick, Eve Kosofsky 32, 44
Seidlin, Oskar 172
Setton, Dirk 58, 66
Sha, Richard 94
Shahar, Galili 231
Sharafuddin, Mohammed 241, 244
Sharp, Granville 218
Sharpe, Eric 222
Sheer, Elizabeth 95
Shell, Marc 30, 76
Shelley, Mary Wollstonecraft Godwin 96
Shelley, Percy 42, 71, 96
Shepher, Joseph 283
Shor, Eran 284
Simchai, Dalit 284
Simpson, David 134
Sjöholm, Cecilia 43, 47
Slote, Michael 74
Smith, Adam 14, 106–108, 111, 146–147
Smith, Jonathan Z. 223
Smith, Maynard 284
Snow, C. P. 275
Sophocles 45, 49–51, 54, 58
Sprengel, Christian Konrad 121, 274
Stafford, Barbara 44
Staum, Martin 215
Steiner, George 28, 41, 43, 48, 52, 63
Steinthal, Heymann 257

Stepan, Nancy 157
Stephens, Anthony 169
Stevenson, Robert Louis 12
Stević, Aleksander 115
Stoler, Ann Laura 25, 217
Stone, Lawrence 18, 116
Strathern, Marilyn 276
Stratton, Jon 133
Strauss, David Friedrich 251
Strauss, Jonathan 55
Stroumsa, Guy 222–223, 225
Sundberg, Walter 251
Szombathy, Zoltan 212

Tang, Chenxi 173
Taxidou, Olga 62
Taylor, Charles 10
Teuscher, Simon 130–131
Thomason, Sarah Grey 189–190
Tieck, Ludwig 28, 225
Timm, Annette 75
Timpanaro, Sebastiano 179–181, 206
Titzmann, Michael 30
Tobin, Robert 95, 117, 122
Toepfer, Georg 191
Trautmann, Thomas 110, 175, 253–254
Tronto, Joan 74
Trüper, Henning 192
Turner, James 206

Uerlings, Herbert 173
Ulmer, William 100–101, 103

Vaget, Hans Rudolf 265
van Iersel, Leo 27, 175
Vedder, Ulrike 88
Vekemans, Lot 53
Vermeulen, Han 160, 221
Vogl, Joseph 125
Voltaire 215
Voss, Julia 178

Wagner, Cosima 251, 261
Wagner, Richard 259–260, 266
Wahrman, Dror 10, 14

Wallace, Alfred Russel 183
Walsh, Bruce 19
Washington, Martha 220
Watt, Ian 11
Webster, Noah 274
Wedgwood, Josiah 22, 155, 218
Wegmann, Thomas 125
Weigel, Sigrid 178, 183
Weinbaum, Alys Eve 10, 111, 250
Weineck, Silke-Maria 77
Weiner, Annette 132, 172
Weiner, Marc A. 260
Wellbery, David 168
Westermarck, Edvard 274–275, 279–280
Whitney, Dwight 196
Whitton, John 268
Wier, Allison 48
Willer, Stefan 21, 117
Wilpert, Gero von 167
Wilson, Daniel 121, 238
Wilson, E. O. 280
Wilson, W. Daniel 29, 121, 238, 272
Wingrove, Elizabeth 280
Winkler, Markus 173
Wolf, Arthur 283
Wolfe, Carey 285
Wolff, Tristram 196
Wollstonecraft, Mary 82, 96
Woolf, Virginia 54
Wright, T. R. 136
Wyhe, John van 178

Yasukata, Toshimasa 226
Yildiz, Yasemin 162, 248
Young, Robert 25, 157, 217

Zammito, John 213
Zedler, Johann Heinrich 18, 162, 272
Zeitlin, Froma 60, 64, 67
Zerilli, Linda 80–81
Žižek, Slavoj 133
Zumpt, Carl Gottlob 179